国家花生产业技术体系

本书得到了“财政部和农业农村部：
国家花生产业技术体系(CARS－13)”资助

中国花生科技

顾问

禹山林

名誉主编

王积军

主　编

王明辉　刘　娟　张会娟　邢福国

上海科学技术出版社

图书在版编目（CIP）数据

中国花生科技 / 王明辉等主编. -- 上海 : 上海科学技术出版社, 2023.5
ISBN 978-7-5478-6114-1

Ⅰ. ①中… Ⅱ. ①王… Ⅲ. ①花生－栽培技术 Ⅳ. ①S565.2

中国国家版本馆CIP数据核字(2023)第048079号

中国花生科技
主编 王明辉 刘 娟 张会娟 邢福国

上海世纪出版(集团)有限公司
上海科学技术出版社 出版、发行
(上海市闵行区号景路159弄A座9F-10F)
邮政编码 201101 www.sstp.cn
苏州美柯乐制版印务有限责任公司印刷
开本 700×1000 1/16 印张 25.75
字数：500千字
2023年5月第1版 2023年5月第1次印刷
ISBN 978-7-5478-6114-1/S·254
定价：150.00元

内容简介

本书共十一章，包括花生植物学特征、花生染色体和基因组学研究、花生种质资源、花生区划、花生栽培技术、花生病虫草害防控技术、花生生产机械化、花生加工技术、花生产业发展态势、极端气象灾害对花生生产的影响和花生对人类大健康的重要贡献。本书融合了花生研究前沿成果，内容详实，可供广大花生科技工作者、花生生产及管理部门的相关人士阅读参考。

内容简介

编委会

顾　　问

禹山林(国家花生体系前首席科学家,山东省花生研究所)

名誉主编

王积军(全国农业技术推广服务中心)

策　　划

陈展鹏(黄冈市农业科学院)

涂军明(黄冈市农业科学院)

常海滨(黄冈市农业科学院)

熊　飞(黄冈市农业科学院)

主　　编

王明辉(黄冈市农业科学院)

刘　娟(河南省农业科学院经济作物研究所)

张会娟(农业农村部南京农业机械化研究所)

邢福国(中国农业科学院农产品加工研究所)

副 主 编

李　宁(黄冈市农业科学院)

夏振洲(黄冈市农业科学院)

杨博磊(中国农业科学院农产品加工研究所)

郝　西(河南省农业科学院经济作物研究所)

编写人员

（按姓氏笔画排序）

丁凤菊 于树涛 万书波 万勇善 王 军 王 超 王 谨 王小燕 王传堂
王明辉 王建楠 王晓军 卢华平 田效宇 代小冬 付留洋 白冬梅 冯旭东
邢福国 曲明静 刘 娟 刘 彬 刘梦雅 刘登望 汤文超 孙 伟 孙子淇
杜 培 杨博磊 李 宁 李 强 李少雄 李红梅 李彤霄 肖齐圣 吴 宇
吴 峰 何 涛 余文辉 邹晓霞 迟晓元 张 俊 张 曼 张中南 张会娟
张朋磊 张泽志 张登科 陈小姝 陈玉宁 陈有庆 陈志德 陈荣华 陈秋实
易明林 罗怀勇 郑新娣 赵俊立 郝 西 胡志超 胡海珍 胡程达 夏友霖
夏振洲 顾峰玮 晏立英 倪皖莉 徐 辉 徐华涛 殷 辉 高 伟 高华援
郭 凯 唐荣华 姬兴杰 黄 威 常海滨 崔亚男 康树立 彭梦清 蒋相国
焦念元 雷 永 熊 飞 颜建春 颜鸿远

审稿人员

（按姓氏笔画排序）

于海秋 王传堂 曲明静 刘立峰 李 强 吴 峰 谷建中 邹晓霞 张良晓
陈小平 胡志超 姜慧芳 顾峰玮 晏立英 梁炫强 谢焕雄 雷 永 廖伯寿

序言

花生是中国重要的油料作物、经济作物和出口农产品。2021 年，我国花生种植面积超过 474.8 万公顷、总产 1 835.7 万吨（含台湾地区），分别占世界的 14.5% 和 34.0%，是世界第一花生生产大国。随着人口增加和人民生活水平提高，我国食用植物油消费量持续上升，国产油料供需矛盾日益突出，目前食用油自给率仅为 30%左右。在我国的大宗油料作物中，花生是单位面积产油量最高的作物，因此发展花生生产，对保障食用植物油的供给安全意义重大。近年来，我国花生研究和生产发展迅速，花生品种的产量、品质明显提高，栽培技术、机械化生产技术和产后加工技术取得很大进步，花生产业的发展为保障食用油植物油供给、促进农民增收做出了重要贡献。

科学技术是第一生产力。科技著作是传播科学知识、启迪读者思想、推广科技成果的重要载体。王明辉等同志编写的《中国花生科技》，涵盖了染色体工程和基因组学、花生种质资源、种植区划、栽培技术、机械化生产、加工技术、产业发展态势、极端气象灾害、花生与人类大健康等各个方面的内容，从花生植物学特性、营养价值等科普性知识到关键生产技术领域的最新研究成果，再到高油酸花生、基因组学与分子育种等前沿研究进展一应俱全，时间跨度则覆盖了从 20 世纪 20 年代至今长达百年的时间，内容非常丰富，是一部百科全书式的读物。编写者还别具匠心地挖掘了花生在增进人类健康方面的独特价值与潜力，整理汇编了近年国家关于花生产业发展、农机农艺融合、绿色生产与“双碳”目标等方面的政策部署，增强了著作的时代感。

《中国花生科技》是在国家花生产业技术体系精诚合作的大背景下完成的。"有困难,找体系"已经成为体系成员的共识,国家花生体系的多位专家共同参与了该著作的编写或以不同的方式给予了大力支持,因此,该书也是国家花生体系合作成果的结晶!

希望该著作能够为中国花生产业健康发展和乡村全面振兴做出积极贡献!

张新友

中国工程院院士

国家花生产业技术体系首席科学家

2022 年 11 月

前言

中国是世界上最大的花生生产、消费和出口国。花生在中国已有较长的发展历史，是中国重要的油料作物和经济作物，经历数百年的发展，几乎在全国各地都有种植。《中国花生科技》于 2019 年启动编写，题目和内容编写最初按《花生科技与文化》完成，初稿完成后，多数审稿人员认为应该分开来写，最终分为《中国花生科技》和《中国花生历史文化》独立出版。如对花生历史文化感兴趣，可阅读《中国花生历史文化》。

《中国花生科技》与同系列专著相比有六大创新点。一是系统整理了花生起源于两个野生种的分子证据，收集了野生种 A、B 及栽培种“伏花生”“狮头企”的全基因组测序图谱。二是中国花生农机农艺深度融合技术，由国家花生产业技术体系（简称国家花生体系）机械化研究室主任兼收获机械化岗位专家、农业农村部南京农业机械化研究所胡志超研究员提供，这些内容紧扣时代，难能可贵，在其他同系列花生专著中几乎没有，为当前及今后中国花生农机农艺深度融合提供了重要的指导技术资料。三是增加了花生与“双碳”目标内容。也许我们不会想到“双碳”目标与花生会产生关系，但两者确实有密切联系紧扣时代主题。四是增加了极端气象灾害对花生的影响。这一章节是鉴于近年来极端气象灾害天气频发而撰写的最新内容，它的产生要感谢国家花生体系保定综合试验站站长、河北农业大学刘立峰教授对编者的思想启迪。国家花生体系专家召开的首次花生极端气象灾害研讨会，体现出国家花生体系专家超前的责任担当和本能的职责已任，开创了全国花生界科研历史的先河。“双碳”目标和极端气象灾害相关内容的出现，是一个紧跟时代发展的重要章节。五是花生对人类大健康的重要贡献，从长生果（花生）的禀赋与功能角度，发掘了花生的大健康价值。六是书中相关章节输送了 20 世纪 20 年代至今的一些研究成果和相关信息，时间跨度较大，内容相对更全面。

《中国花生科技》诚邀中国工程院院士、国家花生体系首席科学家、河南省农业科学院院长张新友作序，国家花生体系前首席科学家、山东省花生研究所禹山林研究员担任顾问，全国农业技术推广服务中心总农艺师王积军推广研究员担任名誉主编，黄冈市农业科学院、河南省农业科学院、农业农村部南京农业机械化研究所、中国农业科学院农产品加工研究所四位花生专家作为主编联合编写完成，编写成员均是花生体系内的行业专家。国家花生体系一大批专家参与了《中国花生科技》编写工作，也有许多专家提供了很多帮助。正是由于国家花生体系及各位专家、团队的鼎力支持，《中国花生科技》著作才得以顺利诞生。“有困难，找体系”已经成为体系成员间的共识。在编写过程中，编者力求充分体现《中国花生科技》著作的科学性、系统性和全面性，全体编写人员均付出了诸多努力，在此一并表示最衷心的感谢和最真挚的祝福！由于编写人员水平有限，本书难免存在一些缺点和不足，诚恳希望广大读者批评指正。

编者

2022 年 11 月

目 录

第十章 · 极端气象灾害对花生的影响

第十一章 · 花生对人类健康的重要贡献

第一章

花生植物学特征

第一节 花生植物学形态

一、花生命名

1753年，瑞典植物学家卡尔·冯·林奈 Carl von Linnaeus 著作 *Species Plantarum*（《植物种志》）将花生命名为 *Arachis hypogaea* L.（图1）。arachis 源自

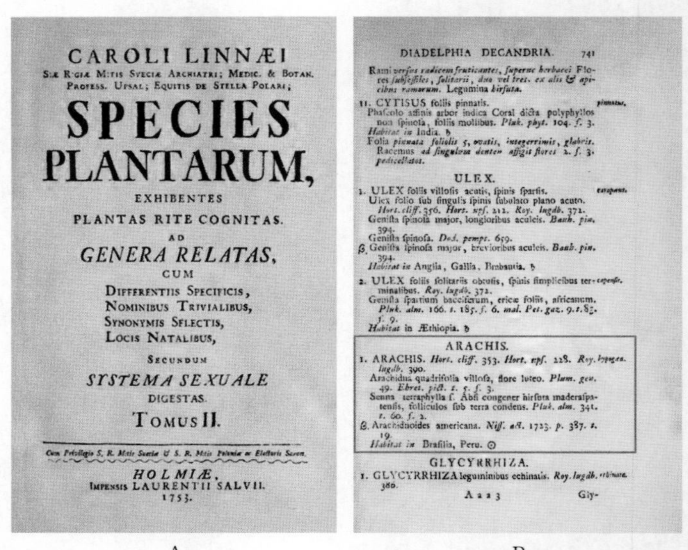

CAROLI LINNÆI
SÆ R. GIÆ M:TIS SVECIÆ ARCHIATRI; MEDIC. & BOTAN. PROFESS. UPSAL; EQUITIS DE STELLA POLARI;
SPECIES PLANTARUM,
EXHIBENTES
PLANTAS RITE COGNITAS.
AD
GENERA RELATAS,
CUM
DIFFERENTIIS SPECIFICIS,
NOMINIBUS TRIVIALIBUS,
SYNONYMIS SELECTIS,
LOCIS NATALIBUS,
SECUNDUM
SYSTEMA SEXUALE
DIGESTAS.
TOMUS II.
Cum Privilegio S. R. M:tis Sueciæ & S. R. M:tis Poloniæ ac Electoris Saxon.
HOLMIÆ,
IMPENSIS LAURENTII SALVII.
1753.

DIADELPHIA DECANDRIA. 741

Rami *versus radicem fruticantes, superne herbacei* Flores *subsessiles, solitarii, duo vel tres, ex alis & apicibus ramorum.* Legumina *hirsuta.*

11. CYTISUS foliis pinnatis. *pinnatus.*
Phaseolo affinis arbor indica Coral dicta polyphyllos non spinosa, foliis mollibus. *Pluk. phyt.* 104. *f.* 3.
Habitat in India. ♄
Folia *pinnata foliolis* 5, *ovatis, integerrimis, glabris.* Racemus *ad singulum dentem affigit flores* 2. *f.* 3. *pedicellatos.*

ULEX.

1. ULEX foliis villosis acutis, spinis sparsis. *europaeus.*
Ulex folio sub singulis spinis subulato plano acuto. *Hort. cliff.* 356. *Hort. upf.* 212. *Roy. lugdb.* 372.
Genista spinosa major, longioribus aculeis. *Bauh. pin.* 394.
Genista spinosa. *Dod. pempt.* 659.
β. Genista spinosa major, brevioribus aculeis. *Bauh. pin.* 394.
Habitat in Anglia, Gallia, Brabantia. ♄

2. ULEX foliis solitariis obtusis, spinis simplicibus terminalibus. *Roy. lugdb.* 372. *capensis.*
Genista spartium bacciferum, ericæ foliis, africanum. *Pluk. alm.* 166. *t.* 185. *f.* 6. *mal. Pet. gaz.* 9. *t.* 85. *f.* 9.
Habitat in Æthiopia. ♄

ARACHIS.

1. ARACHIS. *Hort. cliff.* 353. *Hort. upf.* 228. *Roy. lugdb.* 390. *hypogaea.*
Arachidna quadrifolia villosa, flore luteo. *Plum. gen.* 49. *Ehret. pict. t.* 5. *f.* 3.
Senna tetraphylla f. Absi congener hirsuta maderaspatensis, folliculos sub terra condens. *Pluk. alm.* 341. *t.* 60. *f.* 2.
β. Arachidnoides americana. *Niss. act.* 1723. *p.* 387. *t.* 19.
Habitat in Brasilia, Peru. ⊙

GLYCYRRHIZA.

1. GLYCYRRHIZA leguminibus echinatis. *Roy. lugdb.* 380. *echinata.*

Aaa 3 Gly-

A　　B

A. 林奈《植物种志》第2册封面；B. 林奈命名花生

图1　林奈双名法命名花生

希腊语，意为野草；hypogaea 意为地下洞室或果实长在土壤下的草本植物。

《中国高等植物(修订版)・第 7 卷》(2012)记载落花生："一年生草本。根部具根瘤。茎直立或匍匐，长 30～80 cm，有棱，密被黄色长柔毛，后渐变无毛。羽状复叶有小叶 2 对；托叶长 2～4 cm，被毛；叶柄长 5～10 cm，被毛，基部抱茎；小叶卵状长圆形或倒卵形，长 2～4 cm，先端钝，基部近圆，全缘，两面被，侧脉约 10 对。花长约 8 mm；苞片 2，与小苞片均为披针形；萼管细，长 4～6 cm；花冠黄或金黄色，径约 1.7 cm，旗瓣近圆形，开展，先端凹，翼瓣长圆形或斜卵形，细长，龙骨瓣长卵圆形，短于翼瓣，内弯，先端渐窄成喙状；花柱伸出萼管外，柱头顶生，疏被柔毛。荚果长 2～5 cm，径 1～1.3 cm，膨胀，果皮厚。原产巴西。我国南北各地均有栽培，世界各地亦广为栽培。为重要的油料作物之一种子含油量达 45%，除供食用外，还是制皂、生发油和化妆品的重要原料；油麸为肥料和饲料；茎、叶为良好的绿肥。种子有润肺补脾、养胃调气、强壮的功能。"植物形态如图 2 所示。

图 2　花生植物形态图

(《中国高等植物图鉴》，1983)

二、各部分结构

(一) 叶

叶是花生光合作用的重要器官。叶的发育程度及总叶面积的大小，都会直接影响花生光合作用，具有足够而适当的叶面积是花生高产的基础。

花生的叶分为不完全叶和完全叶（真叶）两种。每一枝条第一节或第一、第二甚至第三节着生的叶是鳞叶，属不完全叶。两片子叶亦可视为主茎基部的两片鳞叶。花生的真叶为 4 小叶羽状复叶，包括托叶、叶枕、叶柄、叶轴和小叶片等部分。小叶两两对生，着生在叶柄上部的叶轴，小叶数偶尔亦有多于或少于 4 片的畸形叶。小叶叶柄极短，叶片全缘，边缘着生茸毛。小叶叶面较光滑，具有羽状网脉，有的叶脉具有红色素，叶背面主脉明显突起，着生茸毛。复叶叶柄细长，一般 2～10 cm，生有茸毛，叶柄上有一纵沟，由先端通达基部，基部膨大部分为叶枕，小叶基部亦有叶枕。叶柄基部有两片窄长的托叶，托叶约有 2/3 的长度与叶柄基部相连，其形状可作为鉴别品种的依据之一。

花生小叶片的叶形分为椭圆形、长椭圆形、倒卵形、宽倒卵形 4 种（图 3）。叶片大小以小叶片主脉长度表示，一般 2～8 cm，变幅很大。叶片颜色可分为黄绿、淡

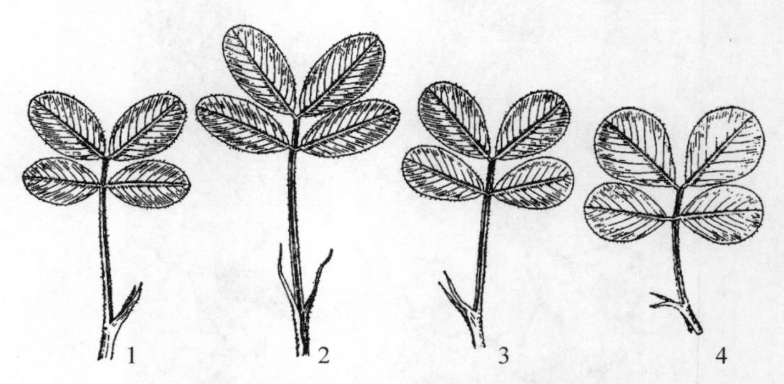

1. 椭圆形；2. 长椭圆形；3. 倒卵形；4. 宽倒卵形

图 3　花生叶片的形状

（《山东花生栽培学》2003）

绿、绿、深绿和暗绿色等。小叶片大小、形状和颜色在品种间的差异很大，是鉴别品种的重要依据之一。普通型品种一般为倒卵形，绿或深绿色，大小中等；龙生型品种多为倒卵形，灰绿色，有大有小；珍珠豆型和多粒型品种为椭圆形，一般颜色较浅，小叶片较大。同一植株上部和下部叶片形状也不一样，应以中部(基部第11～18片)叶片为准。

花生叶片由上表皮、下表皮、栅栏组织、海绵组织、叶脉维管束及大型贮水细胞组成。叶片上表皮外壁覆有角质层，上、下表皮分布着许多气孔，上表皮气孔密度大于下表皮。叶片上表皮层之下为1～4层排列紧密的短棒状细胞组成的栅栏组织，内含大量叶绿体，下为不甚发达的海绵组织，再下为一层无叶绿体的巨型薄壁细胞，称贮水细胞，厚度约占叶片厚的1/3。

(二) 茎

花生主茎直立，幼时截面圆形，中部有髓，盛花期后，主茎中、上部呈棱角状，髓部中空，下部木质化，截面呈圆形。茎上生有白色茸毛，茸毛密疏因品种而异。一般龙生型品种茸毛密集而短，多粒型品种茸毛多稀长，同一类型不同品种亦有差异。一般认为茎上茸毛多的品种较抗旱，花生主茎基部节位茸毛密度易发生变化，而中上部节位茸毛密度相对稳定，可作为鉴别品种的依据之一。花生的茎色一般为绿色，老熟后变为褐色。有些品种茎上含有花青素，茎呈现部分红色。许多多粒型和龙生型品种茎呈现深浅不等的红色。

主茎一般有15～25个节间，主要取决于生长期长短和温度，土壤水分、肥力高低亦有一定影响。北方花生区春播中熟大果品种多为20～22节，夏播花生18节左右。节间长短由下向上呈现短—长—短的变化，基部第一节间(子叶节至第一片真叶)长1～2 cm，第二至第四、第五节间极短，以后的节间逐渐伸长，而上部几个节间又明显变短。因品种类型不同，有的主茎可直接着生荚果，有的则不能直接着生。

花生茎横切面自外向里分别由表皮、皮层、韧皮部、形成层、木质部、髓部组成。

(三) 花序

花序是一个着生花的变态枝，花生的花序为总状花序，花序轴每一节上着生1片苞叶，其叶腋内着生1朵花，有的品种花序轴很短，仅着生1～2朵或3朵花，近似簇生，称为短花序；有的品种花序轴明显伸长，可着生4～7朵花，偶尔着生10朵以上，称为长花序；有的品种在长花序上部又长出羽状复叶，不再着生花朵，使花序又转变为营养枝，通常称为混合花序；有的品种在侧枝基部有几个短花序着生在一起，形似丛生，通常称为复总状花序。根据花序在植株上着生部位和方式，可将花生分成连续开花型或称连续分枝型和交替开花型或称交替分枝型两种。

花生的花为两性完全花，由苞叶、花萼、花冠、雄蕊和雌蕊组成(图 4)。苞叶两片、绿色，其中一片桃形较短，着生在花序轴上，包围在花的外面，称外苞叶；另一片较长，可达 2 cm，先端形成二分歧状，称内苞叶；花萼位于内苞叶之内，下部联合成一个细长的花萼管，萼管上部为 5 枚萼片，其中 4 枚连合，1 枚分离，萼片呈浅绿、深绿或紫绿色，花萼管多呈黄绿色，被有茸毛，长度一般 3 cm 左右；花冠蝶形，从外向内由 1 片旗瓣、2 片翼瓣和 2 片龙骨瓣组成，一般为橙黄色，亦有深黄或浅黄色的品种，旗瓣最大，具有红色纵纹，翼瓣位于旗瓣内龙骨瓣的两侧，龙骨瓣 2 片愈合在一起，向上方弯曲，雌雄蕊包在其内。

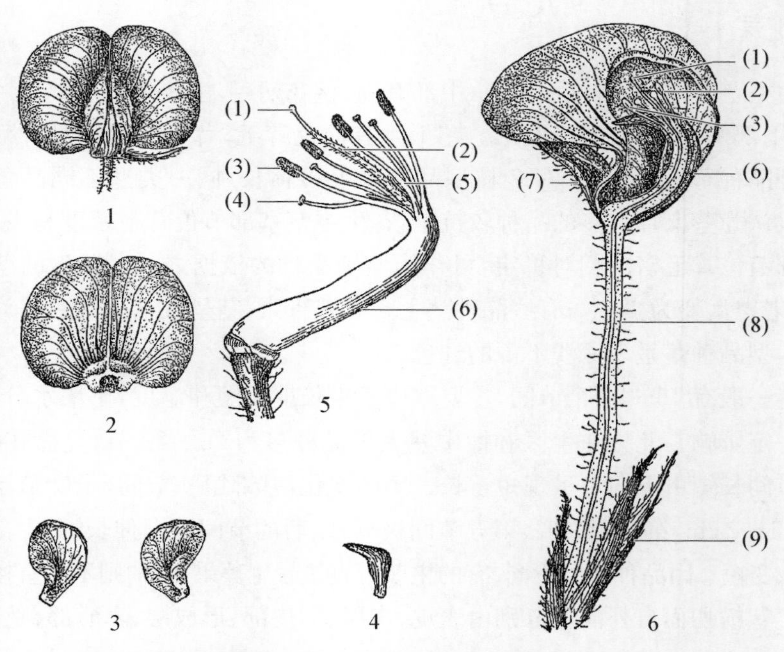

1. 花冠；2. 旗瓣；3. 翼瓣；4. 龙骨瓣；5. 雌雄蕊；6. 花的纵剖面
(1)柱头；(2)花柱；(3)发育完全的雄蕊；(4)发育不完全的雄蕊；
(5)退化的雄蕊；(6)雄蕊管；(7)花萼；(8)花萼管；(9)苞叶

图 4　花生花的构造

(中国农业科学院花生研究所《花生栽培》1963)

每朵花有雄蕊 10 枚，其中 2 枚退化，故一般只有 8 枚。少数品种退化 1 枚，可具有 9 枚雄蕊，还有少数品种不退化，具有雄蕊 10 枚。有些花着生在茎的基部，且为土壤所覆盖，一般称其为地下花。雄蕊花丝的中下部愈合形成雄蕊管(故为单体雄蕊)，前端离生，通常 4 长 4 短相间而生。雌蕊位于花的中心，分为柱头、花柱、子房三部分，细长的花柱自花萼管至雄蕊管内伸出，柱头密生茸毛，顶端略膨大呈小球形。子房位于花萼管及雄蕊管基部，子房上位，一室，内有一至数个胚珠，子房基部有子房柄，在开花受精后，其分生延长区的细胞，迅速分裂使子房柄伸长，把子房推入土中，这一过程称为下针。花生的胚受精后 3～6 d，即可形成肉眼可见的子房柄。子房柄连同其先端的子房合称果针。子房位于果针先端约 1 mm 内，其后 1～2 mm 为子房柄细胞分裂区，再后至 4～7 mm 为细胞延长区。

能够受精结实的花为有效花，不能受精结实的为无效花，有效花和无效花在形态结构上没有多大差别。有些花着生在茎的基部，被土壤覆盖，一般称为地下花。在连续开花型品种中(如伏花生)常见此种花，它们也能受精结实。

(四) 根

花生的根属于直根系，由一条主根和多条次生侧根组成，形成圆锥根系。主根由胚根长成，由主根上分生出的侧根称一次(级)侧根，一次侧根分生出的侧根称二次侧根，依此类推。主根维管束为四元型，四列一次侧根在主根上呈“十”字状排列，侧根为二元或三元型。胚轴和侧枝基部亦可发生不定根。根的初生结构由外向内依次为表皮、皮层、内皮层、维管束鞘、初生木质部、初生韧皮部和髓部。花生初生根形成木栓层后，内皮层及其外面的皮层即脱落。花生开花后，根上可长出不定根并形成根瘤。

花生根系的生长因品种类型、土壤结构、土壤水分状况和栽培措施不同而有很大差别。普通型品种根系分布深而广，珍珠豆型品种根系分布浅，普通型品种中晚熟爬蔓品种根系规模明显大于中熟直立品种。土层深厚、质地良好的土壤，有利于根系充分生长。

(五) 荚果和种子

1. 荚果

花生果实为荚果。花生果壳外观一般可见 12 条纵脉，其间有许多小维管束相通，形成若干纵横支脉。果壳脉纹的深浅因品种类型、成熟度及土壤环境而异。龙生型花生成熟度好或黏紧土壤中所产生的荚果脉纹较深。成熟荚果的果壳坚硬，成熟时不开裂，多数荚果具有 2 室亦有 3 室以上者，各室间无横隔，有或深或浅的缩缢，称果腰。荚果的先端突出似鸟喙状，称果嘴，其形状可分为钝、微钝和锐利 3

种。荚果形状因品种而异,大体可分为普通形、斧头形、葫芦形、蜂腰形、蚕茧形、曲棍形、串珠形 7 种(图 5)。

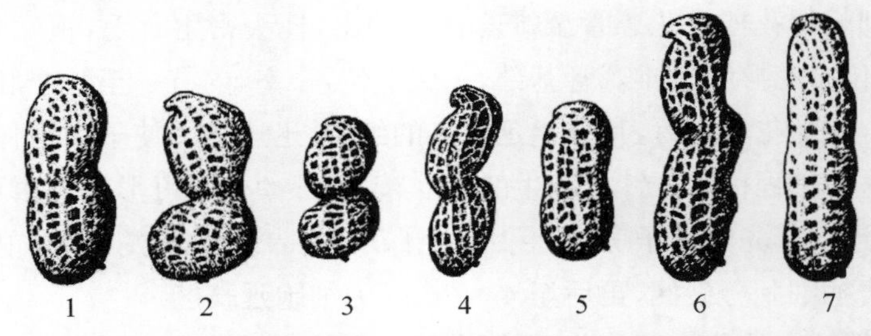

1. 普通形;2. 斧头形;3. 葫芦形;4. 蜂腰形;5. 蚕茧形;6. 曲棍形;7. 串珠形

图 5　花生荚果果形

(中国农业科学院花生研究所《花生栽培》1963;万书波等《中国花生栽培学》2003)

生产上常将荚果按成熟程度不同分为 3 个类别,饱果、秕果和幼果。饱果:籽仁充分成熟,呈现品种本色,果壳全部变硬,内果壳出现黑斑。秕果:籽仁可食用,但未饱满,果壳网纹开始清晰,但尚未完全变硬。幼果:子房呈鸡头状至体积达最大,籽仁尚无食用价值,荚果干后皱缩。山东省花生研究所(1982)绘制了花生荚果发育过程形态变化(图 6)。

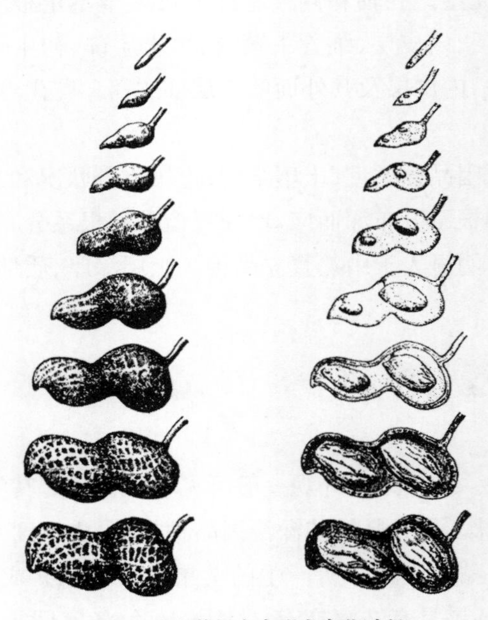

图 6　花生荚果发育形态变化过程

(中国农业科学院花生研究所《花生栽培》1963;万书波等《中国花生栽培学》2003)

2. 种子

花生种子通常称为花生籽仁、花生仁(俗称花生米),着生在荚果的腹缝线上。花生种子由种皮和胚两部分组成。胚又分为胚根、胚轴、胚芽和子叶(图7)。花生种子的种皮、子叶、胚的各种化学成分的含量也不一样,子叶含油率最高。花生种子的成分,主要为氮、钾、磷、钠、镁、钙、硫、铁等元素,其中以氮、钾、磷的含量最多,其次为钠、镁、钙等。完成休眠并具有发芽能力的花生种子,在适宜的外界条件下即能萌发生长。

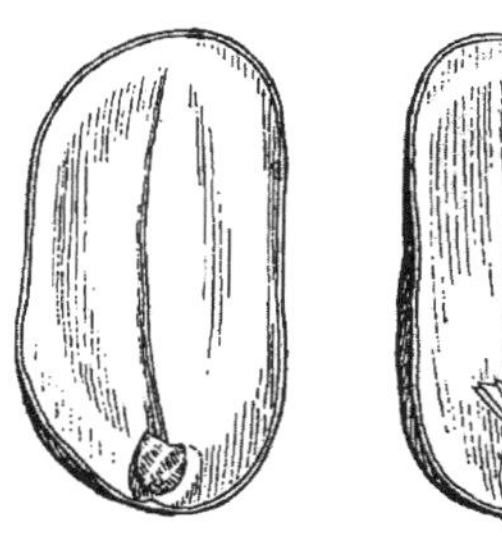
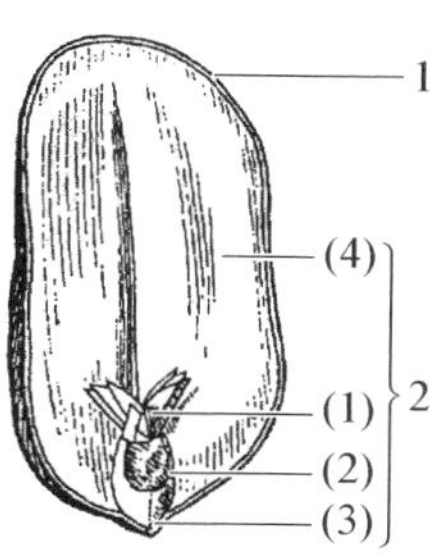

1. 种皮;2. 胚
(1)胚芽;(2)胚轴;(3)胚根;(4)子叶

图7　花生种子构造

(中国农业科学院花生研究所《花生栽培》1963)

花生成熟种子的外形,一般是一端钝圆或较平(子叶端),另一端较突出(胚端)。种子形状可分为椭圆形、三角形、桃形、圆锥形和圆柱形5种(图8)。品种间种子形态差异较大,基本上受荚果形状制约,同时与栽培条件亦有一定关系。品种间种子大小差异很大,主要取决于品种遗传特性,自然条件和栽培措施对其也有一定影响。通常以饱满种子的百仁重表示花生品种的种子大小,大体可分为大果(粒)、中果(粒)、小果(粒)3种。百仁重80 g以上为大粒种,50～80 g为中粒种,50 g以下为小粒种。花生种子含有大量脂肪和蛋白质,维生素 B_1、B_6 含量也很丰富,并含有少量的维生素D、E。播种后,花生种子逐步完成萌发、出土露苗等生长过程(图9)。

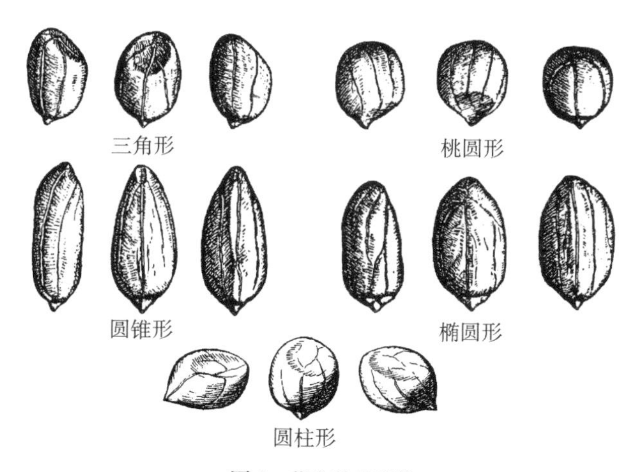

图8　花生种子形状

(山东省花生研究所1982;万书波等《中国花生栽培学》2003)

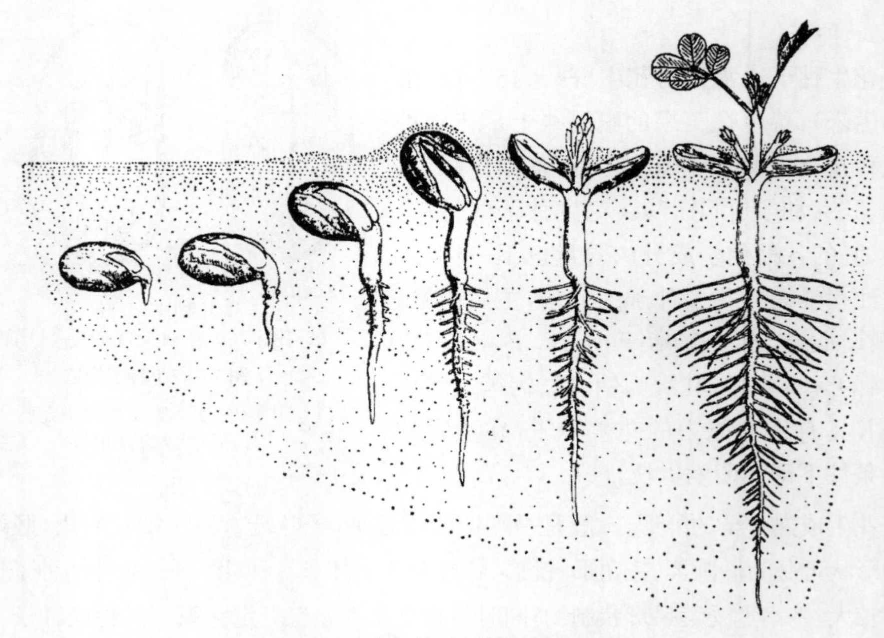

图9　花生种子发芽出土过程

（万书波等《中国花生栽培学》2003）

第二节
花生品种植物学类型

植物学家 Richter(1899 年前后)提出了花生分枝模式的概念,美国著名花生科学家 W. C. Gregory(1951)以分枝型和生殖枝的着生部位进行花生品种的分类,W. C. Gregory、Burning、熊泽、Krapovickas 相继开展花生品种分类研究。1994 年 Krapovickas 和 Gregory(1994)将栽培种花生分为 2 个亚种共 6 个变种,ssp. *hypogaea*(var. *hypogaea* 和 var. *hirsuta*)、ssp. *fastigiata*(var. *fastigiata*、var. *peruviana*、var. *aequatoriana* 和 var. *vulgaris*)。这一分类系统不仅容易使分类系统复杂化,而且与植物学家的分类系统存在一些分歧。

孙大容(图 10)从 1951 年调查了几千份资源进行大量的性状调查,包括叶片着生、叶片性状、开花方式、分枝方式、结果性状、籽仁性状、根系性状等开始花生品种进行分类。孙大容 1956 年提出中国花生品种农艺学分类意见,1959 年进行修改,1963 年通过研究国内外收集的 2 378 份材料进一步修订,并发表《中国栽培花生的品种分类》,正式形成中国花生品种的分类系统,并一致得到了全国花生科技工作者的共识。孙大容(1988)以分枝习性、开花习性、荚果和种子形状等为依据,将花生资源分为 4 大类型:普通型、龙生型、多粒型和珍珠豆型,后来又增加了亚种间杂交形成的中间型,主要性状对比见表 1。

图 10　孙大容

表 1 不同类型花生主要性状对比

性状	普通型 (var. *hypogaea*)	龙生型 (var. *hirsuta*)	多粒型 (var. *fastigiata*)	珍珠豆型 (var. *vulgaris*)	中间型
荚果形状	普通形	曲棍形	圆棍形	葫芦形、茧形	由不同亚种间杂交产生。该类花生有时主茎上着生花序，但分枝上花的着生形式是交替的；有时主茎上不着生花，分枝上花的着生形式是连续的。在植物学分类上不很稳定，后续世代的种植中经常有分离现象，国外称为"不规则型"(irregular type)。
荚果龙骨	无	明显	无	无	
荚果缩缢	无或浅	有、深	不明显	有、深	
果嘴	无或圆钝	尖而弯	无	不明显	
荚果空腹	大	无或小	小	小	
种子形状	椭圆形	圆锥形	不规则	近圆形	
种皮色	淡红	暗褐、花斑	乳白、红、紫	乳白、红	
种子表面	光滑	凹痕、棱角	光滑	光滑	
茎枝茸毛	不明显	密而长	不明显	不明显	
茎枝花青素	无或不明显	有	深	无或不明显	
生长习性	直立、半匍匐、蔓生	匍匐	直立、后期倾倒	直立	

注：按万书波等《中国花生栽培学》(2003)。

中国花生五大品种类型中普通型和龙生型遗传多样性较高，中间型和多粒型遗传多样性较低；多粒型与珍珠豆型花生表型性状极为相似，多粒型和龙生型种质与其他种质的配合力不强，后代变异大，分离严重，不易稳定；普通型和龙生型种质两个品种群的遗传变异最为广泛。普通型主要见于黄河流域花生区，珍珠豆型多见于东南沿海花生区，龙生型则多见于长江流域花生区，多粒型在黄河流域和长江流域分布量则差不多。

按照开花类型，将花生分为交替开花和连续开花两大类群，四大类型中普通型和龙生型均为交替开花，多粒型和珍珠豆型均为连续开花，性状比较见表 2。

表 2 不同类群花生主要性状对比

性　状	交替开花类群 (普通型、龙生型)	连续开花类群 (多粒型、珍珠豆型)
分枝系统	交替开花	连续开花
主茎花枝	无	有
叶形	倒卵圆形	椭圆形
叶色	深绿	淡绿
种子休眠性	强	弱
生育期	长	短
种皮色	乳白、粉、红、褐	浅红、褐、花色

注：引自万书波等《中国花生栽培学》(2003)。

一、普通型

荚果普通形，较大，壳较厚，果嘴不明显，网纹较浅，种子二室，籽粒椭圆形，种皮粉红或棕红色；茎枝较粗，分支较多；交替开花型，主茎不着花；花期较长，花量大；小叶倒卵形，绿色至深绿色；生育期较长，春播 140～180 d；种子休眠期长，一般 50 d 以上；种子发芽要求较高温度，一般 15 ℃以上。其株丛形态有直立、半匍匐和匍匐三种。分布最广，主要在北方大花生区和长江流域春、夏花生交作区，是出口主要类型。

二、珍珠豆型

荚果蚕茧形或长葫芦形，较小，壳薄，网纹较细，种子二室，种子圆形或桃形；连续开花型主茎可着花；开花早，花量少，花期较短，结荚期也短，结荚集中；分支性弱，第二次分枝少，无第三次分支；叶形大，叶色淡，椭圆形，叶片较大；株丛直立，株型紧凑，结果集中；早熟，生育期短，春播 120～130 d；种子休眠期短或无，收获时易田间发芽；种子发芽的温度较低，一般为 12 ℃。

三、龙生型

荚果曲棍形，有明显的果嘴和龙骨状突起，3 室或 4 室，种子圆锥形或三角形，种皮红色或暗褐色；交替开花型，主茎不着花；分支性很强，有三次以上分支；开花期长，花量多；叶片小、倒卵形，深绿或灰绿色；生育期长，春播 150 d 以上；种子休眠期长；种子发芽温度高，一般 15～18 ℃；株型匍匐形（少数丛生型），抗旱、耐瘠性很强。结果分散，果柄强度极弱，极易落果，不易收获。现在生产上种植较少，育种科研工作者对该类型种质资源保留较多，常用于育种。

四、多粒型

荚果串珠形，3～4 室，果壳薄，果嘴果腰均不明显，果壳厚，网纹平滑，种子圆形或三角形，种皮紫红或深红色；连续开花型，主茎着花；分支性弱，无三次分支；株丛高大、直立，后期易倾倒；叶片大、椭圆形或长椭圆形，浅绿或黄绿色；花期长、花量大、结果集中；成熟特早，春播 120 d 左右；种子休眠期较短，收获时易发芽，适于无霜期短，温度低的地方种植。该类型品种抗旱耐涝性差，种子休眠期短，在东北短生长期地区种植较广，其他地区易徒长，不宜密植，产量低。

五、中间型

荚果普通形或葫芦形，果形大或偏大，二室，果嘴明显，网纹浅或中等，株型直立，植株高大或中等，分支少；连续开花型，开花量大；生育期 120～150 d；适应性较广，丰产性好。中国黄淮流域和长江流域各省选育的高产新品种多数属于这种类型。

第二章

花生染色体和基因组学研究

第一节
花生染色体研究

花生属物种是亚热带豆科植物，起源于南美洲，主要分布在巴西与巴拉圭中部、阿根廷北部、玻利维亚东部、乌拉圭西部，目前已经被描述的物种有 81 个。花生属野生种包括二倍体和四倍体两种倍性，染色体基数有 9 和 10 两种情况，染色体数目有 18、20 和 40 三种类型。基于形态、地理分布、杂交亲和性以及细胞学等特征，花生属物种被分为 9 个区组（section）：花生区组、大根区组、根茎区组、直立区组、围脉区组、匍匐区组、异形花区组、三粒区组和三叶区组。花生区组是花生属中最大的一个区组，除栽培种 *A. hypogaea* 和野生种 *A. monticla* 为四倍体外，其他均为二倍体种。由于花生区组的野生植物与栽培种花生亲缘关系较近，野生种染色质更容易通过远缘杂交导入到栽培种中，因而花生区组的二倍体种也成为众多学者研究花生属植物细胞学的一个重要方面，主要包括：*A. batizocoi*、*A. cardenasii*、*A. duranensis*、*A. spegazzinii*、*A. diogoi*、*A. correntina*、*A. stenosperma*、*A. villosa* 等。

一、A、B 染色体组

20 世纪 30 年代，Kawakami（1930）首次利用显微镜观察到花生栽培种染色体数目是 40 条，Husted 等（1930）观察分析了花生栽培种 20 对染色体特征，发现了一对特别小的染色体，并定名为"A"染色体，另一对具有明显次缢痕的染色体定为"B"染色体。Husted（1936）和 Smartt（1964）认为栽培种花生可能是两个二倍体种杂交的结果，是一个源于偶然的减数分裂过程中染色体不减数形成的多倍体，也是一个区段异源的四倍体。Smartt(1964)和Raman(1976)提出花生区组的二倍体种除*A. batizocoi*外都有一对特别小的“A”染色体,其染色体组称为“A”染色体组,把没有“A”染色体的*A. batizocoi*称为“B”染色体组。Smartt等(1978)认为花生栽培种是由两个具有不同染色体组的二倍体野生种通过自然杂交形成的杂种再经一次性加倍进化形成。后来杂交试验进一步证明,具有“A”染色体的物种进行种间杂交时,杂种的花粉育性和结实性都比较高。Gregory(1979)、Hammons(1982)研究发现,栽培种花生有A和B两种基因组染色体,2n=2x=40。由此确定了栽培种花生的核型有两个染色体组的分化。根据染色体的这种标志,花生栽培种基因组被定名为A亚染色体组和B亚染色体组或A亚基因组和B亚基因组。Raina等(1999)利用荧光染料4′,6-diamidino-2-phenylindole(DAPI)染色,发现花生A亚基因组染色体着丝粒异染色质区域存在明亮的染色条带,而B亚基因组存在弱的或没有着丝粒条带,因此可以利用这些特征区分花生栽培种的A和B亚基因组。随着基因组测序和人工DNA合成技术的发展,通过生物信息学分析基因组信息获取并人工合成重复序列或单拷贝寡核苷酸序列,Du等(2018)和Fu等(2021)开发了一系列花生重复序列寡核苷酸探针,大幅提高了花生栽培种染色体的分辨率,初步构建了与基因组参考图谱对应的花生栽培种染色体核型,明确了栽培种A和B亚基因组染色体的特征,例如:染色体A08为小染色体;45S rDNA位点位于A07、A10、B06、B07、B08染色体上,5S rDNA位点位于A06和B06染色体,A01、A05和B09染色体存在中间插入端粒序列(ITRs)等染色体特征。

Gregory(1979)、Hammons(1982)、Stalker等(1991)研究表明A、B染色体组之间存在着相当大的同源性。Kochert(1991)、Weissinger(1992)、Krapovickas(1994)、Stalker(1992、1995)研究表明,*A. hypogaea*和*A. monticola*来源于异源多倍体,存在高度同源性,多态性较小,RFLP变异水平较低,而二倍体种A、B染色体组之间染色体组差异大。Bertioli(2006)通过大重排分化的同源染色体之间的大小差异往往大于共线染色体之间的差异,因为经过倒置的*A. duranensis*染色体比预期的要小,在这种动态情况下,DNA的清除已超过了其积累。

Smartt等(1978)提出花生区组里的几个野生种可能是栽培种A染色体组的供体,其中*A. cardenasii*最有可能是A染色体组的供体,而*A. batizocoi*是B染色体组供体的可能性极大。Paik-Ro等(1992)利用RFLP标记研究表明,*A. duranensis*是跟栽培种花生亲缘关系最近的二倍体野生种。Hilu等(1995)通过RAPD标记研究,指出*A. duranensis*可能是栽培种A染色体组的供体,*A.*

batizocoi 不一定是 B 染色体组的供体。Singh 等(1998)认为只有当 *A. ipaensis*(有的写作 *A. ipaënsis*)和 *A. duranensis* 杂交产生可育的双二倍体并再与栽培种杂交产生可育杂种,才能证明其是栽培种祖先,认为 *A. batizocoi* 依然有可能是 B 染色体组的供体。唐荣华等(2007、2008)用 SSR 和 AFLP 两种分子标记技术证明 *A. cardenasii*、*A. batizocoi* 与栽培种的亲缘关系较远,不大可能是花生栽培种的祖先,认为 *A. duranensis* 是花生栽培种的祖先之一。Fávero 等(2006)成功构建了由二倍体种 *A. ipaensis* 和 *A. duranensis* 组成的双二倍体,并利用所获得的双二倍体分别与栽培种花生五大植物学类型种质杂交,产生了杂种后代植株,提出 *A. ipaensis* 和 *A. duranensis* 野生种是栽培种二倍体祖先种的假说。Seijo 等(2007)使用了 4 个含 A 基因组的野生种与 3 个含 B 基因组的野生种为模板 DNA 标记探针,分析了栽培种花生进行双色 GISH,认为 *A. monticola* 与*A. hypogaea* 基因组之间存在着密切的关系,*A. duranensis* 和 *A. ipaensis* 是栽培种花生 A、B 亚基因组可能的供体。Seijo 等(2007)使用了 4 个含 A 基因组的野生种与 3 个含 B 基因组的野生种为模板 DNA 标记探针,分析了栽培种花生进行双色 GISH,认为 *A. monticola* 与*A. hypogaea* 基因组之间存在着密切的关系,*A. duranensis* 和 *A. ipaensis* 是栽培种花生 A、B 亚基因组可能的供体。利用 rDNA FISH 核型结合野生种地理分布等分析,Robledo 等(2009、2010)支持*A. duranensis* 和 *A. ipaensis* 是四倍体花生栽培种最可能的供体祖先种。基于基因组测序分析,Bertioli 等(2016)认为 *A. duranensis* 在最有可能的栽培种花生起源的地理区域被许多遗传多样性的种群所代表,而 *A. ipaensis* 仅被知道来自一个单一的地点(在那里它可能已经消失)。

二、"四体"构象

最近研究的"四体"构象打破了传统研究思路。Leal-Bertioli(2015)、Bertioli(2016)、Nguepjop(2016)、Clevenger(2017)和 Leal-Bertioli(2018)推断出栽培种花生的染色体末端可能已经从预期的 AABB 结构转变为 AAAA 或 BBBB 结构,表明花生遗传具有特定的复杂性。Bertioli 等(2017)认为祖先基因组之间的遗传交换可以推断为同源染色体共线对的末端,在这些区域基因组结构不是预期的 AABB,但可以更好地描述为 AAAA 或 BBBB,即"四体"构象。Bertioli 等

(2019)指出考古遗迹和残余种群与自然分布相去甚远,并且存在二倍体驯化物种(*A. villosulicarpa*)证明了至少4个二倍体物种的大规模广泛种植;在不同的资源中 *A. hypogaea* 和 *A. monticola* 一些四体区存在差异,在某些基因组区域一些花生品种具有AAAA基因组结构,而其他品种具有BBBB基因组结构。

第二节
花生基因组学研究

栽培种花生是一种异源四倍体物种，基因组由 A 和 B 两个亚基因组组成，即 AABB(2n＝4x＝40)，基因组大小约 2.7 Gb。Kochert 等(1991)、Kochert 等(1996)、Simpson(2001)、Eijo(2007)、Robledo 等(2009)、Grabiele 等(2012)、Moretzsohn(2013)、Bertioli(2016)通过遗传学、细胞遗传学、系统地理学和分子生物学研究表明，二倍体 *A. duranensis*(AA，2n＝20)和 *A. ipaensis*(BB，2n＝20)杂交可能形成异源四倍体花生。

Bertioli 等(2016)在 *Nature Genetics* 上发表了两个二倍体野生祖先种 *A. duranensis* 和 *A. ipaensis* 的基因组，两个基因组大小分别为 1.211 Gb 和 1.152 Gb，分别包含了 635 392 和 759 499 个 scaffold，scaffold N50 分别为 947.95 kb 和 5 343.28 kb。Chen 等(2016)在 PNAS 发表了野生二倍体 *A. duranensis* 的基因组，基因组大小 1.05 Gb，包含了 8 173 个 scaffold，scaffold N50 为 649.84 kb。Lu 等(2018)在 *Frontiers in Plant Science* 发表了二倍体野生种 *A. ipaensis* 的基因组，基因组大小 1.39 Gb，包含了 79 408 个 scaffold，scaffold N50 为 170.05 kb。Yin 等(2018)在 *GigaScience* 发表了四倍体野生种 *A. monticola* 的基因组，基因组大小 2.62 Gb，包含了 3 417 个 scaffold，scaffold N50 为 124.92 Mb。Bertioli 等(2019)在 *Nature Genetics* 发表了四倍体栽培种花生 Tifrunner 的基因组，基因组大小 2.552 Gb，包含了 384 个 scaffold，4 037 个 contig，约占整个基因组大小的 99%，scaffold N50 约为 135.2 Mb，contig N50 约为 1.5 Mb。Zhuang 等(2019)在 Nature Genetics 发表了四倍体栽培种花生品种狮头企的基因组，基因组大小 2.54 Gb，包含了 1 297 个 scaffold，scaffold N50 为 135.11 Mb。Chen 等(2019)在 *Molecular Plant* 发表了四倍体栽培种品种伏花生的基因组，基因组大小 2.55 Gb，包含了 86 个 scaffold，scaffold N50 为 56.57 Mb。

人类的行为对花生的形成起到了关键性的作用，只有人类将*A. ipaensis*运输到*A. duranensis*的范围内，杂交才有可能产生*A. hypogaea*。因此，最有可能的是人类参与了种子运输并建立了种群，最终形成了*A. hypogaea*。Bertioli(2016)研究指出，大约9 400年前(通过核苷酸多样性估计)，人类将B基因组物种*A. ipaensis*转移到"A"基因组物种*A. duranensis*的范围内，使它们能够杂交并形成花生。

Bertioli(2016)估计*A. duranensis*和*A. ipaensis*的分离发生在约216万年前，确定了转座因子分别占*A. duranensis*和*A. ipaensis*基因组的61.7%和68.5%；在一组9 236个基因家族中，其成员为*A. ipaensis*或*A. duranensis*，或两者兼有，有2 879个在*A. ipaensis*有更多家族成员，1 983个在*A. duranensis*有更多家族成员，4 374个在*A. ipaensis*和*A. duranensis*具有相同的成员数，*A. ipaensis*的所有假分子都比*A. duranensis*的大；主要的重排都发生在A基因组谱系中。二倍体A基因组与*A. hypogaea*序列的相似性明显低于B基因组染色体。

虽然栽培种花生与其野生亲本之间的农艺性状有显著差异，但Fávero等(2006)、Nielen等(2012)、Samoluk等(2015)研究表明，花生自多倍体化以来，A亚基因组和B亚基因组几乎没有变化。Samoluk等(2015)报道了栽培种花生的*A. duranensis*(1.25 Gb)、*A. ipaensis*(1.56 Gb)基因组大小。栽培种花生基因组大小(2.7 Gb)接近*A. duranensis*和*A. ipaensis*基因组总和，表明自多倍性以来，基因组大小没有太大变化。栽培种花生的亚基因组紧密相关，这些基因组与栽培种花生A、B亚基因组相似，可用于鉴定候选抗病基因、指导四倍体转录组组装和检测栽培种花生亚基因组间的遗传交流。Bertioli等(2016)完成二倍体祖先*A. ipaensis*(1.025 Gb)和*A. duranensis*(1.338 Gb)基因测序，*A. ipaensis*所有的假基因均大于其*A. duranensis*，并且*A. ipaensis*可能是栽培种花生B基因组的直接后代。根据栽培种花生*A. ipaensis*基因组和B亚基因组DNA的高度同源和生物地理证据，推断*A. ipaensis*可能是贡献B亚基因组的直系后代。

在一些情况下，*A. hypogaea*的B亚基因组已变为无效，而A亚基因组已变为四体(产生AAAA的基因组，而不是预期的AABB)，但底部约3 Mb的染色体04对于A亚基因组似乎是无效的，而对于B亚基因组则是四体基因(BBBB)。*A. duranensis* V14167与*A. hypogaea*的A亚基因组的分离时间估计为24.7万年前，以及*A. ipaensis*与*A. hypogaea*的B亚基因组的分期时间估计最近约9 400年前，当时该地区开始有早期居民；遗传交换发生在A和B亚基因组之间，获得了183 062个组装的*A. hypogaea*转录物，其中88 643个(48.42%)被初步分配到A亚基因组，94 419个(51.58%)被分配到B亚基因组。Bertioli等(2016)研究表明，花生二倍体祖先*A. duranensis*和*A. ipaensis*，二倍体种与栽培种的染色体假分子显示出高度的相似性，但栽培种花生B亚基因组与*A. ipaensis*的基因组几乎完全相同，这种相似性可能暗示花生属种群可以追溯到人类最早占领南美洲的时候。

Nielen等(2012)、Moretzsohn等(2013)指出，*A. ipaensis*是在*A. duranensis*范围内发现的唯一B基因组花生野生种，它的发生地点紧邻最原始的栽培种花生品种(*A. hypogaea* subsp.)多样性中心，最显著的是*A. ipaensis*与*A. hypogaea*的B亚基因组具有极高的DNA相似性。关于花生种植的最早考古记录大约有7 800年历史，来自秘鲁，远离*A. hypogaea*或花生属物种自然分布原产地。多倍体发生的时间尚不确定，但最早的可识别的栽培种花生化石可追溯到3 500～4 500年前。大多数植物在多倍体化后，二倍体祖先和多倍体亚基因组之间的序列同源性将通过遗传重组在后代中分散。但B型基因组在花生中持续存在，可能是因为*A. ipaensis*和*A. hypogaea*中极端的遗传瓶颈和生殖隔离。

Samoluk等(2015)检测了*A. duranensis*和*A. ipaensis*基因组大小分别为1.25 Gb和1.56 Gb，Bertioli等(2017)指出栽培种花生基因组大小接近于*A. duranensis*和*A. ipaensis*的总和，表明自多倍体以来基因组大小变化不大。Bertioli等(2016)对*A. ipaensis*、*A. duranensis*、*A. hypogaea*基因组研究取得了一定成效。*A. ipaensis*所有假分子都比*A. duranensis*的大，部分原因是*A. ipaensis*局部重复频率更高，转座子含量更高。发现了*A. hypogaea*的A和B亚基因组之间遗传重组的不同信号，这种重组削弱了四倍体亚基因组与其相应二倍体基因组之间的相似性，*A. hypogae*a的B亚基因组变为无效，A亚基因组变为四体，即AAAA，而不是预期的AABB。栽培种花生基因组A和B亚基因组之间发生了遗传交换，最有可能通过四倍体重组发生的，但在Holiday交叉信息表达尚未完成时也可能进行基因转化。

*A. monticala*与*A. hypogaea*亲缘关系很近，有很高的亲和性，杂交完全亲和。Raina等(2001)研究表明：证明*A. monticola* (2n=4x=40)和*A. hypogaea*亲缘关系较近，推测二倍体野生花生*A. villosa*和*A. ipaensis*是四倍体栽培花生*A. hypogaea*和*A. monticola*的祖先。Fávero等(2006)已成功构建了由二倍体种*A. ipaensis*和*A. duranensis*组成的双二倍体，并利用获得的双二倍体分别与栽培种六大植物学类型种质杂交，产生了杂种后代植株，证实*A. ipaensis*和*A.*

duranensis 野生种是栽培种二倍体祖先种的假说。

Moretzsohn(2013)基于果实结构将 *A. monticola* 与 *A. hypogaea* 区别开。殷冬梅等(2018)首次提供了 *A. monticola* 基因组,从 *A. monticola* 成功区分和分离与其二倍体祖先 *A. ipaensis* 和 A. duranensis 相对应的两个亚基因组 A. mon-A 和 A. mon-B。Grabiele(2012)预测,花生是从阿根廷北部的 *A. monticola* 驯化而来的。David J. Bertioli 等(2019)指出 *A. hypogaea* 和 *A. monticola* 亲缘关系密切,且均为单倍体起源,但 *A. hypogaea* 的同源重组产生了新的多样性。Bertioli(2016)、庄伟建(2019)研究表明,A 和 B 亚基因组的分裂时间估计在 2.6Ma 左右,*A. monticola* 起源于 *A. ipaensis* 和部分 *A. duranensis*,*A. monticola* 经四倍体化后为基生,随后出现两个亚种和六个变种的分化。Raina 等(1978)通过研究否定了 *A. duranensis* 是栽培种双亲成员,庄伟建等(2019)也证实 *A. duranensis* 不是栽培种花生 A 亚基因供体。

第三节
花生遗传图谱构建与 QTL 定位

花生抗性相关 QTL 分析或精细定位是目前花生分子标记研究的主要方向，鉴于花生基因组比较大(2 800Mb/cM，大约 2.8Gb，Feng 等，2012)，必须不断提高连锁群的标记密度和基因组的覆盖度，以鉴定与花生重要农艺性状紧密连锁的分子标记，用于标记辅助选择，缩短育种进程。

一、花生高密度遗传连锁图谱构建

花生遗传图谱的构建离不开分子标记的开发，各种类型的花生分子标记出现后，花生遗传图谱构建得到发展。

最早的低密度花生遗传图谱主要利用 RAPD、RFLP 和 AFLP 等较低密度分子标记(Halward 等，1993；Creste 等，2005；Milla 等，2005)。Halward 等(1993)构建了第一个花生遗传连锁图谱，共包含 117 个 RFLP 标记，总遗传距离 1 063 cM。Hong 等(2008)以 142 个重组自交系 RIL(recombinant inbred line)群体为材料，构建了基于 SSR 标记的花生遗传图谱，131 个标记。Varshney 等(2009)构建了一张包含 135 个 SSR 标记的遗传图谱。洪彦彬等(2009)构建了包含 108 个 SSR 标记、涉及 20 条连锁群、总长度为 568 cM 的花生栽培种遗传图谱。Hong 等(2010)构建了一张包含 175 个 SSR 标记的遗传图谱，总遗传距离为 885.4 cM。Sujay 等(2012)构建了包含 225 个 SSR 标记的遗传图谱，总遗传距离为 1 152.9 cM。Gautami 等(2012)群体构建了包含 293 个标记位点的图谱，图谱长度 2 840.8 cM；整合 11 个作图群体，构建较高密度花生遗传图谱，总遗传距离 3 863.6 cM。

Shirasawa等(2013)利用A组二倍体野生种*A. duranensis*×*A. tenosperma*、B组二倍体野生种*A. ipaensis*×*A. magna*和花生栽培种*A. hypogaea*×人工双二倍体(由*A. ipaensis*×*A. duranensis*,染色体加倍获得)分别杂交获得的3个RIL群体构建了花生遗传连锁图谱,结合已报道的13张花生连锁图谱,获得的整合图谱覆盖A、B基因组的20条连锁群、总遗传距离2 651 cM、包含3 693个标记位点、标记位点间平均距离0.77 cM,是目前花生SSR标记密度最高的一张整合遗传图谱。

随着二代测序技术的发展,SNP和SSR标记得到了广泛应用。Nagy等(2012)构建了一张包含1 054个SNP和598个SSR标记的花生二倍体野生种遗传连锁图。Zhou等(2014)利构建了一张包含1 621个SNP和64个SSR标记的栽培花生遗传连锁图。Pandey等(2017)对41份花生栽培种和野生种基因组重测序和转录组测序,筛选建立了花生58K SNP芯片系统。Luo等(2018)利用817个SSR标记在A05、A07和A08上定位到了12个与百果重、荚果长和宽相关的QTL,并在A05上找到了12个候选基因。Gaurav等(2019)采用基因组重测序技术,构建了第一个基于重测序的高密度遗传图谱,该图谱含有8 869个SNP,覆盖20条连锁群,总遗传距离3 120 cM。Khan等(2020)构建了两张分别包含1 975个SNP和5 022个SNP遗传连锁图谱。陈杨(2020)构建了包含293 606个SNP标记的高密度遗传图谱,总遗传距离1 630.82 cM。Blas等(2021)构建了一张包含1 819个SNP的遗传图谱,总遗传距离2 531.81 cM。王天宇(2021)构建了一张含有224 131个SNP标记的遗传图谱,总遗传距离1 745.453 cM。

二、花生重要性状QTL定位

深入挖掘花生种质资源所蕴含的产量性状优异基因或QTLs是培育高产品种的物质基础,QTLs分析是鉴定与重要农艺性状相关联DNA标记的有效方法。目前在花生产量、品质和抗性等性状的QTL定位方面取得重大进展。

Liang等(2009)利用QTL作图,分析了12个农艺性状,共检测到42个相关QTLs。Selvaraj等(2009)利用BSA法获得了与花生果长、仁长、百仁重、单株荚果数、株重、饱果率、含油量等有关的8个QTLs。Shirasawa等(2012)定位了23个与农艺性状相关的QTLs。Fonceka等(2012)利用标准区间作图法(SIM)检测到

1个与开花首日相关的QTL,11个与植株构成相关的QTLs,31个与荚果形态有关的QTLs,13个与籽仁形态有关的QTLs,26个与产量组成相关的QTLs。Huang等(2015)获得了主茎高、总分枝数、荚果长、荚果宽等10个农艺性状的24个QTLs。Chen等(2017)利用188个重组自交家系和609个SSR标记定位到83个QTL控制花生产量构成性状,其中56个为首次报道。Luo等(2017)利用195个重组自交系和743个分子标记在A05上定位到了1个主效QTL同时控制百果重和果长,1个主效QTL控制荚果宽,而且它们在4个环境中均稳定表达。Hake等(2017)利用432个重组自交家系和91个转座子标记定位到了3个控制荚果宽的主效QTL,分布在A05、A09和B02上。Luo等(2018)利用187重组自交系群体和817个SSR标记在A05、A07和A08上定位到了12个与百果重、荚果长和宽相关的QTL,并在A05上找到了12个候选基因。Khedikar等(2018)利用268个重组自交家系和188个分子标记定位到8个控制百粒重和2个控制粒长的微效QTL。Wang等(2018)利用SLAF标记构建的高密度遗传图谱定位到了62个与花生产量构成性状相关的QTL,位于B06和B07上的两个QTL与花生荚果和籽粒相关,且在多个环境中稳定存在。Gangurde等(2019)利用两个NAM群体对花生百果重和百粒重性状进行了QTL定位,在A05,A06,B05和B06上存在多个候选基因共同调控花生的百果重和百粒重。Alyr等(2020)利用人工合成的野生异源四倍体和栽培种连续回交构建的染色体片段置换系(chromosome segment substitution line, CSSL)和近等基因系(near-isogenic lines, NIL)在A07上精细定位到一个使花生荚果和籽粒变小的野生种基因组区域。

随着物质生活水平的提高,花生品质方面的研究也受到了越来越多的关注,花生的品质研究主要包括脂肪、蛋白质和油酸含量。Pandy等(2014)利用两个重组自交家系群体和SSR标记定位到78个主效QTL和10个上位性QTL控制花生含油量和油质相关性状。Pandey等(2014b)定位到20个PVE在10.71～45.63之间的主效QTL控制花生的油酸和亚油酸含量及油亚比。Wang等(2015)定位到30个主效QTL控制不饱和脂肪酸含量。Huang等(2015)利用SSR标记定位到与8个品质性状相关联的QTL12个。Shasidhar等(2017)利用两个F_2群体和DArT标记在2和10号染色体上定位到2个与花生含油量相关的主效QTL,在5、7～10、11、14、19号染色体上定位到20个与脂肪酸组分相关联的QTL。Liu等(2020)利用ddRAD测序技术和重组自交家系群体将花生含油量主效QTL *qOCA08.1* 定位到8号染色体上0.8 Mb的区间内,并在该区间注释到两个与花生脂肪合成的相关基因。Sun等(2022)利用全基因组重测序技术和重组自交家系群体在5号染色体上定位到与花生脂肪、蛋白和六种脂肪酸组成相关的主效QTL *qA05.1*，该区间约1.5 Mb，包含了两个有义突变位点。

在花生抵抗各种生物胁迫的遗传机制研究方面，定位到多个与花生网斑病、青枯病、锈病和晚斑病抗性相关的主效QTL。Herselman等(2004)利用ICG12991×ICGVSM 93541的200个F 2:3家系群体，获得了一个隐性抗花生丛矮病和蚜虫的标记，遗传距离3.9 cM。Khedikar等(2008)利用TAG 24×GPBD 4的RIL-4群体进行QTL作图，鉴别到1个与锈病相关的主效QTL和几个晚斑病相关的微效QTLs。Stalker等(2009)将印度的ICRISAT抗叶锈病QTL整合到3个优良品种中。Gautami等(2011)鉴定出125个耐旱相关QTLs，涉及16个基因组区域。Ravi等(2011)获得了几个与花生耐旱相关的主效QTLs和一批上位性QTLs。Sujay等(2012)获得一个抗晚期叶斑病的主效QTL，5个锈病主效QTLs，15号连锁群上包含3个QTLs的一个区段。Qin等(2012)获得2个与番茄斑萎病(TSWV)相关的主效QTLs。Liu等(2020)利用全基因组重测序和重组自交家系群体在4号14号染色体上定位到在多个环境下稳定存在的控制花生网斑病抗性的主效QTL，并在候选区间内注释到40个抗病相关基因。Wang等(2018)、Luo等(2019、2020)和Qi等(2022)利用连锁分析和BSA混池测序在12号染色体上定位到抗花生青枯病的主效QTL，并开发设计出能用于分子标记辅助选择的KASP标记。Pandey等(2017)利用BSA混池测序在3号染色体上定位到与花生锈病和晚斑病抗性相关联的SNP位点。Han等(2020)利用MutMap的方法将控制花生晚斑病抗病基因初定位在4号染色体约15.8 Mb的区间内，并在候选区间内发现一个与抗病性相关的突变位点。

第四节
花生基因组测序

花生基因组测序已经历时多年，但由于栽培的花生基因组庞大而复杂，因此基因组测序和分析非常困难。以往在花生全基因组测序不能开展的情况下，构建cDNA文库进行大规模EST测序是花生基因组研究的一条重要途径。这些EST序列来自花生的不同组织或经过不同处理后的表达产物，为功能基因的挖掘和分子标记的开发提供了丰富的资源。后来，随着新一代测序技术的诞生与快速发展，对花生进行全基因测序的计划也在逐步开展、完成。特别是从2013年以来，花生基因组测序和图谱绘制工作取得卓越的成就。2013～2019年，从宣布花生二倍体野生种全基因组测序完成到二倍体野生种A、B及栽培种"伏花生"全基因组图谱绘制，证实了栽培种花生是两个祖先野生种*A. duranensis*和*A. ipaensis*自然杂交的后代。然而，2018年，中国花生专家成功破译复杂的异源四倍体野生花生基因组密码，认为栽培种花生是由*A. monticola*驯化而来；2019年，中国又有专家提出花生野生种*A. duranensis*不是栽培种花生A亚基因供体，认为*A. monticola*起源于*A. ipaensis*和部分*A. duranensis*，*A. monticola*四倍体化后形成栽培种花生。

由此得出，花生全基因组测序先证实了栽培种花生是两个祖先野生种A. duranensis和*A. ipaensis*，此后进一步证实栽培种花生起源于*A. monticola*，而*A. monticola*起源于*A. ipaensis*和部分*A. duranensis*，*A. monticola*四倍体化后形成栽培种花生。简言之，是否可以这样推断，栽培种花生间接起源于*A. duranensis*和*A. monticola*，直接起源于*A. monticola*？现阶段研究成果表明，花生栽培种来自两个二倍体野生种，但栽培种和四倍体野生种的关系还需要要更多的直接证据。通过文献整理，中国在花生基因组方面取得的重大成果列举如下。

一、花生二倍体野生种全基因组测序和图谱绘制

2013年6月17日，由中国科学家牵头，美国、巴西等国科学家参与，由山东省农业科学院、广东省农业科学院等联合完成两个花生二倍体野生种全基因组测序(《中国广播网》2013-06-17，《福建农业科学》2013)。2014年4月2日，国际花生基因组计划(International Peanut Genome Initiative，IPGI)公布了两个花生二倍体野生种 *Arachis duranensis* 和 *Arachis ipaensis* 序列(《花生学报》《中国食品学报》，2014)。证实了栽培种花生(AABB)是两个祖先野生种 *A. duranensis*(AA)和 *A. ipaensis*(BB)自然杂交的后代，携带了两个祖先种各自独立的基因组，即花生属A基因组和B基因组。*A. duranensis* 和 *A. ipaensis* 原产地均在玻利维亚、巴拉圭到阿根廷北部一带，大约4 000～6 000年前，*A. duranensis* 和 *A. ipaensis* 自然杂交形成栽培种花生。

由于栽培种花生基因组庞大(约2.8 GB)而复杂，国际花生基因组计划首先完成了两个二倍体野生种的全基因组测序工作(即花生属A基因组和B基因组)，获得的两个二倍体野生种的序列覆盖了花生基因组96%的基因，对花生基础研究和应用研究具有里程碑意义，为大幅度提高花生的产油率提供了强力支撑，为全球研究人员和植物育种专家培育出更高产、适应性更广的花生新品种提供了重要的支撑和遗传资源。

中国科学家也分别完成了花生野生种A、B基因组测序，Chen等(2016)完成了花生野生种A基因组测序(图11-1)，Lu等(2018)完成了花生野生种B基因组测序(图11-2)。

二、花生四倍体野生种的基因组破译

Krapovickas和Rigoni(1957)最先认为栽培种花生由一种野生的异源四倍体直接衍生而来。作为栽培花生农艺性状改良的重要野生资源供体，野生四倍体花生的基因组也一直是国内外学者的研究热点。2018年，河南农业大学殷冬梅教授

团队与中国科学院等多家单位联合攻关，成功破译复杂的异源四倍体野生花生（A. *monticola*）基因组密码，首次揭示了异源四倍体野生种 A. monticola 在花生从野生二倍体到栽培四倍体的重要驯化地位；证实了异源四倍体花生中 A 和 B 亚基因组的单系起源以及在驯化过程中的亚基因组功能分化；有助于科学家和育种专家对 A. hypogaea 起源及驯化过程的理解。四倍体栽培种花生的全基因组破译，是世界花生基础生物学研究的一个里程碑，将极大地促进国际花生分子生物学、系统生物学和遗传育种学的快速发展，提高花生遗传改良效率，缩短育种周期，培育更高产、优质、抗病、安全新品种，对促进中国和世界花生产业可持续发展具有重大意义。Grabiele(2012)推测花生是由 A. monticola 驯化于阿根廷北部，但庄伟建(2019)系统发育分析表明，A. *monticola* 起源于 A. *ipaensis* 和部分 A. *duranensis*，A. *monticola* 四倍体化后为基础分化 2 个亚种和 6 个变种，并认为花生可能是从不同亚种开始的在不同的地方被独立驯化。在多倍体基因组的进化、作物的驯化以及提高花生产量和抗性等方面具有重要价值。野生花生基因组的发布对于理解花生属和豆科作物进化具有重要的科学价值，促进花生以及其他油料作物的功能基因组学发展和分子育种。

三、花生栽培种全基因组测序

Singh 和 Simpson(1994)、Simpson 等(2001)、Dillehay 等(2007)、Grabiele 等(2012)研究表明，花生至少在 3500 年前被人类驯化，自那以后一直被种植和选择。Bertioli 等(2016)比较野生的四倍体 A. *hypogaea* 和 A. *monticola*，发现了 A. *hypogaea* 的 A 亚基因组和 A. monticola 的 B 亚基因组之间的高度同源，另外两个结果相似亚基因组。A. *hypogaea* 的 At 和 Bt 染色体组代表了两个二倍体祖细胞的后代，从而证实了异源四倍体的假设。

2019 年，中国两个研究团队和美国分别发表了花生四倍体栽培种的全基因组测序结果。陈小平等完成了花生栽培种地方品种“伏花生”全基因组测序（图 11 - 3），庄伟建等完成了花生栽培种地方品种“狮头企”全基因组测序（图 11 - 4），Bertioli 等完成了美国花生育成品种 Tifrunner 的全基因组测序。福建农林大学教授庄伟建联合印度国际半干旱热带作物研究所、华北理工大学等 23 个研究机构，在全世界范围内首次破译了四倍体栽培种花生全基因组，该项研究标志着中国在

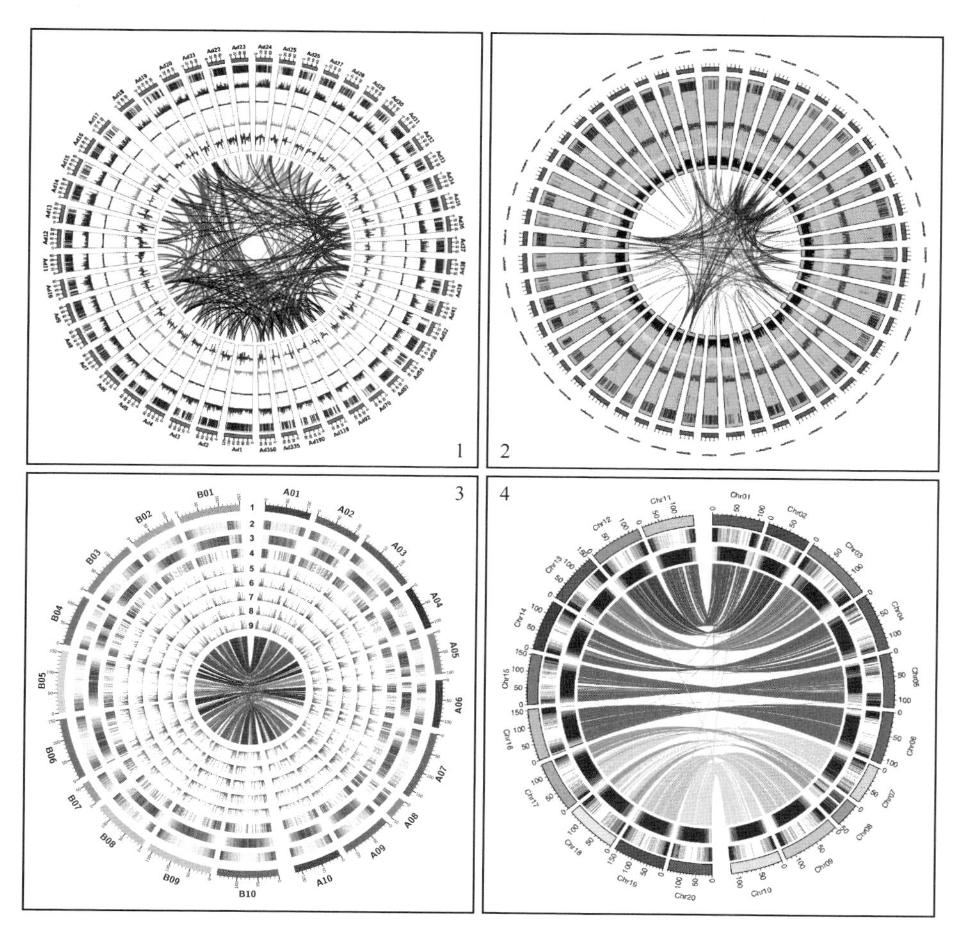

1. 野生种 A 基因组；2. 野生种 B 基因组；3. 栽培种“伏花生”全基因组；4. 栽培种“狮头企”全基因组

图 11　花生二倍体野生种 A、B 及栽培种“伏花生”“狮头企”全基因组图谱

（Chen 等，2016；Lu 等，2018；Chen 等，2019；Zhuang 等，2019）

栽培种花生基因组、花生染色体起源、花生及豆科主要类群核型演化、花生基因组结构变异、花生物种起源与分子育种研究方面处于国际领先水平。在国际上率先完成并公布了高质量栽培种花生全基因组序列和精细结构框架，并精确注释到无冗余等位基因水平；揭示了花生与其他豆科物种染色体起源、核型演化和栽培种花生基因组结构变化，重构了花生及豆科物种主要类群染色体数量和结构变化复杂历程，并发现花生核型是直接从豆科祖先染色体独立进化产生；为解释花生物种特有的生物学性状演化提供了遗传依据。首次通过基因组精细定位获得了花生种子大小、种皮颜色的决定基因、花生抗晚斑病和锈病的 R 基因簇，通过基因组也证实了诱变产生双基因隐性突变高油酸新材料。该研究使花生全基因组选择育种、精准育种和大规模基因组编辑成为可能，可大为提高花生遗传改良效率，培育更高产、优质、抗病、安全新品种。

四、首次绘制了花生三维基因组

染色质相互作用和基因组组织在基因表达调控中起着重要作用，植物基因组中染色质空间组织和染色体结构的缺乏限制了对基因调控和细胞稳态的认识。殷冬梅等(2021)首次绘制了花生三维基因组[Three-dimensional (3D) chromatin organization]图谱，综合 Hi - C、ATAC - seq、多组织表达谱联合分析和 3C 等实验揭示了染色质空间结构特征及其对花生株型的影响，拓展了人们对花生 3D 基因组与基因调控之间关系的理解，促进了花生功能基因组学研究，为开展花生遗传改良和种质创制提供了重要的理论创新与技术支撑。

栽培种花生是由两个野生二倍体杂交形成的异源四倍体，高度同源的 A 和 B 亚基因组极大增加了花生基因调控的复杂性。该研究绘制了矮秆突变体及其野生型的三维基因组图谱，发现花生的染色质结构存在大量的 A/B 区室、拓扑结构域(TADs)和广泛的染色质相互作用。花生大部分染色体臂(52.3%)存在基因密度高、转录水平高的活性区(A 区)，突变体中有 2.0%的 B 区室转换为活性区。突变体 A 亚基因组和 B 亚基因组的顺式互作数分别为 11 493 和 16 058，具有更多特异性的顺式相互作用，主要富集在 Chr. 03、Chr. 14 和 chr. 15 等染色体上。在花生 3D 图谱中，野生型和突变体共鉴定有 6 700 多个 TADs，特异性 TADs 边界对生物功能至关重要，花生 TAD 边界区基因表达水平和基因密度高、GC 含量较低，具有多个序列 Motif(HMG 和 ARF - 2)。通过 ATAC-seq 技术在全基因范围内检测突变体和野生型的染色质开放性变化，鉴定得到 1 805 个差异显著的 peaks。研究发现突变体中由于顺式元件之间的相互作用形成了一个新的 TAD，该染色质空间结构的变化使得远离目标基因的调控元件 AP2EREBP-binding motif 接近其目标基因 GA2ox gene，促进其转录，降低活性 GA 含量，最终导致植株矮化表型。该研究首次提供了花生基因组三维结构和染色质可及性的全基因组特征，为理解植物染色质组织和基因调控之间的关系提供了新的思路。

五、首次绘制了花生三维基因组

染色质相互作用和基因组组织在基因表达调控中起着重要作用，植物基因组中染色质空间组织和染色体结构的缺乏限制了对基因调控和细胞稳态的认识。殷冬梅等(2021)首次绘制了花生三维基因组[Three-dimensional (3D) chromatin organization]图谱，综合 Hi-C、ATAC-seq、多组织表达谱联合分析和 3C 等实验揭示了染色质空间结构特征及其对花生株型的影响，促进了花生功能基因组学研究，为开展花生遗传改良和种质创制提供了重要的理论创新与技术支撑。该研究首次提供了花生基因组三维结构和染色质可及性的全基因组特征，为理解植物染色质组织和基因调控之间的关系提供了新的思路。

栽培种花生是由两个野生二倍体杂交形成的异源四倍体，其高度同源的 A 和 B 亚基因组极大增加了花生基因调控的复杂性。该研究绘制了矮秆突变体及其野生型的三维基因组图谱，发现花生的染色质结构存在大量的 A/B 区室、拓扑结构域(TADs)和广泛的染色质相互作用。花生大部分染色体臂(52.3%)存在基因密度高、转录水平高的活性区(A 区)，突变体中有 2.0%的 B 区室转换为活性区。突变体 A 亚基因组和 B 亚基因组的顺式互作数分别为 11 493 和 16 058，具有更多特异性的顺式相互作用，主要富集在 Chr. 03、Chr. 14 和 chr. 15 等染色体上。花生 3D 图谱中野生型和突变体共鉴定有 6 700 多个 TADs，花生 TAD 边界区基因表达水平和基因密度高、GC 含量较低，具有多个序列 Motif(HMG 和 ARF-2)。通过 ATAC-seq 技术在全基因范围内检测突变体和野生型的染色质开放性变化，鉴定得到 1 805 个差异显著的 peaks。研究发现突变体中由于顺式元件之间的相互作用形成了一个新的 TAD，该染色质空间结构的变化使得远离目标基因的调控元件 AP2EREBP-binding motif 接近其目标基因 GA2ox，促进其转录，降低活性 GA 含量，最终导致植株矮化表型。

第三章

花生种质资源

第一节
栽培种花生

栽培种花生是由南美洲引进中国，路径较多，分多次引入。栽培种花生种植范围覆盖热带、亚热带、温带以及寒温带的多样性气候、土壤和生态区域，形成了极其丰富的遗传多样性。中国的地形地貌复杂多样，气候多变，覆盖热带、亚热带、温带及寒温带，土壤类型包括红壤、棕壤、褐土、黑土、栗钙土、漠土、潮土、灌淤土等多达15种。花生在中国复杂的地理生态条件下形成了极其丰富的遗传多样性，中国被认为是栽培种花生重要的次生分化中心之一。姜慧芳等(1998)鉴定和评价中国收集保存的5700份花生种质资源，结果表明不同类型不同来源地花生品种的植物学性状、经济性状、种子品质性状和抗病性均有显著差异，得出栽培花生在表型上存在广泛的遗传差异。闫彩霞(2020)指出，花生自南美洲多途径引进后，在中国多变的气候及复杂的地理环境下形成了遗传多样性较为丰富的种质资源。

一、农艺性状

栽培种花生在农艺性状上存在丰富的遗传变异。Upadhyaya等(2003)和Holbrook等(2005)分别研究了ICRISAT和美国花生种质形态性状和农艺性状，发现ICRISAT的核心种质和美国花生核心种质均存在丰富的多样性。姜慧芳等(2006)调查了中国298份花生种质19个农艺性状，发现同一性状在不同种质间存在很大差异。张晓杰等(2009)对576份花生种质表型性状主成分和相关性分析表明，花生种质在26个性状上均存在显著的遗传分化和丰富的变异。黄莉等(2012)调查了ICRISAT花生微核心种质，结果表明11个农艺性状的变异非常丰富。任小平等(2007)研究表明，龙生型品种间各个性状的多样性指数与变异系数的变化趋势基本相反。黄冰艳等(2012)研究了河南省龙生型花生品种的农艺性状和品质性状，结果表明不同花生品种具有丰富的遗传多样性，产量性状比较突出，且龙生型的分类与品种来源关系不大，来自同一地区或相近地区的品种亲缘关系较远。苗丽娟等(2016)研究表明，河南省农家品种的农艺性状具有丰富的遗传多样性，脂肪的含量较高。汪清等(2017)对江淮区域 300 份不同花生品种农艺性状分析得出，相同类型或者相同来源的花生品种，亲缘关系并不是最近的。

二、品质性状

栽培种花生品质也存在丰富的遗传变异。姜慧芳等(2006)分析了近 6 000 份栽培种花生的含油量，不同植物学类型比较发现珍珠豆型种质的含油量均值最高；油酸以龙生型和普通型花生较高；种子蛋白质以多粒型种质最高。Norden 等(1987)研究表明，花生种质间油酸含量差异很大。Holbrook 等(1998)研究发现美国种质资源含油量存在较大差异。肖昌珍等(1999)研究了中国 17 个花生生产省 1 041 份花生品种，结果表明五大类型花生蛋白平均含量与纬度负相关，蛋白质含量 13.67%～34.82%，珍珠豆型平均蛋白质含量居首位，为 29.28%；脂肪平均含量除龙生型与纬度弱负相关，脂肪含量 39.96%～58.64%；花生脂肪与蛋白质含量负相关。辽宁阜新、铁岭、沈阳、锦州、葫芦岛等地区中低产田面积大，土壤多为沙质土，质地疏松，而且生长季节干旱少雨，收获贮藏期气候条件干燥，气候冷凉，昼夜温差大，花生黄曲霉感染很少，品质优良，在国际市场上享有很高的声誉。

刘桂梅等(1993)分析了中国保存的 2 515 份栽培种花生品种资源分析，多粒型 2.70%、珍珠豆型 41.23%、龙生型 12.88%，普通型 40.52%、中间型 2.66%；蛋白质含量 12.48%～36.31%，平均 26.88%；油酸含量 32.12%～72.76%，平均 46.86%，大于 65%的仅有 10 份，大于 72%的仅有 1 份；亚油酸含量在 12.55%～50.67%，平均 33.42%，低于 18%的仅 14 份；油亚比 0.65～5.80，平均 149。品种间油酸、亚油酸含量差异较大，以品种类型分，整体上龙生型油酸含量最高，亚油酸含量最低；多粒型油酸含量最低，亚油酸含量最高。来自不同地区的花生品种的油酸和亚油酸含量也有很大差异。姜慧芳等(2006)研究了 6 390 份栽培种花生品种资源的农艺性状和种子品质性状，结果表明中国保存的花生资源中，龙生型花生单株生产力高、油酸含量高，普通型花生油酸含量也很高；珍珠豆型花生的蛋白质含量和含油量高，普通型和龙生型花生资源的遗传多样性程度高于珍珠豆型和多粒型资源；安徽花生资源的单株生产力高，福建和江西花生资源的蛋白质含量高，河南和浙江花生的含油量高，四川和广西花生的油酸含量高，湖北、河南、广西花生资源的遗传多样性程度高于其他地区的花生资源。

全国农业技术推广服务中心主编的《高油酸花生产业纵论》(2019)著作指出，20世纪60年代前，中国出口的都是晚熟大花生品种，其油亚比1.8左右，耐贮性好，深受国际市场欢迎；而现在出口的大花生品种油亚比1.4左右，尤其是珍珠豆型小花生油亚比只有1.0左右，不利于较长时间的运输与贮存，严重影响远洋出口。中国保存的5 700份花生品种资源测定，脂肪含量32.35%～60.21%，平均50.62%；蛋白质含量12.48%～36.82%，平均27.57%。

三、核心种质

核心种质是用最小的资源数量和遗传重复尽可能多的代表整个种质资源的遗传多样性，方便对种质的保存、评价和利用。筛选和评价花生核心种质和微核心种质是获得优异种质和目的亲本种质研究的重要方面。国内外主要花生研究机构均已对拥有的资源构建了核心种质。Fankel和Brown(1984)最早提出核心种质(core collection)的概念，认为核心种质是保存的种质资源的一个核心子集，以最少数量的遗传资源最大限度地保存整个资源群体的遗传多样性，同时代表了整个群体地理分布。由于在花生育种过程中高频使用少数骨干亲本，使得品种间的遗传基础趋于狭窄，基因组高度保守。美国率先建立了以11.18%和1.51%的样本数代表基础收集品种的核心种质和微核心种质(Holbrook，1993、2005)。保存核心种质资源是每个育种家的首要任务，也是国家资源多样性的重要保证。姜慧芳等(2007)以中国花生资源的形态特征、农艺性状和主要营养品质等为基本数据，构建了由576份(9.01%)资源组成的中国花生核心种质。姜慧芳等(2008)构建了298份(4.30%)资源的中国花生小核心种质，通过分析测试种子脂肪酸组成的，证明了建立小核心种质的有效性和实用性，其中某些资源还具有棕榈酸含量低、农艺性状好的特点。姜慧芳等(2010)比较分析了中国298份花生小核心种质(多粒型29份、珍珠豆型119份、龙生型21份、普通型110份、中间型19份)和168份

ICRISAT 微核心种质(多粒型 30 份、珍珠豆型 64 份、普通型 71 份、秘鲁型 2 份、赤道型 1 份)SSR 遗传多样性,结果表明中国花生小核心种质遗传多样性比 ICRISAT 微核心种质丰富,多粒型资源的遗传变异最丰富,其次是普通型。298 份小核心种质资源,虽然涉及的南美洲材料较少(南北美洲共 18 份),但南美洲的多态性信息量和多样性指数均高于中国本土资源,与前人(Ferguson,2004)研究结果一致。雷永等(2010)研究表明,突变型基因 ahFAD2A-m 在中国花生小核心种质中广泛存在,出现频率 53.1%,野生型基因 ahFAD2A-wt,出现频率 46.9%;突变型基因 ahFAD2A-m 在密枝亚种(普通型和龙生型变种)中出现频率 82.8%,显著高于其在疏枝亚种(珍珠豆型和多粒型变种)频率 15.4%。黄莉等(2012)对 ICRISAT 花生微核心种质进行调查,结果表明 11 个农艺性状的变异非常丰富。

第二节
花生品种资源

一、品种更新

陈明《花生在中国的引进与发展研究(1631—1949)》(2019)提供了清代同治时期至中华人民共和国成立前各地选育或推广的主要品种。在清代同治时期以前,中国种植的花生品种以龙生型小花生为主,晚清主要分大粒、小粒两种。民国时期花生品种明显增多,有大粒型、珍珠豆型,还有非洲种、西班牙种、美国种和日本种等。沈濬哲(1937)按种粒大小大体分为大粒种、小粒种、小花生三种,按成熟期分为早熟种与晚熟种两种。中国各地主要的花生品种有,广东(1925)的黄蜂腰、大粒花生、珍珠豆三种,辽东半岛(1929)的大粒立茎种、小粒立茎种、大粒伏茎种、小粒伏茎种,浙江(1933)的大花生和小花生,江苏(1935)的靖江特产小花生及如皋的小花生、淮花生、大花生,河北(1937)的小花生、大花生、小一窝猴、大一窝猴,山西(1937)的长蔓和短蔓两种,广西(1943)的柳州珍珠豆、桂平小花生等。1949 年前,山东农民选育的花生主要品种有蓬莱一窝猴、新泰半蔓、栖霞老抱鸡、文登大粒墩、伏花生等。参加各种试验的花生品种还有蒙山花生、雷平花生、宜昌花生、龙花生、大荚洋生、小荚洋生、细腰花生、珍珠花生、黄蜂腰花生等。

1895 年前后到中国台湾的美国记者 James W. Davison 将台湾地区的花生分为大粒种的大班(大冇)以及小粒种的王云豆(鸳鸯豆)两种,1899 年《台湾产业杂志》(第九号)将台湾花生品种分为大、小粒两种,1900 年日本野口保兴所著《台湾地志》将台湾花生分为食用及制油两种,1906 年《台湾重要农作物调查》将台湾花生品种分为大粒种、温州种、长形小粒、短形小粒，1910 年《台湾时报》介绍了台湾大粒种花生适合作食料而小粒种适合榨油，1915 年白玉光所著《第三回技术员制作品展览记事》将台湾花生分为鸳鸯豆（老公仔豆）、大冇、龙眼豆（钮仔豆、含铃豆）、油豆，1921 年福田要所著《台湾的资源及其经济的价值》比 1915 年白玉光记载多出了二花豆、黄花仔豆、白花仔豆、半况仔豆（大广仔豆），1939 年三好晴气所著《台湾农业丛书 · 特用作物》将台湾花生分为长茎匍匐类、短茎直立类。日本在我国台湾地区进行殖民统治时期选育了一些优良花生品种，根据 1946 年台湾省农业试验所嘉义农业试验所品种观察，当地花生品种有 32 种，大部分为外来种。

中华人民共和国成立后中国花生品种 5 次更新。通过征集农家品种，并广泛筛选鉴定，评选出了 30 多个优良地方品种进行推广种植，至 20 世纪 60 年代中期，实现了中国花生第一次品种更新。20 世纪 50 年代末，育种单位通过系统选种和杂交育种等途径选育出了狮选 64、南充混选 1 号、粤油 551、花 11、花 17、临花 1 号、徐州 68-4、天府 3 号、开农 8 号、红梅早、冀油 13 号、芙蓉花生、锦交 4 号等百余个花生新品种推广种植，至 70 年代末，实现了中国花生第二次品种更新。花生新品种选育和推广速度进一步加快，全国育成了海花 1 号、鲁花 4 号、豫花 1 号、粤油 116、粤油 92、湖花 1 号、桂花 28、临花 4 号、天府 3 号、天府 7 号、鲁花 1 号、赣花 1 号、北京 4 号、冀油 4 号等 60 余个新品种，并迅速推广，实现了第三次品种更新。20 世纪 80 年代后期，随着鲁花 9 号、鲁花 10 号、鲁花 11 号、8130、鲁花 14 号、鲁花 15 号、花育 16、中花 3 号、中花 4 号、豫花 3 号、豫花 7 号、徐花 5 号、粤油 256、粤油 223、桂花 16 号、湖花 3 号和农花 22 号等 60 余个新品种的育成，并快速推广，实现了第四次品种更新。2018 年前后，随着高油酸品种的育成和大力推广，中国花生实现了第五次品种更新。

二、品种资源收集

1954 年，全国性开展收集、整理农家品种，在 20 个省（市、自治区）共收集花生品种资源材料 2 835 份，引进国外品种 160 多份，为中国的花生品种改良提供了物质基础。同时，整理筛选出一批优良的农家良种，经过繁殖推广，在生产上发挥了较大的增产作用。20 世纪 70 年代后期，全国范围内开展了大规模花生种质资源补充征集活动。至 2000 年，中国收集整理花生栽培种资源 7 390 份（98.66%）和野生近源种质资源 100 份(1.34%),其中来自中国 21 个省市的有 4638 份(61.92%),从国外引入的 2852 份(38.08%)。

为适应品种资源供应需要,国家在中国农业科学院油料作物研究所(武汉)建立了花生种质资源保存中期库(供应库),承担繁种和国内外种质交流。"七五"至"十五"期间,国家农作物品种资源攻关课题中,各有关省(市、区)农业科学院(所)向国家花生种质库提供花生品种资源 6390 份,其中国内品种 3487 份,国外品种 2551 份,近缘野生种 40 份。中国农业科学院油料作物研究所从中华人民共和国建国初期开始收集花生种质资源,1954 年 1815 份,1959 年 1239 份,1963 年 2378 份,1976 年 1577 个地方品种,1982 年 2589 份,1993 年 4369 份,1997 年 5720 份,2007 年 7490 份,2014 年 8439 份,2021 年 10333 份(栽培种质 10013 份、野生种质 320 份)。各品种资源经过整理,分析鉴定了农艺、抗性和品质等,全部数据均已编入目录,建立了中国花生品种资源数据库信息系统。

国际半干旱研究所(ICRISAT)的 Singh 和 Stalker 等(1999)调查研究得出,全球花生种质资源保存的材料已经超过 4 万份,其中,国际半干旱研究所(ICRISAT) 15342 份、美国 8719 份、中国 7490 份、阿根廷 2200 份、印度尼西亚 1730 份、巴西 1300 份、塞内加尔 900 份、菲律宾 753 份等。

中国保存的花生资源来源于广东、广西、河北、河南、山东、湖北等国内 22 个省(自治区)和台湾地区以及印度、美国等 30 个国家和地区,按生态区划分为东北西北、华北黄淮、长江流域、南方以及亚洲、非洲、美洲等 8 个地理来源。在这些不同地理来源的花生资源中,既存在 DNA 带型的特异性,也存在不同来源资源遗传多样性的差异性,ICRISAT 资源的遗传多样性较其他地区资源的丰富。由于保存技术和贮藏条件限制,往往使种子生活力降低和早期搜集材料丢失。即在良好的保存条件下,野生植株标本仍会产生自然衰退。1979 年 IBPGR 指定 ICRISAT 为国际花生种质资源保存中心,保存有生活力的原材料及在产地之外难以保存的活株材料。当保存材料的生活力下降至 85%,或者库存只剩 250 g 时繁殖更新,并采取措施防止种质遗传退化变异混杂。

1992 年 IBPG 资助巴西植物遗传资源中心建立了野生花生农田基因库,用于调查和评价野生花种质原始群体的特征特性。目前采集到的花生属野生材料包括活体植株和种子,主要保存在美国、印度、巴西、阿根廷和中国等国家,其中美国共保存 800 余份,国际半干旱研究所 400 余份,巴西 300 余份,阿根廷 100 余份,各地均有若干重复。目前还没有一个机构保存有所有的野生种材料,也没有统一记录。1990 年,中国建立了国家野生花生种质资源圃(武汉)和国家作物种质资源花生南宁分圃，依托管理单位分别为中国农业科学院油料作物研究所和广西壮族自治区农业科学院经济作物研究所。国家野生花生种质资源圃保存了花生属 7 个区组 42 种 365 份野生花生种质资源，成为国际公认的野生花生种质资源重要保存地之一。国家作物种质资源野生花生南宁分圃保存野生花生种质资源 45 份。

三、地方品种

中国花生地方品种遗传多样性丰富，是花生新品种选育的重要亲本来源，为品种选育和遗传研究提供了重要的遗传基础。中华人民共和国成立前后(约 1920～1960 年)广大农民在扩大花生种植面积的同时，不断改进花生栽培技术，筛选出许多地方良种，积累了不少选种经验。如 1929 年湖北省黄安县(现红安县)柳林河农民周自生选育了红安直立花生(又名红安直、站兜花生，图 12 - 1)，1944 年山东省福山县两甲庄农妇房纬经选育了早熟的伏花生，这些品种都具有丰产和栽培省工等优点。中国农业科学院花生研究所(现山东省花生研究所)主编的《花生栽培》(1963)详细描述了中国早期 21 个农家品种或农民系选品种的性状，并配有花生荚果图片。山东省花生研究所主编的《中国花生品种志》(1987)统计了 540 份品种，其中农家品种 426 份，占比 78.89%。

姜慧芳(1998)分析了用于育种的 40 份地方品种，普通型 18 份、珍珠豆型 12 份、多粒型 5 份、龙生型 5 份。依据《中国花生品种资源目录》(山东省花生研究所，1978)、《中国花生品种资源目录(续编一)》(段乃雄，1993)、《中国花生品种资源目录(续编二)》(段乃雄，1997)整理得知，中国有明确地理来源的中国栽培种花生地方品种资源 2 741 份。姜慧芳等(2006)指出，伏花生(图 12 - 2)和狮头企(图 12 - 3)与 70% 育成品种存在亲缘关系。1991 年，高油酸品种狮油红 4 号(油酸 75.12%)就是以狮头企为母本育成的。万书波等(2003)指出，通过分析中国育成的 170 个品种得出，亲本来源直接或间接来源于 40 个种质材料，伏花生、狮头企、沭阳大占秧、罗江鸡窝、姜格庄半蔓、协抗青、熊岳立茎、五莲撑破囤、北京大花生、睢宁二窝、中琉球、佟村站秧、油果、秳山立蔓、开封一撮秧、文登大粒墩、邕宁大粒、台山三粒肉、保 1717、勾鼻、德阳陕、大麻壳、天津豆、招远半蔓、金堂深窝、巨果、德阳鸡窝、大粒矮、PI393518、保 1011、新城早、南招大拖秧、兰考多粒、东兴拔豆、EC76446(292)、NcAc17090、兰娜、兰径种、遂溪大粒、福山大粒，直接或间接来源于珍珠豆型伏花生的品种 135 个(84.90%),来源于珍珠豆型狮头企的品种 44 个(27.70%),来源于普通型沭阳大站秧的品种 36 个(22.60%),来源于龙生型罗江鸡窝的品种 20 个(12.60%)。

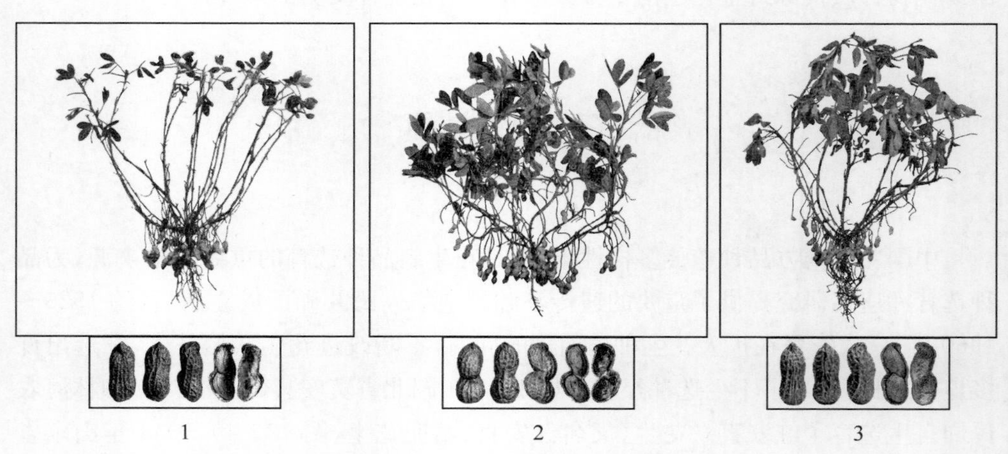

1. 红安直立花生;2. 伏花生;3. 狮头企

图 12　红安直立花生、伏花生和狮头企的植株和荚果

(中国农业科学院花生研究所《花生栽培》1963)

21 世纪后,地方品种受到重视,全国各地开展了地方品种多样性研究,郭贵敏(2003)以贵州 21 份花生地方品种,崔顺立(2009)、胡宏霞(2013)以河北 75 份地方品种,姜慧芳等(2011)以 145 份地方品种,王晓军(2013、2015)以江苏 143 份地方品种,白冬梅(2014、2018)分别以山西 84 份、72 份地方品种,陈湘瑜(2015)以福建 35 份地方品种,卞能飞(2017)以江苏 141 份江苏地方品种,任明刚(2020)以贵州 78 份地方花生品种,林显凤(2021)以四川 100 份地方花生品种开展科学研究。梁炫强在《花生种质资源图鉴 · 第一卷》(2017)著作中收集华南地区地方品种 37 个。闫彩霞(2020)研究表明,中国花生地方骨干种质包含全部种质的植物学类型和全部种质的生态分布,植物学类型:普通型 103 份(39.8%)、珍珠豆型 85 份(32.8%)、龙生型 42 份(16.2%)、多粒型 14 份(5.4%)、中间型 15 份(5.8%),生态分布:黄河流域花生区 75 份(29.0%)、长江流域花生区 75 份(29.0%)、东南沿海花生区 63 份(24.3%)、云贵高原花生区 16 份(6.2%)、黄土高原花生区 13 份(5.0%)、东北花生区 15 份(5.8%)和西北花生区 2 份(0.8%)。中国花生地方骨干种质很好地保留了全部种质的遗传多样性和群体结构,确保了骨干花生种质的有效性。

四、栽培种

从图 13 可知，1974 年至 2016 年，花生品种审定数量变化曲线分为三阶段，第一阶段为 1974—1981 年，是花生品种审定数量很少的阶段，平均值为 2.12；第二阶段为 1982—2005 年时间段，花生审定品种数量基本处于比较稳定的高低交错阶段，平均值为 13.92，并在 2001 年和 2002 年出现一个最高峰 23；第三阶段为 2006—2016 年时间段，花生品种审定数量出现一个快速增长期，平均值达到 47.82，特别 2011—2016 年持续稳定增长，2015 年达到一个最高峰 76。

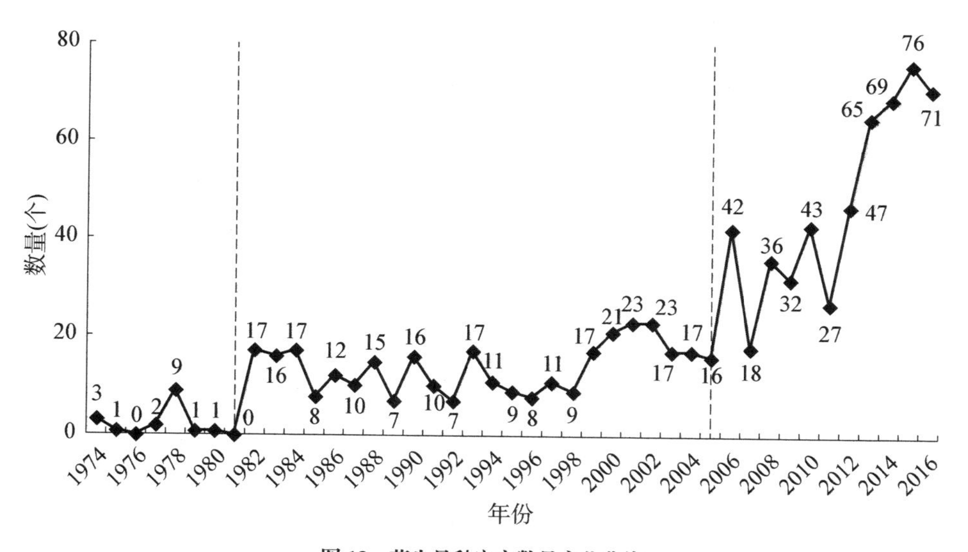

图 13　花生品种审定数量变化曲线

据不完全统计，中国审定、认定、登记的栽培种花生品种共计 2 516 个。从图 14 可知，认定、登记花生品种数量首年(63 个)基本与 2013—2016 年每年审定的数据相当，至 2018 年时达到最高峰 633 个，2019 年略有下降(542 个)，2020—2021 年呈快速下降趋势。

从图 15 可知，花生品种每五年审定(认定、登记)总数分为三阶段，第一阶段为上升期，1974—1980 年(实为 7 年，因数量少归一起统计)一个时间段，审定花生品

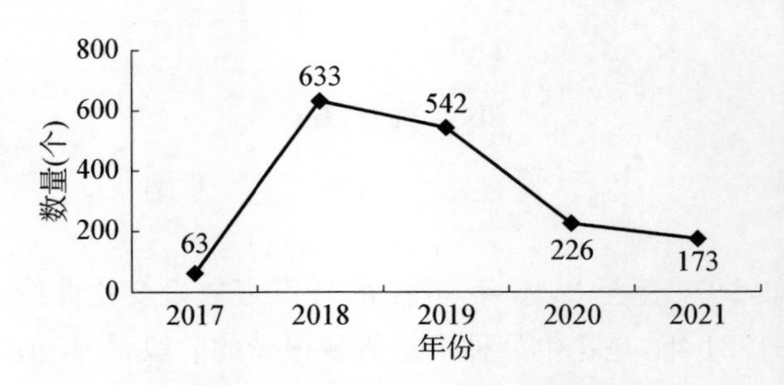

图 14 花生品种认定、登记数量变化曲线

种总数较低；第二阶段为平稳期，1981—1985 年至 1996—2000 年每五年审定花生的总数基本持续稳定，平均值 59.5，第三阶段为快递上升期，2001—2005 年至 2016—2020 年时间段，每五年审定(认定、登记)花生品种总数持续上升，在 2016—2020 年间达到了极大值 1 535 个，甚至超过了这一时间段之前审定花生品种的总和，这可能和国家认定、登记经济作物制度改变有关。

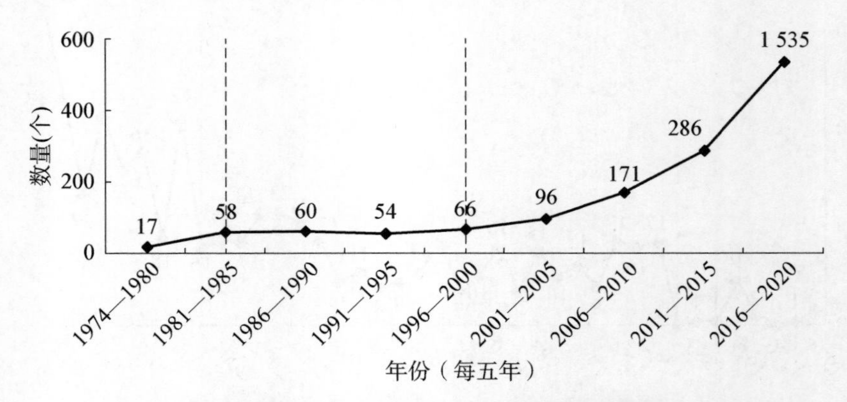

图 15 花生品种每五年审定(认定、登记)总数变化曲线

从图 16 可知，审定(认定、登记)花生品种数量最多的省份前十位依次为安徽(119)、河南(108)、山东(90)、广东(59)、河北(55)、广西(51)、江苏(37)、四川(35)、福建(32)、湖北(28)，河南、山东数量几乎在最前列，位于安徽之后，分别为二、三名。

按生育期长短，花生栽培种品种可分为早熟品种、中熟品种和晚熟品种三类。

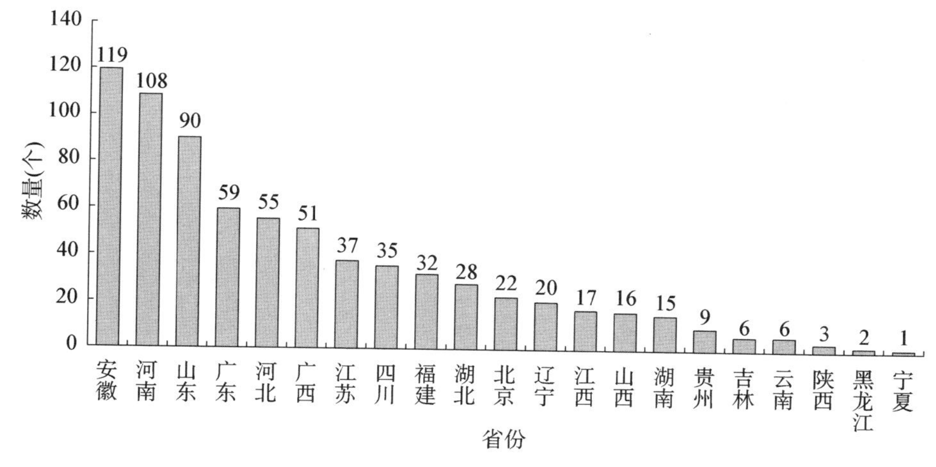

图 16　各省(自治区)审定(认定、登记)花生品种数量比较

五、中国高油酸花生品种

高油酸花生，是油酸占总脂肪酸含量 75%及以上的花生，用于食用或油用的高油酸花生原料是指油酸含量占脂肪酸总量 73%及以上的花生。高油酸花生具有营养价值高、贮存期长、稳定性好等特点。

经山东省花生研究所王传堂研究员(2021)统计，中国现有高油酸品种(系)225 个，包括高油酸新品种 188 个、新品系 37 个。其中，新品种花育系列 21 个、开农系列 15 个、冀花系列 10 个、豫花系列 8 个、中花系列 5 个、其他系列 129 个，新品系中小花生品系 19 个、大花生品系 18 个。2005—2021 年中国高油酸品种登记数量变化曲线显示，2019 年登记的高油酸品种数量达 67 个，见图 17。

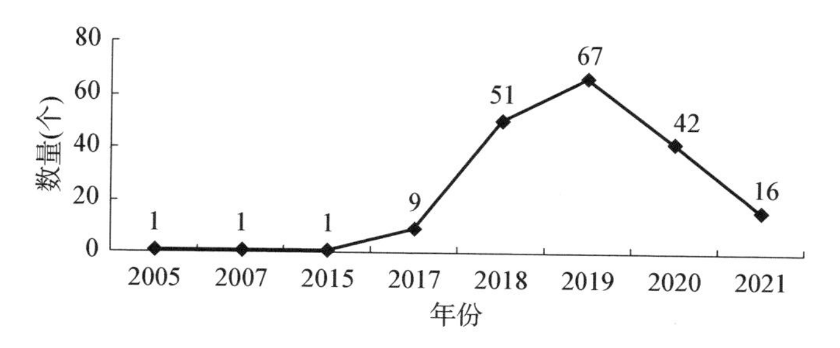

图 17　中国高油酸品种登记数量变化曲线

现将各品种名列举如下。

(一) 中国高油酸花生新品种

1. 花育系列

21 个品种:花育 661、花育 662、花育 663、花育 664、花育 666、花育 666.7、花育 961、花育 962、花育 963、花育 964、花育 965、花育 966、花育 32 号、花育 51 号、花育 52 号、花育 951、花育 957、花育 958、花育 917、花育 910、花育 9111。

2. 开农系列

15 个品种:开农 H03-3、开农 1715、开农 176、开农 1760、开农 1768、开农 58、开农 61、开农 71、开农 306、开农 308、开农 310、开农 601、开农 602、开农 603、开农 311。

3. 冀花系列

共 10 个品种:冀花 13 号、冀花 16 号、冀花 18 号、冀花 11 号、冀花 19 号、冀花 21 号、冀花 25 号、冀花 29 号、冀花 572、冀花 915。

4. 豫花系列

共 8 个品种:豫花 37 号、豫花 65 号、豫花 76 号、豫花 85 号、豫花 93 号、豫花 99 号、豫花 100 号、豫花 138 号。

5. 中花系列

共 5 个品种:中花 26、中花 24、中花 27、中花 28、中花 215。

6. 其他系列

129 个品种:锦引花 1 号、冀农花 10 号、冀农花 6 号、冀农花 8 号、阜花 22、阜花 27、桂花 37、菏花 11 号、宇花 31 号、宇花 32 号、宇花 33 号、宇花 91、冀农花 12 号、济花 603、济花 605、金罗汉、濮花 309、濮花 58 号、濮花 68、濮科花 10 号、濮科花 11 号、濮科花 12 号、濮科花 13 号、濮科花 22 号、濮科花 24 号、濮科花 25 号、琼花 1 号、日花 OL1 号、山花 21 号、山花 22 号、山花 37 号、商花 26 号、商花 30 号、潍花 22 号、潍花 23 号、潍花 25 号、宇花 117 号、宇花 169 号、宇花 171 号、宇花 61 号、宇花 90 号、郑农花 23 号、菏花 15 号、菏花 16 号、菏花 18 号、吉农花 2 号、济花 101、济花 102、濮花 168 号、濮花 308、濮花 666、琼花 2 号、琼花 3 号、琼花 4 号、商花 43 号、宇花 18 号、汴花 8 号、济花 10 号、济花 3 号、济花 8 号、济花 9 号、琼花 5 号、d 府 33、d 府 36、郑农花 25 号、富花 1 号、即花 9 号、鲁花 19、鲁花 22、齐花 5 号、润花 17、三花 6 号、三花 7 号、新花 15 号、新花 17 号、易花 1212、易花 1314、百花 3 号、邦花 2 号、德利昌花 6 号、冠花 8、冠花 9、黑珍珠 2 号、红甜、华育 6 号、华育

308、京红、粮丰花二号、粮丰花一号、龙花 10 号、龙花 11 号、龙花 13 号、龙花 1 号、农花 66、万花 019、为农花 1 号、新育 7 号、鑫花 1 号、鑫花 5 号、鑫花 6 号、鑫优 17、易花 0910、易花 10 号、易花 11、易花 12 号、易花 15 号、驿花 668、郑花 166、豫研花 188、海花 85 号、宏瑞花 6 号、联科花 1 号、美花 6236、润花 12、润花 19、润花 21、润花 22、深花 1 号、深花 2 号、顺花 1 号、统率花 8 号、植花 2 号、驻科花 2 号、漠阳花 1 号、商垦 1 号、商垦 2 号、万青花 99、DF05。

(二) 中国高油酸花生新品系

除通过国家登记的高油酸花生品种外，中国花生育种工作者还选育出一些高油酸花生新品系，有的已通过多点试验和 DUS 测试，正在申请或准备申请品种登记。37 个高油酸花生品系名称列举如下。

1. 小果(粒)品系

19 个品系:花育 665、花育 668、花育 669、开农 111、豫花 177 号、豫花 179 号、豫花 182 号、豫花 183 号、豫阜花 0824、中花 29、中花 30、阜花 25、阜花 26、阜花 33、阜花 35、阜花 36、阜花 38、阜花 39、桂花 63。

2. 大果(粒)品系

18 个品系:花育 967、花育 968、花育 969、花育 9115、花育 9116、花育 9117、花育 9118、花育 9119、花育 9121、花育 9124、花育 9125、开农 313、豫花 157 号、豫花 178 号、中花 31、中花 32、中花 33、中花 34。

六、主要种植品种

2014 年、2016 年，农业农村部办公厅发布的全国主推花生品种有 4 个:花育 33、远杂 9847、冀花 4 号和中花 16。2022 年，农业农村部科技教育司发布的全国主推花生品种有 14 个:豫花 37 号、冀花 19 号、开农 71、航花 2 号、山花 9 号、天府 33、中花 16、花育 25 号、中花 21、仲恺花 10 号、冀花 18 号、濮花 28 号、宇花 18 号、花育 961。

经不完全统计，编者大致了解的各省种植面积较大的花生品种 64 个，品种特性列举如下。

(一) 河南省

1. 豫花37号

2015年通过河南省审定，由海花1号×开农选01-6杂交选育，珍珠豆型花生品种，生育期111～116 d。疏枝直立，叶片黄绿色、椭圆形，主茎高45 cm左右，侧枝长54 cm，总分枝10个，结果枝7个左右，单株饱果数14个。荚果蚕茧形、表面质地中，果嘴明显程度极弱，缩缢程度弱，百果重177 g左右，饱果率82%左右；籽仁桃形，种皮浅红色，内种皮深黄色，有油斑，果皮薄，百仁重70 g左右，出仁率72%左右。脂肪55.96%，蛋白质19.4%，油酸77.0%，亚油酸6.94%，油亚比11.10。中抗青枯病、叶斑病、病毒病，感锈病，高抗网斑病，抗茎腐病。适宜河南春、夏播花生产区种植。

2. 豫花65号

2018年通过国家非主要农作物登记，由开农选01-6×海花1号杂交选育，普通型、油食兼用。属高油酸花生品种，生育期114 d左右。疏枝直立，叶片绿色、椭圆形、中等，主茎高37 cm左右，侧枝长45 cm左右，总分枝9个左右，结果枝7个左右，单株饱果数11个左右。荚果普通型，果嘴明显程度弱，荚果表面质地中，缩缢程度中，百果重196 g左右，饱果率85%左右；籽仁球形，种皮浅红色，内种皮浅黄色，百仁重76 g左右，出仁率69%左右。脂肪50.75%，蛋白质含量20.78%，油酸75.90%，亚油酸7.82%。中抗青枯病、叶斑病、锈病。适宜河南省麦套、夏直播花生产区种植。

3. 豫花22号

2012年通过河南省审定，由郑9520F3×豫花15号杂交选育，属珍珠豆型花生品种，夏直播生育期113 d左右。植株直立，连续开花，叶片深绿色、椭圆形、中；主茎高43 cm左右，侧枝长44 cm左右，总分枝7个左右，结果枝6个左右，单株饱果数10个左右。荚果蚕茧型，果嘴弱，荚果表面质地中，缩缢弱，百果重189.7 g左右，饱果率79.3%左右；籽仁球形，种皮浅红色，有光泽，内种皮白色，百仁重82 g左右，出仁率72%左右。脂肪51.39%，蛋白质24.22%，油酸36.08%，亚油酸42.84%。中感青枯病、网斑病、中抗叶斑病，病毒病，根腐病，锈病。适宜在河南麦垄套种、夏季直播花生产区种植。

4. 豫花9326

2007年通过河南省审定，由豫花7号×郑86036-19号杂交选育，食用、油用、油食兼用。属普通型花生品种，春播生育期130 d左右。直立疏枝型，连续开花，株高 39.6 cm 左右，侧枝长 42.9 cm 左右，总分枝 9 个左右，结果枝 7 个左右。叶片浓绿色、椭圆形、大。荚果普通型，果嘴明显程度中，荚果表面质地中，缢缩程度弱，百果重 213 g 左右。籽仁柱形、种皮浅红色，内种皮深黄色，百仁重 88 g 左右，出仁率 70%左右。脂肪 56.67%，蛋白质 22.65%，油酸 36.60%，亚油酸含量 38.30%。中抗青枯病、叶斑病、锈病、网斑病。适宜在河南东部、河南北部、江苏北部、安徽北部、山东西南、山东西北、河北南部花生主产区春播或麦垄套种。

5. 豫花 9719

2009 年通过河南省审定，由豫花 9 号×郑 8903 杂交选育，油食兼用。普通型花生品种，生育期 120 d 左右。株型直立，株高 45 cm 左右，侧枝长 49 cm 左右，总分枝数 9 条左右，结果枝数 6 条左右。叶片深绿色、椭圆形。连续开花。荚果普通型，果嘴弱，荚果表面质地中，缢缩弱。籽仁柱形，种皮浅红色，内种皮浅黄色。百果重 261.2 g 左右，百仁重 103.5 g 左右，出仁率 68%左右。脂肪 48.32%，蛋白质 25.80%，油酸 49.40%，亚油酸 28.40%。中抗青枯病、叶斑病、锈病，抗旱性强。适宜在河南、山东、安徽、辽宁花生产区域麦垄套种、春播。

6. 远杂 9102

2002 年通过河南省审定，由白沙 1016×A. diogoi 杂交选育，食用、油用、油食兼用，珍珠豆型花生品种。夏播生育期 100 d 左右。植株直立疏枝，连续开花，主茎高 30～35 cm 左右，侧枝长 34～38 cm 左右，总分枝 8～10 条左右，结果枝 5～7 条左右；叶片宽椭圆形、深绿色。荚果蚕茧型，果嘴明显程度弱，荚果表面质地中，缢缩程度中，百果重 165 g 左右；籽仁桃形，种皮浅红色，内种皮白色，百仁重 66 g 左右，出仁率 73.8%左右。脂肪 57.40%，蛋白质含量 24.15%，油酸含量 41.10%，亚油酸 37.17%。高抗青枯病，中抗叶斑病、锈病、网斑病、病毒病。适宜河南、辽宁、河北、山东的夏播花生区种植，淮河流域的安徽及长江流域的湖北花生种植，尤其适合在青枯病重发区种植。

7. 远杂 9847

2010 年通过河南省审定，由(豫花 15 号×豫花 7 号×A. sp. 30136)F_1，组合配置育成，油食兼用。属普通型花生品种，生育期 110 d 左右。直立疏枝型，叶片中绿色、椭圆形，主茎高 45 cm 左右，侧枝长 46 cm 左右，总分枝 8 个左右，结果枝 6 个左右，单株饱果数 10 个左右。荚果普通形，果嘴强，荚果表面质地中，缢缩弱，百果重 174 g 左右，饱果率 80%左右。籽仁柱形，种皮浅红色，内种皮深黄色，百仁重 68 g 左右，出仁率 68.5%左右。脂肪 56.46%，蛋白质 21.98%，油酸含量 39.30%，籽仁亚油酸含量 38.80%。中抗青枯病、叶斑病、锈病、病毒病、根腐病。适宜河南、山东、河北、北京、江苏和安徽两省淮河以北、辽宁南部花生产区麦垄套种、夏播种植。

(二) 山东省

1. 山花 9 号

2009 年通过山东省审定,由(海花 1 号/花 17)F1 种子经 ^{60}Co γ 射线 2 万伦琴辐射后系统选育,普通型花生品种春播生育期 138 d,主茎高 37.4 cm,侧枝长 42.0 cm,总分枝 9 条;单株结果 12 个,单株生产力 21 g;荚果普通型,网纹清晰,果腰较粗,果壳较硬,籽仁长椭圆形,种皮粉红色,内种皮橘黄色,百果重 241.3 g,百仁重 104.0 g,出仁率 72.0%。抗旱及耐涝性中等。蛋白质 27.44%,脂肪 52.01%,油酸 46.50%,亚油酸 32.80%。中抗青枯病,抗叶斑病,中抗锈病。适宜山东省花生产区春播。

2. 山花 7 号

2007 年通过山东省审定,由(海花 1 号/A596)F1 经 168 Gy ^{60}Coγ 射线辐照处理选育,普通型大果花生品种。生育期 130 d。株型紧凑,疏枝型,连续开花,抗倒伏性一般,主茎高 39.8 cm,侧枝长 43.4 m,总分枝 9 条;单株结果 15 个,单株生产力 20.6 g,荚果普通型,籽仁椭圆形,种皮粉红色,内种皮淡黄色,百果重 260.0 g,百仁重 11.6 g,千克果数 627 个,千克仁数 1 258 个,出仁率 73.4%。种子休眠性强,抗旱性强,耐涝性中等,中抗叶斑病。蛋白质 29.31%,脂肪 50.30%,油酸 47.90%,亚油酸 31.90%。适宜山东花生产区春直播或麦田套种。

3. 山花 8 号

2007 年通过山东省审定,由(白沙 1016/NC6)F_1 经 168 Gy ^{60}Coγ 射线辐照处理选育,属珍珠豆型小果花生品种。生育期 125 d,株型紧凑,疏枝型,连续开花,抗倒伏性较强,主茎高 42.7 cm,侧枝长 46.5 cm,总分枝 7 条;单株结果 15 个,单株生产力 17 g,荚果蚕茧型,籽仁椭圆形,种皮粉红色,内种皮淡黄色,百果重 178 g,百仁重 73 g,千克果数 904 个,千克仁数 1 718 个,出仁率 73.7%。种子休眠性中等,抗旱性耐涝性中等,中抗叶斑病。蛋白质 28.5%,脂肪 47.90%,水分 5.70%,油酸 44.0%,亚油酸 37.0%。适宜在山东省地区春直播或麦田套种。

4. 花育 25 号

2007 年通过山东省审定,由鲁花 14 号与花选 1 号杂交后系统选育,普通型大果花生品种。生育期 129 d,株型紧凑,疏枝型,抗倒伏性一般,主茎高 46.5 cm,侧枝长 49 cm,总分枝 9 条;单株结果 15 个,单株生产力 20 g。荚果普通型,籽仁椭圆形，种皮粉红色，百果重 239 g，百仁重 98 g，千克果数 571 个，千克仁数 1 234 个，出仁率 73.5%。种子休眠性强，抗旱性较强，耐涝性中等，中抗叶斑病。蛋白质 25.20%，脂肪 48.60%，水分 60.0%，油酸 41.80%，亚油酸 38.2%。适宜山东省花生产区春直播或麦田套种。

5. 花育 22 号

2003 年通过山东省审定，由 8014×^{60}Coγ 射线 250 Gy 辐照海花 1 号 M_1 代。油食兼用，普通型大花生品种标准，生育期 130 d 左右，属早熟种，株型直立，株高 40 cm 左右，总分枝果数 7～8 条，叶片深绿色，百果重 250 g 左右，百仁重 110 g 左右，出仁率 73.0%左右。荚果普通型，籽仁椭圆形，种皮粉红色，内种皮金黄色，脂肪 49.20%，蛋白质 24.30%。该品种较抗网斑病，抗旱耐涝性较好。适宜在山东省地区春直播或麦田套种。

6. 潍花 8 号

2003 年通过山东省审定，由(79266×鲁花 11 号)F_1 与鲁花 11 号回交，采用改良系谱法选育而成，早熟大花生，中间型花生品种，株型直立，叶色深绿，结果集中。生育期 129 d 左右，抗旱性较强，抗病性中等，耐涝性一般。主茎高 41.3 cm，侧枝长 46.6 cm，总分枝 7 条，单株结果 13.8 个。荚果普通型，籽仁椭圆形，种皮粉红色，内种皮淡黄色，百果重 240～250 g，百仁重 100 g，千克果数 598 个，千克仁数 1 192 个，出仁率 74.1%。脂肪 47.50%、蛋白质 23.20%、油酸 50.49%、亚油酸 31.53%。适宜山东花生产区春直播或麦田套种。

(三) 广东省

1. 航花 2 号

2012 年通过广东省审定，由粤油 13 太空诱变株系选育。珍珠豆型花生常规品种。春植生育期 128 d。主茎高 48.1 cm，分枝长 51.7 cm，总分枝数 6.9 条，有效分枝 5.1 条。叶色绿。单株果数 16.7 个，饱果率 80.24%，双仁果率 74.77%，百果重 193.2 g，千克果数 622 个，出仁率 72.3%。脂肪 47.5%，蛋白质 24.74%～25.47%。中抗青枯病。中抗叶斑病、锈病，抗倒性和耐旱性强，耐涝性中等。适宜广东花生产区春、秋季种植。

2. 粤油 390

2014 年通过广东省审定，由粤油 7 号/台南 14 杂交系统选育。珍珠豆型花生品种。春植全生育期 126 d。主茎高 44.6 cm，分枝长 50.9 cm，总分枝数 6.9 条，有效分枝 5.4 条。单株果数 17.7 个，饱果率 81.8%，双仁果率 76.0%，百果重 190 g，千克果数 609 个，出仁率 65.0%～68.1%，脂肪 47.96%～51.15%，蛋白质 24.50%～25.40%。油酸含量 42.30%，亚油酸 36.10%。中抗青枯病，中抗叶斑病，高抗锈病，抗倒性、耐旱性和耐涝性均较强。适宜广东花生产区水旱轮作田及旱坡地种植。

(四) 四川省

1. 天府 18

2005 年通过四川省审定，由 92 系- 66 与 TR594 - 8 - 4 - 3 杂交选育而成。春播生育期 135 d，夏播生育期 110 d。株高 34 cm，总分枝数 8.2 个，结果枝 6～7 个，单株总果数 14.1 个，饱果数 11.2 个，饱果率 79.43%，双仁百果重 178 g，百仁重 75.5 g，出仁率 78.80%，粗脂肪含量 51.74，粗蛋白 26.40%。中抗叶斑病，不抗青枯病，抗倒力强。适宜在四川省花生主产区种植，不宜在青枯病区种植。

2. 天府 26

2012 年通过四川省审定，由 963 - 4 - 1 与中花 4 号，系统选育而成。春播全生育期 122 d、夏播 110 d 左右。株型直立，连续开花。主茎高 36.4 cm、侧枝长 40.1 cm。单株总分枝 7.1 个、结果枝 5.8 个。荚果普通型或斧头型，种仁圆锥形，种皮浅红色。单株总果数 13.3 个、饱果数 11.5 个，单株生产力 17.9 g。百果重 190.3 g、百仁重 82.2 g。出仁率 77.80%，荚果饱满度 73.70%。籽仁蛋白质含量 27.40%，脂肪 51.0%，油酸 50.0%，亚油酸 29.10%。早熟性好，种子休眠性强，抗旱性和抗倒性强，抗叶斑病，高感青枯病。适宜在四川省花生主产区种植，不宜在青枯病区种植。

(五) 河北省

1. 冀花 13 号

2016 年通过河北省审定，由冀 9813(冀花 6 号)×开选 01 - 6 杂交经系统选育而成。普通型小果花生品种，生育期 129 d。株型直立，叶片长椭圆形、深绿色，连续开花，花色橙黄，荚果普通型，籽仁椭圆形、粉红色、无裂纹、无油斑，种子休眠性强。主茎高 36.1 cm，侧枝长 39.8 cm，总分枝 7.0 条，结果枝 6.1 条，单株果数 18.1 个，单株生产力 25.2 g，百果重 218.2 g，百仁重 92.0 g，千克果数 589 个，千克仁数 1 379 个，出仁率 73.3%。抗旱性、抗涝性强，中抗叶斑病。脂肪 55.77%，粗蛋白 23.58%，油酸 81.40%，亚油酸含量 2.90%，油亚比 28.06；适宜河北省唐山、秦皇岛和廊坊市及其以南花生产区种植区域种植。

2. 冀花 16 号

2016 年通过河北省审定，由冀 9813(冀花 6 号)×开选 01－6 杂交系统选育而成，普通型大果花生品种，生育期 129 d。株型直立，叶片长椭圆形、深绿色，连续开花，花色橙黄，荚果普通型，籽仁椭圆形、粉红色、无裂纹、无油斑，种子休眠性强。主茎高 37.6 cm，侧枝长 41.1 cm，总分枝 6.6 条，结果枝 5.7 条，单株果数 15.0 个，单株产量 20.1 g，百果重 210.5 g，百仁重 90.2 g，千克果数 643 个，千克仁数 1 494 个，出仁率 72.3%。抗旱性、抗涝性强，中抗叶斑病。脂肪 55.32%，粗蛋白 21.41%，油酸 74.90%，亚油酸 7.80%，油亚比 9.6；适宜在河北省唐山、秦皇岛和廊坊市及其以南花生适宜种植区域种植。

3. 冀花 18 号

2016 年通过河北省审定，由冀 9814(冀花 5 号)×开选 01－6 杂交经系统选育而成。普通型小果花生品种，生育期 126 d。株型直立，叶片长椭圆形、深绿色，连续开花，花色橙黄，荚果普通型，籽仁桃圆形、粉红色、无裂纹、有油斑，种子休眠性强。主茎高 36.6 cm，侧枝长 42.8 cm，总分枝 6.8 条，结果枝 5.6 条，单株果数 17.2 个，单株产量 19.4 g，百果重 181.1 g，百仁重 76.8 g，千克果数 742 个，千克仁数 1 714 个，出仁率 73.2%。抗旱性、抗涝性强，中抗叶斑病。脂肪 54.78%，粗蛋白 22.28%，油酸 73.20%，亚油酸 9.90%，油亚比 7.4；适宜在河北唐山、秦皇岛和廊坊市及其以南花生适宜种植区域种植。

4. 冀花 19 号

2016 年通过河北省审定，由冀 9813(冀花 6 号)×开选 01－6 杂交系统选育而成。油食兼用型大果花生品种，平均生育期 129 d。株型直立，连续开花，叶片深绿色、椭圆形，花色橙黄。荚果普通型，籽仁椭圆形、浅红色、无裂纹、无油斑，种子休眠性强。平均主茎高 41.8 cm，侧枝长 45.3 cm，总分枝 8.1 条，结果枝 7.7 条，单株果数 18.1 个，百果重 223.5 g，百仁重 111.2 g，出仁率 72.52%。脂肪 54.17%，蛋白质 23.51%，油酸 75.35%，亚油酸 7.15%，油亚比 10.26。中抗叶斑病。适宜在河北、河南、山东、北京、江苏、安徽、辽宁花生产区春播和麦套种植。

(六) 辽宁省

1. 青花 6 号

2010 年通过山东省审定，由白沙 1016 与 99D1 杂交经系统选育而成。珍珠豆型小果花生品种。荚果蚕茧型，网纹清晰，后室大于前室，果腰不明显，籽仁桃圆形，种皮浅粉红色，内种皮白色。春播生育期 120 d，主茎高 36 cm，侧枝长 39 cm，总分枝 10 条;单株结果 25 个,单株生产力 16.0 g,百果重 195 g,百仁重 67 g,千克果数 746 个,千克仁数 1 682 个,出仁率 78.27%;抗病性中等。蛋白质含量 22.3%,脂肪 45.9%,油酸 40.0%,亚油酸 34.0%。适宜在辽宁地区春播种植。

2. 花育 23 号

2004 年通过山东省审定,由 ICGS37(ROBERT33-1/*A. glagrata* 后代组培)与 R_1(选自 8124-19-1/"兰娜")杂交选育而成。疏枝型小果花生品种,生育期 129 d,田间长势整齐,株型直立、紧凑。主茎高 37 cm,侧枝长约 43 cm,总分枝约 8 条,单株平均结果 17.7 个,单株平均生产力 17.2 g,荚果蚕茧型偏长,籽仁桃圆形,种皮粉红色,内种皮淡黄色,百果重 153.7 g,百仁重 64.2 g,千克果数 870.9 个,千克仁数 1 930.6 个,出仁率 74.5%。抗病性及抗旱耐涝性中等。粗蛋白 22.85%、粗脂肪 53.1%、油酸 49.3%、亚油酸 31.92%。适宜在辽宁地区春播种植。

3. 阜花 17 号

2010 年通过辽宁省审定,由阜 9708×"农业部立小"杂交系统选育而成,油食兼用。早熟珍珠豆型花生品种,生育期 119 d。连续开花亚种花生,直根系,株型直立、疏枝,株高 38.4 cm,分枝 7.0 个,单株果数 15.7 个,单株生产力 17.8 g,百果重 180 g,百仁重 61.5 g,出仁率 72%,茎中粗,小叶片、椭圆形、黄绿色,花冠橘黄色。荚果蚕茧型、2 粒荚、中等;籽仁椭圆形、饱满,种皮粉红色。脂肪 45.30%,蛋白质 25.42%,油酸 38.60%,亚油酸 39.5%。中抗叶斑病,中抗锈病。抗旱、抗倒适宜在辽宁省地区作为种植利用。

4. 冀花 16 号

品种特性已在河北省列举。

(七) 湖北省

1. 中花 16

2009 年通过湖北省审定,由 8130 与中花 5 号杂交经系统选育而成,属珍珠豆型花生品种。生育期春播 125~130 d,夏播 115 d。株型紧凑,株高中等,茎枝较粗壮。叶片椭圆形,深绿色,叶片较厚。连续开花,单株开花量较大。荚果斧头型、较大,网纹较深,种仁粉红色。主茎高 45 cm,侧枝长 52~55 cm,总分枝数 10 个,有效分枝数 7~8 个,单株饱果数 12~15 个,百果重 200 g,百仁重 82~85 g,出仁率 74.1%。抗旱性、抗倒性强。种子休眠性强。中抗叶斑病和锈病。粗脂肪 57.76%,粗蛋白 24.06%。适于湖北省花生非青枯病区种植。

2. 中花 21

2012 年通过湖北省审定，由远杂 9102 与中花 5 号杂交经系统选育而成，珍珠豆型花生品种。全生育期 126.5 d，主茎高 42.3 cm，总分枝数 8.3 个。株型直立紧凑，结果集中，易于采收。荚果为普通型，网纹较浅，果壳硬，籽仁桃形，有油斑。百果重 178.4 g，百仁重 75.5 g，出仁率 75.45%。脂肪 52.3%，蛋白质 24.34%，油酸 40.4%，亚油酸 36.73%，粗蛋白 11.3%。高抗青枯病，中抗叶斑病、锈病，抗旱性强，抗倒性中等。适宜在四川、重庆、湖南、湖北、贵州、河南南部的花生产区春播和夏播种植。

3. 远杂 9102

品种特性已在河南省列举。

4. 中花 34

2008 年通过湖北省审定，由"鄂花 3 号/台山珍珠//台山三粒肉"复合杂交的后代经系谱法选择育成，珍珠豆型花生品种，全生育期 121.1 d。植株较高，茎枝粗壮，生长势较强。叶倒卵形，叶片较大、较厚，叶色深绿。连续开花，结果集中。荚果斧头型，网纹明显，种仁粉红色。种子休眠性强。主茎高 59.3 cm，侧枝长 60.8 cm，总分枝数 6.3 个，百果重 187.1 g，百仁重 71.1 g，出仁率 70.9%。抗旱性较强，高抗青枯病，锈病、叶斑病发病较轻。脂肪含量 53.13%，粗蛋白 28.07%。适于湖北省花生青枯病区旱坡地种植。

5. 中花 29

2020 年通过国家非主要农作物品种登记。由中花 21 与冀花 13 多次回交选育而成。该品种为珍珠豆型早熟中粒花生品种，株体适中，株型直立紧凑，叶片深绿色。荚果斧头型，网纹较深，籽仁粉红色，种子休眠性较强。主茎高 38.4 cm，侧枝长 42.7 cm，总分枝数 11.7 个，百果重 191.3 g，百仁重 77.9 g，出仁率 73.2%。抗旱性中等，抗倒性较强。较抗叶斑病，感锈病，高抗青枯病。脂肪 54.70%，蛋白质含量 26.10%，油酸 80.10%，亚油酸 2.30%，油亚比 34.8，适宜湖北、四川、重庆、安徽等地的青枯病区种植。

6. 中花 30

2020 年通过国家非主要农作物品种登记。由中花 21 与冀花 13 多次回交选育而成。珍珠豆型早熟小粒花生，株型直立紧凑，叶片深绿色。荚果斧头型，网纹较深，籽仁粉红色。主茎高 39.2 cm，侧枝长 44.0 cm，总分枝数 11 个，百果重 157.1 g，百仁重 67.9 g，出仁率 79.2%。脂肪 51.2%，蛋白质 29.5%，油酸 80.2%，亚油酸 2.1%，油亚比 38.2，抗旱性中等，抗倒性较强。较抗叶斑病，感锈病，高抗青枯病。

适宜湖北、四川、重庆、安徽等地的青枯病区种植。

(八) 广西壮族自治区

1. 桂花 1026

2009 年通过国家花生品种鉴定，由粤油 99×天府 10 号杂交系统选育而成。珍珠豆型花生品种，广适、高产、稳产，生育期约 125 d。连续开花，疏枝。株型紧凑，主茎高 55.7 cm，分枝长 59.0 cm，总分枝数 6.2 条，有效分枝数 5.9 条，叶片大小中等，叶色绿。高抗叶斑病和锈病，抗倒性和耐旱性强、耐涝性中等。单株总果数 14.1 个，饱果率 85.8%，双仁果率 71.3%，百果重 159 g，千克果数 732 个，出仁率 68.2%。脂肪 50.96%，蛋白质 26.73%，油酸 44.7%，亚油酸 34.5%。适宜于广西、广东、海南、江西、福建、湖南等南方花生产区种植。

2. 桂花 36

2016 年通过国家花生品种鉴定，由(桂花 22×01 秋/813)和(025 春/26×汕油 162)杂交 F_1 的复合杂交，从后代分离群体中选育而成。属珍珠豆型油食兼用花生品种。生育期 125 d。植株紧凑直立，连续开花，疏枝，主茎高 55.6 cm，侧枝长: 63.3 cm，总分枝数 7 条。有效分枝数 5.9 条，单株结果数 18.7 个，千克果数 617 个，饱果率:86.7%，百果重 181.5 g，百仁重 63.5 g，主茎有花青苷显色，主茎茸毛密度疏，叶片较大、绿色椭圆形。荚果蚕茧型、缢缩程度中到强，果嘴中到强，荚果表面质地中到粗糙；籽仁柱形，外种皮浅红色，内种皮浅黄色；出仁率 71.3%。籽仁含油率 53.53%，蛋白质 24.71%，油酸 47.95%，亚油酸 31.5%。感青枯病，中抗叶斑病，中抗锈病。适宜广西、广东、海南、江西、福建、湖南等南方花生产区种植。

3. 桂花 37

2016 年通过广西农作物品种审定，利用“SunOleic95R”为核心亲本，与“汕油 162”和“粤油 45”先后杂交，从后代分离群体中选育而成。属珍珠豆型高油酸花生品种，生育期 125 d。株型紧凑，生长势强，叶片中等大小，绿色。主茎高 60.8 cm，分枝长 62.1 cm，总分枝数 6.5 条，结果枝 4.7 条，单株结果数 13.3 个，饱果率 87.17%，双仁果率 79.3%，百果重 186.4 g，百仁重 63.6 g，千克果数 668 个，出仁率 60.22%。高抗青枯病，中抗叶斑病、锈病。粗脂肪含量 51.97%，粗蛋白 25.75%，油酸 82.7%，亚油酸 2.6%，油亚比 32.34。适宜广西花生产区春、秋季种植。

4. 桂花 39

2016 年通过广西农作物品种审定，由利用“粤油 45”与“桂花 17”和“汕油 188”

先后杂交，从后代分离群体中选育而成。珍珠豆型油食兼用花生品种。全生育期119 d，植株紧凑直立，连续开花，疏枝，主茎高52.2 cm，总分枝数6条。主茎茸毛密度疏，叶片较大、绿色，长椭圆形。荚果斧头型、缢缩程度弱，果嘴弱到中，荚果表面质地粗糙；籽仁圆柱形，外种皮浅红色，内种皮浅黄色；百果重195.2 g，百仁重64.1 g，出仁率58.51%。脂肪50.62%，蛋白质含量26.98%。中抗青枯病、叶斑病、锈病。适宜广西花生产区春、秋季种植。

5. 桂花 40

2020年通过国家品种登记，由"汕油188"与"徐州68－4"杂交系统选育而成。珍珠豆型油食兼用品种。生育期120 d左右。主茎高53.5 cm，分枝长60.8 cm，总分枝数6.4条，结果枝5.25条，叶绿色。单株总果数17.45个，饱果率76.55%，百果重182 g，千克果数619个，出仁率71.5%。脂肪54.11%，蛋白质25.08%，油酸49.0%，亚油酸30.2%。中抗青枯病，高抗叶斑病、锈病。抗倒性中、耐涝性中、耐旱性强。适宜在广东、广西、福建、海南、江西花生产区种植。

6. 桂花 41

2020年通过国家花生新品种登记，由"泉花551"与(汕油188×桂花771)F_1代杂交经系统选育而成。鲜食、油食兼用珍珠豆型。春植全生育期120 d，秋植生育期110 d。主茎高53.9 cm，植株紧凑直立，连续开花，疏枝，侧枝长59.9 cm，总分枝数8.4条，结果枝7.7条。主茎茸毛密度疏，叶片较大、绿色，长椭圆形。荚果蚕茧型，果腰中等，果嘴中等，网纹明显，荚果表明质地中。单株结果数15.9个，千克果数608个，百果重202.8 g，饱果率87.7%。种子圆柱形，外种皮浅褐色，内种皮浅黄色，百仁重78.5 g，双仁果率87.2%，出仁率66.2%。脂肪51.2%，蛋白质25.2%，油酸50.2%，亚油酸27.9%。高抗青枯病、中抗叶斑病、锈病。抗倒性、耐涝性强。适宜在广西花生产区春、秋季种植。

7. 桂花黑 1 号

2016年通过广西农作物品种审定，利用"93—8116"为核心亲本与"桂花30"和"桂花836"先后杂交，从后代分离群体中经多年选育而成。珍珠豆型食用花生品种。春植生育期118 d，种播100 d，植株紧凑直立，疏枝，连续开花；主茎高47.3 cm，侧枝长50.9 cm，总分枝数8条，结果枝数:6.5条；叶片中、黄绿色，长椭圆形。荚果斧头型、缢缩程度弱，果嘴弱到中；籽仁球形，外种皮深紫色，内种皮紫色；百果重165.8 g，百仁重63.7 g，千克果数733个，出仁率68.8%。脂肪55.62%，蛋白质含量25.31%，硒含量:0.14 mg/kg，属于富硒花生。中抗青枯病、叶斑病、锈病。适宜在广西花生产区春、秋季种植。

8. **桂花红 198**

2020 年通过国家品种登记，利用“桂花 32”为母本，(桂花 1026×鹿寨四粒红) F_7 为父本杂交，从后代分离群体中选育而成。鲜食、油食兼用珍珠豆型花生品种。春植全生育期 120 d，秋植生育期 110 d。主茎高 66.2 cm，植株紧凑直立，连续开花，疏枝，侧枝长 71.0 cm，总分枝数 8.4 条，结果枝 7.8 条。主茎茸毛密度疏，叶片较大、绿色，长椭圆形。荚果蚕茧型，果腰中等，果嘴中等，网纹明显，荚果表明质地中，单株结果数 18.1 个，千克果数 710 个，百果重 171.8 g，饱果率 87.7%。种子圆柱形，外种皮深红色，内种皮浅黄色，百仁重 68.6 g，双仁果率 86.38%，出仁率 65.9%。脂肪 51.97%，蛋白质 25.9%，油酸 47.8%，亚油酸 30.7%。中感青枯病、中抗叶斑病、锈病。适宜在广西花生产区春、秋季种植。

(九) 安徽省

1. **鲁花 8 号**

1988 年通过国家品种审定，以伏花生为母本、招远半蔓为父本杂交育成。早熟品种，株型直立，疏枝，连续开花亚种中间型花生品种。生育期较短，出苗快而齐，结果集中，荚果饱满，丰产性好。抗旱耐瘠，适应性广。株高 39.0 cm，侧枝长 42.0 cm。结果枝 7 条，总分枝 8 条。荚果普通型。籽仁椭圆形，种皮粉红略带黄色。百果重 243.4 g，百仁重 95.83 g。出仁率 74.4%。粗脂肪含量 52.66%。

2. **白沙 1016**

早熟中粒珍珠豆型品种。生育期春播 120 d 左右。株高 35 cm 左右，分枝 8 个左右。出苗快而整齐，幼苗直立，叶片淡绿较大，宽椭圆形，节间短，茎秆粗壮，果柄短而韧，开花早而集中，不易落果。荚果蚕茧型，双仁果多，百果重 190 g，百仁重 80 g 左右，出仁率 75%左右，种皮粉红色，有光泽，脂肪 52.7%。抗逆性强，耐粘耐涝，抗旱抗病，耐瘠性较差。

3. **皖花 4 号**

2006 年 2 月通过安徽省非主要农作物品种鉴定。以粤油 116 为母本，郑 8506 为父本杂交育成。株型直立，株高 45.0 cm。叶片椭圆形，深绿色，中等大小，花冠黄色。总分支数 8 个，结果集中。荚果蚕茧型，网纹较深，缩缢浅，果嘴短。以二粒荚果为主，荚果中，长 3.2 cm。籽仁较饱满，呈桃圆形，无裂纹，种皮粉红色，内种皮白色，籽仁长 1.3 cm、宽 0.8 cm。千克果数 225 个，千克仁数 1 428 个。百果重 160.0 g，百仁重 70.0 g。出仁率 69.0%。早熟品种。春播生育期 125 d，夏播生育期 110 d。果针入土深，果柄坚韧，成熟后收获落果较少。高抗涝，高抗青枯病，中抗叶斑病、锈病。种子休眠性强。

(十) 吉林省

1. 扶余四粒红

2018 年通过国家花生新品种登记，地方农家品种。多粒型。鲜食、油食兼用品种。出苗至成熟 100 d 左右，需≥10 ℃积温 2 350 ℃。主茎高 40～45 cm，总分枝 4～6 条，结果枝 4～5 条，叶形长椭圆形，叶色绿，花冠淡黄色。荚果为串珠形，长 4 cm 左右，三粒果居多；百果重 120 g 左右，出仁率 70%～71%。脂肪 42.90%，蛋白质 25.78%。高抗青枯病，中抗叶斑病，网斑病、茎腐病，根腐病中抗以上。适宜在吉林、黑龙江、内蒙古、广东花生主产区春季播种种植。

2. 吉花 16

2019 年通过国家花生新品种登记，青花 6 号变异株。珍珠豆型。鲜食、油食兼用品种。为连续开花亚种，全生育期 120 d 左右。荚果普通型、二粒荚果；籽仁球形、饱满、种皮浅褐色。株形直立、株高 21.8 cm，侧枝长 25.4 cm，分枝 8～9 条，茎中粗，小叶片宽倒卵形、绿色，花冠黄色。单株结果数 21 个，单株生产力 15～17 g，百果重 164.6 g，百仁重 60.5 g，出仁率 72.4%。脂肪 49.94%，蛋白质 25.7%，油酸 39.8%，亚油酸 38.8%。中抗叶斑病。不早衰、抗倒、抗旱、耐瘠薄。适宜在吉林花生产区春季种植。

3. 吉花 9 号

2019 年通过国家花生新品种登记，由阜花 10 号×SD－1 杂交经系统选育而成。珍珠豆型，油食兼用品种，生育期 115 d。植株直立，主茎高 35.43 cm，侧枝长 37.66 cm，总分枝 6.47 条，叶片中大，呈倒卵形，黄绿色，花冠呈黄色，连续开花。荚果普通型，果嘴轻微，果腰不明显，果皮黄白色，网纹中等，2 粒果，单株结果 17.10 个，单株生产力 23.16 g，百果重 178.67 g，籽仁椭圆形，种皮粉色，百仁重 65.12 g，千克果数 594.26 个，千克仁数 1 484.64 个，出仁率 69.26%。脂肪 51.07%，蛋白质 30.51%。抗青枯病、叶斑病，中抗茎腐病，抗根腐病。适宜在吉林花生主产区春季播种。

4. 吉花 2 号

2010 年通过吉林省农作物品种审定，“豫花 15”后代单株系统选育。多粒型。油用品种。早熟品种，出苗至成熟 112 d 左右，需≥10 ℃积温 2 500 ℃。植株半匍匐，主茎高 42.4 cm，侧枝长 43.7 cm，分枝数 5.8 个，叶片中大，椭圆形，黄绿色，花冠淡黄色，连续开花，根系发达，茎秆粗壮，抗倒伏；荚果串珠形，果腰浅，果皮黄白，网纹较浅，果实长 3～4 cm，3～4 粒果居多，种皮深红色，粒长椭圆形，表皮光滑无裂痕，百果重 138.8 g，百仁重 54.5 g；出仁率 69.45%；脂肪 50.06%，蛋白质含量 31.33%。中抗青枯病、叶斑病、锈病、茎腐及根腐病。适宜在吉林花生早熟区春播种植。

（十一）江西省

1. 粤油 256

1991 年通过广东省审定，以[76/18×（粤油 551×协抗青）作母本，77/74 作父本]多亲本复合杂交育成。全生育期春植 125～130 d，秋植 120 d。植株较矮，主茎高 52.2～56 cm，分枝长 60 cm，分枝性较好，单株分枝 6.67 条，叶色深绿，单株果数 13.7 个，饱果率 81.2%～85.2%，出仁率较高，达 72%，中粒果形，百果重 183 g，百仁重 66 g，千克果数 830 个。耐肥抗倒，高抗青枯病，耐锈病，适应性广。

2. 粤油 116

1993 年通过广西壮族自治区审定，从粤油 551 中系选而成，珍珠豆型品种，株型直立，紧凑，叶片浓绿，株高 45 cm 左右，茎枝粗壮，分枝 6～7 条，单株结荚多，整齐、饱满、双仁果多，果大小均匀、壳薄。种皮粉红色，百果重 165 g，百仁重 69～70 g，出仁率 73.96%，脂肪 50%。抗旱、抗倒性强，抗叶斑病，锈病均属中等。

3. 汕油 523

1991 年通过广东省审定，由[（贺粤 1 号×粤选 58）F_8×NCAC17090]F_5×汕油 27 复合杂交选育。珍珠豆型。油食兼用品种。株型紧凑直立，生势较强。全生育期春植 130～135 d，秋植 115～125 d。主茎高 52.7 cm，分枝长 54.8 cm，总分枝 6.2 条，结果枝 5.2 条。单株结果数 14.9 个，饱果率 78.57%，双仁果率 81.22%，千克果数 690.4 个，百果重 184.6 g，百仁重 71.3 g，出仁率 69.0%。脂肪 53%，蛋白质 25.29%～26.63%，油酸 42.0%～45.7%，亚油酸 33.2%～39.6%。中抗青枯病，高抗叶斑病、锈病，抗倒性和抗旱性强，耐涝性中等。适宜在广东水田与旱坡地作春、秋季种植和广西、福建、江西的花生产区春季种植。

4. 航花 2 号

品种特性已在广东省列举。

5. 仲恺花 1 号

2006 年通过广东省审定，由湛油 41 与粤油 193 杂交经系统选育，珍珠豆型。油食兼用品种，生育期春植 125 d，秋植 110 d。出苗整齐，生势强，株型紧凑直立，主茎高 47.8 cm，分枝长 52.5 cm，总分枝数 6.8 条，结果枝数 5.8 条；结荚整齐集中，单株总果数 16.5 个，饱果率 84.25%，大小较均一，壳薄充实饱满，千克果数 782 个，双仁果率 76.79%，单果率 15.87%，百果重 156.1 g，百仁重 59.2 g，出仁率 69.67%。脂肪 53.24%，蛋白质 23.42%，油酸 49.70%，亚油酸 29.80%。中抗青枯病，高抗叶斑病、锈病。耐肥性、抗倒性和抗旱性强，耐涝性较强。适宜广东、广西、海南、福建、江西南部、云南南部的花生产区作春、秋季种植。

6. 赣花 8 号

2011 年通过国家花生品种审定，由粤油 202－35×87－77 FS 配制杂交系统选育，早熟中粒，油用型品种。春播生育期 120 d 左右，秋播 1 110 d。株型紧凑直立，连续开花，结荚集中。叶片中等大，叶色浅绿，长卵圆形，主茎高 43～48 cm，侧枝长 50～53 cm，总分枝数 7～9 条，结果枝数 6～8 条。千克果数 550～610 个，千克仁数 1 000～1 100 粒，百果重 215.3 g，百仁重 83.7 g，出仁率 72.1%。百果重 180～210 g，百仁重 80～90 g，出仁率 74%左右。果嘴明显，果壳薄，种皮粉红色，种仁椭圆形，光滑，无裂纹中抗叶斑病，抗锈病，抗旱性、抗倒性中等，不抗青枯病，种子休眠性强。适宜长江流域的江西、湖北、湖南、江苏、四川等地的砂土、沙质壤土种植。

（十二）湖南省

1. 湘花 2008

2009 年通过花生新品种登记，由（中花 4 号×花 11）与（汕油 27×薄壳 1 号）杂交系统选育，中间型大果品种。春播生育期 133 d。株型直立，株高 23～53 cm，侧枝长 23～62 cm，茎粗中等，分枝 6.5～9 个。叶片椭圆形，绿色。单株总果数 14.3 个，单株饱果数 9.9 个，单株生产力 23.9 g。荚果为普通型大果，果嘴微突，背脊不明显，网纹浅，壳薄。籽仁长椭圆形，种皮粉红色，有光泽，无裂纹，无油斑。百果重 200 g 左右，百仁重 92 g 左右，出仁率 72.5%～78.1%。脂肪 50.24%，蛋白质 28.94%，油酸 46.40%，亚油酸 33.70%。高感青枯病，高抗叶斑病，中抗锈病，抗旱性、耐涝性强。适宜湖南花生产区春季种植。

2. 湘黑小果

2021 年通过国家花生新品种登记，中花 9 号经射线辐射诱变，珍珠豆型小果品种。春播生育期 115～145 d。株型半直立，矮秆，株高 23～51 cm，侧枝长 23～53 cm，分枝 6～13 个，叶片椭圆形，叶淡绿色。荚果蚕茧型，果嘴微突，背脊不明显，网纹浅。籽仁长椭圆形，种子的胚根端微突，种皮黑色，光泽鲜艳，无裂纹，无油斑。百果重 108～145 g，百仁重 37～60 g，出仁率 60%～78%。脂肪 51.16%，蛋白质 28.80%，油酸 48.50%，亚油酸 28.03%。高感青枯病，高抗叶斑病，中抗锈病。

适宜在湖南丘陵山区旱地、平原、改制稻田春植或夏播。

3. 中花 16

品种特性已在湖北省列举。

(十三) 江苏省

1. 丰花 1 号

2001 年通过山东省审定，由蓬莱一窝猴与海花 1 号杂交系统选育，普通型大果花生品种，生育期 133 d，连续开花；叶片椭圆形，绿色，中大，主茎高 46.0 cm，侧枝长 48.0 cm，总分枝 9.4 条，单株结果 20～36 个，百果重 240.0 g，出仁率 72.6%，百仁重 102.0 g。粗蛋白 23.0%，粗脂肪 49.9%。长势强，抗叶斑病、后期不早衰。

2. 花育 25

品种已在山东省列举。

3. 徐花 13

2008 年通过国家花生新品种鉴定，由开封 KJ－1 与鲁花 9 号杂交系统选育，中间型，油食兼用品种。连续开花中间型大果花生品种，生育期春播 128 d 左右，夏播 115 d。株型紧凑，生长稳健。主茎高 40～43 cm，侧枝长 45 cm 左右，总分枝 7～9 条。叶片椭圆形，叶色深绿，中等偏大。荚果普通型，果嘴锐，网纹明显，果皮较硬，百果重 234.2 g。种仁椭圆形，种皮粉红色，百仁重 107.9 g，出仁率 70.51%。脂肪 56.43%，蛋白质 23.06%，油酸 43.7%，亚油酸 35.3%。抗倒性强，中抗叶斑病。适宜在安徽、山东、江苏、河北、河南、北京、辽宁花生产区春播或夏播种植。

4. 徐花 15

2009 年通过国家花生新品种鉴定，由 8406－5－(89)1(狮油 15×赣榆小花生)与湘矮 488 杂交系统选育，中间型，油食兼用，小果花生品种。春播生育期 123 d。株型直立、疏枝、连续开花。主茎高 40 cm 左右，侧枝长 44 cm 左右，总分枝 7～9 条，结果枝 6～7 条。叶片椭圆形，深绿色。荚果普通形，小，整齐一致。籽仁椭圆形，种皮粉红色，无褐斑，无裂纹。百果重 158.2 g，百仁重 64.0 g，千克果数 875 个，千克仁数 1 884 粒，出仁率 74.57%。脂肪 52.42%，蛋白质 23.22%，油酸 52.90%，亚油酸 27.60%。中抗叶斑病，抗旱性和种子休眠性强，耐涝性和抗倒性中等。适宜江苏、山东、河南、河北、辽宁春播、夏播种植。

5. 泰花 4 号

2020 年通过国家花生新品种登记，由泰花 2 号与中 83－15007－1 杂交后系统选育，早熟，普通型，油食兼用品种。植株直立，株型紧凑，主茎高 35～38 cm，侧枝长 37～41 cm，总分枝数 9～11 条，有效分枝数 6.5～7.5 条，连续开花，花量大，单株生产力 15.5～18.1 g；荚果普通形细长，中等偏小，果嘴明显；籽仁大小中等，长椭圆形。千克果数 760～840 个，千克仁数 1 420～1 600 粒。百果重 150～165 g，百仁重 60～70 g，出仁率 73%～75%。籽仁含油量 51.29%，蛋白质含量 27.14%。感青枯病，中感叶斑病，中抗锈病，种子休眠性强。适宜四川省、湖北省、重庆市、湖南省、江西省、安徽省、江苏省及河南省南部等非青枯病花生产区种植。

6. 泰花 8 号

2012 年通过国家花生品种鉴定，由泰花 1 号与中 877－7 杂交系统选育，植株直立，株型紧凑，主茎高 32.3～40.4 cm，侧枝长 34.5～43.0 cm，总分枝数 7～8 条，有效分枝数 5～6 条，连续开花，花量中等，结荚集中，成熟期较早品种，单株有效果数 15～18 个，单株生产力 16.3～18.9 g。荚果普通形，中等偏大，果嘴不明显百果重 218.6～223.4 g，百仁重 90.3～94.3 g，出仁率 77.8%。脂肪 53.31%，蛋白质 26.44%，油酸含量 44.4%。中抗叶斑病，抗锈病，高感青枯病，抗旱性、抗倒性强，种子休眠性中等。适宜全国长江流域的江苏、江西、湖南、湖北、四川、河南等地的砂土、砂壤土田块种植。

7. 宁泰 9922

2015 年通过江苏省非主要农作物新品种鉴定，由泰 9207－609 与徐花 4 号杂交后系统选育，珍珠豆型。鲜食、油食兼用、中大果品种。全生育期 126.4 d，株型直立。主茎高 42.6 cm，侧枝长 44.6 cm，总分枝数 7.7 个，结果枝数 5.8 个，单株饱果数 9.7 个，百果重 218.7 g，百仁重 98.6 g，出仁率 74.3%。脂肪 50.3%，蛋白质 22.97%。中抗青枯病、叶斑病、锈病。适宜江苏省淮河以南地区春播或夏播种植。

（十四）山西

1. 晋花 10 号

2015 年通过山西省花生新品种审定，由晋花 3 号与 2328－11 杂交系统选育，春播生育期 110～125 d，中早熟品种。株型直立、紧凑，主茎高 34.6 cm，侧枝长 42.5 cm，总分枝数 10.6 个，密枝型，连续开花习性，叶椭圆形，叶片绿色，花橙黄色，有效结果枝数 8.4 个，单株果数 21.8 个，荚果普通型、网纹浅，种仁椭圆形，种皮粉红色，百果重 169.1 g，百仁重 72.5 g，出仁率 71.4%。粗蛋白 23.06%，含油量 50.95%。适宜山西省花生产区种植。

2. 汾花 8 号

2020 年通过国家花生新品种登记，由徐 92(2－30)－196 与福建金花 110 杂交系统选育，普通型鲜食、油食兼用品种。生育期 119 d。主茎高 44.4 cm，疏枝、直立，连续开花，侧枝长 47.3 cm，总分枝数 8.9 个，结果枝数 6.5 个。叶片椭圆形、绿色。荚果普通型，荚果缢缩程度弱，果嘴明显程度弱，荚果表面质地粗糙，百果重 200.3 g，饱果率 74.2%。脂肪 47.1%，蛋白质 23.3%，油酸 47.9%，亚油酸 32.2%。感青枯病、网斑病中抗叶斑病，抗茎腐病。抗倒性较差。适宜山西、河南、河北等黄淮海中南地区春播种植。

3. 天府 3 号

1976 年通过国家花生品种审定，由伏花生与南充混选 1 号杂交系统选育，生育期 130～135 d。株型直立，疏枝，连续开花。株高 26.1 cm，侧枝长 36.7 cm。结果枝 6 条，总分枝 9 条。茎中粗，直径 4.3 mm，茎部花青素少量，茎色淡紫，茎枝上茸毛稀长。叶片倒卵形、绿色、叶大。单株结果数 24 个，单株生产力 34.5 g。荚果普通形，网目中大，网纹细浅而清晰，缩缢较浅，果嘴短突，以二粒荚果为主。籽仁呈椭圆形，种皮粉红色，有暗褐色斑点。适应性较强，抗旱性中等，耐涝性较强。中抗病毒病和叶斑病，易感青枯病。种子休眠性较弱。百果重 179.0 g，百仁重 76.6 g。出仁率 80.0%。粗脂肪含量 54.46%，粗蛋白含量 26.63%。

（十五）新疆

1. 四粒红

品种特性已在吉林省列举。

2. 花育 33 号

2010 年通过山东省花生新品种登记，由 8606－26－1×9120－5 杂交系统选育，普通型，油食兼用大果花生品种。生育期 128 d，株型直立，株高 47 cm，侧枝长 50.0 cm，总分枝数 8.0 条，结果枝数 6.2 条。叶片椭圆形，叶色深绿。连续开花，花色深黄。荚果普通型，网纹深，种仁椭圆形，种皮粉红色，无油斑，无裂纹，千克果数 544 个，千克仁数 1 166 个，百果重 227.3 g，百仁重 95.9 g，出仁率 70.1%。脂肪 47.3%，粗脂肪 50.43%，蛋白质 19.1%，油酸 50.2%，亚油酸 29.2%。中抗叶斑病。种子休眠性强，抗旱性强，耐涝性强。适宜在中国北方大花生产区山东、河北、河南、山西、陕西、辽宁、北京、新疆种植。

3. 鲁花 9 号

1991 年通过国家花生新品种登记，由花 19×花 17 杂交系统选育。普通型、早熟油食兼用型、大果花生品种。主茎高 35.4 cm，侧枝长 41 cm，总分枝数 7.15 个，结果枝 5.6 个，千克果数 813 个，千克仁数 1 640 粒，壳薄，百果重 192 g，百仁重

81 g，出仁率 74.37%，种仁椭圆形，种皮粉红色，皮色鲜，无黑斑，无裂纹，生果、生仁符合大花生出口标准。春播生育期 132 d 左右。山东省、北京市及同类型北方大花生生态区种植。

4. 豫花 9326

品种特性已在河南省列举。

5. 冀花 18

品种特性已在河北省列举。

（十六）云南

1. 云花生 3 号

2012 年通过云南省品种登记（登记号：滇登记花生 2012002 号），2019 年通过国家非主要农作物品种登记[登记号：GPD 花生（2019）530028 号]，由砚山小红米×US405 杂交系统选育，属中熟半蔓生疏枝珍珠豆型，油食兼用型品种。生育期 121 d，主茎高 48.13 cm，分枝长 49.28 cm，总分枝 7.78 条，结果枝 6.90 条。叶片椭圆形，稍厚，被蜡质。单株总果数 23.48 个，千克果数 614.29 个。百果重 128.27 g，百仁重 54.46 g，出仁率 69.15%；荚果呈葫芦型，果壳较薄，网纹明显，结果整齐，双仁果率 80%左右，籽仁圆锥形，种皮紫红色，无裂纹。脂肪 50.32%，蛋白质 26.5%，油酸 38.93%，亚油酸 38.88%。适宜云南各花生生产区种植，也适宜中国南方和毗邻东南亚国家条件类似产区种植。

2. 云花生 15 号

2015 年通过云南省品种鉴定（鉴定号：滇种鉴定 2015036 号），2019 年通过国家非主要农作物品种登记[登记号：GPD 花生（2019）530002 号]，由粤油 13×黑仁花生杂交系统选育。直立疏枝珍珠豆型、紫色花生品种，是云南省育成登记的首个紫皮花生品种。生育期 120.3 d，主茎高 44.25 cm，分枝长 45.17 cm，总分枝 7.23 条，结果枝 5.18 个。单株总果数 23.59 个。千克果数 741.13，百果重 167.60 g，百仁重 50.77 g，出仁率 61.22%。株型紧凑，抗倒伏、耐旱性强、耐涝性中等，较抗叶斑病、根腐病和茎腐病。叶椭圆形、绿色，连续开花，花色为橙黄色，荚果茧型，网纹深，种仁椭圆形，种皮紫色。脂肪 48.33%，蛋白质 23.50%，油酸 14.60%，亚油酸 62.28%。适宜云南各花生生产区作为鲜食花生品种种植；也可在临沧、文山、建水作为干花生或油用花生品种种植。

第三节
花生育种

花生育种对花生生产和花生科学技术的发展发挥了巨大作用，提高了花生产量和品质，促进了栽培制度改革，增强了抵抗自然灾害能力，满足了社会需求。

一、国内外花生早期品种选育

陈明(2019)详细介绍了国内外花生早期品种选育，为广大读者提供了重要的参考资料。

(一) 国外早期花生品种选育

国际上花生遗传学方面的研究开始于 20 世纪初孟德尔遗传规律被重新发现以后。日本神奈川农业试验场开展的花生品种选育工作可能属最早。1916 年、1919 年日本的神奈川农业试验场开展花生品种改良试验，于 1936 年选育出 2 个直立型大粒种。1921 年日本的千叶县农业试验场收集本国全国的花生品种，开展纯系分离品种试验，并于 1930 年前先后培育出 2 个中粒种和 1 个匍匐型大粒种。

(二) 国内早期花生品种选育

鸦片战争之后，德国割据胶东半岛，在青岛的李村设置农业改良场开展花生品种和栽培技术研究，这可能是中国最早从事花生科学研究的机构。1929 年，中国恢复对胶东半岛行使主权之后，青岛商品检验局所属的第一商品试验场王芝声从事花生研究工作。中国花生育种工作开始于 20 世纪 30 年代，国家设置了浙江省农事试验场、福建省农事试验场、广西省农事试验场(广西第二区区农场)、湖北省农事试验场、江苏省立麦作试验场、实业部青岛商品检验局、河北省农事第一试验场、吉林省地方农事试验场等农事科研机构,开展了花生育种遗传学、纯系育种和品种比较等试验,代表了当时中国花生育种的水平,并取得了丰硕的成果。1932年,浙江大学的孙逢吉教授开始花生遗传性状和育种等科研工作。1940年,湖北省农学院程侃声开展了直立花生种试验。山东的青岛商品检验局第一商品研究场、莒县农业试验场、山东大学农学院等农事机构长期的开展引种、选种试验,育成了许多适宜当地气候的地方品种。吉林省地方农事试验场(1919)、浙江省农事试验场(1929—1931)、河北省农事第一试验场(1933)、江苏省麦作试验场(1935)、湖北省农学院(1940)、福建省农事试验场(1942)、广西第二区区农场(1943)年等各种试验报告成为研究中国早期花生科研工作的重要依据。

日本在我国台湾进行殖民时期从世界多地引种花生开展试验,选育出许多花生品种(图18)。

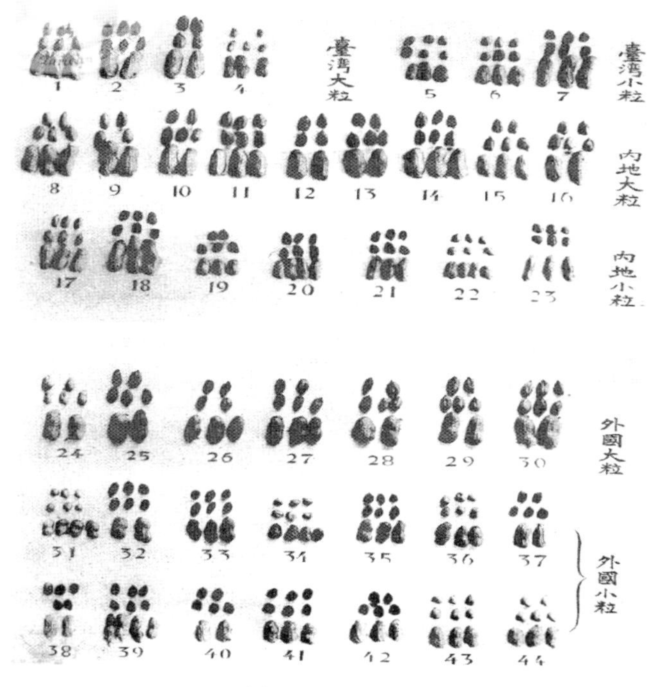

图18　花生品种

(《台湾落花生》,1932)

中华人民共和国成立前，农民也成为纯系选育花生品种的重要力量。科研单位中，开展花生育种试验的官方农事试验机构并不多，以江苏省麦作试验场和广西农事试验场为主。纯系育种是中国早期开展育种的最主要方法之一，季景元(1941)在参考试验场花生育种计划的基础上，总结出花生纯系育种法的试验方法与具体步骤。广西农事试验场自1935年开始花生纯系育种工作，近代花生纯系育种工作可能只有广西农事试验场逐年连续开展。1945年抗日战争胜利后，前中央农业试验所北平农事试验场，山东济南、河南开封等有关单位逐步开展花生科研工作。山东花生研究所主编的《中国花生品种志》记录的540个品种中，广东122份(22.59%)，山东103份(19.07%)，广西62份(11.48%)，江苏39份(7.22%)，河北、江西各30份(5.56%)，河南29份(5.37%)，辽宁20份(3.70%)；其中农家品种426份(78.89%)，杂交选育品种75份(13.89%)，系选品种33份(6.11%)，由此可见，中华人民共和国成立前后70年间，农家品种占有重要地位。

二、中国当代花生育种

(一) 育种目标

高产、高抗、优质、适应机械化是国内外作物育种永恒的重要目标，也是对花生品种的普遍要求。高抗性主要表现在花生品种抗病虫害、抗旱、耐瘠和耐涝等抗逆性强。危害花生的病虫害较多，危害比较严重的病害有叶斑病、线虫病、枯萎病、锈病、网斑病、病毒病和黄曲霉等；主要虫害有蚜虫、棉铃虫、蛴螬、地老虎、蓟马、金针虫等。为了获得花生高产、丰产、稳产，必须选育抗性强的花生品种。花生抗性品种的选育，是保证花生稳产性的重要条件，稳产性与抗逆性密切相关。花生用途比较多，主要有油用、食用、出口和药用等，不同用途其优质品种的指标有所不同。花生品种适应机械化，主要表现在花生品种的株型紧凑、果型一致、果壳不易破裂、胚根不突出、果柄强度较大，这些特征都是适应机械化操作追求的育种目标。

(二) 高油酸花生育种

Norden 等(1987)在研究不同基因型花生脂肪酸组分含量变异时，从494份材料中筛选出2份高油酸突变体435-1和435-2，开启了高油酸花生育种。广东省农业科学院(1991)育成的“狮油红 4 号”,油酸含量达到 75%,可能属国际上第一个高油酸花生品种。高油酸花生品种得到花生育种家的青睐,国内外多数花生育种单位和育种家已加快高油酸花生育种进程。中国的高油酸花生育种材料主要分为 2 个部分,一部分是国外直接引进的材料,如 AT 201 和 SunOleic 95R 都是从美国引进的。另一部分是通过引进品种改良和自创材料,如开选 01 - 6、开选 176、CTWE、P76、SPI098 等。开封市农林科学院引进高油酸花生材料并进行物理诱变,又从诱变后代中筛选出高油酸优异种质“开选 016”(1996),用于高油酸新品种选育。锦州市农业科学院引进美国高油酸花生品种“锦引花 1 号”(2005)并在国内最早备案。国家花生产业技术体系前首席科学家、山东省花生研究所禹山林研究员育成“花育 32 号”(2009),成为中国第一个具有完全自主知识产权的高油酸花生品种通过了审定。

Chu 等(2007)研究结果表明,栽培种花生材料基因组中天然存在 2 个 ahFAD2A 等位基因,分别被命名为 ahFAD2A-wt(野生型基因)和 ahFAD2A-m(突变型基因),这 2 个等位基因在编码序列的 448 bp 处存在一个 SNP,导致 150 位编码氨基酸的替换。雷永等(2010)研究表明,突变型基因 ahFAD2A-m 在中国花生小核心种质中广泛存在,出现频率 53.1%,野生型基因 ahFAD2A-wt,出现频率 46.9%;突变型基因 ahFAD2A-m 在密枝亚种(普通型和龙生型变种)中出现频率 82.8%,显著高于其在疏枝亚种(珍珠豆型和多粒型变种)频率 15.4%。基因工程是创造高油酸类型的重要手段,通过转基因技术可创造出新的 ahFAD2A 或 ahFAD2B 突变类型,得到相应的高油酸种质材料。姜慧芳(2008)通过对花生 298 份小核心种质的种子脂肪酸组成的分析测试,发掘出高油酸新基因源 7 份。山东省花生研究所王传堂研究员(2011)利用辐射诱变筛选出高油酸突变体 CTWE 和自然突变体 FB4,又利用叠氮化钠诱变花育 40 创制出 1 份高油酸突变体。除了以上方法,还可以将普通油酸花生品种直接改良为高油酸花生品种,加快高油酸花生育种进程。高油酸花生育种目标,将高油酸花生饱和脂肪酸总量降低到 10%以下,增加微量有益脂肪酸含量,进一步提高营养保健质量和市场竞争力。

近年来,中国高油酸花生品种选育的速度明显加快。2016 年 11 月 8 日,由全国农业技术推广服务中心主持的全国高油酸花生产业推进协作组成立大会在北京召开(图 19)。全国高油酸花生产业推进协作组依托中国农业技术推广协会油料作物技术分会,是由全国高油酸花生科研单位、推广机构以及相关企业和组织共同发起的沟通协作平台,也是全国第一个覆盖高油酸花生育种、繁种、种植、推广、加工全产业链的协作组织。

图19　全国高油酸花生产业推进协作组成立大会
（禹山林供图）

（三）花生育种方法

花生育种方法主要包括引种、系统育种、杂交育种和分子育种。

1. 引种

引种是指从外地或国外引进新品种遗传资源材料供当地直接利用或科学研究，促进不同地理起源的物种和人工育成新品种的广泛传播和交流。引种对物种传播、新品种的选育和推广以及科学研究均发挥了重要作用。花生引种应遵循气候相似、生态相似、品种生态型等规律。

花生引种首先要详细了解拟引进品种的生态类型、选育历史、遗传性状、产量潜力、品质状况、适应性、抗逆性等情况，然后再有计划有目的地引进。从国外引种，必须严格检疫，对有检疫对象的材料，应及时加以药剂处理，必要时立即烧毁，以绝后患。对国外引进材料必须隔离种植，经详细观察、确认未携带病虫杂草后，方可在科研和生产中利用。如发现新的危险性病虫害及杂草时，应立即采取根治措施。

2. **系统育种**

系统育种，即从现有品种群体中选择优良自然变异单株，把单株后代，按株系、品系、品种的系统逐代观察、鉴定、比较，从中筛选出最好的系统育成新品种。"株系"，是单株的种子播种后所长成的直接后代群体，在性状稳定以前，个体之间没有达到整齐一致时，叫株系。如果这个株系还在分离，没有稳定，仍然要选单株，下一代仍然用单株种子播种，种成株系，株系必须是单株种子播种的，故称它为单株的直接后代群体。"品系"，是把一个株系混合收获，混合脱粒，下代混合种植构成的单株间接后代群体，性状已稳定一致，没有正式形成品种以前，统称为品系。

系统育种是从选择优良单株开始，可根据选择标准和要求，采用单株选种法和混合选种法。单株选种法要育成一个新品种需经过选株、株行比较、株系比较试验、品系比较试验等几个步骤，由品系比较试验选出的优良品系，即可作为新品种开展生产试验，申请参加花生品种区域试验。混合选种法与单株选种法方法基本相同，不同的是在株行圃或株系圃将变异性状基本一致的株行或株系混合，成为混选系，再与对照品种或其他品系、株系比较，筛选出最优良的混选系。

3. **杂交育种**

杂交育种，即利用不同基因型的亲本杂交，通过基因重组，使杂交后代出现不同的变异类型，再通过选择培育，育成新品种。杂交育种是通过杂交导致基因重组，产生各种各样的变异类型，是国内外应用最普遍、成效最突出的方法。根据亲本之间亲缘关系的远近将杂交育种分为品种间杂交育种、变种间和亚种间杂交育种、种间杂交育种。

杂交亲本的选配，是根据育种目标和品种性状表现，选用适当的亲本，配置合理的组合，直接关系到杂交后代能否出现好的变异类型和筛选出优质品种，是杂交育种成败的关键。要选配优良亲本，必须详细观察研究育种原始材料，掌握一批综合性状和特殊性状优良的亲本，同时研究掌握各性状的遗传规律，尤其是主要性状的一般配合力和特殊配合力等。一般应掌握好以下几个原则：一是亲本优良或优点突出，主要性状优缺点能够互补，二是亲本中一般要选用一个当地推广品种，三是选用生态型差异较大、亲缘关系较远的品种或材料作亲本，四是选用一般配合力高的品种或材料作亲本。

（1）杂交方式

杂交方式包括单交和复交。

单交：即用两个亲本杂交。理论上，单交中的正交与反交由核基因控制的性状表现是相同的，但由于杂种继承母本的细胞质，细胞质自身具有某些遗传基因或产生核质互作，正反交组合往往存在一定的差异。因此，在搭配组合时，一般以对当地条件适应性强，综合性状好的亲本作母本，某些涉及细胞质或母性遗传的性状，选择母本就更重要；以具有某些突出互补性状的亲本作为父本。单交只需杂交一次，简单易行，节省时间，杂种第一代整齐一致，第二代才开始分离，杂交株数与后代种植规模都不需要很大，比较省工、省事、省地。但单交也有其局限性，所用的两个亲本，必须是优缺点能够互补，而性状总体又符合育种目标要求，如果难以找到性状能够完全互补的亲本，需要再增加亲本复交弥补。

复交，即选用两个以上的亲本杂交两次以上。这种方式，育种进程比单交有所延长。一般的做法是先将两个亲本组成单交组合，再将两个单交组合相互配合，或者用某一个单交组合与其他亲本相配合。由于所用的亲本数目和杂交顺序不同，分为"三交""双交""四交"等三种方式，这三种方式杂交后代中，不同亲本的遗传组成所占比例是不相同的。合理安排各亲本的组合方式以及在各杂交中的先后次序是很重要的，需要全面权衡各亲本的优缺点互补的可能性，以及各亲本的遗传组成在杂交后代中所占的比重。综合性状好，适应性和丰产性好的亲本，应放在最后一次杂交中，并占有较大比重以增大杂交后代优良性状出现的概率。

(2) 杂交技术

杂交过程包括种植亲本、去雄、授粉、套果针、收获、后代处理与选择。

一是种植亲本。母本一般采用盆栽、池栽和垄栽等方式。但以池栽为优，尤其是高台池栽，池高 80 cm 左右，池宽以种植两行亲本为宜，便于收种。每一组合母本种植株数，一般种 20 穴，每穴 2 粒，出苗后每穴留 1 株，父本就近垄栽或平栽，种植株数应比母本株数多 1 倍以上。采用较好的条件和措施栽培与管理，尤其对母本，确保亲本生长发育良好。栽培种花生，花期一般差异不太大，父母本可同期播种，若一个组合用晚熟种和早熟种做亲本，则晚熟种亲本应适当早播，早熟种亲本适当晚播。

二是去雄。一般在父母本始花后几天开始去雄。去雄时间，一般是每天 16 时以后，选用花萼微裂显露出黄色花瓣的花蕾，即第二天早上能正常开放的花，用左手的拇指和中指捏住花蕾的基部，右手持镊子轻轻将花萼、旗瓣、翼瓣拨开，再用左手的食指和拇指压住已拨开的花瓣，以防合拢，用镊子轻压龙骨瓣的弯背处，使雌雄蕊露出，用镊子一次或多次将 8 个雄蕊的花药摘除去净，不要损伤雌蕊柱头，再用手指将龙骨瓣推回原来位置，使旗瓣、翼瓣恢复原状。

三是授粉。去雄后第二天 5:00～10:00 对去雄的花朵人工授粉。授粉时，按组合采集一定数量的父本花，用镊子将父本花的花粉挤出放入玻璃培养皿中混合均匀,用左手食指和中指托住去雄的花朵,右手拇指或持镊子轻轻挤压龙骨瓣,使雌蕊柱头露出,用镊子尖端蘸取花粉涂在柱头上,并随即使龙骨瓣复原,包住柱头,也可采用父本花朵直接授粉,即取一父本花,去掉花萼、旗瓣、翼瓣,保留龙骨瓣与雌雄蕊,直接授在去雄花的柱头上,然后推回龙骨瓣。授粉时要特别注意,每组合授粉完毕后必须用酒精棉将镊子和培养皿彻底消毒再做下一个组合。每朵花授粉后,将写清日期的纸牌挂在杂交花的茎节处做标记。

四是套果针。授粉结束后10 d左右,杂交果针基本都伸长出来了,用有色塑料绳套在每个杂交果针上,随即培土,把果针埋入土中。

五是收获。荚果成熟后,以组合为单位将套上塑料绳的荚果单收单晒,妥善保存。

六是杂种后代处理与选择。采用系谱法、混合法、派生系统法、"一粒传"混合法、集团混合法等方法。

系谱法也叫多次单株选择法,是国内外花生杂交育种最常用的一种方法。中国杂交育成的花生品种,基本上都是采用此法选育。该法的特点是,杂交后按组合种植,从杂交种第一次分离世代开始选单株,并按单株种成株行,每株形成一个系统,以后各分离世代都在优良系统中继续选择优良单株,继续种成株行,直至选育成整齐一致的稳定优良株系,然后将这个株系混收成为品系,开展产量比较试验,最后育成品种。

混合法是按杂交组合混合种植,不进行选择,只淘汰劣株,到杂交种性状基本稳定的世代时,即纯合个体数达80%左右,开始一次性单株选择,下一代成为株系,然后选择优良株系开展试验鉴定。采用混合法,可在杂种群体中保存各种优良基因,并有可能在以后世代中重组成优良的纯合基因型。

派生系统法又称早期世代测定法,在第一次分离世代株选一次,以后各代混播这次入选单株的派生系统(即混合群体)并鉴定产量和品质等性状,作为选系的参考,保留的优良系统只淘汰劣株后混收,下年混播,直到主要性状趋于稳定时再选择一次单株,下年种成株系,选择优良株系开展产量鉴定试验。此法实际上是系谱法与混合法相结合的一种方法,吸收了系谱法与混合法的优点。

"一粒传"混合法。从F2开始,收获时按组合每株摘一个果(或几个果)混合,供下年繁殖,F3～F4也用同法,到F5或F6选择基本纯合稳定的单株,下年种成株系,再从株系选拔少数优系鉴定产量。

集团混合法也称人工定向混合选择。F2选株,每组合按类型分为若干个集团,以后世代继续按集团混播,到性状基本稳定以后再从各集团中选株,再种成株系，从株系中选择优系鉴定产量和品质等。该方法具有混合法保持丰富的变异性和保留多样化类型的优点。

除了杂交育种，诱变育种和生物育种也在花生育种中有所应用。

（3）花生育种程序

花生育种，无论采用何种方法，在整个育种过程中，必须不断地观察、选择和鉴定育种材料，选择优良材料，淘汰没有价值的材料。不同的育种方法，其程序虽略有差别，但一般分为亲本材料圃、组合与处理圃、选种圃、品系鉴定圃、品种比较试验、品种区域试验和品种审（认）定等程序，如图 20 所示。

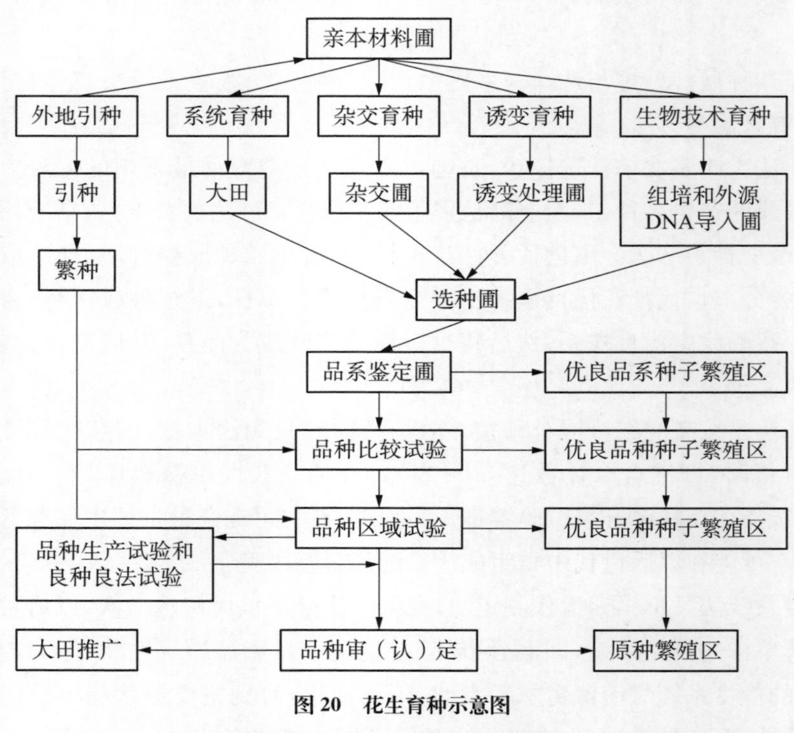

图 20 花生育种示意图

（万书波等《中国花生栽培学》2013）

4. 分子育种

近年来，花生全基因组测序的完成促进了分子标记的开发利用和关键农艺性状连锁 QTL 的鉴定，加速了转基因技术改良花生品种的进程，标志着分子育种已经成为花生新品种培育的重要技术手段之一。

分子标记是分子辅助选择和设计育种的基础，近年来花生中大量的分子标记被开发出来，为花生分子育种提供了便利条件。分子标记辅助育种与传统遗传育种相结合能够加速育种的进程。高油酸花生品质稳定，营养价值高，国内多家单位开展花生高油酸分子标记辅助育种，是迄今为止花生分子标记辅助选择技术应用到育种中最成功的例子。花生高油酸性状是由两个等位基因 ol_1 和 ol_2 一起控制的。△12-脂肪酸脱氢酶(*FAD2*)催化油酸到亚油酸的转化，降低 *FAD2* 酶的活性可以提高油亚比，*FAD2* 基因是控制油亚比的关键基因。*FAD2* 是由 2 个非等位基因 *FAD2A* 和 *FAD2B* 共同编码，它们位于不同的基因组上，其中 FAD2A 和 FAD2B 突变分别产生 ol_1 和 ol_2 基因。花生高油酸性状主要由 2 个主效基因 *FAD2A* 和 *FAD2B* 控制，针对这 2 个主效基因突变位点已经开发了 CAPS 标记、KASP 标记、等位基因特异 PCR 和 PCR 产物测序检测方法等。

花生分子标记辅助育种是在传统杂交育种基础上，通过检测与 *FAD2A* 和 *FAD2B* 2 个等位基因紧密连锁的分子标记筛选目标材料，减少育种时间、提高育种的准确性。研究者们开发了 CAPS、Real time PCR 和 AS-PCR 等标记，进行 *FAD2A* 和 *FAD2B* 的基因分型、序列比对和分子标记辅助育种等。

近年来，利用基因工程将外源基因导入花生，获得了一些优质的花生转基因品系，为花生育种和种质创新提供了另一个选择。用于花生基因转化的主要有油脂合成相关基因、过敏原基因和抗性基因等。花生全基因组测序、分子标记开发、图谱构建、QTL 定位及转基因工程等领域的发展为花生分子育种奠定了坚实的基础。

第四章

花生区划

第一节 花生种植区划

中国花生种植区域广，东起黑龙江省密山市，西到新疆维吾尔自治区喀什市，北至黑龙江省黑河市，南达海南省三亚市，从海平面以下 154 m 的新疆吐鲁番盆地到海拔 1 800 m 以上的云南玉溪地区均有种植，跨越南北 34 个纬度，东西 58 个经度。

花生是喜温作物，耐旱、耐热、耐涝、耐贫瘠，对土壤要求不高，缺少灌溉条件的破岗地、边角地、沙地上均能生长，以排水良好的砂质土壤为最好。

张承祥等(1984)指出，从全国来看中国花生既有产区分散的特点，又有相对集中的优势，并提出了不同花生品种的适宜气候区。

依据花生种植和生产发展变化情况、地理位置、地貌类型、气候条件、品种生态分布、栽培耕作制度等指标，花生学术界比较一致的看法是将中国花生产区划分为黄河流域花生区、长江流域花生区、东南沿海花生区、云贵高原花生区、黄土高原花生区、东北花生区、西北花生区 7 个区，并进一步将黄河流域花生区分为山东丘陵、华北平原、黄淮平原、陕豫晋盆地 4 个亚区，将长江流域花生区分为长江中下游平原丘陵、长江中下游丘陵、四川盆地、秦巴山地 4 个亚区，将东北花生区分为辽吉丘陵平原、吉黑平原 2 个亚区。

一、黄河流域花生区

包括山东、天津的全部，北京、河北、河南的大部、山西南部、陕西中部、江苏北部及安徽北部地区，是全国最大的花生产区。种植面积最大、总产最高，花生种植面积和总产均占全国花生种植面积和总产的50%以上。气候条件和土壤条件比较优越，花生生育期积温在3 500 ℃以上；日照时数1 300～1 550 h；降水量为450～900 mm，种植花生的土壤多为丘陵砂土和河流洪积冲积平原砂土。栽培制度为一年一熟、两年三熟或一年两熟制，河南一年两熟制的麦田套种花生和夏直播花生面积已达到花生总种植面积的80%。适宜种植普通型、中间型和珍珠豆型品种。

根据主要生态条件和栽培制度等差异，分为4个亚区。

（一）山东丘陵花生亚区

地处山东半岛和鲁中南丘陵，包括烟台、威海、青岛、潍坊、临沂、日照等市。花生种植面积和总产均占全国花生种植面积和总产的12%以上，单位面积产量高，是中国传统的花生出口基地。花生多种植在海拔100 m左右的低缓丘陵，土壤多为丘陵砂砾土。气候温和适宜，花生生育期积温在3 500 ℃以上，由东向西逐渐增高，有的地区高达4 000 ℃；日照时数1 400～1 500 h，东北部及西南部较低，为1 300 h左右；降水量为500～900 mm，东南部高、西北部低。耕作制度多为两年三熟制，部分为一年一熟制。

（二）华北平原花生亚区

地处燕山以南，太行山以东，东北至渤海湾沿岸，西南以黄河为界。包括北京、河北大部，山东西部，河南北部，天津全部。花生种植面积和总产均占全国花生种植面积和总产的15%以上。地势平坦，绝大部分地区在海拔50 m以下，土壤多为古黄河、海河水系和滦河等洪积冲积而成的砂土，沙层较深，抗涝易旱，肥力较低，少部分砂壤土肥力较高。气候温和，花生生育期积温在3 500 ℃以上，东北低、西南高，有的地方高达4 200 ℃；日照时数1 200～1 500 h，有的地区高达1 700 h；降水量500～600 mm。栽培制度多为一年一熟制，少部分为两年三熟制。以春花生为主，近年来夏播花生发展较快。

（三）黄淮平原花生亚区

东起连云港，西至伏牛山东南侧，南以淮河为界，北至黄河南岸。包括淮河干流的江苏北部、安徽北部以及山东西南部和河南东南地区。花生种植面积和总产均占全国花生种植面积和总产的17%左右。花生多种植在海拔60 m以下的冲积平原，地势平旷，在徐淮等地有丘陵分布，自然条件较好，土壤多为砂土。气候温暖，花生生育期积温在4 500 ℃左右；日照时数为1 350～1 500 h；降水量为700～

800 mm。栽培制度以两年三熟制和一年两熟制为主，夏花生较为普遍，也有部分麦套和春播、夏直播花生。近年来夏花生发展迅速，油菜后作花生有所发展。

（四）陕豫晋盆地花生亚区

本亚区东部与华北平原花生亚区和黄淮平原花生亚区的北界相连，西北至黄土高原花生区南界，南部和东南部至秦岭和桐柏山。包括山西南部、河南西部和陕西中部。花生种植面积和总产均占全国花生种植和总产的 2%左右，单位面积产量较低。地处平原谷地，种植花生的地区主要为河流冲积平原和平岗缓坡地，土质为砂土。亚区内气候差异较大，花生生育期积温为 3 500～4 500 ℃；日照时数一般为 1 200～1 300 h；年降水量为 450～650 mm。以麦套花生为主，亦有部分春花生和夏直播花生。

二、长江流域花生区

本区是中国春、夏花生交作，以麦套、油菜茬花生为主的产区。包括湖北、浙江、上海的全部，四川、湖南、江西、安徽、江苏的大部、重庆西部、河南南部、福建西北、陕西西部以及甘肃东南部，花生主要分布在四川嘉陵江以西的绵阳—成都—宜宾地区一线，湖南的涟源—邵阳—道县一线，江西的赣江流域地区，淮南冲积土地区和湖北的东北低山丘陵地区。种植面积和总产分别占全国花生种植面积和总产 15%。自然资源条件好，有利于花生生长发育，花生生育期积温为 3 500～5 000 ℃；日照时数 1 000～1 400 h，最低为 800 h，最高达到 1 600 h；降水量 1 000 mm 左右，最低为 700 mm，最高可达 1 400 mm。种植花生的土壤多为酸性土壤、黄壤、紫色土、砂土和沙砾土。栽培制度，丘陵地和冲积砂土多为一年一熟和两年三熟制，以春花生为主；南部地区及肥沃地多为两年三熟和一年两熟制，以套种或夏直播花生为主，南部地区有少量秋植花生。适宜种植普通型、中间型和珍珠豆型品种。本区分为 4 个亚区。

（一）长江中下游平原丘陵花生亚区

位于黄淮平原花生亚区以南，自西向东包括鄂西山地以东的长江中游北部、湖口以下长江下游两岸以及长江三角洲。包括上海、江苏、安徽、湖北大部，河南南部和天目山、杭州湾以北的浙江北部，花生种植主要集中在安徽的肥东、定远、明光、凤阳、肥西，江苏的如皋、泰兴、姜堰，湖北的红安、麻城、大悟等地。花生种植面积和总产均占全国花生种植面积和总产的5%以上。本亚区除大别山区及西侧低丘岗地、江淮间的丘陵和江苏、安徽、浙江三省接壤处的部分丘陵岗地稍高外，其他地区地势平坦，海拔高度一般在100 m以下。全区温度较高，花生生育期积温在5 000 ℃左右；日照时数为1 300～1 400 h；降水量为750～900 mm。土壤为砂土、沙质壤土和砂砾土。栽培制度多为两年三熟制、一年两熟制，以夏花生为主，部分油菜茬花生。

（二）长江中下游丘陵花生亚区

东自杭州湾至温州的东海之滨，西达雪风山脉东部，北接长江中下游平原丘陵花生亚区，南抵南岭和武夷山南段。包括江西全省，湖南、浙江的大部，安徽东南及福建西北，以湖南的邵阳、零陵，江西的赣州、宜春等地种植面积较大。花生种植面积和总产均占全国花生种植面积和总产的4%左右。种植花生的地区一般为海拔200 m以下的低丘岗地，土壤多为红壤和黄壤，江河沿岸及其冲积地区多为砂土及沙质壤土，土壤酸性较强，有机质含量较低。气候温暖湿润，温度较高，花生生育期积温在5 000 ℃以上；日照时数为1 150～1 650 h，降水量为1 000～1 400 mm。栽培制度多为一年两熟制，以春花生为主，部分夏花生，湖南、江西两省有部分秋花生。

（三）四川盆地花生亚区

位于四川省和重庆市内，花生主要集中在南充、绵阳、广元、内江、宜宾、乐山等地。种植面积和总产分别占全国花生种植面积和总产的4.5%和3.0%左右。种植花生的地区多为丘陵地和沿河冲积土。土壤主要为紫红色砂页岩风化而成的紫色土，富含磷、钾，土质疏松，排水良好，保水保肥力较强，适于种植花生。气候温暖，花生生育期积温为4 000～5 000 ℃；日照时数为750～1 250 h；降水量在1 000 mm左右。栽培制度多为一年两熟制，以春花生为主，少量夏花生。

（四）秦巴山地花生亚区

位于秦岭、米仓山、大巴山、巫山等山区，包括陕西西部、湖北西部、四川东北部及甘肃东南部，种植分散，以湖北宜昌、秭归、房县等地种植稍多。种植面积和总产均占全国花生种植面积和总产的1%以下。种植花生的地区多为山地，少量为山间盆地和河谷。土壤多为山地灰黄壤和黄壤。自然条件复杂,区内气温差异较大,花生生育期积温为 3 500～5 000 ℃,日照时数为 850～1 400 h,降水量为 700～1 300 mm。栽培制度为一年两熟和两年三熟制。

三、东南沿海花生区

本区是中国种植花生历史最早,且能春、秋两作的主产区。位于南岭以南的东南沿海地区,包括广东、海南、台湾的全部,广西、福建的大部和江西南部。花生种植面积和总产均占全国花生种植面积和总产的 20%左右。花生主要种植在海拔 50 m 左右的地区,主要分布在东南沿海丘陵地区和沿海、河流冲积地区一带,广西的西北部和福建的戴云山等地分布较少。高温多雨,水热资源丰富,居全国之冠。从北向南,花生生育期积温逐渐升高,由 6 000 ℃左右到海南岛的南部可达 9 000 ℃,日照时数为 1 300～2 500 h,降水量为 1 200～1 800 mm。种植花生的土壤多为丘陵红壤和黄壤以及海、河流域冲积砂土。栽培制度因气候、土壤、劳力等因素影响而比较复杂,以一年两熟、一年三熟和两年五熟的春、秋花生为主,海南可种植冬花生。适宜种植珍珠豆型品种。

四、云贵高原花生区

位于云贵高原和横断山脉范围。包括贵州的全部、云南大部、湖南西部、四川西南部、西藏的察隅以及广西北部的乐业—全州一线,花生种植分散,以云南的红河州、文山州、西双版纳州、普洱市和贵州的铜仁市较多。花生种植面积和总产均占全国花生种植面积总产的 2%左右。本区为高原山地,地势西北高、东南低,高低悬殊。山高谷深,江河纵横,气候垂直差异明显。花生多种植于海拔 1 500 m 以下的丘陵、平坝与半坡地带。土壤以红、黄壤为主,土质多为沙质土壤,弱酸性。气候条件差异较大,花生生育期积温为 3 000～8 250 ℃;日照时数为 1 100～2 200 h;降水量为 500～2 300 mm。干、湿季分明,以云南最为明显,降水多集中在 6—10 月。栽培制度以一年一熟制为主,部分为一年两熟制,元江、元谋、芒市、河口和西双版纳等地可种植春、秋两作花生。适宜种植珍珠豆型品种。

五、黄土高原花生区

以黄土高原为主体，包括北京北部、河北北部、山西中北部、陕西北部、甘肃东南部以及宁夏的部分地区，以昌平、怀柔、曲阳等地种植面积较大。花生种植面积和总产均占全国花生种植面积和总产的 0.5%以下。本区地势西北高、东南低，海拔 1 000～1 600 m，散布在山麓地带和黄土高原上的沟壑密集区，花生多分布于地势较低地区。土质多为粉沙，疏松多孔，水土流失严重。花生生育期积温为 2 300～3 100 ℃；日照时数为 1 100～1 300 h；降水量为 250～550 mm，多集中在 6—8 月。栽培制度为一年一熟制，适宜种植珍珠豆型、多粒型品种。

六、东北花生区

包括辽宁、吉林、黑龙江的大部以及河北燕山东段以北地区，主要分布在辽东、辽西丘陵以及辽西北等地。花生种植面积和总产均占全国花生种植面积和总产 5%左右。种植花生的地区多为海拔 200 m 以下的丘陵沙地和风沙地。栽培制度多为一年一熟和一年两熟制。种植品种由南向北，依次为中间型、珍珠豆型、多粒型。本区分为 2 个亚区。

（一）辽吉丘陵平原花生亚区

位于东北花生区南部，包括辽宁大部、吉林中部以及河北燕山东部以北，花生主要分布在辽东半岛、辽西走廊等地区的低缓丘陵，次为辽西北风沙地区的沿河两岸和山坡地，以普兰店、庄河、绥中、兴城和北镇等地较多。花生种植面积和总产均占全国花生种植面积和总产的 4%左右。气候比较寒冷，花生生育期积温除辽东湾周围地区为 3 300 ℃左右外，其他地区为 2 800～3 100 ℃；日照时数为 1 150～1 450 h；降水量为 500～600 mm。栽培制度为一年一熟和一年两熟制。宜种植珍珠豆型和多粒型品种，南部可种植中间型品种。

（二）吉黑平原花生亚区

位于东北花生区北部，北界大致为明水—通河—富锦一线，西界大致沿嫩江、松花江向南经永吉—通化一线，东界为国界。包括黑龙江大部和吉林东北部，花生主要分布在扶余和杜尔伯特等地的瘠薄地。花生种植面积和总产均占全国花生种植面积和总产的1%以下。气候寒冷，花生生育期积温为2 300～2 700 ℃；日照时数为900～1 100 h；降水量为230～500 mm。栽培制度为一年一熟制的春花生，宜种植多粒型品种。

七、西北花生区

地处中国大陆西北部，北、西为国界，南至昆仑、祁连山麓，东至贺兰山。包括新疆全部，甘肃的景泰、民乐、山丹以北地区，宁夏中北部以及内蒙古的西北部，花生主要分布在盆地边缘和河流沿岸较低地区。花生种植面积和总产均占全国花生种植面积和总产的1%以下。地处内陆，绝大部分地区属于干旱荒漠气候，温度、水分、光照、土壤资源配合有较大缺陷。种植花生的土壤多为砂土。区内气候差异较大，南疆、东疆南部和甘肃西北部花生生育期积温为3 400～4 200 ℃；日照时数为1 300～1 900 h；降水量仅为10～73 mm。甘肃东北部，宁夏中北部，新疆的北疆南部等地区，花生生育期积温为2 800～3 100 ℃；日照时数为1 400～1 500 h；降水量为90～108 mm。甘肃河西走廊北部，新疆的北疆北部部分地区花生生育期积温为2 300～2 650 ℃；日照时数为1 150～1 350 h；降水量为61～123 mm。温光条件对花生生长发育有利，但雨量稀少，不能满足花生生长发育需要，必须有灌溉条件才能种植花生。栽培制度为一年一熟制的春花生。

第二节
花生生态适宜区划

张启华、高翔(1990)研究了陕西省黄土高原花生生产生态资源,综合评判黄土高原的温度、降水、光能辐射等 11 个生态因素,土地面积的 85.9%适宜和比较适宜种植花生,海拔 150 m 以上地区不能种植花生。张承祥等(1984)以关键温度条件作为区划指标,确定了全国花生不同生态品种适宜气候区划,分为各品种适宜气候区、珍珠豆型品种适宜气候区、多粒型品种适宜气候区及不适宜气候区。李飞、周彦忠、朱晓梅等(2020)研究了河南省不同生态区对漯花 8 号农艺性状和产量的影响,得出不同生态区对漯花 8 号主茎高度、侧枝长度、总分枝数、果枝数、生育期、百果重、百仁重和产量均有显著影响。王才斌等(2008)研究了山东省不同生态区花生品质差异及稳定性,得出品种和环境对脂肪和蛋白质含量作用显著且环境的作用大于品种。吴正锋等(2008),研究了山东省不同生态区花生产量及产量性状稳定性,得出环境、品种和环境与品种互作对花生产量及其产量性状影响极显著,环境对花生产量和单株结果数的影响最大,品种次之,而遗传因素对千克果数和出仁率的影响大于环境。

杨丽萍等(2019)通过 GIS 与数学模型集成技术,充分考虑全国范围的指标适用性和数据可获取性,选取与花生生产密切相关的气候、土壤等 13 个指标以中国行政区划中的县域为评价单元,利用 2005—2014 年的气候、土壤基础数据,在 ArcGIS 平台中建立生态适宜性评价数据库,建立了评价指标体系,划分 4 个不同等级,分别为最适宜(0.70~0.89)、适宜(0.56~0.70)、次适宜(0.42~0.56)、不适宜(0.11~0.42)。其中县域数量,最适宜(0.70~0.89)的有 616 个(21.69%)、适宜(0.56~0.70)的有 1 308 个(46.06%)、次适宜(0.42~0.56)的有 666 个(23.45%)、不适宜(0.11~0.42)的 250 个(8.80%)。

各适宜区在空间上呈带状分布,以最适宜区为中心,适宜、次适宜区域依次向两侧扩展。最适宜区及适宜区主要分布在平原、盆地、河谷地带及绿洲,集中在广西、山东、重庆、河南等 9 省(市),与中国目前的花生生产现状一致性较强。通过综合分析各区气候和土壤指标的平均值,发现随着适宜性等级降低,温度指标呈现下降趋势,最低温度拐点值的下降趋势十分显著。鉴于温度指标在评价体系中权重最大,可以认为温度是花生生态适宜性评价的最大限制因素;另外,日照时数随着适宜性等级的降低而增加。中国花生种植生态适宜性县域数量排比:适宜区>次适宜区>最适宜区>不适宜区。

一、最适宜区

主要分布在黄淮海平原、东北平原及海南岛等地,集中在河南、山东、河北、北京、海南、辽宁等省份,最适宜区县域数量约 616 个,占中国县域总量的 21.69%。本区为中国花生生产与技术最成熟的区域,其中河南、山东两省花生种植面积之和约占全国的 40%。最适宜区域的播种出苗期平均温度为 19.95℃,开花下针期均温 25.89℃,饱果期平均温度为 21.27℃,≥15℃活动积温平均为 2471.72℃。跨越纬度较大,降雨量和日照时数的范围较大,均值分别为 543.29 mm 和 867.76 h。土壤黏粒含量相对较低,尤其是黄淮海区域;有机质含量平均约为 1.74%,速效钾平均含量约为 126.48 mg/kg,有效磷的含量均值 21.09 mg/kg,土壤全氮均值含量为 1.03 g/kg,交换性钙含量均值 1.82 g/kg。该区生态因子能满足现有花生品种类型的需求,各因子配合良好,单产高,大面积生产仍保持较高产量。已经发展有一定规模的花生产业或者具备发展大规模花生产业的潜力,在种植业结构调整中,宜积极引导扩大花生种植面积,建设花生优势产区,引进花生新品种,稳定花生产量,提高花生品质;增加科技投入,推广机械化,促进花生深加工,完善花生产业链,建立高产稳产花生生产基地。

二、适宜区

主要分布在东北平原、华北平原南部、四川盆地、长江中下游平原、云贵高原北部、江南丘陵部分、新疆天山南北两侧盆地,集中在四川、重庆、黑龙江、上海、广东、广西、湖南等省市，适宜区县域数量约为 1 308 个，占中国县域总量的 46.06%。播种出苗期均温平均 18.21 ℃，开花下针期均温 24.7 ℃，饱果成熟期均温 23.05 ℃，≥15 ℃的活动积温平均为 3 331.17 ℃，降雨量均值为 713.89 mm，日照时数均值为 923.87 h。土壤有机质含量均值为 2.39%，速效钾含量均值 109.64 mg/kg，有效磷含量均值 20.32 mg/kg，土壤酸碱度均值 6.62，土壤全氮含量均值为 1.39 g/kg。土壤质地最多为中壤，其次是重壤，还有少量地区为轻壤质地。花生生产宜制定优势区域规划，加强基础设施建设，利用科技力量提高花生单产，降低生产成本，注重花生深加工，适当加大财政补贴力度，引导建立专用优质花生生产和加工基地。同时，中国南方地区易发生台风、暴雨、洪水等自然灾害，应注意防控自然灾害对花生生产的影响。

三、次适宜区

主要分布在东北平原北部、内蒙古大部、黄土高原北部、新疆北部等，集中在内蒙古、甘肃等省份，次适宜区县域数量为 666 个，占中国县域总量的 23.45%。该区的播种出苗期均温 16.03 ℃，开花下针期均温 22.36 ℃，饱果成熟期均温 21.19 ℃，≥15 ℃的活动积温 2 903.10 ℃，降雨量 627.46 mm，日照时数 967.87 h。土壤质地最多为重壤，其次是中壤；土壤有机质含量均值为 2.53%，速效钾含量均值 118.15 mg/kg，有效磷含量均值 18.84 mg/kg，土壤酸碱度均值 6.50，土壤全氮含量均值 1.43 g/kg。应因地制宜选择适宜的花生品种，通过生物技术和耕作技术，改善花生种植环境，提高花生单产，并慎重确定花生的种植规模。

四、不适宜区

不适宜区主要分布在中国最北端、最东端、青藏高原等地，绝大部分集中在西藏、青海、甘肃三省，地形主要为高原、山地，海拔高，热量低，花生生长期短，部分地区无法满足花生出苗要求，不适宜花生生长。应当减少花生种植或不种植花生。

第三节
花生品质区划

花生是中国农产品出口的重要经济作物之一，是重要的食用油源和蛋白质源，是食品工业的理想原料对花生品质有一定要求。目前，中国所产花生有 50%以上用作榨油，40%以上作为食用。食用中有 30%以上加工成各种花生制品，5%～7%直接以花生籽仁出口。中国花生的用途可归纳为油用、食用及加工、出口专用 3 种。

万书波等(2012)根据“因地制宜”及“空间有序”理论，采取以定量分析与定性分析相结合、定量分析为主的方法，将中国花生品质区划分为东北低油亚比花生区、黄淮海高油花生区、长江中下游高蛋白花生区、华南高蛋白高油花生区、云贵高原低脂肪花生区、四川盆地高油亚比花生区、黄土高原高油花生区、甘新高油花生区、内蒙古长城沿线低蛋白花生区。

需要特别指出，2012 年及之前，国内外高油酸花生品种还较少，该品质区划是基于普通油酸花生品种产生的，而高油酸花生品种在各地区的数据尚需要收集，但该区划对高油高蛋白方面参考价值较大。

一、东北低油亚比花生区

西靠松辽平原，南与黄淮海平原毗邻，北接大兴安岭，东抵国境线。由小兴安岭、三江平原、长白山地、辽东丘陵和辽河平原组成。行政区划包括黑龙江的 86 个县(市、区)，吉林的 45 个县(市、区)，辽宁的 92 个县(市、区)，共 223 个县(市、区)。东北地区花生的种植始于 1949 年，当时随着山东移民过关北迁，将花生传播到东北，但那时仅限于零星种植，花生真正作为油料作物在东北地区大面积种植并得以迅猛发展是在 20 世纪末。花生播种面积分别占全国总量的 2.08%和 1.54%，已成为中国花生主产区之一。

花生生产现状特征：一是生产态势与全国一致，单产水平普遍偏低；二是品种单一，品种“老、退、杂”三化现象严重；三是栽培技术落后，花生产业链短。花生品质特征：一是属食用高蛋白花生区、油用中等脂肪花生区；二是花生油亚比普遍偏低，出口品质优的花生品种相对较少。

二、黄淮海高油花生区

位于长城以南，淮河以北，西倚太行山豫西山地，东邻黄海及渤海，由燕山太行山山麓平原、冀鲁豫低洼平原、黄淮平原、鲁中南丘陵和胶东丘陵 5 个自然生态区组成。行政区划包括河北、山东、河南、江苏、安徽、北京和天津的共 417 个县(市、区)。温带大陆性季风气候，四季分明，≥10 ℃积温 3 600～4 800 ℃，无霜期 170～200 d，年降水量 500～950 mm，旱、涝、碱、沙等是制约花生发展主要限制因素。

花生生产现状特征：一是规模大，分布广，总产高；二是出口基础好，加工业已见雏形；三是食品加工业的发展严重滞后于国际水平。花生品质特征：一是花生蛋白质含量东高西低、南高北低，丘陵区高、平原区低；脂肪含量北高南低，丘陵区高、平原区低；花生蛋白质、脂肪含量、O/L 值的高低及空间分布，与气候因子密切相关，也与土壤肥力因子相关。

三、长江中下游高蛋白花生区

位于淮河—伏牛山以南，鄂西山地—雪峰山以东，南岭山地以北，鹫峰—戴云—洞宫—大盘—天台山脉以西，东抵黄海和东海沿海。由长江中下游平原和江南丘陵等自然生态区组成，平原内部地势低、平河网稠密、湖泊众多。行政区划包括湖南、湖北、江西、福建、浙江、安徽、江苏、河南和上海，共 537 个县(市、区)。北亚热带湿润气候，年降水量 800～1 600 mm，≥10 ℃积温 4 500～5 500 ℃，无霜期为 200～280 d，农作物为一年两熟制，主要土壤为红壤、黄壤、黄棕壤和水稻土。

花生生产现状特征:种植规模与产量地位重要,是中国植物油市场稳定的重要支柱;二是生产水平区域差异明显,单产水平低。花生品质特征:一是属食用高蛋白花生区、油用中脂肪花生区,品质较好,荚果小、籽仁饱、浓香细松;二是油亚比普遍较高,有利于花生出口,增强花生制品的稳定性;三是发展趋势要突出食用,兼顾油用,延长花生产业链条,生产上因地制宜普及优良品种,精细整地,施足底肥,逐步构建高蛋白食用与加工花生区和江北高蛋白食用与油用花生区。

四、华南高蛋白高油花生区

位于南岭山地—鹫峰—戴云—洞宫—大盘—天台山脉以南,北回归线横贯中部,是热带向亚热带的过渡地带。行政区划包括广东、广西、海南、福建、浙江、江西、湖南、台湾、香港和澳门共 356 个县(市、区),其中不含台湾和香港、澳门特别行政区的市(县)。土地类型多样,山水共济,海陆相连,背靠大山,面向海洋,沿海大小岛屿众多。热带亚热带季风气候。年降水量 1 250～2 000 mm,≥10 ℃积温 6 500～8 000 ℃,无霜期 300 d 以上,农作物一年三熟制,主要土壤为红壤、黄壤、黄棕壤和水稻土。本区以华南地区诸省、香港、澳门和台湾为依托,横跨东北亚和东南亚两大经济板块,是中国最具实力的经济带(圈)之一,具有其他区域无法比拟的优势,是中国重要的农产品生产基地。

花生生产现状特征:一是花生产区相对集中,地位重要;二是中低产田面积大,单产水平低,增产潜力大;三是用途区域性明显,深加工已见雏形。花生品质特征:一是属食用高蛋白花生区,油用高脂肪花生区;二是大部分花生属于食用型花生。

五、云贵高原低脂肪花生区

位于中国西南边陲,属典型的老、少、边、穷地区。西靠青藏高原,南抵国境线,北接四川盆地,东依长江中游平原和华南山地丘陵区。行政区划包括云南、贵州、四川、重庆、湖南、西藏的共 260 多个县(市、区)。区内山区特征明显,90%的面积为山地和丘陵,山脉众多,绵延纵横,山高谷深,素有“八山一水一分田”之说,土地贫瘠，质地黏重，类型多变。地处低纬高原季风气候区，由于地形复杂和垂直高差大等原因“一山分四季，十里不同天”的立体气候特点突出。

花生生产现状特征：一是种植分布广，规模种植区域集中；二是生产水平低，品种单一，品种退化严重；三是综合加工能力低，加工精度和深度不够。花生品质特征：一是属食用中蛋白花生区、油用低脂肪花生区，在空间分布上呈现花生蛋白质和脂肪含量较东部、西南部偏高，花生品质与海拔呈负相关；二是花生的油亚比呈现由东向西、由北向南增加的趋势，花生油亚比大小随着海拔高度的增加而逐渐减小。

六、四川盆地高油亚比花生区

位于中国腹心地带，位于长江上游，西靠青藏高原，南倚云贵高原，北接秦巴山地，与黄河中游地区相连，东出三峡与长江中游平原相同。行政区划包括四川、重庆、湖北、陕西、甘肃共 216 个县(市、区)。区内地形复杂多样，紫色丘陵广布，由盆地中部丘陵、冲积扇形与冲积平原和东部平行岭谷式山地丘陵组成。地处中国中亚热带范围内，加之地形封闭，特别是北有秦岭、大巴山两道屏障阻挡寒流，因而热量资源高于中国同纬度其他地区。

花生生产现状特征：一是种植分布广，规模种植区域集中；二是品种混杂，种性退化，种植分散，商品性差；三是科技成果开发应用滞后，栽培技术不规范；四是加工企业引导基地建设的辐射带动作用不够。花生品质特征：一是属食用中蛋白花生区，油用高脂肪花生区；二是油亚比呈现由西北向东南增加趋势，同时花生主产区的油亚比低于非主产区。

七、黄土高原高油花生区

地处中国中部偏北，位于太行山以西，秦岭以北，乌鞘岭以东，长城以南，是世界上最大的黄土沉淀区。行政区划包括陕西、山西、甘肃、宁夏、北京、河北和河南的共 325 个县(市、区)。属大陆性季风气候，降水量为 400～600 mm，总的趋势是从东南向西北递减，全年≥10 ℃积温 3 000～4 300 ℃，生育期 120～250 d。本区宏观地貌类型有丘陵、高原、阶地、平原、沙漠、干旱、草原、高地草原、土石山地等，其中山区、丘陵区、高原区占2/3以上，平坦耕地一般不到1/10，绝大部分耕地分布在10～35°的斜坡上，且水土流失严重。

花生生产现状特征：一是种植区域集中，以河北、陕西、山西为主；二是品种杂乱，栽培技术落后；三是购销体系乱，加工滞后。花生品质特征：一是属高油花生区；二是品种以珍珠豆型和多粒型为主；三是蛋白质含量北低南高趋势明显，脂肪含量由东至西依次降低，油亚比东高西低，且呈现由北到南上升趋势；四是本区花生出口品质差。

八、甘新高油花生区

地处中国大陆西北部，北西为国界，包头—盐池—天祝一线以西，祁连山—阿尔金山以北。行政区划包括新疆、甘肃、宁夏、内蒙古的127个县(旗、市、区)，光能资源丰富，热量条件大部分较好，晴天多，辐射强，花生生长期气温日较差大(大部分12～16℃)，但光照、热量、水分、土壤资源配合上有较大缺陷。年降水量普遍<250 mm，其中一半以上<100 mm，不能满足花生最低限度水分需要。但高山和盆地相间分布，阿尔泰山、天山、昆仑山、祁连山等高山地区降水量比较丰富，在海拔3 500 m以上的高山区，广泛分布着永久积雪和现代冰川，成为高山区的固体水库，夏季则部分消融补给河流，成为山麓地带农田灌溉的主要水源。

花生生产现状特征：一是生产未形成规模，耕作栽培技术落后；二是品种老化，单产极低；三是大部分为灰漠土，成土母质大部分为沙性土壤，气候资源和耕地条件适宜花生种植。区域花生品质特征：一是花生品质较好，脂肪含量、油亚比均西高东低。

九、内蒙古长城沿线低蛋白花生区

位于长城以北，东抵小兴安岭—张广才岭—吉林哈达岭，西倚大青山—贺兰山，北达国境线，由松嫩平原、大兴安岭和内蒙古高原等自然生态区组成。行政区划包括黑龙江、吉林、辽宁、河北、内蒙古共161个县(旗、市、区)。本区为东南季风尾闾,雨量少而变率大,年降水量从东部的500～700 mm降低到西北部的200～300 mm,由湿润气候过渡到半干旱气候。同时,地处高纬度,冬季严寒且寒冷期长,无霜期为100～150 d,甚至北部不足100 d,≥10℃积温2 000～3 000℃,北部只有1 300～2 000℃,大部分地区为一年一熟。

花生生产现状特征:一是品种老化,产量较低;二是栽培技术传统,生产水平低;三是生产潜力大。花生的品质特征:脂肪含量呈现北高南低、东高西低的趋势,油亚比由西向东依次升高。

第五章

花生栽培技术

第一节
花生主产区主要栽培技术

一、中国花生主要栽培模式

（一）春播

春播花生顾名思义就是在春季播种，播种时间一般在3月下旬至5月上旬，除南方花生产区外，绝大部分春播花生为一年一熟。春播花生有纯作、间作和套种三种形式，与花生间作的作物主要有玉米、甘薯、甘蔗、西瓜、果园幼林等。春播花生最好采用地膜覆盖起垄种植方式，地膜覆盖能提高地温，有利于保墒和田间管理，改善花生的生长环境，促进根系发育，加快花生的生育进程，增强花生的抗旱能力，具有显著的增产效果和较好的经济效益。

地膜覆盖花生就是在花生播种后盖上地膜，或先盖地膜然后在膜上打孔播种，即利用地膜的增温保墒作用克服积温不足、提早成熟的一种花生高产栽培措施。地膜覆盖可以增温调温，促进花生的生育进程；可以保墒提墒和控水防涝，增强花生的抗旱耐涝能力；可以改善土壤物理性状，促进根系发育和果针的入土结实；可以促进土壤微生物的活动，增加土壤有效养分；可以控制无效果针入土率，减少养分无效消耗，提高荚果饱满度；可以改善田间小气候，提高花生光合效率。

不论在中国的北方，还是南方，地膜覆盖栽培均有显著的增产效果和较高的经济效益。覆膜栽培比露地栽培每公顷可增产花生荚果1 050～1 500 kg/hm^2，增产率达到32.9%～132.6%。在东北的辽宁，露地栽培中熟大果品种每公顷只有

2 250 kg/hm^2 左右的产量，而地膜覆盖栽培每公顷产量可达到 4 500～5 250 kg/hm^2；在中西部省份的陕西延安、榆林地区，露地栽培花生每公顷不足 1 500 kg，而地膜覆盖栽培每公顷产量可上升到 4 500 kg/hm^2 以上；在中国南方的广西，露地栽培花生每公顷产量只有 2 250 kg/hm^2，地膜覆盖每公顷产量可提高到 4 500 kg/hm^2；在中国花生主产区河南、山东，覆膜栽培花生一般每公顷产量都在 6 000 kg/hm^2 左右，高的可达到 7 500 kg/hm^2 以上。自"十三五"以来，湖北省地膜面积锐减，主要原因是产出比并不是很突出，比较效益不高以及地膜污染等。

（二）麦垄套种

与小麦套种的花生称麦垄套种花生（麦套花生），黄淮海流域春、夏花生交作区是中国麦套花生的主要产区。麦套花生，由于花生与小麦有一段共生期，形成了一种复合生物群体，它与周围生态因素以及其他生物之间，组成了特有农田生态系统，在作物与作物、作物与各种生态因素之间，形成了一种既相互适应、又相互矛盾的特殊关系。栽培过程中，应做到扬长避短、协调发展，才能更好发挥增产作用。麦套花生主要形式有大沟麦套种、小沟麦套种、小垄宽幅麦套种、大垄宽幅麦套种、一般等行麦套种等。不同套种形式主要差别在于花生套种小麦行宽窄及小麦与花生共生期长短。小麦套种花生的本质还是小麦一花生轮作制度。

小麦套种花生具有以下几点优势。一是充分利用土地资源，可在同一地块，使原来一年一熟的纯作花生，变成一年两作双熟，有效提高复种指数，扩大粮油种植面积，实现粮油双高产，缓解粮油争地矛盾。二是充分利用光热资源，套种花生显著增加了花生生育期，普通畦田套作花生生育期间积温比夏直播可增加 300 ℃以上，大垄宽幅麦套花生生育期间积温可增加到 3 200 ℃，较夏直播增加 700～800 ℃，光热条件明显优于夏直播花生。麦套花生一般比夏直播花生增产 30%左右，小麦产量几乎不受影响。三是充分发挥肥水等增产因素，实现一水两用，一肥两用、养分互补。

（三）夏直播

夏直播花生是指在前茬作物收获后进行播种的一种花生种植方式。其优点主要是充分利用土地与光热资源，实现一年两作双熟，缓解粮油争地矛盾；同时花生播种方式也易受前茬作物的限制，且土壤肥力水平较高。夏直播花生主要分布在黄淮流域及以南地区，前茬作物很多，北方以小麦为主，也有马铃薯、油菜、大蒜等作物；南方主要有油菜、豌豆、蚕豆等。

夏直播花生的生育期处在6—9月，气温比较高，且水(灌溉、自然降雨)、肥供应相对充足，宜于花生生长。夏直播花生生长发育的特点：一是生长发育快。与春播花生相比，夏直播花生从播种到出苗日数缩短6～12 d，出苗至开花缩短6～11 d，开花至成熟缩短15～20 d。二是有效花期短，花量较少。一般情况下，北方中熟大果品种，春播有效花期为37 d，夏直播仅有13 d。三是单株生产力低，同一品种在同等生产条件，单株结果数春播平均17.2个，夏直播仅11.6个；单株生产力春播平均16.98 g，夏直播12.1 g。但在同等条件下，夏直播采用早熟品种比采用中熟品种经济系数高。四是生育期变动范围小，易受生态环境影响。夏直播花生通常是在小麦、大麦、油菜等前作收获后播种，而成熟收获又必须在秋播作物小麦、油菜等作物播种之前，生育期受到限制。在这段时间，前期、中期温度高，能满足花生生长发育需要，但后期年份间差异较大，阴雨、低温，则会造成荚果发育缓慢，籽仁不饱，影响产量。

(四) 秋播和冬播

1. 秋播花生

秋播花生即在立秋前后、前茬作物水稻收获后播种花生的一种花生种植方式，也称为“倒种春”或“翻秋花生”，播种期一般在8月份，12月份成熟收获。秋花生是中国南方各省(区)农民群众在长期生产实践中创造和发展起来的。秋播花生主要分布在中国南方的广东、海南、广西、福建、台湾等地，目前秋播花生中国以广东省面积最大，占全国秋播花生面积的60%以上。与春播花生相比，秋播花生收获的种子脂肪含量较低、亲水性淀粉和蛋白质含量较高，贮藏期短，带菌率低、种子新鲜，具有较高的生活力，因此各地均以留种为主，以供来年春花生用种。也可通过秋播花生繁育良种，加速花生的育种进程。

2. 冬播花生

冬播花生一般是利用早熟晚稻茬，冬种春收；播种期一般在11月，其生长期的长短与冬季温度有很大关系，温度高则生育期短，反之则长。冬播花生种植对于提供鲜食花生、加速良种繁育、解决春花生用种、提高复种指数、增加经济效益等方面具有一定的现实意义。冬播花生主要分布在中国的海南岛和云南等地，目前，在海南岛花生冬播，也是中国花生育种单位对育种材料加代、扩繁，缩短育种周期的有效措施之一。

（五）间作

间作花生就是在同一块土地上，同时或间隔时间不长，按一定行数分别种植花生和其他作物，已达到充分利用光热资源和耕地的种植方式。间作可以同时获得多种产品，增加单位面积总产量和总收益。目前生产上主要有花生与玉米、甘薯、西瓜、棉花、芝麻、木薯、幼树果林间作等模式。

花生与其他作物间作的优点，一是提高光能、水肥利用率。利用花生与其他作物彼此间的外部形态、高矮、根系深浅以及对光照和水分需求的差异，恰当搭配，使密度和叶面积系数超过单作限度，提高光能、水肥的综合利用率。二是改善田间小气候，为作物生长提供优良的生态条件。通过花生与玉米等高秆作物间作，可明显增加高秆作物株行间的通风透光，从而改善田间小气候，增加边行优势。三是减少地表损耗，促进土壤养分转化。花生与其他作物间作，可以提高地面覆盖率，从而减少地表直接散热和水分蒸发，有助于土壤养分的转化、分解及微生物活动，促进作物生长。提高作物间的综合抗性。花生与其他间作作物对适应自然条件的差异不同，在遭受异常气候等自然灾害和病虫危害时，一般不会同时严重受害，从而增加作物的综合抗逆能力，达到稳产保收。

花生与其他作物间作，在田间构成复合群体，它们之间既有协调互利的一面，也有互相矛盾的一面，处理不好或条件不具备，不仅不能增产，还会减产，因此，必须掌握以下基本原则。第一，选择适宜的作物和品种。花生与其他作物间作时，高矮间作搭配最佳；植株高度相差不大时，要充分把握不同作物的播期与收获期，即通过播期、收获期的提前与推后，利用不同作物间、不同时期的长势互补进行间作。与高秆作物间作时，花生要选择耐阴性强、适当早熟的品种，高秆作物要选择株型不太高大，收敛紧凑抗倒伏的品种。第二，确定合理的种植方式和密度。间作的作物确定后，种植方式对产量和效益最为关键，即采用恰当带宽才能既增加群体密度，又能保持良好的通风透光条件，达到充分利用光热资源和地力的目的。与花生间作，最低带宽应以不影响花生通风透光和机械化作业为限度，可根据生产目的（以生产花生为主或以其他作物生产为主）进行适当的调整，以生产花生为主时可适当增加花生的带宽；在以其他作物生产为主时可适当增加其他作物的带宽。同时应适当加大间作作物的密度，特别是与高秆作物间作时，加大高秆作物的密度，有利于提高产量。

（六）轮作

花生轮作就是花生与其他几种作物搭配在同一地块循环种植的种植方式，轮作周期长短均可。花生的主要轮作方式：花生宜与禾本科作物及甘薯、蔬菜等轮作，主要有一年两熟制、一年三熟制、二年三熟制、三年五熟制等轮作方式（“/”表示套种，“—”表示前后作，“→”表示隔年轮作）。

一年两熟制轮作主要包括冬小麦/夏花生、冬小麦—夏花生、冬小麦/花生—冬小麦→夏甘薯（或夏玉米）、油菜（豌豆）—花生—冬小麦→夏甘薯（或夏玉米）四种模式。两年三熟制轮作主要包括春花生—冬小麦→夏玉米（或夏甘薯及其他禾谷类）、冬小麦/花生→春玉米（或春甘薯等）两种模式。三年五熟制轮作主要包括冬小麦—夏玉米—冬小麦/棉花→春花生、冬小麦—夏玉米—冬小麦→蔬菜→春花生两种模式。

花生轮作的优点：花生与其他作物轮作有明显的增产效果。轮作可以提高土壤肥力、改善土壤理化性状、减轻杂草和病虫危害，花生与轮作作物均可获得持续增产。花生轮作应遵循的原则：合理的轮作是运用作物—土壤—作物之间的相互关系，组成适宜的前作、轮作顺序和轮作年限，做到作物间彼此取长补短持续稳产高产。轮作中首先要考虑参加轮作的各作物的生态适应性，轮作作物要能够适应当地的自然条件和轮作制度，并能充分利用当地的光、热、水等资源。其次要考虑各种作物的主次地位。轮作作物的顺序安排，应把经济价值高的作物安排在最好的茬口上；轮作中易感病作物和抗病作物、养地作物和耗地作物要搭配合理，前作要能够为后作创造良好的土壤环境条件。第三，轮作作物的合理搭配。实践证明，不同科的作物换茬效应较大，而同科作物间换茬效应较小。花生是豆科作物，与禾本科作物、十字花科作物等换茬效果较好，与豆科作物轮作效果较差。第四，轮作年限。花生轮作年限最好在 3 年以上，而目前中国花生产区的轮作年限一般在 2～4 年的较多。

（七）连作

连作花生就是在同一田块上多年连续种植花生的种植方式。花生连作导致减产，而在一些地区又不得不进行连作，采用模拟轮作、土层翻转改良耕地、大犁冬深耕、重施肥料、选择耐重茬的品种、地膜覆盖栽培、加强田间管理等技术措施可减轻连作对花生的危害，提高花生产量。

连作花生主要分布在黄河流域和黄河故道的沙薄地、丘陵区的旱薄地，以及光热资源不足的一年一熟区。花生连作的第 1 年减产 20%左右，连作的第 2 年减产 30%以上，连作的年限越长，减产的幅度越大。花生连作虽然减产严重，仍有大面积的连作花生，一是由于花生具有抗旱耐瘠的特点，在沙薄旱地种植其他作物收入极低，而种植花生尚能获得一定的收成，不得不连作种植花生；二是种植花生的经济效益明显高于其他粮食作物，在光热资源仅能满足作物一年一熟的地区及花生种植面积相对集中的地区，也势必导致花生连作。

二、不同花生产区主要栽培技术

中国花生主要的种植方式有春播花生栽培技术、套种花生栽培技术、夏直播花生栽培技术、秋播花生和冬播花生栽培技术、花生间作栽培技术、花生轮作栽培技术等。

（一）黄河流域花生区域主要栽培技术

黄河流域花生区域主要的种植制度有一年一熟、两年三熟和一年两熟制（万书波等，2020），主要的栽培技术有春播花生栽培技术、麦套花生栽培技术、麦后夏播花生栽培技术、花生玉米间作栽培技术等。其中，山东省、河北省以春播花生为主，河南省夏播花生面积较大。

1. 春播花生栽培技术

（1）品种选择

春播花生宜选用单株生产力高、增产潜力大、综合抗性好的大果中熟、直立型品种，可根据当地实际情况，合理选用。

（2）施足底肥，精细整地

花生田的施肥原则是以农家肥为主，化肥为辅。有条件的地方应采用测土配方施肥，根据土壤养分状况确定施肥量。在没有测土配方施肥条件的地方，采取以田定产，以产定肥的办法。750 kg/hm^2 荚果的田块，施纯氮（N）180 kg/hm^2、五氧化二磷（P_2O_5）150 kg/hm^2、氧化钾（K_2O）120 kg/hm^2。

地膜覆盖起垄种植的花生田必须做到精细整地、深耕细耙，地面平整，否则，地面粗糙，膜易破损，导致封闭不严，风吹地膜上下扇动，保温、保墒效果差，膜下杂草丛生，降低覆膜增产效果。露地栽培种植的花生田也要整平耙实，使耕作层上松下实,保持土壤湿度和一定的孔隙度。

(3) 适期播种,合理密植

大果花生和高油酸品种宜在土壤5日内5 cm平均地温稳定在15℃以上播种,小果花生品种稳定在12℃以上播种,在18℃以上时,出苗快而整齐。露地春播一般在4月下旬至5月上旬;地膜覆盖一般在4月中旬。合理密植可以有效维持个体与群体关系的平衡,在保证个体发育良好的基础上,充分发挥群体优势,既保证果多果重,又达到单位面积的最高产量。密度过大,植株之间竞争激烈,争水、争肥、争光,造成封垄早,互相荫蔽,分枝数和结果数减少,光合产物分配到地上部分的比例增多,往往引起徒长,影响产量。密度过小,虽然单株发育好,分枝数和结果数都较多,但总株数不足,导致总结果数下降,不利于高产。春播花生一般种植12万～15万穴/hm^2,每穴播种2粒为宜;单粒精播春花生播19.5万～22.5万穴/hm^2,每穴1粒。

(4) 种植规格

春花生播种,垄距80～90 cm,垄面宽50～55 cm,垄高8～10 cm,每垄2行,垄上行距30～35 cm,穴距12～17 cm,单粒精播春花生穴距11～12 cm,小花生穴距10～11 cm,播种深度3～5 cm。地膜覆盖春花生选用宽度90 cm,厚度0.006～0.008 mm,透明度≥80%、展铺性好的常规聚乙烯地膜,播种后膜上播种和覆土。露地春花生在播种后应及时喷施苗前除草剂,覆膜春花生在覆膜前应喷施除草剂。

(5) 化学除草、适时化控

化学除草是一种简便、有效且经济的除草技术。除草剂被杂草的根、茎、叶和叶吸收后,干扰和破坏杂草的某些生理过程,从而导致杂草的生育受到抑制,最后造成死亡。春播及地膜覆盖花生田一般选用选择性芽前除草剂,如乙草胺、异丙甲草胺等。

随着生产条件的改善和花生产量水平的提高,防止旺长倒伏已成为花生高产的一项重要措施。采用化学调控技术,有效防止旺长倒伏,能起到控上促下,调节群体营养生长与生殖生长的关系,确保茎枝不早衰,延长茎叶光合作用时间,加速茎叶光合产物向荚果转移,获得花生高产。花生株高达到30～35 cm,及时喷施生长调节剂。施药后10～15 d,如果株高超过40 cm可再喷施1次。

(6) 适时防治病虫害

春播及地膜覆盖栽培花生出苗早,群体大,土壤温、湿度适宜,容易造成病虫侵害。因此,苗期的蚜虫、蓟马,中期的网斑病、叶斑病和蛴螬发生早,危害重,要及时防治。

(7) 撤土引苗、旱浇涝排

地膜覆盖起垄种植的花生，当花生出苗时及时将膜上的覆土撤到垄沟内，连续缺穴的地方要及时补种，4 叶期至开花前及时理出地膜下面的侧枝。

北方春花生生育后期正值雨季，应注意排水防涝。但遇到干旱，易造成根系衰败，引起顶部叶片脱落，荚果难以充实饱满，造成大幅度减产。当耕作层土壤含水量低于田间最大持水量的 40%，群体植株叶片泛白，傍晚不能恢复时，应及时灌溉。

(8) 及时收获

覆膜花生的成熟期一般比露地栽培提早 7～10 d，成熟后应及时收获，防止落果、烂果，提高荚果和籽仁质量。注意回收植株田间废膜，防止污染土壤、环境、饲草。

2. 麦套花生栽培技术

(1) 品种选择

麦套花生应选择耐阴性好、植株直立、株型紧凑、果柄坚韧、中早熟、综合抗性好、生育期在 130 d 以内的高产优质品种。小麦品种选择早熟、抗病、矮秆抗倒的高产优质品种。

(2) 科学施肥

小麦宽窄行套种植模式的地块，可在播种时实现种肥同播。播种时可配施复合肥 300～375 kg/hm^2。施肥时应注意肥料和种子间隔，避免烧伤种子，影响出苗。

采用等行距套种方式，无法施底肥和种肥，应采用小麦-花生一体化统筹施肥技术。在秋季将来年花生的底肥全部施在前茬小麦上(小麦起身返青期再适量追施部分肥料)，适当加大底肥施用量，以满足小麦、花生两茬作物的需要。一般小麦季，底施纯氮肥(N)180～210 kg/hm^2，磷肥(P_2O_5)120～150 kg/hm^2，钾肥(K_2O)90～120 kg/hm^2，拔节期追施纯氮肥(N)69 kg/hm^2；花生季，苗期追施纯氮肥(N)150～180 kg/hm^2，磷肥(P_2O_5)90～120 kg/hm^2，钾肥(K_2O)75～105 kg/hm^2，花生生长期内应根据长势合理施肥管理(董文召等，2021)。

(3) 适期播种，合理密植

麦套花生由于与小麦有一段共生期，播种过早易形成高脚苗，播种过晚则不能充分利用光热资源，同样不能高产。小垄宽幅小麦套种于麦收前 20～25 d 播种，等行距小麦套种于麦收前 15 d～20 d 播种。麦套花生由于在小麦田间播种，出苗较差，不易全苗，适当加大播种量，合理密植，16.5 万～19.5 万穴/hm^2，每穴 2 粒种子。

（4）选择适当的套种方式

① 小麦播种方式

小垄宽幅小麦套种花生：小麦播种时，畦宽 40 cm，畦内起垄，垄高 12～13 cm，垄底宽 30 cm，垄沟内种 2 行小麦。麦收前每垄套种 1 行花生。

等行距小麦套种花生：25～30 cm 等行距播种小麦，麦收前每行套种 1 行花生。

小麦宽窄行种植套种花生：85 cm 为一带，双行宽幅（幅宽 10 cm）播种，宽行距 55 cm，窄行距 30 cm。

② 花生套种方式

小垄宽幅小麦套种花生：套种时，开深 3～4 cm 的播种沟（穴），按密度要求的穴距播种。穴距 15～17 cm，每穴 2 粒，播后随即覆土。

等行距小麦套种花生：等行距小麦套种穴距 19～23 cm，每穴 2 粒，播后随即覆土。

小麦宽窄行种植套种花生：采用小型动力播种机在小麦宽行内播种，双行种植，行距 25～30 cm，花生与小麦间距 7.5～10 cm。

（5）灭茬和追肥，促苗早发

小麦收获后应及时灭茬，早追肥促苗早发。通过及早的水肥管理，促进根系、幼苗发育和花芽分化，弥补小麦与花生共生期对花生生长发育的影响，培育壮苗。

（6）化学除草，适时化控

麦垄套种花生田一般使用选择性苗后除草剂，如精喹禾灵、苯达松、乙羧氟草醚、氟磺胺草醚、三氟羧草醚等，在花生苗期使用，防治田间杂草。

夏季温度高，麦套花生生长迅速，基部节间较长，极易徒长倒伏，花生主茎达到 35 cm 时，应及时化控。

（7）病虫害防治

为使花生群体最大叶面积维持较长时间，增加光合产物，麦垄套种花生应注意叶部病害和虫害的防治，根据病虫害发生的种类和病情及时喷药防治。

（8）加强后期管理

花生进入结荚后期，结合叶部病害防治，叶面喷肥，可选用喷施尿素与过磷酸钙的混合溶液，也可单独喷施磷酸二氢钾溶液，以延长顶叶功能期，提高光合产物转换速率，增加经济产量。如遇秋旱，花生根系受损，顶叶易脱落，茎枝易枯衰，应尽快轻浇润灌饱果水，以增加荚果饱满度。秋季多雨，易造成烂果，应及时排水防渍涝。

（9）及时收获

一般 9 月下旬至 10 月上中旬收获，及时晾晒，尽快将荚果含水量降到 10%

以下。

3. 夏直播花生栽培技术

(1) 品种选择

夏直播花生生育期短，个体发育差，应选择早熟耐密植的花生品种。

(2) 及时灭茬，精细整地

精细整地对于提高夏直播播种质量至关重要，前茬作物收获时应尽量降低留茬高度，早播是夏播花生高产的关键。前茬作物收获后应及时灭茬，及时耕翻，精细整地。

(3) 科学施肥，提高产量

夏直播花生生长旺盛，需肥量大，播前应施足基肥，增施有机肥，补充速效肥，巧施微肥。施有机肥 37 500～45 000 kg/hm^2，氮(N)150 kg/hm^2，磷(P_2O_5)120 kg/hm^2，钾(K_2O)90 kg/hm^2。增施钙肥对增加果重、提高产量有明显作用，施钙肥 750 kg/hm^2；可根据土壤的酸碱度选用石灰(酸性土壤)或石膏(碱性土壤)。根据生育期长势，适当叶面喷施微肥，提高植株抗逆性，减缓衰老，增加果重，提高产量。

(4) 及早播种，适当增加密度

夏直播花生产量与播种早晚高度正相关，播种越早产量越高。应及早播种，越早越好，最晚不能迟于 6 月 20 日，若播种过晚，后期易受天气和下茬作物播种影响，导致荚果充实度不够。播种时，必须足墒播种，墒情不足时，应造墒播种，有利出苗和幼苗生长。播种深度一般 5 cm 左右。

夏直播花生生育期短，个体发育差，单株生产力低，应适当加大种植密度，依靠群体提高花生产量。双粒播种，种植密度 18 万～19.5 万穴/hm^2；机械化单粒播种，种植密度 30 万株/hm^2 以上。

(5) 推广机械化播种、选用适宜的除草剂

人工开沟播种深浅不一，容易导致出苗不齐；机械化播种能做到播种、喷施除草剂一次完成，不但省工省时，而且能提高播种质量，花生出苗整齐一致。

选用除草剂时，应根据当地的实际情况，选用适宜的除草剂，按使用说明均匀喷施，切不可随意加大用量，以免造成药害。

(6) 及时化控，防止倒伏

夏直播花生高产田，由于土壤生态环境条件的改善，花生前期生长发育快，中期生长旺，易造成群体郁蔽，通风透光不良，发生倒伏，影响光合作用导致减产。及

时喷施植物生长延缓剂，控制徒长，是夏直播花生获取高产的必要措施。一般在植株 35 cm 左右时，可喷施多效唑、烯效唑等加以控制。

(7) 适时防治病虫害

夏直播花生生长发育快，种植密度大，整个生育期又处在 6 月初至 9 月下旬气温较高的季节里，病虫害发生一般较重，应根据田间病虫害发生情况，及时防治。

(8) 旱浇涝排

足墒播种的花生，苗期一般不需浇水也能正常生长。在开花下针期和结荚期，如果叶片泛白萎蔫，应立即灌溉。夏直播花生生育期内雨水较多，若不能及时排出，易造成土壤缺氧，影响花生根部呼吸及营养物质吸收。雨后及时清理沟畦，排除积水是夏播花生获取高产的关键措施之一。

(9) 及时收获

夏直播花生成熟后应及时收获。花生成熟标准为 80%以上的荚果颜色变深，网纹清晰，种仁饱满。另外，当晴天日平均温度降到 15 ℃以下时，不论植株长相和荚果成熟情况，均应抢时收获。

4. 花生玉米间作栽培技术

目前，耕地资源持续减少问题凸显，花生玉米间作技术可以最大程度利用玉米边行优势和花生生物固氮作用，实现粮油均衡增产，提高了耕地利用率。花生玉米间作技术主要可参考地方标准《花生玉米宽幅间作高产高效安全栽培技术规程》(万书波等，2016)。

(1) 品种选择

花生选用较耐荫、高产、大果、适应性广的早中熟品种。玉米选用紧凑型、单株生产力高、适应性广的中熟品种。

(2) 选择适宜的种植模式

根据地力及气候条件，高产田可选择玉米/花生 2∶4 模式，中产田宜选择玉米/花生 3∶4 模式。

2∶4 模式：带宽 280 cm，玉米小行距 40 cm，株距 12 cm；花生垄距 85 cm，垄高 10 cm，一垄 2 行，小行距 35 cm，穴距 14 cm，每穴 2 粒(间作田种植密度：玉米 5.85 万株/hm^2＋花生 10.2 万株/hm^2)。

3∶4 模式：带宽 350 cm，玉米小行距 55 cm，株距 14 cm；花生垄距 85 cm，垄高 10 cm，一垄 2 行，小行距 35 cm，穴距 14 cm，每穴 2 粒(间作田种植密度：玉米 6.0 万株/hm^2＋花生 8.1 万穴/hm^2)。玉米播深 5～6 cm，深浅保持一致。根据当地农机条件和种子质量，推荐精量单粒播种。花生播深 3～5 cm。

（3）科学施肥，提高产量

重视有机肥的施用，以高效生物有机复合肥为主，两种作物肥料统筹施用。底肥基施纯氮（N）120～180 kg/hm^2、磷肥（P_2O_5）90～135 kg/hm^2、钾肥（K_2O）150～180 kg/hm^2、钙肥（CaO）120～150 kg/hm^2，适当施用硫、硼、锌、铁、钼等微量元素肥料。3 000～4 500 kg/hm^2 优质商品有机肥。在玉米大喇叭口期追施 120～180 kg/hm^2 纯氮。覆膜花生一般不追肥。生育中后期若发现玉米、花生植株有早衰现象时，叶面喷施 2%～3%的尿素（CH_4N_2O）水溶液或 0.2%～0.3%的磷酸二氢钾（KH_2PO_4）水溶液 600～750 kg/hm^2，连喷 2 次，间隔 7～10 d。

（4）及早播种、适当增加种植密度

玉米、花生可同期播种亦可分期播种，分期播种要先播花生后播玉米。大果花生品种宜在土壤表层 5 cm 土温稳定在 15 ℃以上播种，小果花生品种稳定在 12 ℃以上为播种期，玉米一般以土壤表层 5～10 cm 土温稳定在 12℃以上为播种期。黄淮海地区春播时间 4 月 25 日至 5 月 10 日，夏播最佳播种时间 6 月 5—15 日，玉米粗缩病严重的地区，播种时间可推迟到 6 月 15—20 日。

（5）选用适宜的除草剂

注重出苗前防治，选用 96%精异丙甲草胺、33%二甲戊灵乳油等玉米和花生共用的芽前除草剂，苗后除草在玉米 3～5 叶期，苗高达 30 cm 时，用 4%烟嘧磺隆胶悬剂 1 125 ml/hm^2 定向喷雾，花生带喷施 17.5%精奎禾灵等花生苗后除草剂，采用适合间作的隔离分带喷施技术机械喷施。

（6）主要病虫害防治与化学调控

按照"预防为主，综合防治"的原则，合理使用化学防治，根据当地玉米、花生病虫害的发生规律，合理选用药剂及用量。通过种衣剂包衣或拌种防治玉米粗缩病、花生叶斑病、灰飞虱、地老虎、金针虫、蝼蛄、蛴螬等病虫害。

玉米尽量不用激素调控，花生盛花末期株高 30～35 cm 时及时喷施生长调节剂，施药后 10～15 d，如果主茎超过 40 cm 可再喷施 1 次。

（7）收获与晾晒

根据玉米成熟度适时收获作业，提倡晚收。成熟标志为籽粒乳线基本消失、基部黑层出现。可待果穗烘干、晾晒或风干至籽粒含水量≤20%时，脱粒，晾晒，风选，籽粒含水量≤13%时，入仓贮藏。

花生 70%以上荚果果壳硬化、网纹清晰、果壳内壁呈青褐色斑块时，及时收获、晾晒，荚果含水量≤10%时，可入仓贮藏。

（二）长江流域花生区域主要栽培技术

长江流域花生区域种植制度多为一年两熟、两年三熟和一年一熟制。一年两熟主要包括冬小麦→夏花生；油菜→夏花生；麦田套种花生。两年三熟制主要包括春花生→夏甘薯→冬小麦；春花生→夏玉米→冬小麦；夏花生→冬小麦→水稻。一年一熟制主要包括以春播花生、夏直播花生为主，还有部分麦套花生以及南部少量的秋花生。

1. 春播花生栽培技术

（1）整地施肥

根据播种期适时耕整土壤，精耕细作，达到上虚下实，无根茬、地平土碎。结合耕翻、整地和起垄一次施足基肥，施优质有机肥 22 500～30 000 kg/hm^2，高效复合肥（氮、磷、钾各为 15%）600～750 kg/hm^2 或尿素 225 kg/hm^2，过磷酸钙 750 kg/hm^2、硫酸钾 225 kg/hm^2。

（2）品种选择

根据当地的气候，土壤条件，选择适宜当地的高产、优质、中熟或中早熟品种。

（3）种子处理

播种前 7～10 d 选晴天带壳晒种 2～3 次。播种前 5～7 d 人工剥壳，结合剥壳剔除病果、烂果、秕果，选择籽粒饱满、皮色鲜亮、无病斑、无破损的种子，采用种子包衣剂处理防治蛴螬等地下害虫。根据蛴螬发生特点，使用浓度为 600 g/L 的吡虫啉悬浮种衣剂 400～600 ml/hm^2 ＋5%氯虫苯甲酰胺 675 ml/hm^2 兑水 4 500 ml/hm^2 混合后均匀拌种，拌后种子晾干待播。

（4）适期播种、合理密植

安徽和江苏春花生一般在 4 月中下旬至 5 月上旬播种，四川、湖南、湖北等南部地区一般在 4 月中下旬，当 5 cm 播种层地温稳定在 15 ℃（珍珠豆型小花生 12 ℃）以上即可播种。春花生种植密度 12 万～15 万穴/hm^2，双粒穴播。

（5）播种方式

人工或机械起垄，垄底宽 80～85 cm，垄面宽 50～55 cm，垄高 15 cm，每垄 2 行，穴距 18～20 cm，每穴 2 粒。如覆膜，要先播种后覆膜，出苗后及时打孔放苗。根据土质、气候和土壤墒情确定适宜的播种深度，土质黏得要浅些，一般 4～5 cm，砂土和砂壤土 5 cm 为宜。

（6）田间管理

① 适时清棵。花生齐苗后及时把埋在土中的两片子叶清出，使第 1 对侧枝露

出地面，促进其生长和花芽分化；清棵时不要损伤和碰掉子叶。

② 中耕除草。露地栽培花生，播后芽前应及时喷施除草剂防控杂草。封行前中耕除草 2～3 次，封行后视情况人工拔除杂草 2～3 次。在花生齐苗后清棵前进行第一次中耕，深锄。第二次中耕宜在清棵后 15～20 d，浅锄。第三次中耕在培土前，深锄、细锄，不要松动入土果针和碰伤结果枝。地膜栽培花生宜在覆膜前喷施除草剂。地膜虽有防止杂草的功效，但花生生长期间仍有杂草从膜下长出，需及时除草。

③ 化控。结荚期是花生植株生长最盛时期，如出现生长过旺势头，要及时进行化学调控防倒伏。当植株高度超过 30 cm，且植株长势较旺时，应及时喷施多效唑等生长调节剂。只喷施花生顶部，而不必喷施整个植株，喷施时间在下午 4 点以后。

④ 喷肥保叶。对缺肥明显的花生田块，叶面喷施 1%尿素水溶液和 2%～3%过磷酸钙澄清液，以增强顶叶活力和延长其功能时间。

⑤ 水分管理。饱果成熟期植株耗水量锐减，田间湿度大，排水不良，易造成饱果率降低及烂果病的发生，应及时疏通沟渠，排除积水和内涝。如遇干旱，也应及时补水，增加荚果饱满度。

(7) 病虫害防治

蛴螬、叶斑病、锈病应根据发生程度适时防治。

(8) 收获与贮藏

花生植株下部叶片落黄脱落，上部叶片呈黄绿色，饱果率达 75%～80%时收获，收获后及时干燥，防止霉烂、发芽和变质，充分干燥(含水量 10%以下)后，入库保管。

2. 夏播花生栽培技术

(1) 整地施肥

播种前 2～3 d 深耕 30 cm，精耕细作，达到上虚下实，无根茬、地平土碎。播种前结合耕翻、整地和起垄一次施足基肥，施优质商品有机肥 22 500～30 000 kg/hm^2，高效复合肥(氮、磷、钾各 15%)600～750 kg/hm^2 和尿素 750 kg/hm^2，过磷酸钙 750 kg/hm^2。人工或机械起垄，垄面平整，土壤细碎。如覆膜，先后打孔播种。

(2) 品种选择，精选种子

宜选用分枝少、株型直立、株高 35～45 cm、耐落果、抗倒抗旱耐渍，生育期 110 d 以内的品种。播种前晒种，选晴天带壳晒 2～3 次，每次 4～6 h。播种前 7～

10 d 剥壳，结合剥壳剔除病果、烂果、秕果，选择籽粒饱满、皮色鲜亮、无病斑、无破损的种子。利用种子包衣剂处理防治蛴螬等地下害虫。

(3) 适期早播，合理密植

夏花生视前茬作物收获时间尽量早播，最迟不宜超过 6 月 20 日。机械起垄，垄宽 70～80 cm，垄高 10～12 cm，每垄播 2 行，穴距 16～18 cm，每穴 2 粒，种植密度 13.5 万～15.0 万穴/hm^2，如覆膜，要先覆膜，后打孔播种。根据土质、气候和土壤墒情确定适宜播种深度，土质黏的要浅些，一般 4～5 cm，砂土和砂壤土 5 cm 为宜。在播后芽前应及时喷施除草剂防除杂草。

(4) 加强田间管理

① 开孔放苗，补苗清棵。当幼苗顶土鼓膜刚见绿时要即刻开孔放苗，避免地膜内湿热空气将花生幼苗烧伤。出苗后发现缺苗应用催芽种子及时带水补种，力争全苗。花生出苗后，去掉膜上的土堆，将第一对侧枝露出地面。

② 水分管理。遇连续干旱应及时灌溉；遇到雨涝，应及时排涝降渍。

③ 化学调控。株高 30～35 cm，化学调控，防止植株徒长倒伏，可用烯效唑每 600～750 g/hm^2（有效成分 2.0～2.5 g）或壮饱安 300～375 g/hm^2（或其他调节剂），兑水 525～600 kg/hm^2，进行叶面喷施，整个生育期一般喷 2～4 次。喷雾时不必喷施花生整个植株，只喷施花生顶部即可；喷施时间在下午 4 点以后，以利于吸收。

④ 叶面喷施肥料。花生进入结荚期后，及时叶面喷施磷酸二氢钾或富含 N、P、K 等营养元素的叶面肥 2～3 次，每次间隔 7～10 d，也可与叶面喷药结合，防病保叶防早衰，延长花生顶叶功能期。

⑤ 除草。封行之前一般中耕除草 3 次，第一次中耕一般在花生齐苗之后、清棵之前，深锄。第二次中耕宜在清棵后 15～20 d 进行，要求浅锄。第三次中耕在培土前进行，要求深锄、细锄，不要松动入土果针和碰伤结果枝。封行后视情况人工拔除杂草 2～3 d。中后期及早铲除病株，深埋病残体。

(5) 病虫害防治

蛴螬、根腐病、茎腐病，根据发生程序适时防治。

(6) 及时收获

花生植株下部叶片落黄脱落，上部叶片呈黄绿色，饱果率达 75%～80%时收获，收获后及时干燥，防止霉烂、发芽和变质，充分干燥（含水量 10%以下）后入库保管。

3. 双季花生栽培技术

海拔 300 m 以下，3 月上旬气温均可稳定在 12 ℃，3—10 月的活动积温达到

5 000 ℃的地区可种植双季花生(肖方国,2012)。双季花生种植技术能够有效提高花生产量,增加农民收入。双季花生栽培技术主要可参考标准《双季花生生产技术规程》(易靖等,2021)。

(1) 品种的选择

应选用早熟、优质、高产的花生品种。生育期春播 122 d 内,秋播季控制在 105 d 内,能够满足双季花生对季节的要求(肖方国,2012)。

(2) 精细整地

宜选择土层深厚、土壤结构疏松的砂壤土地块,冬季如种小白菜或大白菜可在 2 月底前收获,待冬菜收获完毕后及时翻整土地,消毒 1～2 d,精细平整后喷除草剂(刘正中,2004;陈泽锋等,2018)。

(3) 合理施肥

春季和秋季每季施氮肥(N)90～120 kg/hm^2、磷肥(P_2O_5)60～90 kg/hm^2、钾肥(K_2O)60～90 kg/hm^2。春季宜增施有机肥 15 000 kg/hm^2。有机肥、磷肥、钾肥作底肥一次施用。氮肥分次施用,底肥占 30%,追肥两次各占 35%。底肥在播种前施用,第一次追肥在 5～6 叶,第二次追肥在花针期。

(4) 适期早播,合理密植

早播时间选择要适当,在适播期,越早的播种促使生长期越长果实也更加饱满。春花生应在日平均气温稳定 12℃时及时播种,春季播种应在 2 月下旬至 3 月上旬,播种期最迟不得超过 3 月 15 日,13.5 万～15 万穴/hm^2 每穴 2 粒种子。秋花生在春花生收后及时播种,宜在 7 月中旬至 8 月上旬播种。早播种密度 16.5 万～18.0 万穴/hm^2,每穴 2 粒种子。

(5) 播种方式

① 起垄种植。春季播种前采用机械旋耕或人工整地起垄覆膜播种,垄宽 60～80 cm,垄高 10～20 cm,沟宽 10～20 cm,沟深 15～20 cm。秋季播种前清除残膜,宜撒生石灰 500 kg/hm^2 土壤消毒。

② 开厢种植。沟宽 30 cm、沟高 10 cm、厢宽 200 cm 距离开厢(王辉等,2018),覆膜栽培,覆盖薄膜喷洒除草剂后立即盖膜,膜边用细土压实,达到膜平、严密。头季花生收获后应迅速清理田间残膜,耕整地播种秋花生。

(6) 田间管理

① 破膜放苗。播种后 10～15 d 花生陆续出苗,在子叶出土并张开时,用手指或刀片将地膜开小口,引苗出膜,当花生长出幼苗时压实膜孔。

② 病虫害的防治。根据发生程度,适时防治。

③ 化学除草。播种盖土后，用乙草胺 3 kg/hm² 兑水 50 kg，喷匀喷足厢面。

(7) 收获

适时收获过早或者过晚收获都会影响花生高产，过早花生果实不饱满，减重太大；过晚籽仁在土壤中重新破壳生长，无法达到丰收的效果。观察花生植株成熟度很重要，荚果不再生长便应该及时收获。春花生多于 6 月底前收获，收获后确保地膜去除干净、彻底，并集中收回残膜。第二季花生可在 11 月上中旬适时收获。

(三) 东北花生区域主要栽培技术

位于北方花生产区的东北部，土质多为丘陵沙地和风沙地。种植制度多为一年一熟或两年三熟制，主要的栽培技术为春播花生栽培技术。可参考《东北产区花生生产技术规程》(王积军等，2021)，《花生节本增效栽培技术规程》(王海新等，2016)等标准。

1. 春播花生栽培技术

(1) 品种选用

应选用生育期 125 d 以内、综合抗性好、高产优质的花生品种。

(2) 精细整地、合理施肥

秋季耕翻土壤，早春顶凌耙耢，耕翻深度 25 cm 左右；或春季耕翻土壤，及时耙地、镇压。耕翻深度<20 cm。每 3 年深耕翻一次，深度 30 cm。春季适宜科尔沁草原及风沙地耕翻，随整地随播种。

优质商品有机肥 1 500～3 000 kg/hm²。化肥施用量：施氮(N)112.5～150 kg/hm²，磷(P_2O_5)112.5～150 kg/hm²，钾(K_2O)112.5～150 kg/hm²，钙(CaO)75～90 kg/hm²，全部有机肥、氮、磷、钾、钙素化肥结合耕地作基肥施入。根据土壤的养分情况，适当施用硼、钼、铁、锌等微量元素肥料。

(3) 适期播种

普通大果花生品种要求 5 日内 5 cm 耕层平均地温稳定在 15 ℃以上，普通小果花生品种 5 日内 5 cm 耕层平均地温稳定在 12 ℃以上，一般在 5 月上中旬开始播种。高油酸花生品种要求 5 日内 5 cm 耕层平均地温稳定在 16 ℃以上，一般在 5 月中下旬开始播种。播深 3～5 cm。播种时土壤相对含水量以 50%～60%为宜。

(4) 播种方式

有单垄单行种植和大垄双行种植两种方式。

① 单垄单行种植。垄距 45～50 cm，垄高 10～12 cm，穴距 12～15 cm，15 万～

16.5万穴/hm^2，每穴播2粒种子。

② 大垄双行种植。垄距85～90 cm，垄面宽55～60 cm，垄高10～12 cm。每垄2行，垄上行距30～35 cm，穴距15～17 cm，种子距垄边≥10 cm，13.5万～15.0万穴/hm^2，每穴播2粒种子。

③ 大垄双行单粒交错裸地种植。大垄距60 cm，垄上小行距15 cm，株距12～13 cm，单粒交错播种，种植密度27.0万穴/hm^2。

（5）栽培模式

① 覆膜栽培模式。大垄双行种植选用宽度90～95 cm，厚度0.01 mm，透明度≥80%，展铺性好的常规聚乙烯地膜。覆膜前应根据杂草类型，选择除草剂喷施。

② 裸地栽培模式。选用生育期在120 d以内的品种。采用机械播种，开沟、播种、施肥、覆土、镇压一次完成。

（6）田间管理

① 查膜护膜、补苗引苗。播种后，覆膜栽培的要经常检查薄膜及时用土压实、堵严。花生基本齐苗后，及时查苗补种覆膜栽培的，出苗后及时查苗引苗。

② 水分管理。开花下针期和结荚期如遇持续干旱，及时灌溉；饱果成熟期如遇持续干旱，及时避开中午高温时小水轻浇，如遇田间积水，及时排水降渍。

③ 中耕培土。裸地栽培花生，始花前小铧犁深趟小上土，开花下针结束后大铧犁深趟培土迎针。

④ 追肥。开花后，结合中耕培土，追施硫酸铵150～300 kg/hm^2，或尿素10～15 kg。在开花下针期、结荚期和饱果成熟期，叶面喷施0.2%～0.3%的磷酸二氢钾水溶液600～675 kg/hm^2，也可喷施适量的含有N、P、K和微量元素的其他肥料。

（7）病虫害防治

叶部病害、果腐病、白绢病、根茎腐病、蚜虫、蓟马、棉铃虫、甜菜夜蛾等，根据发生程度适时防治。

（8）防止徒长

土壤肥力较好地块，当花生封垄前后，株高达到30 cm时，及时用控旺剂（如5%烯效唑或多效唑）在植株顶部喷洒。若仍有徒长趋势时，可以连喷2～3次，收获时主茎高40～45 cm为宜。

（9）及时收获、清除残膜

当70%以上荚果果壳硬化，网纹清晰，果壳内壁呈青褐色斑块时即可收获，收获后3 d内气温不得低于5℃。覆膜花生收获后，应及时清除田间残膜，集中处理。

(四) 西北花生区域主要栽培技术

种植制度多为一年一熟春花生，区域内降水较少，主要的栽培技术为春播花生栽培技术，主要栽培方式为平播覆膜滴灌。

1. 春播花生栽培技术

(1) 品种选用

选用结果集中、果针拉力较大、适收期较长、品质优良、综合抗性好的花生品种。南部地区适宜选择早熟(生育期 100～110 d)或中熟(生育期 110～130 d)品种，北部地区选择中熟或晚熟(生育期 130～150 d)直立型或半匍匐型花生品种。

(2) 施肥

适当增施有机肥。优质商品有机肥 9000～13000 kg/hm^2，化肥施用量：氮(N) 120～150 kg/hm^2、磷(P_2O_5)60～90 kg/hm^2、钾(K_2O)90～120 kg/hm^2、钙(CaO) 90～120 kg/hm^2。适当施用硼、钼、铁、锌等微量元素肥料。结合耕地将施肥总量的 70%化肥施入耕作层内，结合播种将 30%化肥施在垄内，做到全层施肥。

花针期结合浇花期水，追施尿素 75～150 kg/hm^2 或硫酸铵[$(NH_4)_2HPO_4$] 150 kg/hm^2，硫酸钾(K_2SO_4) 150 kg/hm^2。沙性土壤可分两次施入，间隔时间以 15～20 d 为宜。结荚期结合灌水，随水滴入，追施尿素 30～45 kg/hm^2，钙肥 75～150 kg/hm^2。

(3) 适期播种，合理密植

大果花生品种宜在 5 cm 日平均地温连续 5 d 稳定在 15 ℃以上，小果花生品种稳定在 12 ℃以上时播种。南部地区适宜 4 月上旬至 4 月下旬，北部地区适宜在 4 月下旬至 5 月上旬播种。

田间 5～10 cm 土层土壤含水量≥15%时进行播种。使用厚度 0.01 mm 以上地膜。大果花生品种 13.5 万～16.5 万穴/hm^2，株距 15～17 cm，行距 30～35 cm；小果花生品种 16.5 万～19.5 万穴/hm^2，株距 13～15 cm，行距 30～35 cm 为宜。

(4) 播种方式

机械化播种采用 1 膜 2 行(垄作)播种、宽窄行 1 膜 4 行或 1 膜 6 行(平作)播种。花生覆膜为全覆膜，膜要展平、拉直、紧贴地面，膜边压严。避免膜面破损。根据需要地膜选用 0.7～1.6 m 宽膜，1 膜 2 行采用起垄播种，1 膜 4 行或 1 膜 6 行采用宽窄行平作播种。

易涝地宜采用1膜2行(垄作)高垄模式播种,便于机械化标准种植和配套收获。膜面宽70～90 cm,垄上小行距28～33 cm,垄边距10～12 cm,垄高10～15 cm,穴距14～20 cm。1膜4行,宽行距45～55 cm,窄行距25～30 cm;1膜6行播种,宽行距40 cm左右,窄行距25～30 cm。

机械条件下,覆膜铺管和播种一次完成,起垄1膜1管4行花生,平播1膜2管4行花生或1膜3管6行花生;无机械条件,先铺设滴灌带再覆膜后播种,起垄1膜1管,平播1膜2管4行花生或1膜3管6行花生,宽窄行种植,播种深度4～5 cm,播后穴上盖2 cm以上厚土,有利花生幼苗自动破膜出土。

(5) 田间管理

① 检查护膜及开孔放苗。播种后及时查田,发现地膜漏覆、破损及时覆土,用土封住破损处。花生发芽后刚现绿叶,要及时检查膜下未顶出膜幼苗,及时开孔释放,解放第一侧枝。开膜孔覆盖3～5 cm湿土。

② 水分管理。花生生育期间干旱无雨,应及时灌溉;如雨水较多、田间积水,应及时排水防涝以免烂果,确保产量和质量。

③ 中耕除草。在苗期至盛花期中耕2～3次。田间有杂草及时铲锄。

④ 病虫害防治。叶斑病、蚜虫、棉铃虫、地老虎、金针虫等根据发生程度适时防治。

(6) 防止徒长

花生秸秆营养生长过旺时,需施用植物生长调节剂,控制徒长。当株高≥40 cm时,用15%多效唑75 g/hm^2,或缩节胺原粉75～105 g/hm^2,兑水750 kg/hm^2,进行茎叶喷施。

(7) 及时收获,清除残膜,安全贮藏

花生植株顶端停止生长,叶片变黄。中部和下部叶片脱落,大部分荚果果壳硬化、网纹清晰、果壳内壁产生青褐色或黑色斑片,饱果指数达到70%～80%,即可收获。收获后及时清除残膜。

干燥脱荚后的荚果,在充分晾晒,当果仁含水量降至10%以下时,可入库仓储,但不宜用塑料覆盖。

(五) 华南花生区域主要栽培技术

华南花生区域种植制度复杂,区内花生按照播种季节可以分为春播花生,夏播花生,秋花生和冬花生。根据郑奕熊等(2011)初步调查,春播花生占全年播种面积的74.30%，秋植花生占25.43%，而夏播花生及冬花生1.00%以内。珍珠豆型、多粒型、龙生型和普通型4个花生类型均有栽培（万书波等，2021）。全产区常年间套作花生面积约占花生总播种面积的15%。花生与其他作物间作，根据种植作物的主次分两类：第一类是以花生为主间作其他作物，主要有：花生与玉米、水稻、豆类间作，第二类是以其他作物为主间作，主要有甘蔗、木薯、果树等与花生间作。花生与其他作物的套种方式主要有：小麦套种春播花生，春播花生套种黄麻、秋花生套种四月薯、秋花生套种小麦、秋花生套种甘蔗等。海南省、广东省雷州半岛台地等地区可以种植冬花生，通常利用早熟晚稻茬，冬种春收。

1. 春播花生和秋播花生栽培技术

（1）品种和种子选择

春播花生、秋播花生均宜选择适合当地种植的中早熟花生品种，增产潜力大、品质优良、综合抗性好。宜选用前一年秋花生作春播花生种子，选用当年的春花生作秋花生种子。

（2）施足底肥，预防空荚

施优质商品有机肥12 000～15 000 kg/hm^2，复合肥（N：P_2O_5：K_2O=15：15：15）450 kg/hm^{2}和钙镁磷肥750 kg/hm^{2}作种肥，复合肥均匀条施在同一畦面的两行花生之间，施肥深度10 cm左右，钙镁磷肥撒施在花生的播种沟内，然后开沟播种花生。花生容易出现空壳的土壤，施生石灰750 kg/hm^2，开花下针期撒施在花生植株基部。

（3）种子处理

播前每100 kg种子用种子量0.3%～0.5%的50%多菌灵可湿性粉剂兑水4 kg喷洒，晾干种皮后播种，或用有防病防虫功能的专用种衣剂包衣后播种。

（4）适期播种

当日平均气温稳定在15℃以上时尽早播种。广西南部地区为2月20日至3月20日，广西中部地区为3月20—30日，广西北部地区为3月30日至4月10日；海南地区春播花生播种时间在1月下旬至2月上旬。秋花生播期为8月1—10日。

（5）播种方式

春花生垄作，垄距90～95 cm，垄面宽55～60 cm每垄种植两行花生，宽行距60 cm，窄行距为25 cm，沟宽30 cm；旱地垄高15～20 cm，水旱轮作地垄高20～30 cm。穴距为16 cm，每穴2粒；单粒播种，穴距10 cm。春播花生可进行地膜覆盖，选用宽度90 cm左右，厚度不低于0.004 mm，透明度不小于80%，铺展性好的农用地膜。做到地膜直平、紧实。

(6) 田间管理

① 破膜放苗。覆膜花生幼苗出土后应及时人工破膜引苗出膜,保持地膜其他部分的完整性。

② 水分管理。春播花生要做到足墒播种。生育期间,旱浇涝排,春播花生注意排水防涝。秋花生幼苗叶片中午出现萎蔫时,傍晚时及时顺沟灌水,保持土壤湿润。

③ 中耕除草。芽前除草,播种后 2 d 内,用 81.5%乙草胺 1 200~1 500 ml/hm^2 兑水 40~50 L/hm^2 进行土壤喷雾。选择适宜除草剂进行茎叶喷雾。开花下针期,如果土板结严重,则要中耕松土,以利于果针入土。如果土壤湿润疏松,则不需要中耕。

④ 防治病虫害。根据田间病虫害的发生情况,及时防治。

⑤ 防止徒长。在花生结荚初期,用 15%多效唑可湿性粉剂按有效成分 75~90 g/hm^2,兑水 600~750 kg/hm^2 叶面喷施。

(7) 收获晾晒

春花生 80%以上荚果果壳硬化,网纹清晰,果壳内壁呈铁褐色斑块即选晴天收获,秋花生在 60%以上荚果达到成熟标准后即可收获。春、秋花生收获后应及时晾晒,尽快将荚果含水量降到 10%以下,便于储存。

2. 冬花生栽培技术

(1) 种植条件

种植冬花生要求冬季温暖,终年无霜,年平均气温须在 20 ℃以上,最低旬平均温度也在 15 ℃以上。

(2) 品种选择

选用高产、优质、早熟、抗叶斑病、抗旱、抗逆性强的花生品种,如收获鲜果生育期选择在 117 d 左右,早熟有利于抢占鲜果(毛钟警,2005)。

(3) 施足底肥

施优质商品有机肥 12 000~15 000 kg/hm^2,复合肥($N:P_2O_5:K_2O=15:15:15$)750~900 kg/hm^2,作为基肥施入。

(4) 播种期和播种方式

海南繁育冬花生最好在 11 月初的台风过后播种,其余地方一般地膜冬花生播种期定于 12 月中旬至翌年 1 月初为宜。作畦播种,畦宽 150~180 cm,沟宽 20~25 cm,每畦开 5 条播种沟,沟深 6~8 cm,每条播种沟间隔 20~25 cm,株距 15~20 cm,播饱满种子 2~3 粒于沟的两侧,播 30 万粒/hm^2。可进行地膜覆盖,地膜应选择 0.008 mm 厚度的膜覆盖。

（5）田间管理

① 及时破膜，查苗补苗。覆膜花生，当发现花生子叶顶土泛青时，及时破膜，破膜后用湿润的土盖住薄膜口以防失墒。及时检查田间出苗情况，如缺苗及时催芽补种。

② 除草。芽前杂草，播种后 1～2 d 内用 50%乙草胺乳油 225 L/hm^2，或 72%异丙甲草胺乳油 1.5～3 L/hm^2，兑水 750 kg/hm^2 喷施。

③ 旱浇涝排。根据天气情况，开花下针期后应及时旱浇涝排，有条件的薄地应根据墒情及时浇水。

（6）病虫害防治

叶斑病和网斑病，根据发生程度适时防治。

（7）适时采收，清除残膜

花生成熟（植株中、下部叶片脱落，上部 1/3 叶片变黄，荚果饱果率超过 80%）时应及时收获。花生收获后，应及时捡收残膜。

3. 花生与幼龄果树间作栽培技术

花生与幼龄果树间作栽培技术主要参考《幼龄橙园间作花生栽培技术规程》（唐荣华等，2015）。

（1）果园选择

宜选择树龄为 1～3 年，两行树冠相距 2 m 以上的平地及坡度在 10°以下的缓坡地橙园。土质宜为轻壤或砂壤土。

（2）花生品种选择

选择耐阴性强，高产、抗逆性强的花生品种。

（3）花生种植区整地施底肥

宜以机耕为主，耕作深度 20 cm。旋耕前，根据花生实际种植面积，施优质商品有机肥 15 000 kg/hm^2 和熟石灰 750～1 500 kg/hm^2。种植前 1 d～2 d 旋耕，做到深、松、细、碎、平、无杂草。

（4）适期播种

春花生在气温稳定在 15 ℃以上时尽早播种，秋花生宜在 8 月 10 日前播种。应在土壤相对含水量达到 70%～75%时播种，即耕作层土壤手握能成团，手搓较松散，播后出苗前应保持土壤湿润。

（5）开行、放种肥和播种

花生与果树树冠滴水线间距 60 cm，花生采用宽窄行起浅垄种植，宽行距 55 cm，窄行距 25 cm。按花生实际种植面积，用 450～750 kg/hm^2 花生专用复合肥和 750 kg/hm^2 钙镁磷肥，均匀条施在沟深约 10 cm 的花生播种沟里，覆土使沟深约 5 cm，再分级播种，穴距 16～18 cm，每穴 2 粒。播种后 2 d 内选用乙草胺、甲草胺、异丙甲草胺等花生芽前除草剂进行封闭除草。

（6）田间管理

① 除草。花生生育期间，宜人工拔除杂草；也可选用适合花生的选择性除草剂除草，保持田间无杂草。

② 保持土壤湿润。在整个生育期间，保持土壤湿润，旱浇涝排。

③ 病虫害防治。根据病虫害发生情况，适时防治。

（7）收获晾晒

春花生 80%以上荚果果壳硬化，网纹清晰，果壳内壁呈铁褐色斑块即选晴天收获，秋花生在 60%以上荚果达到成熟标准后即可收获。春、秋花生收获后应及时晾晒，尽快将荚果含水量降到 10%以下，便于安全储存。

（8）秸秆还田

花生秸秆可用于果林田覆盖。

第二节
花生栽培技术规程

据不完全统计，编者收集到花生栽培技术规程共231项，包括中华人民共和国农业行业标准21项、地方标准171项、团体、协会等标准39项。其中，河南37项、山东28项、辽宁20项、河北17项、江苏14项、广西11项、安徽9项、吉林6项、湖北5项、湖南3项、四川3项、山西3项、广东2项、福建2项、云南2项、新疆2项、北京2项、重庆2项、甘肃2项、贵州1项(详见附表1)。

本节选取6项技术规程：东北产区花生生产技术规程(NY/T 3842—2021)、黄淮海地区麦后花生免耕覆秸精播技术规程(NY/T 3160—2017)、花生单粒精播高产栽培技术规程(NY/T 2404—2013)、花生膜下滴灌高产栽培技术规程(DB 65/T 3989—2017)、花生化肥农药减施生产技术规程(DB 65/T 4175—2018)、油菜-花生轮作栽培技术规程(DB 4211/T 16—2022)，供各科研人士、企业、种植大户等参考。下文代表性规程中引用的文件，凡是注日期的引用文件，仅注日期的版本适用于本文件；凡是不注日期的引用文件，其最新版本(包括所有的修改单)适用于本文件；编者按本文的格式统一调整了数量单位及对应数字，行文表达略有调整，涉及的附录均省略，如需要可查阅原规程。

一、东北产区花生生产技术规程

中华人民共和国农业行业标准，NY/T 3842—2021，实施日期：2021-11-01。
由农业农村部种植业管理司提出。
起草单位：全国农业技术推广服务中心、山东省花生研究所、辽宁省沙地治理与利用研究所、吉林省农业科学院花生研究所、辽宁省农业发展服务中心、吉林省农业技术推广总站、辽宁省现代农业生产基地建设工程中心、山东省临沂市农业科学院。

主要起草人：王积军、刘芳、迟晓元、陈娜、禹山林、陈常兵、于国庆、高华援、于树涛、潘丽娟、陈明娜、陈小姝、王通、王冕、许静、徐铁男、艾东、张哲、张红艳、孙伟。

1 范围

本文件规定了东北产区花生生产的产地及地块选择、整地、施肥、品种选用、种子处理、播种、田间管理、收获、贮藏和生产记录与档案管理的要求。

本文件适用于东北产区花生生产。

2 规范性引用文件

GB 4407.2 经济作物种子 第2部分：油料类

GB/T 8321 农药合理使用准则(所有部分)

GB 13735 聚乙烯吹塑农用地面覆盖薄膜

NY/T 496 肥料合理使用准则通则

NY 525 有机肥料

NY/T 1276 农药安全使用规范 总则

NY/T 2086 残地膜回收机操作技术规程

NY/T 2401 覆膜花生机械化生产技术规程

NY/T 2798.2 无公害农产品 生产质量安全控制技术规范 第2部分：大田作物产品

NY/T 5010 无公害农产品 种植业产地环境条件

3 术语及定义

下列术语和定义适用于本文件。

3.1 东北产区 the region of Northeast China

辽宁省、吉林省、黑龙江省、内蒙古自治区等连续30 d平均温度20 ℃以上，无霜期超过120 d的花生适宜种植区。

4 产地及地块选择

4.1 产地环境质量

选择生态环境质量良好的生产区，产地土壤环境质量应符合NY/T 5010和NY/T 2798.2要求。

4.2 地块选择

宜选择地势平坦、肥力水平中等、通透性好、无盐碱危害、玉米等禾本科作物为前茬的壤土或砂壤土地块。

5 整地

秋季耕翻土壤，早春顶凌耙耢，耕翻深度 25 cm；或春季耕翻土壤，随后及时耙地、镇压，耕翻深度<20 cm。每 3 年深耕翻一次，深度 30 cm。风沙地耕翻适宜在春季进行，随整地随播种。

6 施基肥

6.1 施肥原则

肥料使用应符合 NY 525 和 NY/T 496 规定。

6.2 施肥量

6.2.1 有机肥

施腐熟有机肥 30 000～45 000 kg/hm^2 或相同养分的商品有机肥 1 500～3 000 kg/hm^2。

6.2.2 化肥

施氮(N)60～75 kg/hm^2，磷(P_2O_5)112.5～150 kg/hm^2，钾(K_2O)112.5～150 kg/hm^2，钙(CaO)75～90 kg/hm^2。全部有机肥、氮、磷、钾、钙素化肥结合耕地作基肥施入。

6.2.3 微肥

根据土壤的养分情况，适当施用硼、钼、铁、锌等微量元素肥料。

7 品种选用

应选用经农业农村部登记或品种委员会审鉴定、生育期适宜、综合抗性好、高产优质、适宜机械化生产的品种。

8 种子处理

8.1 晒种

播种前 10～15 d 带壳晒种，选晴朗天气，于 9—15 时，将花生荚果平铺在干燥场地上，厚 10 cm 左右，每隔 2～3 h 翻动一次，连续晒 2～3 d。

8.2 剥壳

播种前 7～10 d 内剥壳，采用人工或种子剥壳机机械剥壳。

8.3 选种

选择均匀、饱满、色泽正常的种子，质量应符合 GB 4407.2 中花生大田用种要求。

8.4 药剂处理

根据花生土传病害和地下害虫发生情况进行包衣或拌种，可选用杀菌剂与杀虫剂复配的种衣剂，种衣剂的选择符合 GB/T 8321、NY/T 1276 要求。

9 播种

9.1 播量

播种前应进行发芽试验，根据发芽率确定播种量。

9.1.1 大果品种籽仁用量 225～262.5 kg/hm^2 为宜。

9.1.2 小果品种籽仁用量 150～225 kg/hm^2 为宜。

9.2 播期

大果品种 5 日内 5 cm 耕层平均地温应稳定在 15 ℃以上、小果品种 5 d 内 5 cm 耕层平均地温稳定在 12 ℃以上，5 月上中旬播种。高油酸品种 5 d 内 5 cm 耕层平均地温应稳定在 16 ℃以上，5 月中下旬播种。

9.3 播深

播深 3～5 cm 为宜。

9.4 土壤墒情

播种时土壤相对含水量以 50%～60%为宜。

9.5 种植方式

9.5.1 单垄单行种植

垄距 45～50 cm，垄高 10～12 cm，穴距 12～15 cm，播 15 万～16.5 万穴/hm^2，每穴播 2 粒种子。

9.5.2 大垄双行种植

垄距 85～90 cm，垄面宽 55～60 cm，垄高 10～12 cm。每垄 2 行，垄上行距 30～35 cm，穴距 15～17 cm，种子距垄边≥10 cm，播 13.5 万～15 万穴/hm^2，每穴播 2 粒种子。

9.6 栽培模式

9.6.1 覆膜栽培

大垄双行种植选用宽度 90～95 cm，厚度 0.01 mm，延展性好的常规聚乙烯地膜，质量符合 GB 13735 要求。覆膜前应根据田间草种类型，选择除草剂喷施，除草剂应符合 GB/T 8321、NY/T 1276 要求。

9.6.2 裸地栽培

采用机械播种，开沟、播种、施肥、覆土、镇压一次完成。播种后应根据田间草种类型，选择除草剂进行封闭除草，除草剂应符合 GB/T 8321、NY/T 1276 要求。

10 田间管理

10.1 查膜压膜

覆膜栽培的应经常检查薄膜有无破损、透风之处，如发现有破损或透风，应及时用土压好、堵严。

10.2 补苗引苗

裸地栽培基本齐苗后,及时查苗补种;覆膜栽培出苗后及时查苗、引苗和补种。

10.3 水分管理

大垄双行浅埋滴灌种植时,滴灌管随播种埋入行间,深度 2～3 cm。开花下针期和结荚期如遇持续干旱,应及时灌溉;饱果成熟期如遇持续干旱,应及时避开中午高温时小水轻浇,如遇田间积水,应及时排水降渍。

10.4 中耕培土

裸地栽培基本齐苗后深松不上土,始花前深趟小上土,开花下针结束后深趟迎针培土,结合中耕及时除草。

10.5 追肥

开花后,结合中耕培土可追施硫酸铵 150～300 kg/hm^2,或尿素 105～150 kg/hm^2。

10.6 病虫害防治

10.6.1 防治原则

坚持预防为主,综合防治的原则;以农业防治为基础,提倡生物防治和物理防治,合理实施化学防治。施用农药应符合 GB/T 8321、NY/T 1276 规定。

10.6.2 病害防治

10.6.2.1 叶部病害

发病初期应根据发病情况喷施适宜杀菌剂 1～3 次,每隔 10 d 喷药一次。

10.6.2.2 土传病害

白绢病、根茎腐病等土传病害,应在发病初期选择适宜药剂喷雾 2～3 次,重点喷淋茎基部。

10.6.3 虫害防治

10.6.3.1 化学防治

见虫初期或低龄幼虫期选用适宜药剂防治蚜虫、蓟马、棉铃虫、甜菜夜蛾等害虫,防治 1～3 次,间隔 7 d 一次。

10.6.3.2 理化诱控

6 月上旬至 8 月下旬,采用杀虫灯或性诱剂、食诱剂等对金龟甲、棉铃虫、甜菜夜蛾等害虫成虫进行诱杀。

10.7 叶面施肥

在开花下针期、结荚期和饱果成熟期,叶面喷施 0.2%～0.3%的磷酸二氢钾水溶液 600～675 kg/hm^2，可喷施适量的含有 N、P、K 和微量元素的其他肥料。

10.8　化学调控

封垄前株高达到 30～35 cm 并有徒长趋势时，及时用植物生长调节剂在植株顶部喷洒 1～2 次。

11　收获

11.1　收获时期

70%以上荚果果壳硬化、网纹清晰、果壳内壁呈青褐色斑块时即可收获，收获后 3 d 内气温不得低于 5 ℃。

11.2　收获方法

采用分段收获，花生收获机采挖、抖土、铺放、田间晾晒一次完成。间隔 4～5 d 原垄翻晒，荚果含水量降至 14%以下时，再用摘果机摘果，作业应符合 NY/T 2401 的要求。覆膜花生收获后，应及时清除田间残膜，作业应符合 NY/T 2086 的要求。

12　贮藏

摘果后晾晒，晾晒至荚果含水量在 10%以下时，安全贮藏。包装袋要透气，入库时包装袋与地面应有垫木，与仓库墙面保持 20～22 cm 的间隔。

13　生产记录与档案管理

做好生产过程关键环节记录，建立档案，及时归档。档案保存期不少于 2 年。

二、黄淮海地区麦后花生免耕覆秸精播技术规程

中华人民共和国农业行业标准，NY/T 3160—2017，实施日期：2018-06-01。

由农业农村部种植业管理司提出。

起草单位：全国农业技术推广服务中心、河北省农林科学院粮油作物研究所、东北农业大学河北省农业技术推广总站、山东农业技术推广总站、河南省经济作物推广站。

主要起草人：王积军、宋亚辉、刘芳、陈四龙、李玉荣、陈海涛、纪文义、汤松、韩鹏、任春玲、曾英松、程增书、王瑾、贾新旺、王红霞、王子强。

1　范围

本文件规定了麦后花生花生免耕覆秸精播技术的术语和定义、基础条件、提前准备、播种时间、播种、田间管理、收获。

本标准文件适用于黄淮海地区小麦-花生一年两熟区花生生产。

2 规范性引用文件

GB 4285 农药安全使用标准

GB 4407.2 经济作物种子 第2部分:油料类

GB 5084 农田灌溉水质标准

GB/T 8321(所有部分) 农药合理使用准则

NY/T 496 肥料合理使用准则 通则

NY/T 855 花生产地环境技术条件

3 术语及定义

下列术语和定义适用于本文件。

3.1 黄淮海地区 Huanghuaihai area

河北省中南部(包括石家庄、衡水市、邢台市、邯郸市)、山东省平度以西、河南省、江苏苏北和安徽淮北地区。

3.2 免耕覆秸 no-tillage with wheal straw mulching

冬小麦(以下简称小麦)收获后不耕翻,深松土壤播种花生,播种时将粉碎的小麦秸秆均匀地覆盖在地表。

3.3 精播 precision sowing

播种机能够实现单粒播种,株距合格率>95%。

4 基础条件

4.1 产地环境

宜选择地势平坦、排灌方便的中等肥力以上地块。产地环境符合 NY/T 855 的要求。

4.2 积温条件

小麦收获后至下季小麦播种前活动积温达到 2 800 ℃以上,≥15 ℃有效积温 1 100 ℃以上。

4.3 播种机械

配备能够一次性完成清理麦秸、开沟、施肥、播种、覆土镇压、喷除草剂和覆盖秸秆等工序的花生免耕覆秸精量播种机。

5 播前准备

5.1 品种选择

应选择产量高、综合抗性好的花生品种,夏播生育期在 110 d 以内,种子质量应符合 GB 4407.2 要求。

5.2　种子处理

5.2.1　选种

剥壳后剔除破损、虫蛀、发芽、霉变的籽仁。按籽仁大小分为一、二、三级，一、二级作种用分别包装。

5.2.2　拌种或包衣

根据土传病害和地下害虫发生情况，选择药剂拌种或进行种子包衣。所用拌种药剂或包衣剂应符合 GB 4285 及 GB/T 8321 的要求。

5.3　造墒

小麦生育后期土壤含水量较低时，在收获前 7～10 d 适量浇水，确保花生适墒播种。

5.4　小麦收获

小麦成熟后及时收获，留茬高度不宜超过 15 cm，麦秸应粉碎，均匀地抛洒在地面。

6　播种时间

播种时间宜在 6 月 15 日以前。

7　播种

7.1　机械播种

小麦收获后选用麦后花生免耕覆秸精量播种机抢时播种。播种深度 3～4 cm，播种后应保持秸秆覆盖均匀。

7.2　播种密度

单粒播种 24 万～31.5 万穴/hm^2，行距 35～40 cm，穴距 8～12 cm。

7.3　施种肥

花生播种时施用 N 75～90 kg/hm^2、P_2O_5 90～105 kg/hm^2、K_2O 30～45 kg/hm^2 做种肥，肥料宜施于行间，勿使种子直接接触肥料，施肥深度 8～10 cm。肥料使用应符合 NY/T 496 的要求。

7.4　喷施除草剂

播种同时应喷施芽前除草剂，除草剂使用应符合 GB 4285 和 GB/T 8321 的要求。

8　田间管理

8.1　浇水

播种墒情不足的地块，应及时浇水补墒。始花期、结荚至饱果期遇旱浇水，结荚至饱果期遇旱宜早上或傍晚适量浇水。灌溉水质应符合 GB 5084 的要求。

8.2 杂草防除

花生出苗后及时中耕或喷施芽后除草剂，防除麦苗和杂草。除草剂应符合 GB 4285 和 GB/T 8321 的要求。

8.3 排水防涝

生育期间注意排水防涝，防止渍害影响根系发育和引发烂果。

8.4 追肥

始花期，随浇水或降雨追施氮（N）45 kg/hm^2、钙（CaO）15～90 kg/hm^2。始花后 30～35 d，叶面喷施 0.2%～0.3%的 KH_2PO_4 水溶液 450～600 kg/hm^2，每隔 10～15 d 喷施 1 次，连喷 2～3 次。肥料使用应符合 NY 525 和 NY/T 496 的规定。

8.5 生长调控

高肥水田块植株高度达到 30 cm 且有旺长趋势，叶面喷施植物生长调节剂。所用植物生长调节剂应符合 GB 4285 和 GB/T 8321 要求。

8.6 病虫害防治

8.6.1 叶部病害防治

花生始花后 30～35 d 每 666.7 m^2 叶面喷施杀菌剂水溶液 450 kg/hm^2。如：用 300 g/L 苯甲 · 丙环唑乳油 375～450 ml/hm^2 或 4.875 kg/L 苯甲 · 嘧菌酯悬浮剂 300 ml/hm^2 或 60%唑醚 · 代森联 900 g/hm^2，于 15 时以后喷施，每隔 10～15 d 喷施 1 次，连喷 2～3 次。

8.6.2 虫害防治

根据当地虫害发生情况及时施用农药防治（见附录 A），施用农药应符合 GB 4285 和 GB/T 8321 要求。

9 收获

适时收获，及时晾晒干燥，使荚果含水量降至 10%以下，籽仁含水量降至 7%以下。

三、花生单粒精播技术规程

中华人民共和国农业行业标准，NY/T 2404—203，实施日期：2014 - 01 - 01。

由农业农村部种植业管理司提出。

起草单位：山东省农业科学院、青岛农业大学。

主要起草人:万书波、王铭伦、郭峰、王月福、贾曦、王才斌、赵长星、李新国、张智猛、孟静静、张佳蕾。

1 范围

本标准规定了花生单粒精播生产产地环境要求和管理措施。

本标准文件适用于花生单粒精播生产。

2 规范性引用文件

GB 4285 农药安全使用标准

GB 5084 农田灌溉水质标准

GB/T 8321(所有部分) 农药合理使用准则

NY/T 496 肥料合理使用准则 通则

NY/T 855 花生产地环境技术条件

3 地块选择

宜选用地势平坦、土层深厚、土豪肥力中等以上、排灌方便的地块。产地环境应符合 NY/T 855 的要求。

4 整地与施肥

4.1 整地

宜冬前耕地,早春顶凌耙耢,或早春化冻后耕地,随耕随耙耢。耕地深度一般年份为 25 cm,深耕年份为 30～33 cm,每隔 2 年进行 1 次深耕。结合耕地施足基肥。精细整地,做到耙平、土细、肥匀、不板结。

4.2 施肥

4.2.1 施肥数量

肥料施用应符合 NY/T 496 的要求。施腐熟鸡粪 12 000～15 000 kg/hm^2 或养分总量相当的其他有机肥,化肥施用量:氮(N) 150～180 kg/hm^2、磷(P_2O_5) 90～120 kg/hm^2、钾(K_2O) 150～180 kg/hm^2、钙(CaO) 150～180 kg/hm^2。适当施用硼、钼、锌、铁等微量元素肥料。

4.2.2 施肥方法

将氮肥总量的 50%～60%改用缓控释肥,全部有机肥和 2/3 的化肥结合耕地施入,剩余 1/3 的化肥结合播种集中施用。

5 品种选择

选用单株生产力高、增产潜力大、综合抗性好的中晚熟品种,并通过省或国家审(鉴、认)定或登记。择产量高、综合抗性好的花生品种,夏播生育期在 110 d 以内,花生种子质量应符合 GB 4407.2 的要求。

6 种子处理

6.1 精选种子

播种前 10 d 内剥壳，剥壳前晒种 2～3 d。选用大而饱满的籽仁作种子，发芽率在 95%以上。

6.2 药剂处理

根据土传病害和地下害虫发生情况，选择符合 GB 4285 及 GB/T 8321 要求的药剂拌种或进行种子包衣。

7 播种与覆膜

7.1 播期

7.1.1 大果花生宜在 5 cm 日平均地温稳定在 15 ℃以上、小果花生稳定在 15 ℃以上播种。

7.1.2 北方春花生适宜在 4 月下旬至 5 月上旬播种，麦套花生在麦收前 10～15 d 套种，夏直播花生抢时早播。南方春秋两熟区，春花生宜在 2 月中旬至 3 月中旬、秋花生宜在立秋至处暑播种。长江流域春夏花生交作区宜在 3 月下旬至 4 月下旬播种。

7.2 土壤墒情

播种时土壤相对含水量以 65%～70%为宜。

7.3 种植规格

7.3.1 北方产区，垄距 85～90 cm，垄面宽 50～55 cm，垄高 8～10 cm，每垄 2 行，垄上行距 30～35 cm，大果花生品种穴距 11～12 cm，每穴播 1 粒种子，播 19.5 万～21 万穴/hm^2；小果花生品种穴距 10～11 cm，每穴播 1 粒种子，播 21 万～22.5 万穴/hm^2。

7.3.2 南方产区，畦面宽 90～170 cm。播 3～6 行，穴距 13～16 cm，每穴播 1 粒种子，播 19.5 万～22.5 万穴/hm^2。

7.4 地膜选用

选用宽度 90 cm 左右、厚度 0.004～0.006 mm、透明度≥80%、展铺性好的常规聚乙烯地膜。

7.5 机械播种

选用农艺性状优良的花生联合播种机，将播种、起垄、喷洒除草剂、覆膜、膜上压土等工序一次性完成。要求播种深度 2～3 cm，膜上筑土高度 5 cm。

8 田间管理

8.1 撤土引苗

当花生出苗时，及时将膜上覆土撤到垄沟内。连续缺穴的地方要及时补种。

四叶期至开花前及时清理出地膜下面的侧枝。

8.2 水分管理

生长期间干旱较为严重时及时浇水，灌溉水质符合 GB 5084 的要求。花针期和结荚期遇旱，中午叶片萎蔫且傍晚难以恢复，应及时适量浇水。饱果期(收获前1个月)遇旱应小水润浇。结荚后如果雨水较多，应及时排水防涝。

8.3 病虫害防治

施用农药应符合 GB 4285 和 GB/T 8321 规定。

8.4 防止徒长

花生株高，北方达到 30～35 cm，南方达到 35～40 cm 时，及时喷施符合 GB 4285 和 GB/T 8321 要求的生长调节剂。施药后 10～15 d，如果株高超过 40 cm 可再喷施 1 次。

8.5 追施叶面肥

生育中后植株有早衰现象的，叶面喷施 2%～3%尿素水溶液或 0.2%～0.3%磷酸二氢钾水溶液 600～750 kg/hm^2，连喷 2 次，间隔 7～10 d。也可喷施经农业农村部或省级部门登记的其他叶面肥料。

9 收获与晾晒

70%以上荚果果壳硬化、网纹清晰、果壳内壁呈青褐色斑块时，及时收获、晾晒，尽快将荚果含水量降到 10%以下。

10 清除残膜

收获后及时清除田间残膜。

四、花生膜下滴灌高产栽培技术规程

新疆维吾尔自治区地方标准，DB 65/T 3989—2017，实施日期：2017-05-20。

起草单位：新疆农业科学院经济作物研究所

主要起草人：李强、贾东海、顾元国、王娟、林萍、买买提・伊民、石必显、陈跃华、于伯成。

1 范围

本标准规定了新疆花生膜下滴灌高产栽培技术的术语和定义、地块选择、产量及地膜指标、播前选种及种子播前处理、播种和覆膜、施肥、田间管理、防治病虫害、采收的技术要求。

本标准适用于新疆花生种植区。

2 规范性引用文件

GB 4407.2 经济作物种子 第2部分:油料类

GB/T8321(所有部分) 农药合理使用准则

DB65 3189 聚乙烯吹塑农用地面覆盖薄膜

NY/T 391 绿色食品产地环境质量

3 术语和定义

下列术语和定义适用于本文件。

3.1 大果 big fruit

花生百仁重在80 g以上为大果。

3.2 中果 middle fruit

花生百仁重在50～80 g为中果。

3.3 花针期 pod-pinstage

50%的植株开始开花到50%的植株出现鸡头状的幼果为花针期。

3.4 结荚期 bearing pod stage

50%的植株出现鸡头状幼果到50%的植株出现饱果为结荚期。

4 地块选择

符合NY/T 391的要求,选择质地疏松,通透性好的砂壤土地块。盐碱、土质黏重的地块不宜种植。不宜与豆科作物倒茬,也不易重茬和迎茬。

5 产量及地膜

5.1 产量

大果花生品种产量6 000～6 750 kg/hm^2,中果花生品种产量5 250～6 000 kg/hm^2(参见附录A)。

5.2 地膜

选用符合DB65 3189中0.010～0.012 mm可回收厚度地膜。

6 播前选种及种子播前处理

6.1 品种选择

南疆地区宜选用生育期130～140 d大果花生品种,北疆地区宜选用125～130 d中果或大果花生品种。

6.2 晒种

播前带壳晒种,选晴朗天气,将带壳种子铺在晒场上,厚度7～8 cm,每隔1～

2 h 翻动一次，晒 2～3 d。

6.3 剥壳

播种前 7～10 d 内剥壳，播前 7 d 内完成，采用人工或专用剥壳机械剥种。

6.4 选种

选择整齐、饱满、色泽新、没有机械和病虫损伤的健康种仁作种子，种子质量应达到 GB 4407.2 要求。

6.5 药剂拌种

药剂选择应符合 GB/T 8321.1—9 规定。

6.5.1 杀菌剂拌种

花生茎腐病发生较为严重区域，用种子重量 0.5%的 50%多菌灵可湿性粉剂或 70%甲基托布津可湿性粉剂均匀拌种。

6.5.2 杀虫剂拌种

金龟子、地老虎等地下害虫发生严重区域，用 70%吡虫啉拌种剂 30 g，兑水 250 ml，与 10～15 kg 种子充分拌匀后，于阴凉处晾干；或按种子重量 0.2%的 50%辛硫磷乳油，与种子充分拌匀后置于避光处晾干。

7 播种和覆膜

7.1 播种期

春季耕层 5 cm 温度稳定在 12℃。南疆地区在 4 月中旬；北疆地区在 4 月底至 5 月初。

7.2 播深

3～5 cm。

7.3 播种密度

穴播，每穴 2 粒。种植密度因品种和果仁类型而异。大果花生品种密度 15 万～18 万穴/hm^2。中果花生品种密度 18 万～19.5 万穴/hm^2。

7.4 施用除草剂

播种前 5～7 d 或播种覆膜后在膜间喷施 90%乙草胺乳油，用量 1 500～1 800 ml/hm^2，或 72%异丙甲草胺乳油，用量 1 500～2 250 ml/hm^2，兑水 750～1 050 kg/hm^2，混匀喷洒。

7.5 覆膜滴灌

7.5.1 覆膜要求

花生覆膜为全覆膜，膜要展平、拉直、紧贴地面，膜边用泥土压严，避免膜面破损。地膜选用 1.25 m 宽膜，宽窄行播种，1 膜 4 行，膜间距 45～55 cm。

7.5.2 覆膜及滴灌带铺设方法

有机械条件采用覆膜铺管和播种1次完成,1膜2根滴管;无机械条件,采用先铺设滴灌带再覆膜后播种,1膜2根滴管,播种孔径3～4 cm,播后穴上盖2 cm以上厚的土。

8 施肥

8.1 基肥

整地后施基肥,以腐熟的农家肥配施化肥,基肥用量农家肥45～60 m^3/hm^2,尿素150～225 kg/hm^2,过磷酸钙450～525 kg/hm^2,硫酸钾(或氯化钾)75～150 kg/hm^2。

8.2 追肥

8.2.1 花针期追肥

结合浇花期水,追施尿素75～150 kg/hm^2 或磷酸氢二钾150 kg/hm^2,硫酸钾150 kg/hm^2。沙性土壤可分两次施入,间隔时间以15～20 d为宜,减少水肥渗漏,宜选用可溶性肥料随水滴入。

8.2.2 结荚期追肥

结合灌水,随水滴入,追施尿素30～45 kg/hm^2,钙肥75～150 kg/hm^2。

9 田间管理

9.1 检查护膜及开孔放苗

播种后及时查田,发现地膜漏覆、破损及时覆土,用土封住破损处。发芽后刚现绿叶,要及时检查膜下未顶出膜幼苗,及时开孔放苗。开膜孔覆盖3～5 cm湿土。

9.2 补苗

及时查苗补苗,有缺苗现象,要将种子浸泡4 h吸涨后补种。

9.3 水分管理

花生属耐旱作物,花生苗期需蹲苗,此时期不需要浇水。花针期是花生需水旺盛时期,保持田间土壤足够的墒情。结荚期需注意水分供给,荚果膨大期如遇干旱要及时灌溉,但水分供应不可太多以免造成烂果。

9.4 中耕除草

在苗期至盛花期中耕2～3次,田间有杂草及时铲锄。

9.5 生长调控

花生植株营养生长过旺时,需施用植物生长调节剂,控制徒长。当株高≥40 cm时,用15%多效唑0.525 kg/hm^2,兑水750 kg/hm^2 或缩节胺原粉0.075～

0.105 kg/hm^2，兑水 750 kg/hm^2，茎叶喷施。

10 防治病虫害

10.1 主要病虫害种类

花生主要病害有茎腐病、叶斑病，主要害虫有蚜虫、叶螨、棉铃虫、蛴螬等。病虫害防治应按照“预防为主，综合防治”原则。

10.2 防治原则

10.2.1 叶斑病

发病初期，用50%多菌灵可湿性粉剂1000倍液，或70%甲基托布津可湿性粉剂1500倍液，或75%百菌清可湿性粉剂600倍液，或80%代森锰锌400倍液，茎叶喷洒，每次用药液900 kg/hm^2，每隔7～10 d喷1次，连喷2～3次。以上药剂宜交替使用。

10.2.2 茎腐病

播种前，用25%或50%多菌灵可湿性粉剂按种量的0.5%或0.3%拌种或65%代森锌可湿性粉剂60～66.7 g兑水600～750 kg/hm^2，于发病初期喷施；或甲基托布津可湿性粉剂800～1000倍液喷施。

10.3 虫害防治

10.3.1 蚜虫

蚜虫发生期，用0.3%苦参碱水剂7500 ml/hm^2 配成100倍液，或用50%抗蚜威可湿性粉剂150～270 g/hm^2 配成2000～2500倍液，茎叶喷洒。

10.3.2 叶螨

叶螨发生初期找到发病中心或有虫株率在20%时，用25 g/L联苯菊酯乳油500～800倍液，或73%克螨特乳油100倍液，或1%的阿维菌素乳油300倍液，茎叶喷洒。

10.3.3 棉铃虫

每百穴花生累计卵量20粒或幼虫3头，用18%阿维菌素乳油2000～3000倍液，或50%辛硫磷乳油1000～1500倍液，或10%吡虫啉可湿性粉剂4000倍液，茎叶喷洒。

10.3.4 蛴螬、黄地老虎等地下害虫

30%辛硫磷微胶囊悬浮剂15000 kg/hm^2 或30%毒死蜱微胶囊悬浮剂1.2 kg/hm^2，播种穴喷施。或40%辛硫磷乳油0.75～1.50 kg/hm^2 或48%毒死蜱乳油0.6～1.2 kg/hm^2，开花下针期沟施或浇灌。

11 采收

11.1 收获时间

当花生植株顶端停止生长,叶片变黄,中部和下部叶片脱落,大部分荚果果壳硬化、网纹清晰、果壳内壁产生青褐色或黑色斑片,饱果指数达到70%~80%,为收获适期。

11.2 摘果晾晒

选择晴天采用一次性机械或分段机械收获,分段机械收获,起拔后晾晒至摇动荚果有响动时,此时开始机械摘果。

11.3 贮藏

荚果充分晾晒,含水量降至9%以下,可入库仓储。不宜用塑料覆盖。

五、花生化肥农药减施生产技术规程

新疆维吾尔自治区地方标准,DB 65/T 4175—2018,实施日期:2019-01-01。

本标准主要起草单位:新疆农业科学院农作物品种资源研究所、新疆农业科学院植物保护研究所、山东农业科学院生物技术研究中心、喀什地区农业技术推广中心。

主要起草人:李利民、苗昊翠、许建军、张龑、张佳蕾、王莉、郭峰、何伟、李翠梅、高英、杨华、周琰、吐逊江·艾合买提、阿卜杜热伊木·阿不都热合曼。

1 范围

本文件规定了新疆花生标准化生产的播前准备、地块选择、播种、田间管理、化肥农药减施、收获和机械脱壳的技术要求。

本文件适用于新疆区域的花生生产。

2 规范性引用文件

GB4407.2-2008 经济作物种子 第2部分:油料类

GB 5084-2005 农田灌溉水质标准

GB/T8321(所有部分) 农药合理使用准则

NY/T 420 绿色食品 花生及制品

NY/T496-2010 肥料合理使用准则通则

NY/T855 花生产地环境技术条件

DB65/T3189　　　　聚乙烯吹塑农用地面覆盖薄膜

3　术语和定义

墒 field ditch

耕地时开出的垄沟，也可以指土壤适合种子发芽和作物生长的湿度。土壤湿度大小影响田间气候，土壤通气性和养分分解，是土壤微生物活动和农作物生长发育的重要条件之一。

4　播前准备

4.1　品种选择

选择结果集中、结果深度浅、适收期长、不易落果、荚果外形规则的优质、高产、抗病虫品种，适合机械化生产的直立型抗倒伏品种，应符合 GB 4407.2 规定。

4.2　环境条件

4.2.1　土壤条件

要求土质疏松、土壤通透性好、土壤松紧适宜，最适宜土壤是砂壤土。土层深厚，地块规整、地势平坦，集中连片，排灌条件良好，适宜机械作业的地块。

4.2.2　花生生产环境

应符合 NY/T 855 的规定。

4.3　土地平整与耕作

4.3.1　正播花生在前茬作物收后，及时机耕和整地，耕翻深度一般在 22～25 cm 左右，要求深浅一致，无漏耕，覆盖严密。

4.3.2　在冬耕基础上，播前精细整地，保证土壤表层疏松细碎、平整沉实、上虚下实，拣出大的石块、残膜等杂物。

4.3.3　复播花生在前茬作物收获后，及时机耕整地，达到土壤细碎、无根茬。

4.3.4　结合土地耕整，同时施底肥和处理土壤。

4.4　种子准备

4.4.1　种子要求

选择种粒大小一致，种子纯度 96%以上，种子净度 99%以上，籽仁发芽率 95%以上的良种。

4.4.2　播前准备

播种前，对花生种子进行包衣（拌种）处理。

4.5　地膜选择

选用 0.010～0.012 mm 可回收厚度地膜，应符合 DB65/T 3189 规定。

5 播种

5.1 播期选择

5.1.1 播种前5日内土层5 cm的地温平均达15 ℃以上，播期选择注意避开雨季。

5.1.2 田间5～10 cm土层土壤含水量不低于15%时播种，如果土壤含水量较低，则应提前浇水造墒。

5.2 深度

播种深度3～5 cm。砂壤土、墒情差的地块可适当深播，但不能深于6 cm；土质黏重、墒情好的地块可适当浅播，但不能浅于3 cm。

5.3 密度

机械播种为穴播，适宜密度13.5万～15万穴/hm^2，复播花生应在15万～18万穴/hm^2，每穴2粒。高水肥地、疏枝型品种宜稀，低水肥地、早熟、直立密植型品种宜密；大果花生品种13.5万～15万穴/hm^2，小果花生品种16.5万～19.5万穴/hm^2为宜。播种早、土壤肥力高、降雨多、地下水位高的地方，易播中晚熟品种，播种密度要小；播种晚、土壤瘠薄、中后期雨量少、气候干燥、无水利条件的地方，易播早熟品种，播种密度宜大。

5.4 要求

花生机械化播种采用一膜两行（垄作）播种、宽窄行一膜四行或一膜六行（平作）播种。

5.5 方式

5.5.1 一膜两行

膜面宽控制在70～90 cm，垄上小行距28～33 cm，垄边距10～12 cm，高10～12 cm之间，穴距14～20 cm。同一区域垄距、垄面宽、播种行距应尽可能规范一致，便于机械作业。覆膜播种苗带覆土厚度应达到4～5 cm，利于花生幼苗自动破膜出土。易涝地宜采用一膜两行（垄作）高垄模式播种，垄高10～15 cm，利于机械化标准种植和配套收获。

5.5.2 一模四行

宽窄行平作播种，宽行距45～55 cm，窄行距25～30 cm，便于机械化收获。应选择一次完成覆膜、施肥、播种、镇压等多道工序的复式播种机械。

5.5.3 作业质量要求

机播要求双粒率75%以上，穴粒合格率在95%以上，空穴率不大于2%，破碎率小于1.5%。播种机械的地膜宽度应根据播种方式选择。播种作业时尽量将膜拉直、拉紧，覆土应完全，并同时放下镇压轮进行镇压，使膜尽量贴紧地面。

6 田间管理

6.1 施肥

播种前应施够足量的底肥，在始花期前完成中耕追肥作业。可选用带施肥装置的中耕机一次完成中耕除草、深施追肥和培土等工序。

产量水平 4 500 kg/hm^2 左右的地块，施尿素 45 kg/hm^2、磷酸二氢钾 90 kg/hm^2、硫酸钾 30 kg/hm^2，或用等量元素的其他肥料，较常规作业施肥量降低 30%。

产量水平 6 000 kg/hm^2 左右的地块，施尿素 75 kg/hm^2、磷酸二氢钾 120 kg/hm^2、硫酸钾 45 kg/hm^2，或用等量元素的其他肥料，较施肥量降低 10%。

产量水平 7 500 kg/hm^2 左右的地块，施尿素 90 kg/hm^2、磷酸二铵 135 kg/hm^2、硫酸钾 60 kg/hm^2，或用等量元素的其他肥料，较常规作业施肥量降低 2%～30%。

施肥量调减情况：尿素(N)原施用量 120 kg/hm^2，现施用量 90 kg/hm^2，调减比率 25%；磷酸二铵原施用量 375 kg/hm^2，现施用量 300 kg/hm^2，调减比率 20%；K_2SO_4 原施用量 90 kg/hm^2，现施用量 60 kg/hm^2，调减比率 33%。

6.2 病虫害防治

遵循“预防为主，综合防治”的植保方针。创造有利于花生生长发育且不利于病虫害发生的环境条件。科学合理地运用农业、物理、生物和化学等防治措施，抓住最佳防治时期，减少化学农药使用量。

6.2.1 加强检疫

调运花生种子时，要加强检疫，防止新的病虫害通过种子传播。

6.2.2 预测预报

根据气象资料，结合常发病虫害发生规律及田间调查数据进行预测预报，明确最佳防治时期。

6.2.3 农业防治

选择优良抗病品种。合理轮作，避免重茬种植，可与禾本科或十字花科作物轮作，如高粱、谷子、薯类等，不宜与豆科作物轮作，如大豆。清除病残体，花生收获后，及时清除花生秧垛及病残体、落叶，消灭病害初次侵染源。秋季深翻可将害虫翻至地面，使其曝晒或被鸟雀啄食，减少虫源。

6.2.4 物理防治

物理措施防治主要害虫，如地老虎成虫盛发期可用杀虫灯诱杀成虫，也可用 30～40 cm 长的新鲜杨树枯枝绑成捆进行诱杀，150～300 枝/hm^2，傍晚插入花生田次日清晨人工收集。花生出苗后平铺长 80 cm、宽 10 cm 银灰膜条，高出地面 30 cm 驱蚜。

6.2.5 生物防治

生物药剂防治主要害虫，如 600 亿 PIB/g 棉铃虫核多角体病毒水分散粒剂 5 000 倍液防治棉铃虫；5%阿维菌素乳油 1 000 倍液，或矿物油 150 倍+1.8%阿维菌素乳油 2 000 倍液，或 0.5%藜芦碱可溶液剂 300～500 倍液防治红蜘蛛、蚜虫。

6.2.6 化学防治

种子处理：用种子量 0.3%～0.5%的 50%多菌灵可湿性粉剂拌种或用 25 g/L 咯菌腈悬浮种衣剂按 1∶500(药∶种)包衣防治花生根腐病和茎腐病。600 g/L 吡虫啉悬浮种衣剂 450 ml/hm^2 防治地老虎和蛴螬。

化学药剂防治：依据病虫测报，选择高效、低毒化学药剂，及时防治。

叶斑病：始花后植株病叶率达到 10%时，每隔 10～15 d 叶面喷施 50%多菌灵可湿性粉剂 800 倍液，喷施 600 kg/hm^2，连喷 2～3 次。

蚜虫、蓟马：苗期发生蚜虫、蓟马危害时，用 50%辛硫磷乳油 1 000 倍药液，药液用量 600 kg/hm^2。

地下害虫：结荚期发生蛴螬、金针虫等为主的地下害虫危害时，用 50%辛硫磷乳油 1 000 倍药液灌墩，用量 750 kg/hm^2。

地上害虫：棉铃虫、斜纹夜蛾等造成危害时，叶面喷施 1.8%阿维菌素乳油 2 000 倍液，用量 750 kg/hm^2。

施药量调减情况：多菌灵，原施用量 750 kg/hm^2，现施用量 600 kg/hm^2，调减比率 20%；50%辛硫磷乳油，原施用量 750 kg/hm^2，现施用量 600 kg/hm^2，调减比率 20%；1.8%阿维菌素乳油，原施用量 900 kg/hm^2，现施用量 750 kg/hm^2，调减比率 16.67%。

6.2.7 化控调节

花生盛花期至结荚期，株高超过 35 cm，有徒长趋势的地块，须采用化学药剂进行控制，防止徒长倒伏，喷洒器械应选择液力雾化喷雾方式。

6.3 覆膜滴灌

花生生育期间干旱无雨，应及时灌溉；如雨水较多，应及时排水防涝以免烂果，确保产量和质量。

6.4 覆膜要求

花生覆膜为全覆膜，膜要展平、拉直、紧贴地面，膜边压严，避免膜面破损。

根据需要选用 0.7～1.6 m 宽膜，一膜两行采用起垄播种，一膜四行采用宽窄行播种。

6.5 覆膜及滴灌带铺设方法

机械条件下采用覆膜铺管和播种一次完成，起垄一膜一管四行花生，平播一膜两管四行花生；无机械条件采用先铺设滴灌带再覆膜后播种，同样起垄一膜一管，平播一膜两管四行花生，宽窄行种植，播种深度 4～5 cm，播后穴上盖 2 cm 以上厚的土。

7 收获

7.1 收获期

花生植株顶端停止生长，上部叶和茎秆变黄，大部分荚果果壳硬化，网纹清晰，种皮变薄，种仁呈现品种特征时即可收获，收获期要避开雨季。

7.2 收获条件

土壤含水率在 10%～18%，手搓土壤较松散时，适合花生收获机械作业。土壤含水率过高，人工收获。含水率过低且土壤板结时，可适度灌溉补墒，调节土壤含水率后机械化收获。

7.3 收获方式

根据当地土壤条件、经济条件和种植模式，选择适宜的机械化收获方式和相应的收获机械。机械无漏油污染，作业后地表较平整、无漏收、无机组对作物碾压、无荚果撒漏。

7.3.1 分段式收获

宜采用花生收获机挖掘、抖土和铺放，捡拾摘果机完成捡拾摘果清选，或人工捡拾、机械摘果清选。果林间作或坡地，可采用花生分段式收获，挖掘机起拔花生，人工捡拾，机械摘果清选。

收获机作业质量要求：总损失率 5%以下，埋果率 2%以下，挖掘深度合格率 98%以上，破碎果率 1%以下，含土率 2%以下。

挖掘机作业质量要求：挖掘深度合格率 98%以上，破碎果率 1%以下。

7.3.2 联合收获

联合收获机一次性完成花生挖掘、输送、清土、摘果、清选、集果作业。联合收获机的选择应与播种机匹配。

半喂入联合收获机作业质量要求：总损失率 3.5%以下，破碎率 1%以下，未摘净率 1%以下，裂荚率 1.5%以下，含杂率 3%以下。花生秧蔓应规则铺放，利于机械化捡拾回收。

全喂入花生联合收获机作业质量要求：总损失率5.5%以下，破碎率2%以下，未摘净率2%以下，裂荚率2.5%以下，含杂率5%以下。花生秧蔓，如做饲料使用，应规则铺放，便于机械化捡拾回收；若还田，应切碎均匀抛洒地里。

8 机械脱壳

凹版筛孔选择：机械脱壳时，应根据花生品种的大小，选择合适的凹版筛孔，合理调整脱粒滚筒与凹版筛的间隙，并注意避免喂入量过大，防止花生仁在机器内停留时间过长和挤压强度过大而导致破损。

干湿重要求：脱壳时花生果不能太湿或太干，太潮湿降低效率，太干则易破碎；冬季脱壳，花生果含水率低于6%时，应均匀喷洒温水，用塑料薄膜覆盖10 h左右，然后在阳光下晾晒1 h左右即可脱壳。

脱壳果仁要求：其他季节用塑料薄膜覆盖6 h左右即可；机械脱壳要求脱净率达98%以上，破碎率不超过5%，清洁度达98%以上，吹出损失率不超过0.2%。

六、油菜-花生轮作栽培技术规程

黄冈市地方标准，DB 4211/T 16—2022，实施日期：2023-02-07。

起草单位：黄冈市农业科学院、黄冈市农业技术推广中心。

主要起草人：李宁、常海滨、王明辉、周坚、黄威、赵俊立、鲍五洲、王超、汤文超、雷爱民、徐华涛、陈展鹏、蔡正军、吴宇、熊飞、胡海珍、殷辉。

1 范围

本文件规定了油菜-花生轮作栽培、油菜生产、花生生产的具体技术要求。

本文件适用于黄冈市油菜-花生轮作技术操作，其他条件相似地区亦可参照使用。

2 规范性引用文件

GB/T 1532 花生

GB 4407.2 经济作物种子 第2部分：油料类

GB/T 8321.1～10 农药合理使用准则

NY 414 低芥酸低硫苷油菜种子

NY/T 496 肥料合理使用准则 通则

NY/T 1087 油菜籽干燥与储藏技术规程

NY/T 1276　农药安全使用规范总则

NY/T 1291　长江下游地区低芥酸低硫苷油菜生产技术规程

NY/T 3250　高油酸花生

3　术语和定义

GB/T 1532 和 NY 414　界定的以及下列术语和定义适用于本文件。

3.1　轮作 crop rotation

在同一田块上有顺序地在季节间和年度间轮换种植不同作物或复种组合的种植方式。

3.2　三沟

整地时将地块整出的厢沟、围沟和腰沟，统称为“三沟”。

4　产地环境与要求

4.1　气候环境

油菜全生育期日均气高于 10 ℃，总活动积温大于 2 000 ℃，日照充足，雨量适中的砂壤土地区；花生全生育期日均气高于 21 ℃，总活动积温大于 3 200 ℃，光照时长大于 1 250 h，雨量适中的砂壤土地区。

4.2　耕地选择

选择排灌方便、日照充足、pH 5.3～7.8 的砂壤土。

4.3　茬口衔接

油菜宜 9 月中下旬育苗、5 叶期移栽，或 10 月上中旬直播，翌年 5 月上中旬收获。花生宜 5 月中下旬至 6 月初播种，9 月收获。

5　油菜生产

5.1　品种选择

选择抗性强、品质优、早熟的“双低”油菜品种，种子符合 NY 414、GB 4407.2 规定。

5.2　基肥

有机肥在播前 10 d 施入，无机肥在播种时施入。施肥原则符合 NY/T 496 规定。一般田块宜施纯氮 180～225 kg/hm^2、P_2O_5 120～150 kg/hm^2、K_2O 60～90 kg/hm^2、硼肥 7.5～22.5 kg/hm^2。中下等肥力田块宜补施有机肥 15 000～30 000 kg/hm^2。氮肥按基肥、追肥 7∶3 比例施用，磷肥、钾肥、硼肥全部作基肥。

5.3　整地

花生收获后，根据土壤墒情及天气情况进行土地翻耕平整，开挖“三沟”整厢，厢宽 1.5～2.3 m，沟沟相通、利于排灌。

5.4 播种

5.4.1 播种方式和播种量

机械播种用种量 4.5～6.75 kg/hm²、播种深度 1.0～2.0 cm，用清沟土壤盖籽。人工播种用种量 7.5～9 kg/hm²，土沙、种子按 2:1 比例混匀后播种。

5.4.2 灌水保墒

油菜播种采用沟灌的方式保墒，以厢沟水浸湿厢面为宜，不应上厢漫灌。

5.4.3 除草

采取播后除草，播种覆土盖籽后 3 d 内封闭除草，参照附录 A。农药使用应符合 GB/T 8321.1、GB/T 8321.7、NY/T 1276 规定。

5.5 田间管理

5.5.1 查苗、补苗

油菜出苗整齐度差、缺苗的，及时补栽。

5.5.2 水分管理

苗期保墒。秋冬干旱时沟灌 1～2 次，水不上厢。薹期及时疏通“三沟”，防涝排渍。

5.5.3 病虫草害防治

采用综合措施防治病虫草害。苗期蚜虫、菜青虫发生达到防治标准，及时防治；初花期提前预防菌核病；草害严重时化学除草。防治方法按附录 A 进行，农药使用符合 GB/T 8321.2、GB/T 8321.5、GB/T 8321.6、GB/T 8321.8、GB/T 8321.9、NY/T 1276 的规定。

5.6 收获

5.6.1 适期收获

终花期 30 d 左右，油菜主花序角果、全株和全田角果 70%～80% 近蜡黄色，即可收获。

5.6.2 脱粒、贮藏

菜籽含水量 9%～10% 即可入仓贮藏。贮藏地应保持干燥、通风，无老鼠和有毒物品等。

6 花生生产

6.1 品种选择及种子处理

6.1.1 品种选择

选择抗青枯病的早熟品种（含抗青枯病的高油酸花生品种）。种子选择符合

NY/T 3250、GB 4407.2 中规定。

6.1.2 种子处理

剥壳前晒种 1～2 d，播种前 7 d 内剥壳，剔除虫、芽、烂果、霉变以及杂色或异色种子。播前用种衣剂拌种，阴干后播种。

6.2 基肥

施用复合肥（N∶P_2O_5∶K_2O=15∶15∶15）450 kg/hm^2 和钙镁磷肥 750 kg/hm^2 作基肥。机械播种可同时进行。

6.3 整地

参照 5.3，厢宽 1.7～2.0 m。

6.4 播种

6.4.1 播种时间

5 月中下旬至 6 月初。

6.4.2 播种方式和播种量

人工播种采用开条沟点播覆土，或挖穴点播，每穴 2～3 粒，用种量 225～270 kg/hm^2。机械播种，用种量 270～300 kg/hm^2。行距 30～33 cm，穴距 18～20 cm，密度约 30 万株/hm^2。

6.4.3 除草

播种 2 d 内化学封闭除草。下针期不宜人工锄草。农药喷施方法按附录 A，农药符合 GB/T 8321.2、NY/T 1276 规定。

6.5 田间管理

6.5.1 补苗

播种 15 d 内查看出苗情况，每穴留 2 苗，缺苗时及时补种。

6.5.2 病虫害防治

综合防治病虫害。病害以防治疮痂病、叶斑病、白绢病为主；虫害以防治棉铃虫、斜纹夜蛾、蓟马为主；化学防治方法按附录 A，农药使用应符合 GB/T 8321.3、GB/T 8321.4、GB/T 8321.6、GB/T 8321.7、GB/T 8321.8、GB/T 8321.9、GB/T 8321.10、NY/T 1276 规定。

6.5.3 水分管理

雨季及时清沟沥水；极度干旱时早晚灌溉。

6.6 收获

6.6.1 适时收获

地上部叶片变黄绿色，地下部多数荚果成熟饱满（内果壳变成黑色或褐色）时，

7 d 内适宜天气收获。

6.6.2　晾晒与贮藏

收获后及时晾晒，荚果含水量 10%以下可贮藏。保持干燥、通风、无老鼠和有毒物品等。

第六章

花生病虫草害防控技术

第一节
花生病害防控

全世界花生上报道的病害有50余种，由细菌、真菌、病毒、线虫侵染造成危害。在世界各花生主产国，花生锈病、叶斑病、青枯病、病毒病以及根结线虫病等病害均有发生，每年造成不同程度的减产。花生病虫害方面在中国近代已有研究，20世纪30年代中央农业试验所与广西农事试验场、浙江省植物病虫害防治所，20世纪40年代初广西农事试验场等单位开展了花生病害相关研究。中国花生产区因病害一般减产20%以上，病害种类有30多种，其中网斑病、叶斑病、锈病、青枯、根结线虫为害较重。北方产区主要是网斑病、病毒病和根结线虫病；南方产区主要以锈病和青枯病为主；叶斑病全国均有危害。菌核病、轮斑病、灰斑病、小菌核病和大菌核病等，在一些地区也时有发生，但大多数情况下危害不大。

一、真菌性病害

（一）褐斑病

花生褐斑病又称花生早斑病，由半知菌亚门落花生丁孢菌侵染引起的、发生在花生叶片上的一种病害。主要为害叶片，严重时也可为害叶柄和茎秆，是世界性普遍发生的病害。在中国各花生产区均有发生，是中国花生上分布最广、为害最重的病害之一。花生褐斑病发生时，被害叶片出现圆形或不规则形病斑，周围有明显的黄色晕圈，严重时会产生大量病斑，茎部和叶柄也会出现长椭圆形、暗褐色、稍凹陷的病斑，可导致茎秆上叶片落光，植株提早枯死，严重影响花生的光合作用，受害花生一般减产 4%～15%，严重时可达 40%以上。中国北方一般 6 月上旬始见，7 月中旬至 8 下旬为发生盛期，南方春花生于 4 月开始发生，6—7 月为害最重。

1. 田间症状

主要为害叶片，严重时叶柄、叶托、茎秆也可受害。叶片：发病初期叶片上产生黄褐色或铁锈色、针头状小斑点，随着病害发展，逐渐扩大成圆形或不规则形病斑，直径达 1～10 mm。叶正面病斑暗褐色，背面颜色较浅，呈淡褐色或褐色。病斑周围有黄色晕圈。在潮湿条件下，大多在叶正面病斑上产生灰色霉状物，即病菌分生孢子梗和分生孢子。发病严重时，叶片上产生大量病斑，几个病斑汇合在一起，常使叶片干枯脱落，仅顶部剩 3～5 个幼嫩叶片。茎秆、叶柄、叶托上病斑为长椭圆形，暗褐色，病斑中间稍凹陷。

2. 防治策略

选育抗病品种、合理轮作、适期播种、合理密植、施足基肥、药剂防治。

发病初期，当田间病叶率达到 5%～10%时，及时喷洒药剂进行防治。可选用 70%甲基硫菌灵可湿性粉剂 1.05～1.35 kg/hm^2，或 30%乙唑醇悬浮剂 300～450 ml/hm^2，或 50%咪鲜胺锰盐可湿性粉剂 0.6～0.9 kg/hm^2，或 30%苯甲・丙环唑乳油 300～450 ml/hm^2，兑水 600～750 kg/hm^2，均匀喷雾，间隔 10～15 d 喷 1 次，连喷 2～3 次，药剂应交替施用，可兼治其他叶部病害(韩锁义等，2016)。

(二) 黑斑病

花生黑斑病又叫花生晚斑病，俗称黑疸、黑涩等，是由半知菌亚门落花生丁孢菌侵染引起的发生在花生叶片上的一种病害。花生黑斑病是世界性花生病害，在花生整个生长季节均可发生，发病高峰多出现在花生的生长中后期，故有"晚斑"病之称。常造成植株大量落叶，引起荚果发育受阻，产量锐减，受害花生一般减产 10%～20%。

1. 田间症状

黑斑病的症状与褐斑病大致相似，为害部分相同，两者可同时混合发生。叶片：黑斑病病斑比褐斑病小，直径 1～5 mm，近圆形或圆形，暗褐色至黑褐色，叶片正反两面颜色相近。病斑周围通常没有黄色晕圈，或有较窄、不明显的淡黄色晕圈。在叶背面病斑上，通常产生许多黑色小点，即病菌子座，呈同心轮纹状，并有一层灰褐色霉状物，即病菌分生孢子梗和分生孢子。病害严重时，产生大量病斑，引起叶片干枯脱落。叶柄和茎秆：病斑椭圆形，黑褐色，病斑多时连成不规则大斑，严重的整个叶柄和茎秆变黑枯死。

2. 防治策略

选用抗病品种、减少病源、合理轮作、适期播种、合理密植、施足基肥、加强田间管理措施、药剂防治(可参考花生褐斑病)。

(三) 网斑病

花生网斑病又称褐纹病、云纹斑病,以为害叶片为主,茎、叶柄也可以受害。该病 1973 年首次在美国得克萨斯州被发现,之后在南非、斯里兰卡等国家相继被发现,1982 年,在中国山东、辽宁省花生产区首次发现后,是中国花生主要病害之一(谢瑾卉等,2020)。一般造成发病田块减产 10%～20%,严重危害田块减产 30%以上,是生产上亟待解决的问题。网斑病的发生程度与生育日数、气温和相对湿度呈正相关、与降雨量呈负相关(傅俊范等,2013)。温度低于 29 ℃,相对湿度超过 95%时花生网斑病会大发生。花生网斑病在田间始发期为 6 月上旬,通常高峰期在 7 月以后,在此期间,持续阴雨和生长后期低温对病害的发生极为有利(徐秀娟等,1992)。

1. 田间症状

为害以叶片为主,其次为害叶柄和茎部。叶片受害后会出现 2 种类型斑。褐色小斑点或星芒状网纹斑。叶片正面初生针状褐色小点,渐扩展成近圆形、深褐色污斑,边缘较清晰,周围有明显的褪绿斑。病斑可穿透叶片,但叶背面病斑稍小,病斑坏死部分可形成黑色小粒点,为病菌分生孢子器。另一种为星芒状网纹斑,初在叶片表面形成黑褐色病斑,病斑稍大,不规则,边缘不清楚,呈白色放射状,常扩大或连片成黑褐色病斑,周围无黄晕。此病斑不穿透叶片,仅危害上表皮细胞。叶柄和茎受害,初为褐色小点,后扩展成长条形或椭圆形病斑,中央稍凹陷,严重时整个叶柄或茎秆会变黑枯死。

2. 防治策略

因地制宜选种抗(耐)病品种。发病重的田块可与甘薯、玉米、水稻、大豆等轮作。同时要注重农业措施,如清洁田园、耕翻土地、合理肥水管理、优化种植、合理轮作。发病初期,田间病叶率达到 5%～10%时,及时及喷洒药剂防治。因长期单一、频繁使用百菌清、多菌灵、代森锰锌等传统杀菌剂,而导致病原菌产生抗药性,可施用 300 g/L 苯甲·丙环唑乳油 300～450 ml/hm² 倍液配施 0.136%赤·吲乙·芸苔 45～90 g/hm² 1 次,随后连续喷施 3000 g/L 苯甲·丙环唑 EC 3000 倍 2 次,间隔约 10 d,可在减少农药使用量的同时,有效防治花生网斑病并提高花生荚果产量。不同时期交替使用杀菌剂,以延缓抗药性的产生,降低防治成本,达到有效控制病害的目的。

(四)疮痂病

花生疮痂病是由半知菌亚门落花生痂圆孢菌引起,在花生整个生育期均可发病,发病盛期在下针荚果期和饱果成熟期。造成植株矮缩,叶片变形,严重影响花生产量与质量,一般发病地块减产10%~30%,重者减产50%以上(方树民等,2006)。

1. 田间症状

花生疮痂病可以为害植株的叶片、叶柄、叶托、茎秆和子房柄,症状特点是病部均表现木栓化疮痂,其病症通常不明显,高湿条件下,病斑上长出一层深褐色绒状物,即病菌分生孢子盘。其特征具体如下:叶片病株新抽出的叶片(复叶)畸形歪扭。病害最初在植株叶片和叶柄上产生很多小褪绿斑,病斑均匀分布或集中在叶脉附近。随着病害发展,叶片正面病斑变淡褐色,边缘隆起,中心下陷,表面粗糙,呈木栓化,严重时病斑密布,全叶皱缩、扭曲;叶片背面病斑颜色较深,病斑最大直径达2 mm,在主脉附近经常多个病斑相连形成更大病斑;随着受害组织的坏死,常造成叶片穿孔。

叶柄病斑卵圆形至短梭形,较叶片上的稍大。宽1~2 mm,长2~4 mm,褐色,中部下陷,边缘稍隆起,有的呈典型的“火山口状”开裂。茎秆病斑形状、颜色、质地与叶柄上的相同。经常多个病斑连合并绕茎秆扩展,呈木栓化褐色斑块,有的长达1 cm以上。在病害发生严重时,疮痂状病斑遍布全株,植株显著矮化,或植株呈弯曲状生长。

2. 防治策略

采用轮作、深翻、掩埋病株残体;适当密植,播种密度不宜过大;施足基肥,增施磷钾肥,增强植株抗病力;雨后及时排水降低田间湿度。用70%甲基硫菌灵可湿性粉剂1.05~1.35 kg/hm^2、50%多菌灵可湿性粉剂1.50~2.25 kg/hm^2、75%百菌清1.5~1.8 kg/hm^{2}或40%代森锰锌悬浮剂600~900 ml/hm^{2}倍液或10%苯醚甲环唑水分散粒剂0.75~1.03 kg/hm^2,发病初期开始,视病情间隔7~10 d施药1次,连续施药2~3次。

(五)锈病

花生锈病是一种世界性和暴发性的叶部重要真菌病害之一,也是亚热带地区的“风土病”。近年来在中国花生产区,尤其是南方产区普遍发生,是花生中后期的重要病害。花生发病后,严重影响光合效能,造成荚果不饱满,导致产量和品质下降。自然侵染条件下，锈病可引起花生减产 50%以上，若与叶斑病同时发生，可造成产量损失可达 70%，甚至绝收（曾永三和郑奕雄，2010）。

1. 田间症状

可发生在花生的各个生育阶段，荚果期以后发生为害较为严重。叶片发病初期，叶片正面出现褪绿或淡黄色点状斑，后扩大成黄色病斑；叶片背面会出现隆起的黄色小疱斑，随着病情的发展，疱斑变褐，破裂露出红褐色粉末状物。一般从下部叶片发病，然后向顶部叶片扩展。病害为害严重时，也会从叶片逐渐蔓延到茎部和荚果，严重时叶柄、茎秆、子房柄、荚果均可受害，远观花生地如火烧状。

2. 防治策略

选用抗病品种、减少病源、合理轮作、适期播种、合理密植、施足基肥、加强田间管理措施、药剂防治。每年的 5～6 月和 8 月下旬至 9 月中旬要特别关注正处于开花、下针期的春、夏花生和秋花生锈病动态。发病株率达 15%～30%或近地面 1～2 片叶有 2～3 个病斑即需防治，可选用 75%百菌清可湿性粉剂 1.8～2.1 kg/hm^2、15%三唑醇可湿性粉剂 0.75～0.90 kg/hm^2、20%三唑酮乳油 0.60～0.75 kg/hm^2，全生育期喷 1～2 次。

（六）白绢病

白绢病又名白脚病、菌核枯萎病、菌核茎腐病、菌核根腐病等。花生白绢病是由半知菌亚门齐整小核菌，引起花生茎腐、果腐的重要病害。世界各花生产区均有发生，中国花生产区都有白绢病分布，尤以长江以南地区为甚（杨广玲等，2003）。特别是在多雨潮湿的年份，为害更为严重，造成花生大量枯死。

1. 田间症状

白绢病主要为害茎基部，也为害果针和荚果，病部初期变褐软腐，出现波纹状病斑。病斑表面长出一层白色绢状菌丝体并在植株中下部茎秆分枝间、植株间蔓延，土壤潮湿郁蔽时，病株的中下部茎秆及周围土表的植物残体和有机质、杂草上，也可布满白色菌丝体。菌丝遇强阳光常消失，天气干旱时，仅为害花生地下部分，菌丝层不明显。发病后期，菌丝体中形成很多油菜籽状菌核，初为乳白色至乳黄色，后变深褐色，表面光滑、坚硬。受害茎基部组织腐烂，皮层脱落，剩下纤维状组织。病株逐渐枯萎，叶片变黄，边缘焦枯，拔起易断头。受害果针和荚果长出很多白色菌丝，呈湿腐状腐烂。

2. 防治策略

由于白绢病是土壤传染的病害，病菌在土壤中存活的时间较长；因此，合理轮作是防治白绢病的基本措施，水旱轮作或与禾本科作物轮作3～4年。处理病株及深耕改土，花生收获后，及时清除遗留田间的病株残体，集中烧掉或沤粪。及时深耕，将菌核和病株残体翻入土中。可用25%多菌灵可湿性粉剂拌种（药种比1∶50），或30 kg/hm^{2}液灌墩，每墩药液100 g。

（七）茎腐病

花生茎腐病俗称"花生烂脖子病"，在全国各花生产区均有危害，由半知菌亚门、棉二孢菌引起，导致播种后幼苗大量死亡、田间缺苗断垄现象普遍，花生中后期，植株感病后很快枯萎死亡，后期感病者，果荚腐烂或种仁不饱满，严重影响花生的产量与品质，发病轻的地块发病率10%～20%，严重者达到50%～60%，甚至颗粒无收（高新国和渠占奇，2005）。

1. 田间症状

花生幼苗和成株均可受病菌侵染。苗期：花生幼苗出土前即可发病，病菌通常先侵染子叶，造成子叶变黑腐烂，然后侵入植株茎基部及地下根颈处，产生黄褐色水渍状，后逐渐绕茎或根颈扩展形成黑褐色病斑。病斑扩展环绕茎基时，地上部萎蔫枯死。在潮湿条件下，病部产生密集的黑色小粒点，即病菌分生孢子器，表皮易剥落。田间干燥时，病部皮层紧贴茎上，髓部干枯中空。成株期：先在主茎和侧枝茎基部产生黄褐色水渍状略凹陷病斑。病斑向上、下发展，茎基部变黑枯死，纵剖根颈部，髓呈褐色干腐状，湿度大时，病株变黑腐烂。病部密生黑色小粒点。

2. 防治策略

防治茎腐病，在保证种子质量前提下，对花生种子消毒，21%咯菌腈 · 甲柳悬浮种衣剂1∶350包衣、2.5%咯菌腈悬浮种衣剂1∶500包衣和70%甲基硫菌灵可湿性粉剂1∶200拌种防治效果好（袁虹霞等，2006），农业防治措施参考白绢病防治措施。

（八）根腐病

花生根腐病俗称鼠尾、烂根病，茎基部和地下根系，苗期至成株期均可发病，造成单棵枯死或全株死亡，对花生产量影响很大。近几年此病呈上升趋势，在中国南方有不同程度的发生，轻则影响产量5%～8%，重则影响产量20%以上，成为目前影响中国南方花生生产的主要病害之一。

1. 田间症状

主要为害花生植株根部。发病初期植株在晴天中午出现萎蔫，早、晚恢复正常。最初在病株根颈部出现黄褐色水渍状病斑，以后渐变成黑褐色，主根湿腐变黑。根系皮层褐色、腐烂，易剥离脱落，拔起易断，侧根少或无。潮湿时，病株的根颈顶部再生不定根，植株矮小，叶片发黄，生长发育不良，发病严重的地区连片流行发生，造成产量下降，品质变劣。

2. 防控策略

根腐病为土壤传染的病害。合理轮作是防治基本措施。花生收获后，及时清除遗留田间的病株残体，集中烧掉或沤粪。及时深耕，将菌核和病株残体翻入土中。播种前用 25 g/L 咯菌腈悬浮种衣剂 600～800 ml/kg 种子，或 4.25%甲霜·种菌唑微乳剂 100～125 ml/100 kg 种子拌种。发病初期可用 50%多菌灵可湿性粉剂 1.20～1.80 kg/hm^2 或 70%甲基托布津可湿性粉剂 1.05～1.35 kg/hm^2，每隔 7 d 喷一次，连续喷 2～3 次。

（九）冠腐病

花生冠腐病又名花生黑霉病、花生曲霉病。多发生在花生苗期。世界各地都有发生，河南、山东、辽宁、江苏、湖北、湖南、江西、广东、广西和福建等花生产区发生较为普遍。一般情况下危害不是很严重，但在个别地块常造成缺苗断垄现象。

1. 田间症状

花生冠腐病主要为害茎基部，也可为害种仁和子叶，造成死棵或烂种。花生出苗前发病，引起果仁腐烂，病部长出黑色霉状物。出苗后发病，病菌通常侵染子叶和胚轴结合部位，受害子叶变黑腐烂，受害根颈部凹陷，呈黄褐色也至黑褐色；随着病情的加重，病斑扩大，表皮纵裂，组织干腐破碎，呈纤维状。在潮湿的情况下，病部长满松软的黑色霉状物。病株呈失水状，很快枯萎死亡。拔起病株时易从病部折断。将病部纵向切开，可见维管束和髓部变为紫褐色。随着植株长大对病菌抗性增强，死苗现象减少。

2. 防治策略

农业防治为基础，药剂防治相结合的策略。播种前种子处理是防治花生冠腐病的有效措施，花生齐苗后和开花前是药剂防治该病的关键时期，防治措施可参考茎腐病。

（十）果腐病

花生果腐病俗称花生烂果病，是一种世界性土传病害，主要导致花生果荚腐烂。花生果腐病由群结腐霉、立枯丝核菌、镰刀菌等多种病原引起，不同区域的主要致病菌有所不同。近年来花生果腐病在山东、河南、河北等花生生产区日益严重,尤其是重茬地块,有逐年加重趋势,一般发病田块产量造成15%以上的减产甚至绝收。花生果腐病的原因较多,连年重茬、土壤缺钙、蛴螬等地下害虫危害等,均会导致花生果腐病发生。

1. 果荚感病症状

花生果腐病的主要症状表现为花生荚果腐烂。发病初期,荚果果皮上出现深褐色的小块病斑,随后病斑逐渐扩大并扩展到整个荚果,内种皮发黄,籽粒发育不良,比正常籽粒小。多数荚果果嘴端先被侵染,轻者造成整个荚果或半截荚果变黑,严重的整个荚果都为深黑色,果皮和果仁腐烂。

2. 受害植株症状

结荚期到成熟期均可感染花生果腐病。发病早受害重的植株,表现茎叶浓绿、叶部病害轻,至收获期也无明显落叶症状,不死秧,拔出病株可见根系繁茂,根部外表皮发黑,荚果几乎全部腐烂。田间一般整株发病或点片发生,严重时整个地块发病。

3. 防治策略

果腐病为土壤传染的病害。合理轮作是防治的基本措施,选用良种、平衡施肥、加强田间管理、及时防治病虫害等均能一定程度预防和减轻果腐病的发生。预防果腐病可用药剂拌种,如62.5 g/L精甲・咯菌腈(37.5 g/L精甲霜灵+25 g/L咯菌腈)悬浮种衣剂(150 g药剂拌种花生50 kg),减轻病原菌侵害。加强田间水分管理,早防早治,在发病初期可用80%代森锰锌可湿性粉剂1.50~1.75 kg/hm^{2}或50%多菌灵粉剂2.25~3.0 kg/hm^{2}喷雾,也可使用36%三氯异氰尿酸可湿性粉剂1.20~1.50 kg/hm^{2}灌根,减轻果腐病危害,降低产量损失。

二、细菌性病害

花生青枯病

花生青枯病是典型维管束病害,主要分布在16个省(市),且以长江流域以南为发病严重区,主要包括广东、广西、海南、福建、江西、四川、贵州、湖南、湖北、江苏、安徽、山东(青岛、临沂)、河南(豫南)等,是20世纪60年代末期以来中国南方花生上长期蔓延的一种主要病害。中国花生青枯病发生面积占花生播种面积的10%以上，青枯病的危害已成为中国花生生产的一个突出障碍。从苗期至收获期均可发生，花期发病最重。花生一旦发病则全株死亡，一般地块病株率10%～20%，重者可达50%以上。

1. 田间症状

花生青枯病主要为害根部，典型症状是植株急性凋萎和维管束变黑褐色。

病株地上部最初是主茎顶梢叶片中午失水萎蔫，1～2 d后，全株叶片自上而下急剧凋萎下垂，整株青枯死亡，叶片暗淡，仍呈青绿色。后期病株叶片变褐枯焦，病株易拔起。病株地下部从主根尖端开始向上扩展，主根变褐湿腐，根瘤墨绿色。根茎部纵切面可见维管束变为浅褐色至黑褐色；湿润时挤压切口处，可溢出浑浊的白色细菌脓液，将根茎病段插入清水中，可见从切口涌出烟雾状浑浊液。病株上的果针、荚果呈黑褐色湿腐状。

2. 防治策略

选用抗性品种(如中花21号、鄂花6号、豫花14等)。农业措施：①清除菌源。长期种植花生的田块，田间病株应及早拔出烧毁。在花生收获后，应及时清除田间病残体并带出田外集中销毁。②适度倒茬轮作。花生连作会造成土壤微生物群落失衡，土壤酶活性降低等问题，采用水旱轮作或与谷子、红薯、玉米等轮作，可明显减少土壤中病菌数量，从而减轻病害的发生。③加强栽培管理。花生播种前，对播种地块进行短期灌水浸泡，可使土壤中存留的病菌大量死亡，有效降低发病率。通常药剂防治只能在一定程度上减轻花生青枯病的发病程度，通常作为辅助手段(巩佳莉等，2022)。

三、病毒性病害

20世纪八九十年代时，花生病毒病是影响中国花生生产和发展的重要病害，21世纪后逐渐减轻。目前中国报道的危害花生的病毒有4种，分别是花生条纹病害、黄花叶病害、普通花叶病和芽枯病害。

(一) 条纹病毒病

条纹病毒病又称花生轻斑驳病毒病，广泛分布于包括美国、中国、印度尼西亚等国，在中国广泛流行于北方花生产区，一般发病率在50%以上，不少地块达到100%，但在南方和多数长江流域花生产区，仅零星发生，该病害特征与花生蓟马危害状相似，常易混淆。

1. 田间症状

发病初顶端嫩叶上出现褪绿斑和环斑，后发展成黄绿相间的轻斑驳或斑块，沿叶脉出现断续的绿色条纹或橡树叶状花叶等症状。随着植株生长，病斑逐渐扩展到全株叶片。除发病早的植株稍矮化，一般不矮化，荚果小而少，种皮上有紫斑，果仁或编紫褐色。

2. 防治策略

选用抗病品种；种源应用无毒的种子；地膜覆盖；田间清周围杂草防治蚜虫；加强病害检疫，防止北方病区向南方大规模调种。

（二）黄花叶病毒病

黄花叶病毒病是由黄瓜花叶病毒引起的，1939年俞大跛报道了江苏和山东的花生病毒病（黄玉璋，胡宝珏，1983）。主要分布于辽宁、河北、山东和北京等省（市），属多发性流行病害。流行年份，发病率可达80%以上，并常和花生条纹病毒病混合流行。

1. 田间症状

引起花生典型黄绿相间的黄花叶症状。病株叶部在幼苗期就显出病状，叶片小而变形，病叶出现有规矩的黄绿相间条纹；开花初期，叶肉和叶脉的色彩显著不同；开花盛期，病叶出现不规矩的黄绿相间斑块；开花末期，病叶出现不显著的黄绿相间的斑块，病叶深绿色。

2. 防治策略

选用抗病品种；种源应用无毒的种子；地膜覆盖；田间清除周围杂草防治蚜虫；加强病害检疫，要防止北方病区向南方大规模调种。

（三）普通花叶病

花生普通花叶病又称花生矮化病，广泛分布于河南、河北、辽宁、山东和江苏等花生产区。影响花生荚果发育，形成小果和畸形果，早期感染减产30%～50%。

1. 田间症状

花生病株开始在顶端嫩叶出现明脉（侧脉明显变淡、变宽）或褪绿斑，随后发展成浅绿与绿色相间普通花叶症状，沿侧脉出现辐射状绿色小条纹和斑点。叶片变窄小，叶缘波状扭曲，病株通常轻度或中度矮化。病害明显影响荚果发育，形成很多小果和畸形果。河南开封病毒株系对花生致病力更弱，引起病害症状较轻，易与花生条纹病相混淆。中国也存在 PSV 强毒力株系，引起花生叶片变小，病株显著矮化。

2. 防治策略

选用抗病品种；种源应用无毒的种子；地膜覆盖；田间清除周围杂草防治蚜虫；发病田块注重防治蚜虫，防治蚜虫带毒扩散传播。

（四）芽枯病

花生芽枯病是亚洲花生上发生的一种病毒性病害，印度于 1949 年首次报道有花生芽枯病毒病（赵志强，1998），中国于 1986 年首次报道发现了花生芽枯病毒（张建成，1996）。此病主要是以蓟马为传播介质，在中国南方花生产区零星发生，造成花生一定程度减产。

1. 田间症状

开始在顶端叶片上出现很多伴有坏死的褪绿黄斑或环斑。沿叶柄和顶端表皮下维管束坏死呈褐色状，并导致顶端叶片和生长点坏死，顶端生长受抑制，节间缩短，植株明显矮化。

2. 防治策略

选用抗病品种，加强田间管理。及时用药剂防治蓟马，切断病毒传播途径。

四、根结线虫病害

花生根结线虫病又称花生线虫病、根瘤线虫病、地黄病等，是由花生根结线虫[*Meloidogyne arenaria* (Neal) Chitwood]引起的病害，是花生上危害最重的病害之一，具有毁灭性的病害。为害中国花生的根结线虫有两种，即北方根结线虫与花生根结线虫，属垫刃线虫目，异皮线虫科，根结线虫属。北方根结线虫主要分布在北方花生产区，是危害中国花生的主要根结线虫；花生根结线虫主要分布在南方花生产区。

1. 田间症状

花生线虫病主要为害根部，也可为害果壳、果柄和根颈等。花生出苗后即可被害，一般病株在出苗后半个月地上部即可表现症状，团棵期症状最明显。病株生长缓慢或萎黄不长，株矮叶黄瘦小，叶缘焦灼，提早脱落，开花迟且花小，正常的根瘤少，结果少甚至不结果。根部受害部位膨大，形成纺锤形或不规则形表面粗糙的瘤状根结，一般直径 2～4 mm，初呈乳白色，后变淡黄色至深褐色。根结上长出的细小须根，须根再受害形成次生根结，经过多次重复侵害，至盛花期全株根系形成乱发状的须根团。被害主根畸形歪曲，停止生长，根部皮层变褐腐烂。果壳、果柄和根颈受害，有时也能形成根结，幼果壳上呈乳白色略带透明状，成熟果壳上呈褐色疮痂状，果柄和根颈上呈葡萄穗状。

2. 防治策略

选用抗性品种、合理轮作、深耕翻土、生物防治（淡紫拟青霉菌和厚垣孢子轮枝菌能明显地降低花生根结线虫群体和消解其卵）、化学防控可在花针期，用 45 kg/hm^2 木酢液兑水灌墩（尤作将和王萍，2022），也可用 5%涕灭威颗粒剂 45～60 kg/hm^2 沟施或穴施。

第二节 花生虫害防控

一、地下害虫

花生地下害虫指的是在土壤中生活、为害花生的害虫。它们主要为害花生地下部分，包括荚果、种子、根、茎基部。由于在地下潜伏为害，一般不易及时发现，且为害期长，因此防治较困难，是制约花生产量、质量的严重阻碍。中国花生主要地下害虫有蛴螬、金针虫、地老虎、蝼蛄、种蝇、新珠蚧。

（一）蛴螬

蛴螬是昆虫纲（Insecta）鞘翅目（Coleoptera）金龟子科（Scarabaeidae）幼虫的通称，具有种类多、分布广、食性杂、生活隐蔽、适应性强、生活史差异大、难以防治等特点，是国内外公认的最难防治的地下害虫（孙晓晓，2019）。蛴螬危害一般造成花生减产 15%～20%，严重的可减产 50%以上，甚至颗粒无收，造成严重的经济损失。目前华北大黑鳃金龟、暗黑鳃金龟、铜绿丽金龟是中国危害严重的地下害虫优势种。

1. 田间危害状

花生幼苗受害，根茎常被咬断，切口平齐，造成缺苗断垄，荚果期受害，果柄被咬断、幼果被咬食，形成洞孔、烂果或蛀入取食花生果仁，为害较严重时，可吃光全部嫩果仅剩果柄，有的甚至咬断果柄致使荚果发芽、腐烂，有的吃空果仁形成“泥罐”，有的蚕食主根使整株植株死亡，很大程度上影响花生的质量和产量。

2. 发生规律

本节选择暗黑鳃金龟(*Holotrichia parallela* Motschulsky)、华北大黑鳃金龟(*Holotrichia oblita* Faldermann)、铜绿丽金龟(*Anomala corpulenta* Motschulsky)三种主要金龟分别描述发生规律(罗宗秀等,2009)。

(1) 暗黑鳃金龟

每年发生1代,多以3龄幼虫在土壤下14～40 cm深处越冬。金龟甲幼虫共3龄。6月中旬至7月盛发,高峰期为7月中上旬,8月中下旬后逐渐减少,9月份绝迹(杨秀梅,2008;李冬莲等,2005)。暗黑鳃金龟发生规律:隔日出土遇大风雨时顺延至次日,19:30开始出土,背覆式交尾,20:05交尾基本结束,具有明显的趋光和假死性(王明辉等,2013)。

(2) 华北大黑鳃金龟

2年发生1代,东北黑龙江地区是2～3年发生一代。以成虫或幼虫交替越冬。4月份越冬成虫在0～10 cm土层,温度14～16 ℃时开始出土,出土高峰期为5月上中旬;产卵盛期在5月下旬至6月上旬;幼虫6月上中旬始孵,孵化期为6月中下旬;幼虫为害盛期在7月至10月中旬,10月底3龄幼虫向深土层移动越冬。翌年4月上中旬,气温达15 ℃左右时,越冬幼虫上升为害麦苗及春耕作物,然后化蛹,7月中旬成虫羽化,10月上旬结束。当年羽化的成虫仍在蛹室内潜伏,直接越冬,来年7—10月为害花生。

(3) 铜绿丽金龟

1年发生1代,以幼虫越冬。越冬幼虫翌年3月下旬至4月上升活动为害,4月下旬进入预蛹期5—6月化蛹。成虫5月下旬始见6月中旬盛发8月上旬终见。卵期6月中旬至8月中旬,幼虫盛孵期在7月上中旬8月下旬,大部分幼虫达3龄。10月下旬后开始向土壤深层迁移越冬。

3. 防治措施

(1) 农业防治

花生收获后犁地,9月份大部分蛴螬进入三龄阶段,即将深入土层越冬,在蛴螬越冬前,犁地拾虫,集中消灭,将大大减少田间越冬基数。地膜覆盖对蛴螬成虫入土产卵有很好的阻隔作用,大大减少成虫产卵机会。花生田周围可种蓖麻属植物,能有效诱集金龟,蓖麻叶中含有蓖麻蛋白、蓖麻碱,对金龟有麻痹作用,取食过多导致金龟中毒。合理与小麦、玉米、高粱轮作,提倡水旱轮作,防虫效果好。

(2) 化学防治

毒土撒施。花生收后可用3%辛硫磷颗粒剂37.5～45.0 kg/hm^{2}拌土撒施田间，旋耕土地，可有效防治越冬幼虫；花生花针期可用15%毒死蜱颗粒剂每公顷有效成分15～22.5 kg/hm^2，拌土撒施；花生生长期可用30%毒・辛微囊悬浮剂有效成分3.6～4.9 kg/hm^2，拌细沙或土撒施在花生墩周围。

药剂拌种。播种前用50%辛硫磷乳油、辛硫磷微胶囊剂拌种，一般有效成分为药种比1：40～1：60，可有效保护种子和幼苗免遭地下害虫危害。

(二) 金针虫

金针虫是叩头甲幼虫的通称，属昆虫纲鞘翅目叩头甲科(Elateridae)，以幼虫蛀食嫩茎和地下部分危害。是一类重要的地下害虫，在中国从南到北分布很广。为害花生的主要是沟金针虫(*Pleonomus canaliculatus* Faldermann)和细胸金针虫(*Agriotesfuscicollis* Miwa)。

1. 田间危害状

幼虫长期生活于土壤中，咬食刚播下的花生种子，损伤胚乳，使种子不能发芽，出苗后为害花生幼苗须根、主根及地下茎，导致幼苗生长缓慢甚至死亡，严重地块造成缺苗断垄现象。花生结荚后，金针虫可以钻蛀荚果，造成减产。

2. 发生规律

沟金针虫2～3年完成1代，细胸金针虫大多2年完成1代。以幼虫期最长，8—9月间化蛹，蛹期20 d左右，9月羽化为成虫，即在土中越冬，翌年3—4月出土活动(丁述举和邢金修，2011)。以春季为害最烈，秋季较轻。

3. 防治措施

(1) 农业防治

合理轮作。有条件地区可水旱轮作。

田间精细管理。金针虫发生严重地块，可合理灌溉，促使金针虫向土层深处转移，避开幼苗最易受害时期。同时精耕细作，深耕多耙，可杀灭虫源。

(2) 化学防治

毒土撒施；药剂拌种。同蛴螬。

(三) 地老虎

地老虎是昆虫纲鳞翅目(Lepidoptera)夜蛾科(Noctuidae)的一类害虫，以幼虫危害，俗称土蚕、切根虫，是中国各类农作物苗期的重要地下害虫，中国记载的地老虎有170余种。中国各花生产区中，以小地老虎危害最重，其次是黄地老虎、大地老虎。

1. 危害症状

地老虎能咬断花生嫩茎，或在土中截断幼根，造成缺苗断垄，个别还能钻入荚果内取食籽仁。3龄前的地老虎幼虫白天潜伏于地表2～6 cm深的土壤中，晚上出来取食幼苗，一般咬断嫩枝叶拖到附近它们潜伏的土壤里。

2. 发生规律

本节选择小地老虎(*Agrotis ypsilon* Rottemberg)、黄地老虎(*Agrotis seqetum* Schiffermuller)、大地老虎(*Agrotis tokionis* Butler)三种主要地老虎分别描述。

小地老虎：迁飞性害虫，全生育期无滞育现象。温度适宜即可生长发育。中国从北到南1年可完成2～7代。3月初出现越冬代成虫，夜间活动、交配产卵，喜在杂草、绿肥以及土块和干草上产卵。

黄地老虎：华北地区每年发生3～4代，黑龙江、辽宁、内蒙古和新疆北部一年发生2代，甘肃河西地区2～3代，新疆南部3代，陕西3代。越冬代老熟幼虫4月中旬活动，化蛹，5月化蛾盛期，5月中下旬产卵高峰，6月幼虫为害。

大地老虎：1年完成1代，一般以2～3龄幼虫在土表或草丛下越冬，5月下旬在20～30 cm的深土层中作土室夏眠，9月底化蛹，10月中下旬羽化后产卵，卵散产于土表或植物茎叶上。

3. 防治措施

(1) 农业防治

早春将田间及田边地头的杂草等彻底清除，建议先喷杀虫剂后除草，隔断雌性地老虎产卵环境和制约幼虫食物源，同时杀死发生幼虫，控制田间地老虎虫卵繁殖数量和幼虫基数。

诱杀法。食物诱杀：用老菜叶、莴苣叶等切碎后制成毒饵，在傍晚撒于田间诱杀。灯光诱杀：利用地老虎的趋光性，使用黑光灯进行诱杀。糖醋液成虫诱杀：糖3份、醋4份、酒1份、水2份，再加1份菊酯类等杀虫剂调匀配成糖醋液诱杀成虫。种植诱杀：根据成虫发生早晚，利用其喜食蜜源植物习性诱杀，套种芝麻、若子、红花草等，可诱集地老虎产卵，减少药治面积。

地老虎危害严重地块，水旱轮作或者结合花生苗期浇水，或者秋耕冬灌，破坏地老虎越冬场所。

(2) 化学防治

1～3龄幼虫期抗药性差，且栖息在花生上或地面上，可选用2.5%溴氰菊酯乳油 375～450 ml/hm² 或 20%氰戊菊酯乳油 1 500～2 250 ml/hm² 防治。

3 龄后幼虫入土为害，防治难度较大，可选用 30%毒死蜱微囊悬浮剂 4 500～9 000 ml/hm² 穴喷，或 30%毒 · 辛乳油 6 000～7 500 ml/hm² 灌根。

毒饵诱杀：用 30%敌百虫乳油 10 g，加少许水溶解，均匀喷在 5 kg 碎菜叶上，充分拌匀，于出苗前傍晚顺垅撒于花生根际诱杀幼虫。

（四）蝼蛄

蝼蛄属昆虫纲直翅目（Orthoptera）蝼蛄科（Gryllotalpidae），又称蝲蛄、拉拉蛄、地拉蛄、土狗子等，是最活跃的地下害虫，世界各地分布广泛，中国为害花生的主要是华北蝼蛄（*Gryllotalpa unispina* Saussure）和东方蝼蛄（*G. orientalis* Burmeister）。华北蝼蛄主要在华北、西北地区干旱贫瘠的山坡地、盐碱地、砂壤土区为害严重。东方蝼蛄在全国各地均有分布，在华中、华南一带为害较重。黄河沿岸和华北部分地区常是两者混发区，但以华北蝼蛄为主。

1. 田间危害状

蝼蛄主要为害花生幼苗，蝼蛄喜食刚发芽的种子，咬食幼根和嫩茎，受害的根部呈乱麻状；在地下活动，将表土钻成许多隧道，使苗土分离、根部透风，种子不能发芽，幼苗生长不良或枯死，造成严重的缺苗断垄。

2. 发生规律

华北蝼蛄：约 3 年完成 1 代，以 8 龄以上若虫或成虫在 60～120 cm 的土层越冬。在黄淮海地区，3 月中下旬越冬成虫开始活动，4—5 月为为害盛期。6 月开始产卵，7 月初孵化，初孵若虫群集性，3 龄后分散危害。

东方蝼蛄：华北、东北、西北地区约 2 年发生 1 代，在华中、华南地区 1 年发生 1 代，以成虫或若虫在土中越冬。在黄淮地区，越冬成虫于 3—4 月开始活动，5 月上旬至 6 月中旬最活跃，4—5 月开始产卵，盛期为 6—7 月。

3. 防治策略

田间蝼蛄密度达到 3 000 头/hm² 时，应及时采取防治措施，可兼治蛴螬和金针虫、蟋蟀等害虫。种子处理：可用 10%噻虫胺拌种剂 2.14～2.67 kg/hm²。化学防控可参考地老虎、种蝇的防治方法。

（五）种蝇

种蝇（*Delia platura* Meigen）属昆虫纲双翅目（Dipterna）花蝇科（Anthomyiidae），别名花生灰地种蝇，幼虫称根蛆，别名地蛆、种蛆等。全国各地花生产区均有分布，可危害花生、油菜、蔬菜、果蔬、林木及多种农作物。

1. **田间危害状**

花生出苗期，种蝇幼虫钻入花生种子蛀食子叶和胚芽，使种子不能发芽而腐烂，也能钻入幼茎内为害，造成死苗。

2. **发生规律**

中国从北到南每年发生 2～6 代，黑龙江省 1 年发生 2～3 代，湖南省 1 年发生 5～6 代，南方以幼虫，北方以蛹在土壤中越冬，翌春羽化 4 月下旬至 5 月上旬羽化、交配产卵，多在有机质较多的土壤中产卵。5 月上旬至 6 月中旬幼虫开始为害。一般施未腐熟粪肥且暴露地面的地块产卵多，受害重。播种过早、地温低、种子出土慢或造成烂种，腐烂味易招引种蝇产卵加重为害。气温超过 35 ℃时，有 70%以上的卵不能孵化而死亡，幼虫不能存活，蛹不能羽化，故夏季种蝇发生量较少。

3. **防治策略**

（1）农业防治

种蝇喜腐烂味，对有机肥发酵味有较强趋性，因此有机肥施用需充分腐熟，且深施或盖土，防止种蝇产卵。

（2）化学防治

药剂拌种：50%辛硫磷乳油 1 kg 兑水 60 kg，拌种子 600 kg 兼治蝼蛄等地下害虫。毒谷诱杀：用 90%敌百虫或 50%辛硫磷 2.25～3.0 kg/hm^2 拌谷子等饵料 5 kg 左右，撒于种沟中，兼治蝼蛄、金针虫等地下害虫。花生出苗后，幼虫危害，用 40%二嗪磷微囊悬浮剂 2 750～4 250 ml/hm^2 灌根，可将喷雾器喷头用细布包好向花生根部滴灌。

（六）新珠蚧

新珠蚧（*Neomargarodes gossypii* Yang），属昆虫纲半翅目（Hemiptera）蚧总科（Coccoidea）珠蚧科（Margarodidae）此前叫新黑地珠蚧（武三安，2007），在中国华中、华东、华北及西北地区均有发生，近些年在河南、河北、山东、陕西等地有一定程度的发生。遭该虫危害后花生叶片自上而下变黄脱落，生长不良，植株矮小，结果少且果实秕瘦，一般减产 20%～30%，严重时可达到 50%以上乃至绝产（李绍建等，2019）。

1. **田间危害状**

新珠蚧喜干燥疏松的砂土或砂壤土，在黄壤土、黏壤土中发生较轻或不发生。主要以 1～2 龄若虫聚集在花生根部，大量刺吸花生汁液，造成花生主根发黑，侧根减少，植株矮小，叶片边缘发黄，初步看像缺水或缺肥症状，严重的导致根部腐烂，植株矮化，叶片自下而上褪绿。

2. 发生规律

花生新珠蚧在已报道发生地区均 1 年发生 1 代，4 月初至 5 月下旬，越冬代 2 龄雄珠体先蜕壳变为 3 龄若虫，然后变为前蛹，再变为蛹，4 月底至 6 月上旬蛹羽化变为雄成虫爬出地面（李绍伟等，2001；柴晓娟等，2004；刘冈学等，2006；马铁山，2009）。2 龄雌珠蚧于 4 月底至 6 月初蜕壳变为雌成虫，爬上地面与雄成虫交配产卵。6 月上中旬为产卵盛期，卵期平均 33 d。7 月上旬为卵孵化盛期，1 龄若虫部分爬出地面寻找花生寄主，部分直接在土壤中寻找花生根部，进而取食花生根部汁液，于 7 月上旬至 8 月下旬发育为大小不同的雌雄 2 龄珠蚧，聚集吸附在花生根部为害。9 月份花生收获，2 龄若虫在花生主根层土壤中越冬，越冬期 7 个月（李绍建等，2019）。

3. 防治措施

（1）农业防治

轮作倒茬。新珠蚧主要为害花生、大豆、绿豆等豆科作物和棉花，如果发生严重，可与芝麻、甘薯、瓜类等作物轮作；没有寄主，则无法正常生长发育和繁殖，可减少虫源基数，减轻为害。结合花生新蛛蚧发生规律，小麦生长期为该虫的越冬期，小麦收获后播种花生正好赶上卵孵化盛期，花生与小麦轮作对该虫无影响。

适时浇水。6 月份进行浇水或中耕。6 月正值花生新珠蚧成虫产卵及孵化为 1 龄若虫时期，浇水、中耕可破坏卵的孵化条件，和部分卵室结构，使其不能正常孵化而死亡，也可机械杀伤地表爬行的部分成虫和若虫。

捡拾珠蚧。在花生收获时，清理出受害植株，发现珠蚧可一并捡拾，集中销毁，可减少越冬虫量，降低来年防治压力。

（2）化学防治

翻耕处理。播种前，3%克百 · 敌百虫颗粒剂 45 kg/hm^2 撒施后旋耕，可用于危害重田块杀死越冬虫代。播种处理。播种前，可用 40%噻虫 · 毒死蜱悬浮剂拌种，也有一定的防治效果。

喷淋灌根。6 月下旬孵化或幼虫盛期，48%毒死蜱乳油或 50%辛硫磷乳油（或其他药剂）兑水稀释对花生根部喷淋、灌根，间隔 5～7 d，连喷 2～3 次，用药量要在 2 250 kg/hm^2 以上，也可用 10%溴氰虫酰胺悬浮剂 750～900 ml/hm^2 喷施花生茎秆基部，10 d 1 次，连喷 2～3 次。

二、地上害虫

花生的地上害虫指在花生植株上部生活、危害花生的害虫，主要为害花生地上部分，包括叶片、嫩枝、花等。目前花生地上害虫约有50种，主要是刺吸、咀嚼花生地上部分，造成叶片失绿或缺失症状，影响花生的光合作用，造成植株发育不良，产量低。各个地区因花生的栽培方式、气候因子的不同，地上害虫发生特点也不同。本章节选择危害较重的害虫棉铃虫、斜纹夜蛾、甜菜夜蛾、花生蚜、蓟马、叶螨列举，具体如下。

(一) 棉铃虫

棉铃虫(*Helicoverpa armigera* Hubner)属昆虫纲鳞翅目夜蛾科(Noctuidae)害虫，寄主种类多，可危害200多种植物。近年来，随着Bt抗虫棉的大面积推广，棉铃虫逐渐向大面积花生种植产区转移，棉铃虫已上升为花生田主要害虫之一。

1. 田间危害状

幼虫为害花生幼嫩叶片和花蕊，使果重和饱果率下降，果针入土数量减少。1～2龄幼虫取食嫩叶肉和花蕊，3龄幼虫食量大从叶缘取食或将嫩叶咬穿取食，4龄进入暴食期。同时幼虫喜食花，为害盛期可取食花生当天开的全部花。

2. 发生规律

棉铃虫一年发生3～8代，以蛹在5～10 cm深的土壤中越冬。花生田以第2代和第3代虫体为害为主，孵化高峰期为6月下旬至7月上旬和7月下旬至8月上旬。完成一个世代需30 d。9月下旬至10月上旬，棉铃虫在末代寄主田中入土化蛹越冬。成虫具有较强的趋光性，产卵趋嫩习性。

3. 防治措施

(1) 农业防治

棉铃虫第四代发生严重的田块，实行冬深耕，消灭越冬蛹。

花生田块可适当播种玉米，棉铃虫喜在玉米上产卵，可集中消灭卵块。

花生田可安装诱虫灯，能起到很好的虫情监测作用，同时能诱杀部分成虫。

(2) 化学防治

棉铃虫最佳防治时期为卵孵化高峰期，防治指标为 4 头/m^2。幼虫集中在花生顶部为害嫩叶，可施用 1.8%阿维菌素乳油 600～750 ml/hm^2 或 2.5%氯氟氰菊酯乳油 300～450 ml/hm^2，对准顶部叶片喷雾，也可用 16 000 IU/mg 苏云金杆菌可湿性粉剂 150～225 kg/hm^2 喷雾。

(二) 斜纹夜蛾

斜纹夜蛾(*Spodoptera litura* Fabricius)属昆虫纲鳞翅目夜蛾科是一种世界性分布的重要农业害虫，在热带和亚热带底图种群数量大，常年发生危害。该虫为杂食性害虫，为害作物有 200 多种。在中国长江流域的江西、湖北、湖南、江苏、浙江、安徽以及黄河流域的河南、河北、山东等地发生密度较大，为常发区、重灾区。

1. 田间危害状

斜纹夜蛾在花生整个生育期均可为害，以开花下针至结荚期危害最重。3 龄前幼虫聚集啃食椰肉，造成不规则的透明白斑，留下叶片透明的上表皮，呈窗纱状。4 龄后幼虫分散为害，取适量激增，取食造成叶片缺刻，严重只剩叶脉部分，呈扫帚状。

2. 发生规律

斜纹夜蛾一年发生多代，世代重叠严重，不同地区发生代数不同，东北地区一年 3～4 代，华南地区 7～8 代。老熟幼虫 10 月下旬在土表下化蛹越冬，在广东、南宁以南各地斜纹夜蛾没有越冬现象。斜纹夜蛾生长发育温度为 20～38 ℃，最适环境温度为 28～32 ℃。长江流域危害期为 7—10 月，以 2～3 代幼虫危害最重，幼虫发生期 8 月和 9 月上、中旬。10 月下旬在，老熟幼虫在花生、甘薯、棉花田的表土下化蛹越冬(曾庆朝等，2020)。

3. 防治措施

(1) 农业防治

田间加装诱虫灯，监测和诱杀成虫，在各代产卵盛期，若发现植株上卵块及时摘除。危害严重田块，冬深耕，破坏越冬蛹，减少越冬害虫基数。

(2) 化学防治

用斜纹夜蛾核型多角体病毒 10 亿 PIB/ml 悬浮剂 2 250～3 000 ml/hm^2，或 16 000 IU/mg 苏云金杆菌可湿性粉剂 1.50～2.25 kg/hm^2，或 1.8%阿维菌素乳油 600～750 ml/hm^2，在幼虫 3 龄期前点片发生期喷雾。

（三）甜菜夜蛾

甜菜夜蛾（*S. exigua* Hiibner）属昆虫纲鳞翅目夜蛾科，起源南亚，是一种世界性分布间歇性大发生的多食性害虫，为重要的农业害虫之一。为害谷类、豆类、芝麻、花生、烟草、玉米、高粱、棉花、麻、甜菜、茶树、牧草、苜蓿等170多种植物。近几年来，在中国南方危害尤为严重，局部地区暴发成灾，严重为害甘蓝、白菜、甜菜、苋菜、辣椒、豇豆、棉花等多种蔬菜和经济作物，已成为长江以南多种蔬菜和作物，尤其是叶菜类蔬菜的重要害虫。

1. 田间危害症状

初龄至2龄幼虫在叶背面群聚结网，啃食叶背叶肉，只留上表皮，叶片干枯成孔状；3龄后分散为害；4龄后取食量剧增，将花生叶片咬成不规则破孔，并留有细丝缠绕的粪便。

2. 发生规律

广东一年可发生10～11代，湖南5～6代，北方地区发生代数减少，同时在北方地区不能野外越冬。傍晚前后，气温降低，幼虫陆续爬出活动，夜间及阴雨天为害最盛。成虫昼伏夜出，有较强的趋光性，产卵趋嫩性，卵成块产于叶片背面或叶柄，对糖醋液等趋化性较弱（虞国跃等，2021）。

3. 防治措施

（1）农业防控

利用冬闲深翻土地，破坏其越冬场所。生产季节，可适当中耕、浇水，以破坏蛹的羽化环境。产卵高峰期，可人工及时摘除卵块及低龄幼虫聚集的叶片。此外，成虫具有较强趋光性，可在成虫盛发期，应用黑光灯、高压汞灯或杀虫灯进行诱杀。也可用杨树枝诱蛾灭虫，或应用甜菜夜蛾性诱剂捕杀雄蛾。

（2）生物防治

释放天敌，在产卵盛期释放夜蛾黑卵蜂；幼虫期用300亿PIB/g甜菜夜蛾核型多角体病毒水分散颗粒剂0.03～0.045 kg/hm^2喷雾防治幼虫。

（3）化学防治

甜菜夜蛾抗阳性强，要注意选择和轮换用药。可用5%虱螨脲乳油450～600 ml/hm^2、5%氟啶脲乳油600～1 200 ml/hm^2、20%除虫脲乳油300～450 ml/hm^2或2.5%高效氯氟氰菊酯乳油300～450 ml/hm^2喷雾防治幼虫，且在3龄幼虫之前防治效果最佳（李红梅等，2021）。

(四) 花生蚜

花生蚜(*Aphis craccivora* Koch)俗称蜜虫、腻虫,属半翅目(Herniptera)蚜科(Aphididae)。又称豆蚜、苜蓿蚜、槐蚜,寄主植物200余种,是花生上的一种常发性害虫。世界各花生生产国家普遍发生。在中国分布很广,但受害程度不一,同时花生蚜虫还是花生病毒病的传毒介体。

1. 田间危害状

花生未出土时,花生蚜虫可钻入土中为害花生幼茎和嫩芽;花生出土后,躲在顶端的心叶和嫩叶刺吸汁液,受害后造成叶片卷缩;花生开花后,聚集在花的萼管和果针为害,受害后的果针能入土,但花生荚果不实、秕果较多。受害严重的植株矮小、生长缓慢,同时花生蚜虫为害时排出大量蜜露,引起花生叶片的煤污病,影响花生生长。

2. 发生规律

花生不是花生蚜的唯一寄主。以无翅若蚜在苜蓿,紫花地丁等原生寄主上越冬。翌年春花生蚜在原寄主繁殖数代后,有翅蚜迁入花生田危害。花生蚜发生程度受湿度、温度、寄主等影响。通常田间干旱少雨,湿度低,温度19～22℃,有利于花生蚜危害。花生蚜一年可繁育20～30代(王兴亚等,2010)。

3. 防治技术

(1) 农业防治

秋收后清除田埂边杂草,有利减少越冬虫源;花生田可悬挂黄板诱虫,同时能起到很好的害虫预测作用;释放天敌:蚜虫发生时,可释放瓢虫、蚜茧蜂、食蚜蝇等天敌。

(2) 化学防治

药剂拌种。可用含有吡虫啉或噻虫嗪的拌种药剂拌种。

适时喷药。当田间有蚜株率达20%～30%,每株有蚜虫10～20头时。可用高效氯氟氰菊酯,吡虫啉,噻虫嗪,啶虫脒等药剂喷雾防治。

(五) 蓟马

蓟马为昆虫纲缨翅目(Thysanoptera)的统称,是危害花生主要害虫之一,以成虫、若虫为害花生心叶、花器等,心叶受害后变薄、皱缩、失绿、畸形并形成疮痂状,严重时整株卷缩、枯死。近年来,花生蓟马为害日趋加剧,严重制约着花生产业的发展(潘红坤等,2021)。

1. 田间危害状

蓟马为吸式口器，锉吸花生叶片后，嫩叶嫩梢变硬卷曲枯萎，叶面上有密集的小白点或长条状斑块，后期叶脉变黑褐色，受害嫩梢节间变短，生长缓慢。叶背面出现长条状或斑点状黄白、银灰色斑块，后期斑块失绿、黄枯、叶脉变黑褐色，叶片逐渐皱缩、干枯。

2. 发生规律

花生蓟马世代重叠严重，发育适时温度在 15～32 ℃，华北地区一年发生 4～6 代，在广东、浙江等南方地区年发生 20 多代，以每年 4—5 月为害最为严重。

3. 防治策略　蓟马防治应统筹兼顾，综合治理。悬挂 300 片/hm^2 蓝色诱虫板诱集和监测发生动态。化学防控可选用内吸性较好的杀虫剂，如 22.4%螺虫乙酯悬乳剂 375～450 kg/hm^2，10%溴氰虫酰胺悬乳剂 600～750 kg/hm^2，也可两药剂复配使用。

（六）叶螨

叶螨属蜘蛛纲（Arachnida）真螨目（Acariformes）叶螨科（Tetranychidae），统称红蜘蛛。中国危害花生的叶螨有两种：北方优势种为二斑叶螨，南方优势种为朱砂叶螨。花生产区均有发生，近些年发生危害逐步加重，成为花生重要害虫之一。

1. 田间危害状

群集在花生叶片背面刺吸汁液，受害叶片正面逐步失绿呈灰白色小斑，变黄，受害严重的全叶苍白，干枯脱落。危害高峰期虫口密度大，花生叶片会有一层白色丝网，严重影响花生叶片光合作用，导致花生荚果干瘪，减产。

2. 发生规律

以雌成螨在杂草、枯枝落叶及土缝中越冬。翌年春季温度达 10 ℃以上，开始繁育。花生叶螨 6—7 月为发生盛期，若天气干旱 8 月仍可大发生(朱秀蕾，2016)。

3. 防治措施

(1) 农业防治

秋冬季抓好清除田埂、路边和田间的杂草及枯枝落叶。

(2) 化学防治

可用 30%四螨嗪・联苯肼酯悬浮剂 225～300 ml/hm^2；或 10.5%阿维菌素・哒螨灵乳油 375～450 ml/hm^2；或 1.2%烟碱・苦参碱乳油 225～450 ml/hm^2 进行喷雾。喷药要兼顾作物周边的杂草，防止叶螨扩散。同时应轮换使用化学农药，使用复配剂，防止叶螨对某类药产生抗药性，导致无效防治。

三、绿色防控

(一) 花生虫(害)绿色防控主要措施

花生虫害绿色防控主要包括色板诱杀、蓖麻诱杀、杀虫灯诱杀和性诱剂诱杀，以及生态轮间作技术等减轻花生各种病虫发生。

1. 色板诱杀(图 21)

主要是利用害虫对色彩的趋性诱杀害虫的一种物理防治技术。花生田危害的半翅目的蚜虫、粉虱、叶蝉，双翅目的斑潜蝇、种蝇及缨翅目的蓟马等害虫成虫对黄色、蓝色具有强烈的趋性，可通过悬挂黄色、蓝色诱虫板诱杀。使用 300～450 张/hm^2 色板。同时色板也能起到很好的害虫监测作用，害虫暴发时，可在色板中心位置滴几滴性诱剂，可极大提高色板的诱虫能力。

图 21　应用色板和种植蓖麻防控花生田害虫

(夏友霖供图)

2. **蓖麻诱杀**(图 21)

蓖麻是金龟类害虫的陷阱植物，花生田间种植蓖麻，能有效诱集金龟类害虫，蓖麻中的蓖麻碱和毒蛋白对金龟类成虫具有麻痹作用，能使金龟类害虫不能正常爬行，使甲虫不能离开蓖麻叶而躲避起来，在太阳的直射下能明显增加其死亡率(张艳玲等，2006)。蓖麻叶能引诱多种金龟子并在取食后出现中毒症状(王金春,1982)。因此,在花生田周围的零散空闲地种植蓖麻,可显著降低金龟甲成虫密度。

3. **性诱剂诱杀(图 22)**

通过大量设置性信息素或聚集信息素的诱捕器以诱杀田间害虫。性诱剂诱杀害虫技术是近年国家倡导的绿色防控技术,其原理是通过人工合成雌蛾在性成熟后释放出一些称为性信息素的化学成分,吸引田间同种寻求交配的雄蛾,将其诱杀在诱捕器中,使雌虫失去交配的机会,不能有效地繁殖后代,减低后代种群数量而达到防治的目的。花生田主要监测和防控鳞翅目类成虫,如斜纹夜蛾、甜菜夜蛾、地老虎等。性诱剂诱捕器使用 75～120 个/hm^2。马来氏网诱捕(图 23),通过酒精对花生田各种害虫诱捕,是一种广谱性的诱捕方法,主要用于调查田间各种害虫。王明辉等(2018)利用马来氏网查明了黄冈市花生田昆虫 58 112 头,隶属 14 目 150 科,以优势群落为膜翅目(24.67%)、鞘翅目(17.33%)、双翅目(16.67%)、半翅目(14.0%)、鳞翅目(12.0%);多样性指数 1.67～5.32,均匀度指数 0.4～0.8,优势集中指数 0.077 1～0.655 6;从科水平看,主要害虫有叶蝉科、潜蝇科和蚜科,主要天敌有姬蜂科、瓢甲科和金小蜂科。

图 22　性引诱剂诱捕花生田害虫

4. **杀虫灯诱杀**

性诱剂诱杀是利用雌虫释放的性激素对雄虫进行诱捕,主要是监测和防控鳞翅目类成虫,如斜纹夜蛾、甜菜夜蛾、地老虎等。性诱剂诱捕器使用数量 75～120 个/hm^2(图 24)。

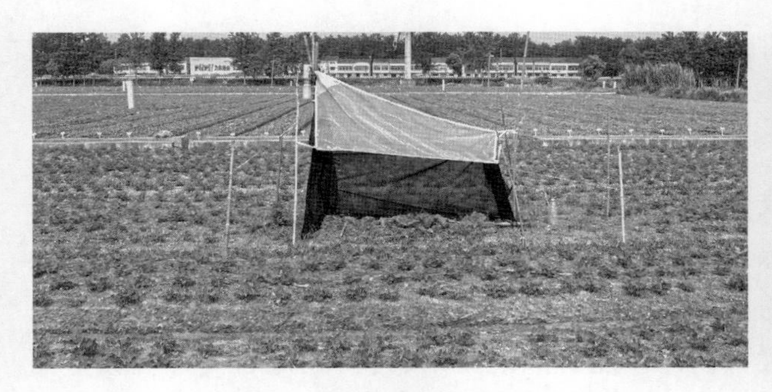

图 23　马来氏网诱捕花生田害虫

图 24　太阳能灯诱捕花生田害虫

5. 生态轮间作

通过不同作物与花生轮间作，改变花生田间各种病虫害发生条件，减轻各种病虫害发生，如间作玉米、套种蓖麻、与油菜、玉米轮作等。

（二）花生主要虫害全程绿色防控技术要求

1. 技术概述

花生主要虫害全程绿色防控技术是以生态优化、科学栽培为基础，优先采用农业、物理和生物防治等绿色防控措施，辅以科学、合理、安全使用低毒、低残留化学农药，把虫害损失控制在经济允许水平以下，确保花生生产安全和生态环境安全，促进增产增效。

2. 提质增效情况

该项技术对花生蛴螬、小地老虎、金针虫、棉铃虫、甜菜夜蛾和斜纹夜蛾等主要虫害的防效可达 90%，能实现增加花生产量 10%左右，减少农药施用 3～4 次，减少农药使用量 35%～45%，生态环境得到明显改善，生产的花生质量安全。

3. 技术要点

（1）农业防治

品种选择：因地制宜，各产区选用经过国家和各省市地方品种审定委员会审定（鉴定）或登记的优质、高产并具有良好抗逆性的品种。

种子处理：播种前对花生种子进行拌种包衣，如 600 g/L 吡虫啉悬浮种衣剂（高巧，200～400 ml/100 kg 种子）＋400 g/L 萎锈 · 福美双悬浮剂（卫福，200～300 ml/100 kg 种子）。

科学栽培：各产区按当地播种习惯和时间要求及时播种，采用高垄栽培，平衡施肥，3 750～4 500 kg/hm^2，纯 N 90～150 kg/hm^2、P_2O_5 90～120 kg/hm^2、K_2O

75～105 kg/hm², 合理密植 30 万株/hm²。

(2) 物理防治

杀虫灯诱杀：利用金龟子、棉铃虫、地老虎等害虫的趋光性，每 1.3～2.0 hm² 安装一盏频振式杀虫灯或太阳能杀虫灯，灯管下端距地面 1.5～2.0 m。每天黄昏时开灯，次日清晨关灯。

性诱剂诱杀：利用人工合成的棉铃虫、甜菜夜蛾、斜纹夜蛾、地老虎等害虫的性引诱剂，在害虫成虫发生前于田间架设诱捕器，诱杀雄性成虫；每 60～80 m 设置一个诱捕器，田间使用高度为 2.0～2.2 m。

色板诱杀：利用有翅蚜虫、蓟马等对黄板、蓝板的趋性，害虫发生期在田间放置 25 cm×20 cm 涂粘虫胶的黄板、蓝板诱杀。

(3) 生物防治

人工释放昆虫天敌：利用赤眼蜂等昆虫防治棉铃虫等夜蛾类害虫，放蜂 15 万～30 万/hm²，每代放蜂 2～3 次。

生物菌剂防治虫害：150 亿孢子/g 球孢白僵菌可湿性粉剂 2.25～3.0 kg/hm² 喷施防治蓟马，蓟马大量发生时，每间隔 7 d 喷施一次，共 2～3 次；10 亿孢子/g 金龟子绿僵菌 45～60 kg/hm² 拌毒土撒施防治蛴螬等地下害虫，在播种时施药于播种沟(穴)内，或中耕期时均匀撒入花生根际附近土中，或将菌粉混于水中，将菌水泼入根部，浅锄入土；苏云金杆菌 16 000 IU/mg 可湿性粉剂 1.5～2.25 kg/hm² 兑水喷雾，防治斜纹夜蛾、棉铃虫、甜菜夜蛾等食叶害虫。

(4) 生态调控

在花生田周边、水渠边、地头间隔种植荞麦、蓖麻等吸引天敌、趋避或毒杀害虫的植物。以野茴香、野菊、苜蓿、龙葵、荞麦、榨油用油菜、薄荷等的花蜜及红麻分泌的花外蜜，为土蜂、茧蜂、食蚜蝇等天敌提供补充营养，增强天敌对蛴螬等害虫的控制效果。

改变农事操作，采用花生-水稻轮作来减轻虫害危害。

(5) 药剂防治

棉铃虫、斜纹夜蛾、甜菜夜蛾等食叶害虫：当田间虫数达到 4 头/m² 时，可于幼虫 3 龄前用溴氰菊酯乳油、高效氯氰菊酯乳油、氯虫苯甲酰胺、辛硫磷乳油兑水喷雾防治。蚜虫等刺吸类害虫，当田间虫穴率达到 20%～30%(30 头/穴)时，可用吡虫啉、噻虫嗪等进行防治。蓟马可选用噻虫嗪、乙基多杀菌素、丁硫克百威、吡虫啉等防治。

适宜区域：全国绝大多数花生产区。

注意事项：使用微生物制剂防治害虫，要避免阳光照晒，应在 16 点后施药。

第三节
花生主要草害防控

花生田草害是指在花生生长过程中与花生共同生长的杂草，与花生起到竞争作用，影响花生生长，造成花生产量降低和品质下降。杂草在田间适应性极强，杂草种类繁多，种子量大，发生普遍，与花生竞争营养、水分、光照，致使花生严重减产。同时杂草是花生病虫害的宿主，也是它们的越冬场所，极大的助长了花生病虫害的蔓延。只有很好的了解花生的种类，发生危害特点，才能准确地把控防控时期，做到适时用药，科学防控。

一、花生田主要杂草种类

中国花生田杂草多达 80 余种，分属 30 余科。以禾本科杂草为主，其发生量占花生田杂草总量的 60%以上。其次是阔叶类杂草如菊科、苋科、茄科、莎草科、十字花科、大戟科、藜科、马齿苋科等。花生田最主要的杂草有 48 种，禾本科占 35%、菊科占 21%、苋科占 8%、茄科占 6%、其他占 29%(张俊等，2016)。

(一) 禾本类杂草

主要有马唐、升马唐、毛马唐、止血马唐、牛筋草、野燕麦、狗牙根、大画眉草、小画眉草、白茅、雀稗、狗尾草、结缕草、稗、千金子、龙爪茅、虎尾草等。

此类杂草单子叶植株，叶片狭长形，叶脉为平行脉，俗称"尖叶草"。通常单生或群生，喜湿喜光性较强，适生于潮湿多肥的花生田。多数 5—6 月出苗，7—8 月开花，9—10 月成熟。种子量较大，一株植株可结种子数百至数千粒。种子生命力强。同时种子可随风、水、人畜、农机携带传播。

（二）阔叶类杂草

主要包含菊科、苋科、茄科类、齿苋科等杂草，如刺儿菜、蒲公英、苍耳、苦菜、鳢肠、反枝苋、白苋、凹头苋、猪殃殃、婆婆纳、龙葵、曼陀罗、马齿苋、藜、铁苋菜等。

阔叶类杂草又称双子叶杂草，它们的种子有 2 片子叶。植株的叶片宽、有叶柄，具有网状脉序（叶脉像网一样）；一般主根发达，多为直根系。花生田阔叶杂草出苗早可在 3 月左右出苗，多数 5—6 月出苗，7—8 月开花，9—10 月成熟。

二、花生田草害发生特点及消长规律

（一）发生特点

花生田杂草分布广泛，各花生产区由于地理位置不同，气候条件差异、耕作制度、地势、土质、管理条件不同等原因，杂草的种类、数量也有所不同。

1. 黄河流域花生区

常见杂草有牛筋草、绿苋、马唐、马齿苋、稗草、狗尾草、刺儿菜、荠、藜、蓼、飞廉等。草害集中发生在 6 月中旬至 7 月上旬，其间发生的杂草数量占花生全生育期杂草数量的 90%以上。

2. 长江流域花生区

主要杂草有马唐、千金子、稗草、碎米莎草、马齿苋等。

3. 东南沿海花生区

该区花生生长季节、气温高、降水多，草害严重，主要杂草有马唐、牛筋草、青葙、稗草、香附子等。

4. 云贵高原花生区

该区有典型的热带杂草，主要杂草有马唐、龙爪茅、香附子、狗牙根、牛筋草等。

5. 黄土高原花生区

该区植被退化严重，降水量低，水土流失与干旱并存，草害危害较轻，主要杂草有龙葵、藜等。

6. 东北花生区

地处花生种植北缘,没有冬季杂草的危害,杂草种类较少,夏季温度不高、时间短,杂草主要为喜暖类型,如马唐、铁苋菜、扁穗莎草、马齿苋等。

(二) 消长特点

同一草害区,花生田间杂草的种类和发生密度受气候、地势、土壤肥力、栽培制度、花生种植方式等影响。主要分布特点为:喜肥水的杂草如车前子、苍耳、千金子等主要集中在平坦肥沃的田块,马唐、马齿苋、牛筋草、苋菜、莎草等在沿海地区发生严重,狗尾草、稗草、藜等主要集中在内陆。同一田块、同一类杂草夏花生发生概率及程度大于春花生,平作大于垄作。

花生田杂草的田间消长动态受温度和土壤水分等因素影响,一般随着花生播种出苗,杂草也开始出土,春播露地栽培,因温度低,北方地区多数年份春季干旱,地表 5 cm 土层水分不足,影响杂草出土生长,出草高峰期出现较晚,一般在花生播种后 1 个月以上。地膜覆盖、麦套、夏直播花生一般在播种后 20～30 d 出现草害高峰(陈明周等,2008)。

三、花生田杂草危害

杂草对花生的危害程度,取决于杂草密度和杂草与花生共生时间的长短。杂草发生高峰期一般在花生营养生长旺盛的时期。杂草密度愈大,共生时间愈长,为害愈严重,反之则相反。杂草对花生的影响主要表现在争光、争水、争肥等生存条件的竞争,直接影响花生植株发育,导致花生减产。

(一) 对光的竞争

杂草会对花生特别是苗期花生的光合作用造成一定影响,影响程度随杂草密度增加而增加;杂草数量一定的条件下,杂草与花生共生时间越长,对花生群体的光照影响越大;杂草对花生生育前期光照的影响程度大于生育后期。Rao(1989)等发现花生受杂草遮阴 25%时,叶绿素含量减少严重,由于杂草的遮挡,花生叶绿素含量减少,光合作用能力下降,影响了花生正常生长,降低了花生产量。

（二）对水分的竞争

杂草与花生对水分的竞争随杂草密度增加、共生期延长而增加。杂草密度越大、共生期越长，对水分的争抢越严重，花生受影响越大。

（三）对养分的竞争

花生与杂草在同一田块共生，势必会发生养分的竞争，导致花生吸收养分量减少而减产。

（四）对产量的影响

花生生育中后期，杂草可影响花生开花、果针入土、结实，导致不同程度减产。同一田块，随杂草数量的增加，杂草鲜重明显增加，植株性状、荚果性状、荚果产量均受明显的影响，杂草密度与产量损失率呈极显著正相关。花生田间草害减产平均可达5%～20%，严重的达40%～60%，花生田杂草达到5株/m^2，花生荚果产量减产13.89%，10株/m^2时减产34.16%，20株/m^2杂草减产48.31%，随着杂草密度增加，花生减产幅度也增加(张俊等，2016)。

四、花生田杂草防控技术

花生生长过程中，杂草不仅与花生有竞争关系，而且杂草也是病虫害的中间寄主，加剧了花生田病虫害的发生与蔓延。花生田的杂草防治是多元化的，应遵循“预防为主、防治结合、综合防治”的策略，即化学、农业、物理、生物防治相结合。

（一）农业措施除草

减少杂草种子的来源，预防的主要目的是尽量不使杂草种子等繁殖器官进入花生田间。

1. 轮作灭草

不同作物常有不同的伴生杂草或寄生杂草，这些杂草所需的生境与作物极相似，科学轮作倒茬，改变生境，可明显减轻杂草危害。

2. 合理密植

以密控草,农田杂草以其旺盛的长势与作物争水、争肥、争光。科学的合理密植,能加速花生的封行进程,利用花生的群体优势抑制杂草的生长,即以密控草,可以收到较好的防除效果。

3. 机械耕作除草

利用各种耕翻、耙、中耕松土等措施进行播种前及各生育期除草,能铲除已出土的杂草或将草籽深埋,或将地下茎翻出地面使之干死或冻死。这是中国北方旱区目前使用最为普遍的措施。

(二) 化学防治

化学除草剂分为两大类,一是土壤处理剂,主要用于播种后,芽前的土壤封闭;二是茎叶除草剂,用于芽后,喷洒在已出土的杂草茎叶上,通过茎叶吸收和传导灭草。目前中国用于花生的除草剂有 60 余种,现将常用的主要除草剂种类和使用方法总结如下。

1. 乙草胺

花生田最常用的除草剂之一,播后苗前除草剂,主要作用机理是抑制植株极长链脂肪酸延长酶的活性,从而阻碍极长链脂肪酸的生物合成,导致幼芽矮化、畸形、死亡。50%乙草胺乳油露栽田用量 1.17～1.50 kg/hm^2,覆膜田 0.67～0.99 kg/hm^2,兑水 750～1 050 kg/hm^2,均匀喷洒土壤表面,持效期可达 60～70 d。使用该药作为封闭药剂需一定的土壤湿度,能有效提高杀草效果。乙草胺除草剂禁止在黄瓜、水稻、菠菜、小麦、韭菜、小米、高粱等敏感作物上使用,在番茄、玉米、大豆、蔬菜、油菜等作物上使用限于 750～1 125 ml/hm^2,否则容易药害。

2. 扑草净

属于选择性内吸传导型除草剂,从根部、茎叶渗入植物体类传导,抑制叶片光合作用,导致杂草失绿,逐渐干枯死亡。扑草净水溶性较差,施药后可被土壤黏粒吸附在 0～5 cm 表土中,形成药层,使杂草萌发出土时接触药剂;持效期 20～70 d;对刚萌发的杂草防效最好。防除禾本科杂草与阔叶杂草。花生播后出苗前,用药 0.75～1.125 kg/hm^2,兑水 900～1 050 kg/hm^2,均匀喷雾于土表。

3. 精异丙甲草胺(金都尔)

通过植物的幼芽即单子叶植物的胚芽鞘、双子叶植物的下胚轴吸收向上传导,种子和根也吸收传导,但吸收量较少,传导速度慢。出苗后主要靠根吸收向上传导,抑制幼芽与根的生长。敏感杂草在发芽后出土前或刚刚出土即中毒死亡,表现为芽鞘紧包着生长点，稍变粗，胚根细而弯曲，无须根、生长点逐渐变褐色。黑色烂掉。如果土壤墒情好，杂草被杀死在幼芽期；如果土壤水分少，杂草出土后随着降雨土壤湿度增加，杂草吸收金都尔，禾本科草心叶扭曲、萎缩，其他叶皱缩后整株枯死。阔叶杂草叶皱缩变黄整株枯死。施药应在杂草发芽前进行。用96%金都尔乳油750～1 500 ml/hm^2。覆膜栽培春花生和夏花生用药量可适当减少，96%金都尔乳油750～1 350 ml/hm^2(高越等，2011)。

4. 高效氟吡甲禾灵

一种选择性疏导型茎叶处理剂，根、茎、叶皆可吸收，作用机理为抑制脂肪酸合成过程中的关键酶乙酰辅酶A羧化酶，使脂肪酸合成受阻。药效稳定，受低温、雨水等不利环境条件影响少。药后1 h后降雨对药效影响就很小。对苗后到分蘖、抽穗初期的一年生和多年生禾本杂草，有很好的防除效果，对阔叶草和莎草无效。10.8%高效氟吡甲禾灵乳油用量450～750 ml/hm^2。

5. 盖草能

作用机理与高效氟吡甲禾灵相同，对从出苗、分蘖到抽穗初期的一年生和多年生禾本科杂草有很好的防除效果，对阔叶杂草和莎草无效，对阔叶作物安全。该药剂在土壤中降解快，对后茬作物无影响。杂草3～5叶期、生长旺盛时施药最好，此时杂草对高效盖草能最为敏感，且杂草地上部分较大，易接收到较多雾滴。花生田在杂草在3～4叶期用10.8%乳油375～450 ml/hm^2，4～5叶期用10.8%乳油450～525 ml/hm^2，5叶期以上，用药量适当酌加。防治多年生禾本科杂草，3～5叶期用10.8%乳油1 500～2 100 ml/hm^2，兑水30～50 kg/hm^2喷雾。

6. 灭草松

一种选择性触杀型苗后处理剂，用于防除莎草科杂草和阔叶杂草，例如节节菜、异型莎草、苍耳、马齿苋、荠菜、蓼等，为低毒除草剂。主要作用是抑制光合作用、蒸腾作用和呼吸作用，抗性植物能将苯达松降解代谢为无活性物质，故能迅速恢复生长。花生2～4片复叶时施药，最多施用一次，常用量为1.15～1.44 kg/hm^2。注意选择高温晴天时用药，除草效果好。阴天和低温时药效差。

7. 三氟羧草醚

一种选择性触杀茎叶处理剂，苗后早期处理，药剂被杂草吸收，促使杂草气孔关闭，借助于光发挥除草剂的活性，引起呼吸系统和能量产生系统的停滞，抑制细胞分裂使杂草死亡。花生1～3叶期，阔叶杂草3～5叶期用药，用药量0.36～0.48 kg/hm^2，兑成药液，均匀喷洒杂草茎叶，与防除禾本科杂草的盖草能、稳杀得等先后使用，除草彻底。对阔叶杂草的使用时期不能超过 6 叶期，否则防效较差。

8. 恶草酮

一种触杀型除草剂，通过杂草幼芽或幼苗与药剂接触、吸收而引起作用，苗后施药，杂草地上部分吸收，药剂进入植物体后积累在生长旺盛部位，抑制生长，致使杂草组织腐烂死亡，对后茬作物安全。可防除稗草、狗尾草、反枝苋、蓼、田旋花、苍耳等。杂草自萌芽至 2～3 叶期均对该药敏感，以杂草萌芽期施药效果最好，随杂草长大效果下降。在土壤中代谢较慢，半衰期为 2～6 个月。花生田有效成分用量 450～750 g/hm^2。

用于花生田的化学除草剂种类繁多，各有优点，使用过程中应该考虑田间杂草特点，天气状况和土壤条件，提高药效。如同种药剂的用药量，在有机质含量高的壤土地要比有机质含量低的砂土地酌情增加用量。低温干旱情况下，不利于土壤处理剂和茎叶处理剂的药效发挥，高温高湿杂草生长快，对除草剂的吸收传导也快，温度约每增 10 ℃，吸收传导增加一倍，一般 20～30 ℃为宜，茎叶处理剂适于 15～27 ℃用药。春季用药一般选择晴天中午温度高时，效果好。药剂不应单一使用，防止杂草产生抗药性。

第四节
花生连作障碍防控

连作障碍指作物连作后即使在正常管理的情况下也会产生生育状况变差、产量降低和品质变劣、生育状况变差等现象。中国花生主产区连作面积较大，连作障碍是影响花生生产的重要因素之一。花生受连作影响较大，连作障碍造成花生营养失衡，病虫危害逐渐加重，甚至造成植株死亡，严重影响花生的产量和品质，成为制约农民增收的主要问题（Liu 等，2010；Chen 等，2012）。

花生连作现象十分普遍，连作年限越长，病害越重，减产幅度也越大。连作障碍是制约中国花生产业发展的一个重要问题。

一、中国早期对花生连作障碍的认识

在中华人民共和国成立前，广大中国农民早已对到花生连作障碍具有清晰认识。1920 年，直隶农业讲习所的《直隶农业讲习所农事调查报告书》中指出连作会降低花生产量，“种花生田地，若连年栽培，则所生果实，外皮细薄，粒实肥大，油分亦多，惟其分量较轻，故农民为卖果实者，忌连作”，但也进一步指出，连作有利于榨油，“若为榨油计，以连作为宜”。关于连作有利于榨油可追溯到清光绪年间，1896 年郭云陞在《救荒简易书》中也认为连作有利于榨油“落花生油谷，喜种重茬”。《重要作物》（商务印书馆，1929）、《通问报耶稣教家庭新闻》（1936 年 1721 期）、《鸡与蛋》（1937 年第 2 卷第 6 期）、《潮州志》（1949）均介绍了通过轮作解决花生连作障碍的具体办法。

19世纪末20世纪初时，台湾早已开展了花生轮作技术，主要包括："花生—甘薯—花生—甘薯（一年），花生—甘薯—西瓜—甘薯（两年），花生—木蓝—甘薯—花生（两年），花生—木蓝—甘薯—甘蔗—花生（三年），花生—麦—陆稻—甘薯—陆稻—麦（三年），花生—苎麻（十年）—花生（十一年）等"。广东《花县志》（1924）记载："农家每以田一半种水稻，一半种花生，递年轮作"。唐启宇在《重要作物》（1929）著作介绍了一些花生轮作措施：小麦—落花生—豆类、玉米或铁豌豆—棉—落花生—秋燕麦及铁豌豆、甘蔗—豆类—落花生。谢昆的《落花生》刊登在《通问报耶稣教家庭新闻》（1936年1721期），介绍了适宜于花生轮作的一些作物，"玉米、棉花、大麦、小麦、甘蔗、马铃薯等，花生和棉花轮作，还可得到驱除虫害的利益"。沈濬哲的《落花生的栽培》刊登在《鸡与蛋》（1937年第2卷第6期），指出普通栽培花生，可以麦类充前后作，或以麦类为前作物，早熟品种的落花生收获后，栽种萝卜、甘蓝、白菜等充后作物，三年后，修植一年。饶宗颐在《潮州志》（1949年）指出潮汕花生轮作技术，田地农作物栽培制度有花生—水稻轮作体系，园地农作物栽培制度则分：甘蔗—甘蔗—花生—甘薯—甘薯（每四年一轮回）、花生—甘薯—甘薯—萝卜（每二年一轮回，春分播花生种）、甘薯—萝卜—花生（每二年一轮回）、萝卜—花生—甘薯（每一年一轮回）。

乔礼秋在《花生》（1957）著作中指出，种植花生必须注意轮作，连作种植花生会使土壤中的磷、钾、钙等成分损耗过多，养分不足，容易使花生发育不良，落叶早，结荚早，果梗易断，空荚增多，产量会显著降低，同时还会引起严重的病害。湖北省农业科学研究所主编的《花生》（1959）著作指出，花生不宜连作，年年连作给病菌和害虫创造适宜的环境条件，多年连作种植花生，往往根系发育不良，植株生长矮小，茎叶黄瘦，落叶早，开花结果少，产量急剧下降。1957年或更早，山东、广东、湖北、河北、广西、辽宁、江西等地开展治理花生连作障碍工作，主要措施以轮作为主。

湖北省农业科学研究所主编的《花生》（1959）著作中还指出，水旱轮作在湖北、江西、广东、广西等地有着悠久的历史和丰富经验，花生和水稻水旱轮作效果好，旱地甘薯、花生轮作要好于黄豆、花生轮作。

二、连作障碍对花生的影响

(一)花生连作障碍发生的原因

日本的垅岛(1983)将产生作物连作障碍的原因归纳为五大因子,即土壤养分亏缺、土壤反应异常、土壤理化性状恶化、来自植物的有害物质和土壤微生物变化。国内学者将其归结为以下五个方面病虫害加重、微生物群落失衡、土壤中营养匮乏、土壤某些酶活性降低和根系分泌物中毒。封海胜(1993)认为,土壤中水解酶活性的降低和微生物区系变化是连作花生减产的主要原因。孙秀山等(2001)认为,花生连作障碍与土壤微生物区系的变化、酶活性的变化、物理和化学性质的改变等相关。郑亚萍等(2008)认为,花生连作会导致土壤微生物群落失衡、土壤酶活性降低、土壤养分比例失调。李庆凯等(2019)研究认为,酚酸类物质的累积与连作花生土壤微生态环境的劣化有着直接关系,是花生连作障碍形成的重要因素之一。陈德乐等(2020)研究表明,持久性施有机肥会增强根际细菌群落对土传病害的抑制作用。综合以上,花生连作障碍发生的原因主要有以下 3 个方面:土壤养分比例失调等理化性状恶化;土壤病原菌增殖、土壤酶活性下降、土壤微生物生态平衡受到破坏;残茬腐解物、根系分泌物的自毒作用。

(二)花生连作障碍的主要表现

连作对花生影响主要表现在连作对花生生育、光合作用、植株营养水平、衰老、叶面积及干物质积累以及花生病害的影响。

1. 对花生生育特性和产量的影响。花生连作后,花生个体生长发育缓慢,植株矮小,结果数少,百果重低,饱果率降低,产量下降,随连作年限的延长症状加重。王才斌(2007)、郑亚萍(2008),指出花生连作一般减产 8%~32%,随着连作年限的加长,减产愈重,品质下降。徐瑞富(2019)调查指出,花生连作 3 年后减产明显,减产幅度为 10%~40%。

2. 对花生营养吸收与生理特性的影响。连作降低了花生单叶光合速率、群体光合速率、叶片中可溶糖含量、氨基酸含量。导致花生植株体内硝态 N、速效 P、速效 K 含量显著降低,影响花生叶片有机物的积累,导致减产。

3. 对花生病虫害发生影响。连作使花生植株发病率提高，虫害加重，尤其是叶斑病、青枯病和线虫病危害加重，引起植株早衰，严重影响了花生干物质积累和荚果饱满成熟。随着连作年限的增加，病菌和害虫在土壤中不断积累，花生发病率越高，受虫害危害就越重，越不利于花生的正常生长。

三、花生连作障碍主要防控措施

（一）轮间作

轮作换茬在一定程度上可以缓解土壤酸化，提高土壤肥力，丰富土壤微生物种群，是克服花生连作障碍的最经济有效的措施。采用小麦、玉米、高粱、菠菜、油菜、水萝卜等作物与花生轮作、间作、套种，为花生生长发育创造良好条件，实现花生提质增产，同时有显著减轻根腐病、青枯病、白绢病的发病率。同时提醒广大种植户不能选用马铃薯、芝麻、豆科作物与花生轮作。

杨坚群(2019)指出花生、玉米间作改善了土壤微环境，促进了花生的生长发育，提高了花生的产量和品质，缓解了花生连作障碍。李庆凯(2020)研究表明，花生、玉米间作可通过增加花生根际土壤中微生物多样性、微生物活性和改变某些特定微生物种群等方式，降低花生根际土壤中酚酸类物质的种类和含量。

（二）合理施肥

花生连作地块施肥时，应注意氮、磷、钾合理配比，适当补充硼、铜、锰和铁等微量元素，增施有机肥有助于提高肥料利用率，调节土壤微生物环境，改善土壤理化性质，对缓解连作障碍具有一定的效果。

（三）深翻土壤

深翻可疏松土壤、增加活土层厚度，提高土壤自身通透力、改善土壤板结、盐渍化等情况，促进根系发育，同时土壤深翻可松土暴晒灭菌、清除植物残茬、将病原菌和虫卵较多的表层土深埋，减轻来年病虫危害。

（四）施用土壤调节剂

农业生产中的土壤调节剂多为微生物制剂，施用微生物制剂可分解连作土壤中的有害物质或与特定的病原菌竞争营养和空间等以减少病原菌的数量和根系感染，减少根际病害发生，促进连作花生植株生育，促进连作花生的植株高度、单株结果数、饱果数、百果重等主要农艺性状以及生物产量和荚果产量达到或超过轮作花生的水平。

第五节
花生病虫草害防控技术规程

据不完全统计，编者收集了中国花生病虫草害防控标准，农业行业 10 项、安徽 3 项、河南 3 项、河北 3 项、山东 6 项、辽宁 3 项、吉林 1 项，累计 29 项(详见附表 2)。本文选取 2 项防控技术规程：花生主要病虫害综合防治技术规程(DB41/T 2216—2022)和高油酸花生黄曲霉毒素防控技术规程(DB13/T 5492—2022)，供科研人士、企业、种植大户等参考。下文代表性规程中引用的文件，凡是注日期的引用文件，仅注日期的版本适用于本文件；凡是不注日期的引用文件，其最新版本(包括所有的修改单)适用于本文件；编者按本文的格式统一调整了数量单位及对应数字，行文表达略有调整，涉及的附录均省略，如需要可查阅原规程。

一、花生主要病虫草害绿色防控技术规程

河南省地方标准，DB41/T 2216—2021，实施日期：2021-04-12。

由河南省农业农村厅提出。

起草单位：河南农业大学。

主要起草人：周琳、赵特、董文召、杜鹏强、高伟、袁伟、王丽英、何磊鸣、汪梅子、高飞、周彦忠、赵喜玲、张忠信、杨海棠、任春玲、吴继华、陈臻毅、赵慧媛、胡玉枝、卢瑞红、贺焕志。

1 范围

本文件规定了花生主要病虫害综合防治的术语和定义、防治原则、防治措施、生产记录。

本文件适用于花生主要病虫害的综合防治。

2　规范性引用文件

GB 4407.2　经济作物种子　第2部分:油料类

GB/T 5084　农田灌溉水质标准

GB/T 8321(所有部分)　农药合理使用准则

GB/T 15671　农作物薄膜包衣种子技术条件

GB/T 24689.2　植物保护机械　杀虫灯

NY 884　生物有机肥

NY/T 496　肥料合理使用准则　通则

NY/T 525　有机肥料

NY/T 1276　农药安全使用规范　总则

NB/T 34001　太阳能杀虫灯通用技术条件

3　术语及定义

下列术语和定义适用于本文件。

3.1　根茎部病害

真菌、细菌和线虫等病原体侵染花生的根茎而引起的病害,主要有茎腐病、根腐病、白绢病、果腐病、青枯病、冠腐病、黄曲霉病和根结线虫病等。

3.2　叶部病害

真菌、细菌和病毒等病原体侵染花生叶片而引起的病害,主要有褐斑病、黑斑病、焦斑病、网斑病、锈病、疮痂病、炭疽病和病毒病等。

3.3　地下害虫

为害期间生活在土壤中,主要为害花生地下部分的种子、根、幼苗或近土表主茎的一类害虫,主要有蛴螬、金针虫、地老虎、蝼蛄和新黑地珠蚧等。

3.4　叶部害虫

主要为害花生叶片和花器的害虫,主要有甜菜夜蛾、棉铃虫、斜纹夜蛾、造桥虫、蚜虫、叶螨、蓟马和叶蝉等。

3.5　缺素症

花生在生长过程中因缺乏营养元素而引起的生理性病害。

4　防治原则

从花生田生态系统出发,根据主要病虫害的发生特点,综合应用生态调控、理化诱控、生物防治和科学用药等防治措施,将病虫种群数量控制在经济损失允许水平之下。

5　防治措施

5.1　生态调控

5.1.1　深翻土壤

连续旋耕 2～3 年后深翻 30～35 cm，降低田间病菌和害虫基数。冠腐病、茎腐病、根腐病、青枯病、白绢病和果腐病等根茎部病害严重发生区，宜 1～2 年在花生收获后或种植前深翻 1 次，减少侵染源。

5.1.2　选用抗病虫品种

根据当地病虫害种类和发生特点，种植适合当地的高产、优质、抗病虫品种。种子质量应符合 GB 4407.2 的规定。

5.1.3　合理轮作

小麦-花生一年两熟种植区，宜实施小麦-玉米或小麦-大豆等种植模式轮作倒茬。病虫轻发生地块实行 3～5 年轮作一次；重发生地块实行 2～3 年轮作一次，减少土壤中病虫基数。

5.1.4　适时播种

春播露地栽培花生适宜播期为 4 月下旬至 5 月上旬；麦垄套种花生适宜播种时间为麦收前 10～15 d，高水肥地可适当晚播，旱薄地适当早播；夏直播花生应在前茬作物收获后抢时播种，宜于 6 月 20 日前播种完毕。

5.1.5　起垄栽培

春播和夏直播宜采用机械起垄种植。一垄双行，垄高 12～15 cm，垄宽 75～80 cm，垄面宽 45～50 cm，垄上行距 25～30 cm，播种行至垄面边距≥10 cm。

5.1.6　合理密植

春播密度 13.5 万～16.5 万穴/hm^2；麦垄套种密度 16.5 万～18.0 万穴/hm^2；夏直播密度 18.0 万～19.5 万穴/hm^2。每穴 2 粒，播种深度 3～5 cm。

5.1.7　肥水管理

应根据土壤养分检测结果配方施肥，可增施有机肥料和生物有机肥。施肥应符合 NY/T 496 规定，有机肥料应符合 NY/T 525 要求，生物有机肥应符合 NY 884 要求。防治果腐病宜在耕地前撒施 300～450 kg/hm^2 生石灰对土壤消毒，并补充土壤钙肥；防治缺铁性黄化病可在耕地前撒施或集中条施 37.5～45 kg/hm^2 硫酸亚铁。

雨后及时排除田间积水。根据花生对水分需求，采用喷灌、滴灌等节水措施，适时适量灌水。灌溉水质应符合 GB/T 5084 要求。

5.1.8 清洁田园

播种前,清除花生田残留作物秸秆、病残体及其周边的杂草等;花生生长期,及时清除田间杂草和病死株;病田用的农机具、工具等应及时消毒。收获后,及时清除病残体并对其周围土壤消毒;病虫害发生严重地块,避免秸秆还田。

5.2 理化诱控

5.2.1 灯光诱杀

每 2～3.3 hm^2 安装杀虫灯一盏,悬挂高度 1.2～2 m,可诱杀金龟子、棉铃虫、甜菜夜蛾等害虫的成虫。杀虫灯质量应符合 GB/T 24689.2 和 NB/T 34001 要求。平原地区和无障碍物遮挡的空旷地带,可适当加大布灯间距,降低挂灯高度。

5.2.2 性信息素诱杀

成虫羽化前,悬挂 45 套/hm^2 棉铃虫、甜菜夜蛾或斜纹夜蛾性诱捕器诱杀成虫。8 月上旬至收获期,悬挂 15 套/hm^2 诱捕器诱杀金龟子。诱捕器悬挂高度为 1～1.5 m。

5.2.3 食诱剂诱杀

从棉铃虫成虫羽化初期开始,45 个/hm^2 棉铃虫生物食诱剂诱集盘诱杀成虫,按使用说明定期更换诱剂。或将夜蛾科食诱剂药液沿垄沟滴洒,每条药液带长 50 m,间隔 30 m。

5.2.4 种植诱杀植物

在花生地边、田埂及沟渠旁种植蓖麻,形成植物诱集带,引诱金龟子取食、产卵和栖息,集中施药毒杀或人工捕捉。

5.3 生物防治

花生播种时沟施或穴施 2 亿孢子/g 金龟子绿僵菌 CQMa421 颗粒剂 60～90 kg/hm^2 防治地老虎、蛴螬等地下害虫。在棉铃虫卵孵化盛期,8 000 IU/mg 苏云金杆菌可湿性粉剂 3.0～4.5 kg/hm^2,兑水 750 L/hm^2,均匀喷雾。

5.4 科学用药

5.4.1 种子处理

针对不同病虫害,合理使用种子处理剂,防治地下害虫、土传和种传病害及苗期病虫害。包衣种子应符合 GB/T 15671 的要求。农药使用应符合 GB/T 8321(所有部分)、NY/T 1276 规定。药剂使用见附录 A。

5.4.2 生长期药剂防治

根据病虫害发生种类与发生时间,选用适宜药剂与方法进行防治。药剂使用见附录 A。农药使用应符合 GB/T 8321(所有部分)、NY/T 1276 规定。

5.5 收获与储藏

荚果成熟后适时收获。白绢病、果腐病、根结线虫病和新黑地珠蚧等重发田，宜就地收刨、单收单打。收获后及时晾晒，剔除破损果，待荚果水分降至 10%以下时，妥善储藏。

6 生产记录

记录农业投入品使用情况、病虫草害发生和防治情况、收获日期等生产过程，归档保存。

二、高油酸花生黄曲霉毒素防控技术规程

河北省地方标准，DB13/T 5492—2022，实施日期：2022 - 03 - 31。

由河北省农业农村厅提出。

起草单位：河北省农业技术推广总站、农业农村部环境保护科研监测所、河北省新乐市种子有限公司。

主要起草人：韩鹏、姚彦坡、康振宇、董秀英、宋亚辉、王瑾、孙伟明、张泽伟、安艳阳、周霄、许宁、许春、王淼、马艳红、张广福、魏娜、马岩、韩进录、王亚军、李元红、全春香、刘建英、胡树波。

1 范围

本文件规定了高油酸花生生产、贮藏、运输过程中黄曲霉毒素防控技术及要求。

本文件适用于花生生产、贮藏、运输过程中黄曲霉毒素防控。

2 规范性引用文件

GB 4407.2 经济作物种子 油料类

GB 5084 农田灌溉水质标准

GB/T 8321 农药合理使用准则

NY/T 3250—2018 高油酸花生

NY/T 855 花生产地环境技术条件

NY/T 1276 农药安全使用规范总则

DB 13/T 2921—2018 花生膜下滴灌水肥一体化生产技术规程

DB 13/T 5279—2020 高油酸花生轻简高效栽培技术规程

3 术语及定义

本文件没有需要界定的术语和定义。

4 田间生产

4.1 产地环境

选择土层深厚、耕作层肥沃、地势平坦、水源充足、排灌方便的轻壤土或砂壤土。产地环境符合 NY/T 855 的要求。

4.2 播前准备

4.2.1 整地和底肥

除按 DB 13/T 5279—2020 的规定执行外，增施控制黄曲霉毒素污染的解淀粉芽孢杆菌（有效活菌数≥2.5 亿/g）30 kg/hm^2、侧孢短芽孢杆菌复合微生物菌剂（有效活菌数≥2.5 亿/g）30 kg/hm^2，混合施入。

4.2.2 品种

高油酸花生品种应符合 NY/T 3250—2018 要求。选择抗逆性强、优质丰产的高油酸花生品种，如：冀花 16 号等冀花系列、冀农花 6 号等冀农花系列。不应从病区引种。

4.2.3 种子处理

种子符合 GB 4407.2 的要求，拌种或包衣使用方法应符合 NY/T 1276 和 GB/T 8321 的要求。

4.3 播种

按 DB 13/T 5279—2020 的规定执行。

4.4 田间管理

4.4.1 施肥

除按照 DB 13/T 5279—2020 的规定执行外，适当增施铁（Fe）、磷（P）等微肥。采用滴灌水肥一体化栽培的，应符合 DB 13/T 2921—2018 的技术要求。

4.4.2 除草

除草按照 DB 13/T 5279—2020 的规定执行。

4.4.3 灌溉

4.4.3.1 始花期，撒施解淀粉芽孢杆菌、侧孢短芽孢杆菌后，浇透水或采用水肥一体化滴灌；结荚期遇旱浇水，饱果期遇旱宜早晨或傍晚小水润浇。

4.4.3.2 收获前 3～5 周，如遇干旱少雨天气，进行适当灌溉，保持土壤持水量在 35%以上。

4.4.3.3 灌溉水质应符合 GB/T 5084 的要求。

4.4.4 病虫害防治

4.4.4.1 虫害防治

根据虫害发生情况及时喷施杀虫剂防治(详见附录 A)。

4.4.4.2 病害防治

花生开花后 40 d 和花后 60 d 2 次叶面喷施杀菌剂防治叶部病害。可选用 300 g/L 苯甲·丙环唑乳油 375～450 ml/hm^2、325 g/L 苯甲·嘧菌酯悬浮剂 300 ml/hm^2、60%唑醚·代森联 900 g/hm^2 或 17%唑醚氟环唑 750 ml/hm^2,下午 3 点后喷施。所用杀菌剂应符合 NY/T 1276 和 GB/T 8321 要求。

4.5 收获和干燥

4.5.1 收获

收获时期按照 DB 13/T 5279—2020 的规定执行。机械收获时,一定要注意按品种单收,机收前先人工收获地头,划分出品种间的隔离区。更换收获品种前,要及时清机,防止机械混杂降低高油酸花生纯度。

4.5.2 干燥

收获后及时干燥,晾晒 3～5 d 后(花生秧基本晾干)尽快摘果,避免剧烈摔打、积压、堆压。摘果后在干燥、干净的硬化地面上,平铺成 5 cm 厚的薄层自然晒干,或者通过荚果烘干设备干燥。干燥后迅速包装,避免品种混杂和黄曲霉毒素交叉污染。

5 贮藏

5.1 筛选

按照 DB13/T 5279—2020 的规定执行。

5.2 贮藏场地

选清洁干燥、通风、可控温和防虫、防鼠仓库堆垛贮藏,专库专用。

5.3 贮藏方法

宜保温库贮藏(温度低于 15 ℃,相对湿度小于 70%),冷库宜设置缓冲间。包装袋放置在托盘上防止接触地面;储存的荚果应选择透气性良好的遮盖物覆盖。不同品种、产地及含水量样品宜分别堆存,避免混淆、交叉污染。

5.3.1 贮藏管理

宜建立信息管理系统,贮藏期间定期检查温湿度、荚果或籽仁含水量,加强虫害管理。对贮藏花生定期抽样检查,如发现堆内水分、温度超过安全临界值时,需要倒仓或晾晒。

6 运输

6.1 运输工具

花生仁产品宜使用有排湿设备的厢式货车运输。

6.2 运输容器

宜采用密封容器、遮盖物或防水帆布罩保护花生，防止外界水分进入，并避免温度波动。

使用前宜采用熏蒸剂或杀虫剂消毒，使用前保证运输容器没有真菌、昆虫、熏蒸剂或杀虫剂残留。

第七章

花生生产机械化

第一节
花生生产机械化概况

花生生产机械化是花生产业发展的重要保障,发展花生生产机械化对促进花生产业健康发展具有重要意义,但花生产业是个劳动密集型产业,实现机械化难度很大。除了美国以外,发达国家鲜有花生规模化种植。目前全球花生种植主要集中在亚洲、非洲等国,近年来非洲的种植呈显著上升态势。除美国以外的其他非洲、南美洲等一些欠发达国家(胡志超,2013),花生生产机械化水平较为落后。农业机械除了提高生产效率,还具有增强农业抗灾害能力、保障农业生产安全、优化农业生产结构、重塑农村劳动力市场等功效。

一、国外花生生产机械化技术

全球花生种植主要集中在亚洲、非洲、南美洲等一些欠发达国家,而发达国家中仅美国有规模化种植,其常年种植面积约 46.67 万 hm^2,为中国的 1/10。美国花生生产机械化技术较为成熟,其花生种植体系与机械化生产各环节高度融合,耕整地、种植、植保、收获、干燥、脱壳等各个环节均已全面实现机械化。

(一) 整地、播种

美国花生种植主要集中在佐治亚、阿拉巴马、佛罗里达、得克萨斯等南部地区,这些地区多为沙质土壤、雨量充沛、无霜期长,自然条件优越,适宜花生种植。为了实现优质高产,其花生种植多采用一年一熟轮作制,轮作方式主要为玉米-花生-棉花等。为了提高播种质量和种子发芽率，一般播前会采用圆盘耙、缺口耙对土壤进行表层耕作，以达到疏松土壤、为根系提供良好水、肥环境之目的。美国花生播种多采用大型机械进行单粒精量直播，且种子全部经过严格分级加工处理，并采用杀菌剂和杀虫剂包衣。

（二）植保与田间管理

由于美国花生主产区气温高、空气湿度大，因此病虫草害发生较为普遍，其病虫草害防治多以化学药剂防治为主，并配合农艺措施，通过轮作、深耕、施用除草剂、进行种子包衣等综合措施防治病虫草害。美国花生植保机械多为通用型设备，主要包括牵引式或自走式喷杆喷雾机和离心式粉剂撒布机。花生不同生育期需水量不同，美国主要根据花生需水规律进行指标化和定量化灌溉，多采用大型移动式喷灌机，少数采用圆形喷灌机，其灌溉技术先进，灌溉均匀、效率高、水资源利用率高。

（三）收获

美国花生收获前多通过专业手段确定最佳收获期。具体方法为：从田间随机拔起几株花生秧果，用高压水枪将花生荚果（秕果除外）上的泥土冲干净，置于空气中，在氧化作用下，不同成熟度的花生荚果果壳发生褐变的程度不同，将褐变的花生与先期制作好的色板进行颜色比对，根据颜色分布比例，确定最佳收获期，保证综合效益最大化。美国花生收获全部采用两段式收获方式，收获日期确定后，在收获时先采用挖掘收获机将花生挖掘、清土、翻倒，将花生荚果暴露在最上端使其快速干燥，自然晾晒 3～5 d，含水率降至 20%左右，采用牵引式或自走式捡拾联合收获机进行捡拾摘果作业。挖掘收获机作业后，如果花生荚果的含杂率过高，或为了加快晾晒速度，有时还通过秧蔓条铺处理机，将铺放于田间的花生植株再次捡起、清土、铺放晾晒。收获后的荚果直接卸入设有通风接口和管道的干燥车内，花生秧蔓通过收获机上自带的打散装置抛撒于田间，直接还田培肥，或通过捡拾打捆机收集，用作畜牧业饲料。

（四）清选与分级、干燥、脱壳

在花生收获后的清选与分级机械化技术方面，美国、德国等发达国家居于国际领先，目前正向精度高、大型化以及智能化等方向发展。美国花生以产地干燥为主，干燥过程已实现机械化。收获后的花生荚果直接在田间装入专用干燥车，并拖运至附近的干燥站进行集中干燥，天气晴好且环境温度较高时，直接通过温空气进行干燥，环境温度较低或阴雨天气时，以液化气、天然气为燃料，对空气进行加热，再将热空气直接通入干燥车内进行干燥作业，干燥过程约需 2～3 d。美国花生干燥系统主要由厢式干燥室、热风炉、鼓风机、传感器、控制系统等组成。为保证干燥质量、效率和成本，美国对花生干燥特性、工艺、干燥热源等开展了大量研究；美国花生脱壳研究起步较早，技术较为先进，脱壳作业已实现机械化、标准化，脱壳装备已实现规模化、成套化、系列化。美国花生脱壳设备生产率可达 7～9 t/h，其脱壳主机采用多滚筒、变参数作业，以提高脱壳质量及适应性，同时辅助多级旋风分离装置，以提高清洁度，并减少粉尘污染。美国花生脱壳以成套生产线作业为主，且根据花生脱壳后的不同用途进行选别，将完好无损伤的花生作为种子，其他花生用来制作花生酱或其他加工需求。生产线通常可一次性完成花生原料初清、去石、脱壳、破碎种子清选等，在生产线的末端辅以人工选别以进一步剔除破碎花生仁果。为提高脱壳质量，美国还研究了不同脱壳原理及结构形式（胡志超，2017）。

二、中国花生生产机械化技术

农业机械化是加快推进农业农村现代化的关键和基础支撑。1957 年国家提出有步骤地积极地实行农业机械化，并于 1959 年提出农业的根本出路在于机械化。1959 年下半年，农业机械部正式成立，对实行农业技术革新和发展农业机械工业起了巨大的推动作用。

（一）中国早期花生生产工具

《抚郡农产考略》(1903)和《中外农学合编》(1908)中提到收获花生时要用竹筛（即花生筛，图 25），台湾还用到了镘类（摘果农具）、风车等农具，有的地方还要用到特制耙。除此之外，摘花生荚果时，也可用棒或在石头上打落。山东大果花生品种用棒打落，小果花生品种在石头上打落。河北各品种花生收获方法不同，小果花生品种成熟时，用特制之耙把地上茎连根拔下，大部分花生即遗留地内，把地犁松，再用大框铁丝底长方筛。山西则是先割取地上秧蔓，用秃犁将土犁松，一寸左右，然后连荚带土，收堆一处，以大铁筛筛净砂土，晒干贮藏。李景汉在《定县社会概况调查》(1933)中指出,“花生筛,专为筛花生之用,筛框及架,均用榆木或柳木制……此种用具,农人自备者不多,每至用时,多系按日赁用”。

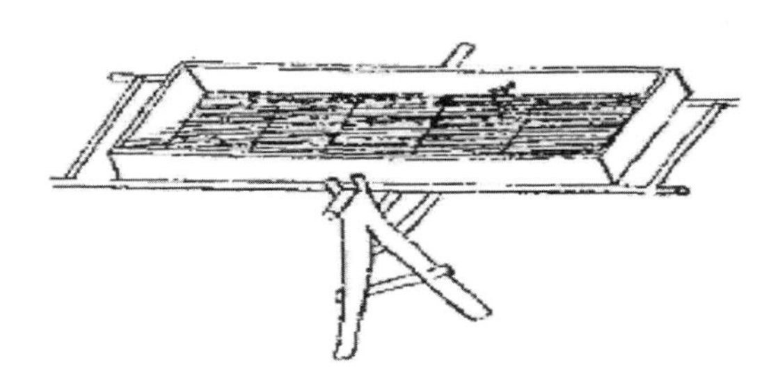

图 25　中国早期的花生筛

(陈明《花生在中国引进与发展研究》2019)

白玉光(1914)记录 1914 年展览会资料中的一些花生农用工具(图 26)。

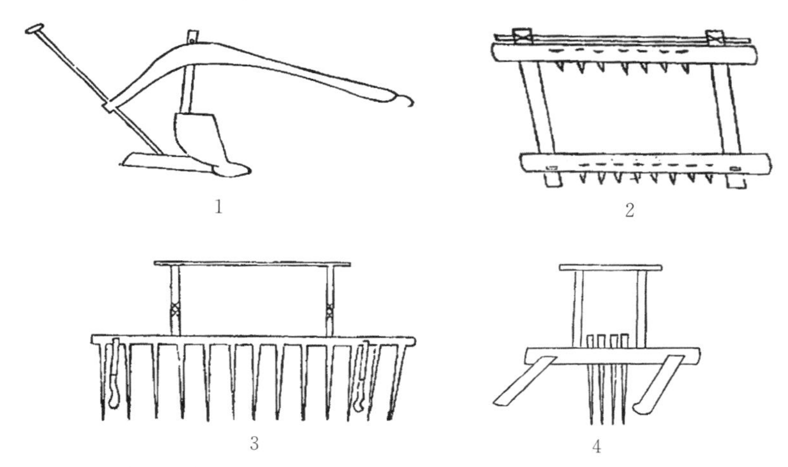

1. 整地用的犁;2. 整地用的竹刹耙;3. 整地用的手耙;4. 除草耙

图 26　中国台湾 20 世纪早期花生农用工具

(白玉光《第三回技术员制作的展览会词》1914)

中华人民共和国成立前后,农民使用的旧式犁有湖北木犁、河北铁辕木犁、西藏昌都地区的木犁和西北地区的老桄子犁等。而收获机械方面,北方地区一般多使用板镢或三齿镢,而南方则用扒锄。

(二) 中华人民共和国建立后至 80 年代

中华人民共和国建立后，花生机械化正式走上正轨。中华人民共和国建国初期，中央十分重视双轮双铧犁的推广应用。1950 年，华北平原地区开始推广新式步犁(20 世纪 30 年代新疆部分地区已有推广)，东北地区开始推广成套新式农具。1955 年在全国推广双轮双铧犁和双轮一铧犁(图 27 - 1、2)40 万部，例如广西柳城古灵社使用双铧犁亩产花生 85 kg，比旧式犁增产 73.47%。推广的新式犁中，中、轻型双轮犁适宜花生砂质土壤操作。湖北推广了适宜于平原丘陵旱作地区的步犁(图 27 - 3)，西北地区还推广了山地犁(图 27 - 4)，提高了花生生产效率。

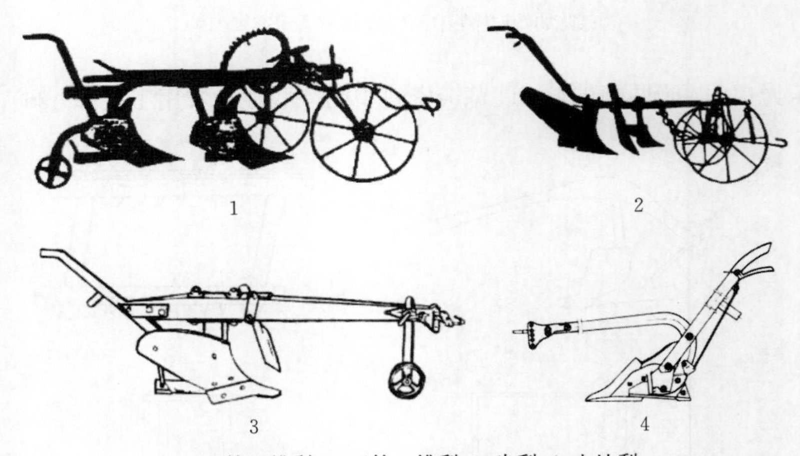

1. 双轮双铧犁；2. 双轮一铧犁；3. 步犁；4. 山地犁

图 27　新中国推广的铧式犁

(邱梅贞《中国农业机械技术发展史》1993)

20 世纪 50 年代，北方花生产区山东、河北等地农民利用旧式犁或步犁改制出一种牲畜牵引的花生收获犁(图 28)，收获的效率高、质量好，但只适用于丛生型品种，在疏松地每天可挖掘花生七八亩，比人工收获提高工效数倍。以上机械需要人、畜三者共同相互配合，属于半机械化作业工具。

1957 年，在北京召开的第一届全国农业展览会上，农具展览室内展示的农具有种花生的双铧犁、旧式犁、"56"型花生收割机、6 行花生点播机、7 行花生点播机等。广西柳城古灵社使用双铧犁种花生增产 73.74%，"56"型花生收割机由常州机械厂制造，2 人 2 畜每天收割花生 0.53～0.80 hm^2，北京拖拉机站还将 6 行花生点播机试制改装成 7 行花生点播机。20 世纪 70 年代时，山东就已经用上了花生摘果机(图 29)。

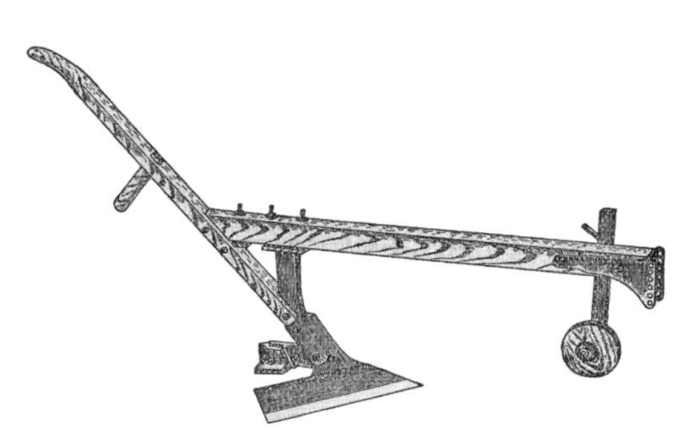

图 28　中国早期花生收获犁

(中国农业科学院花生研究所《花生栽培》1963)

图 29　1973 年山东藤县使用的花生摘果机

20 世纪 70—80 年代，河北迁安县出现了改制的花生清棵耙(图 30 - 1)，还利用背负式动力喷粉器改装制成花生风力清棵器，使用方便，效果显著(图 30 - 2)。花生清棵耙和清棵器，主要用于清理保证花生第一对侧枝不被埋在土壤里。

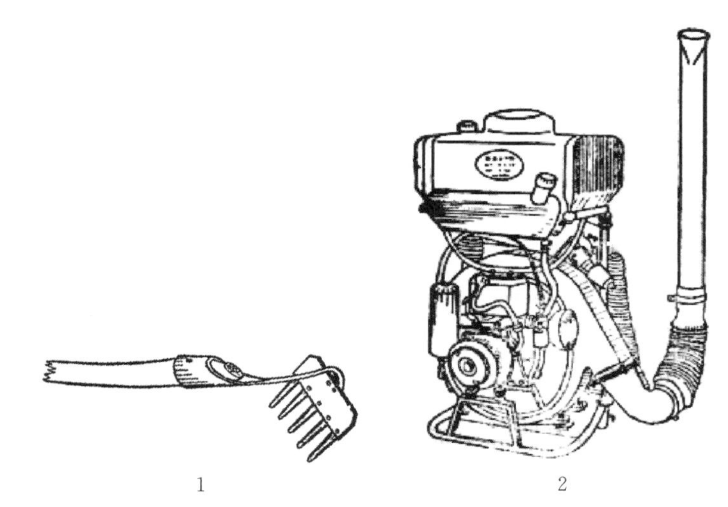

1　　　　2

1. 花生清棵耙；2. 花生风力清棵器

图 30　花生清棵工具

(赵铭《花生作业机械》1981)

中国花生机械化早期发展过程中，花生机械脱壳很大程度上节约和释放了大量的劳动力。中国花生机械脱壳起步较晚，大约 20 世纪 50—60 年代出现了木制脱壳机（图 31－1、2、3），20 世纪 70 年代铁质花生脱壳机问世（图 31－4、5）。从实用性能来看，木质花生脱壳机要好于铁质的。目前，“花生之国”塞内加尔使用的花生脱壳机就是类似于中国早期的铁质花生脱壳机。

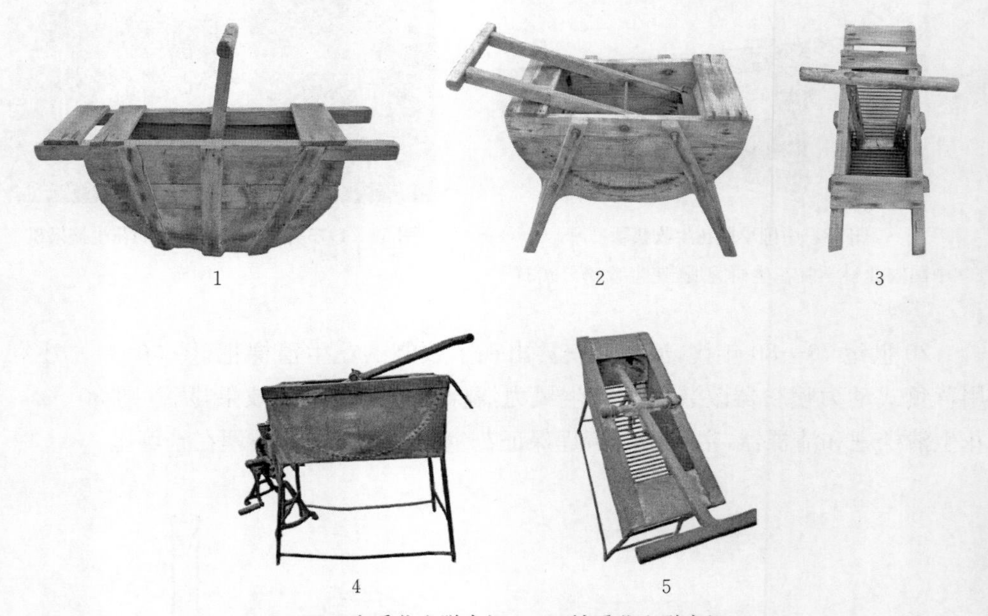

1、2、3. 木质花生脱壳机；4、5. 铁质花生脱壳机

图 31　中国早期花生脱壳机械

20 世纪 60 年代研发的花生脱壳设备，主要用于油用、食用花生脱壳加工，多为小型简易式花生脱壳设备，可实现花生脱壳，其结构形式主要以旋转打杆式、动静磨盘式为主，其中旋转打杆式花生脱壳设备结构简单、价格便宜，市场上使用较为广泛。部分小型脱壳设备为提高脱净率设计了复脱装置，可实现未脱荚果二次复脱（王建楠等，2018）。20 世纪 80 年代时，河北迁安县农机具研究所和迁安县花生机械厂研制出 5 种花生机具，2H－4 型花生播种机（图 32－1）、3H－6 型花生施药机（图 32－2）、4H－150 型花生收获机（图 32－3）、5H－100 型花生摘果机（图 32－4）、6H－50 型花生搓米机（图 32－5），是中国 20 世纪 70—80 年代花生机械的代表。

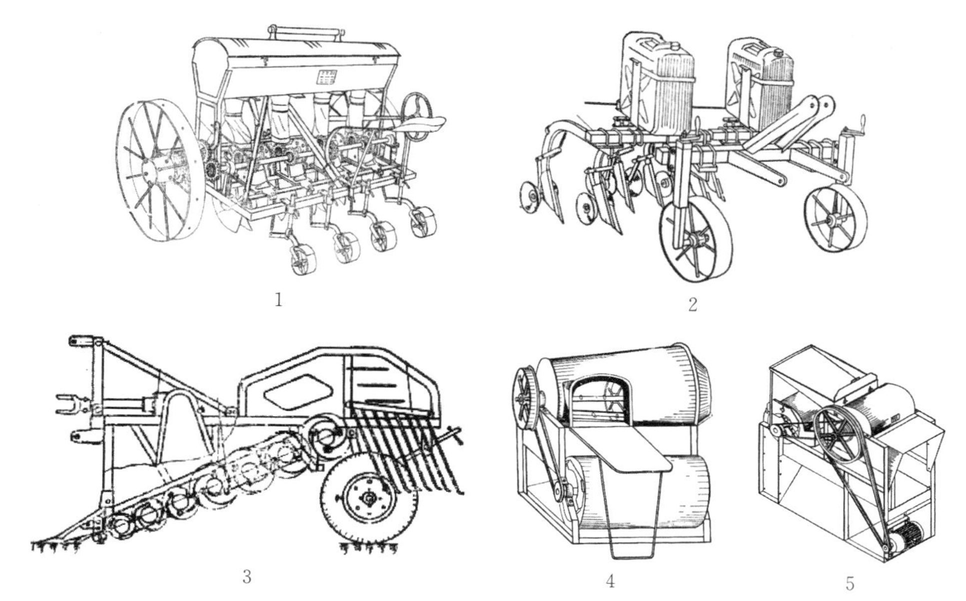

1. 2H－4 型花生播种机；2. 3H－6 型花生施药机；3. 4H－150 型花生收获机；
4. 5H－100 型花生摘果机；5. 6H－50 型花生搓米机

图 32　中国 20 世纪 70—80 年代的花生机械

（赵铭《花生作业机械》1981）

（三）中国现代花生机械化

中国花生生产机械化目前还处于发展初期，研发及应用水平与发达国家有一定差距，经过半个世纪努力，中国花生耕整地、种植、收获、植保、干燥、脱壳各环节生产机械化均取得了长足发展（图 33）。2020 年中国花生机械化耕作、播种、收获分别已达到 80.40％、56.40％、49.61％，较 2010 年分别增加了 23.84％，

图 33　中国花生机械化作业现场

23.54%，29.72%，花生干燥、脱壳等产后加工装备也研发出了科研样机或系列化产品，各生产环节机械化水平的持续提升为中国花生产业发展发挥了重要支撑作用。

中国花生耕整地、植保机械多为通用机具，已相对成熟，但种植、收获、脱壳、干燥等环节的机械性能和质量还不能完全满足生产要求。

1. 耕整地、田间管理

目前中国花生机械化耕作水平84%。花生生产过程中的耕整地、施肥、施药机械多为通用机械，其中耕整地环节中，与常规动力配套的旋耕机、深耕犁、深松机等机械种类繁多，质量可靠，基本上可以满足生产需求；施肥、施药等田间管理环节中，无论是手动植保机械、电动、机动植保机械，还是固液肥施撒等设备亦基本能满足生产要求。

2. 播种

中国早期的花生播种机为人畜力播种机，结构简单、重量轻、制造成本低，一次播一行，功能单一，目前在丘陵山地或中小地块亦有应用(顾峰玮等，2010)。20世纪80年代，中国开始研制以拖拉机为动力的花生播种机，可以完成开沟、播种、覆土等作业，一次播种2行或4行，这是目前普遍应用的一类花生播种机。20世纪80年代中后期，国内开发出了可一次性完成起垄、整畦、播种、覆膜、打孔、施肥、喷除草剂等作业的花生多功能复式播种机，已在鲁、豫、冀、辽等花生产区得到了广泛应用。

各类不同机具投放市场，尤其是多功能花生覆膜播种机的成功应用，有效减少了播种劳动强度，提高了生产效率，也进一步提升了中国花生播种的机械化水平。2020年中国花生机械化播种水平达56.40%。

近年来，根据中国花生产业发展新需求，农业农村部南京农业机械化研究所创新研发出了麦茬全量秸秆覆盖地免耕播种机、垄作覆膜免放苗播种机等几种新型花生播种设备。研发的可一次性完成碎秸清秸、洁区播种、播后覆秸等功能的麦茬全量秸秆覆盖地花生免耕播种机，有效解决了茬口衔接、挂草壅堵、架种、晾种等问题，目前相关技术已在主产区获得推广应用。研发的可一次性完成起垄、施肥、覆膜、播种、覆土等功能的花生垄作覆膜免放苗播种机，有效解决了人工破膜放苗作业用工量大、劳动强度大等问题。

3. 收获

收获作业用工量占整个花生生产过程的1/3以上，作业成本占50%左右，是花生机械化的发展重点和难点(胡志超等，2008)。中国花生收获经历了人工收获、简单挖掘、分段收获、联合收获等复式作业阶段。花生机械化收获方式主要有分段式收获、两段式收获和联合收获3种。分段式收获即由多种不同设备分别(段)完成挖掘、清土、摘果、清选等收获作业,分段式收获设备通常包括挖掘犁、挖掘收获机、摘果机等;两段式收获是指由花生挖掘收获机完成挖掘、清土和铺放,晾晒后再由捡拾联合收获机完成捡拾、摘果、清选、集果等作业;联合收获是指由一台设备一次性完成挖掘、清土、摘果、清选、集果和秧蔓处理等作业,是当前集成度最高的花生机械化收获技术(王伯凯等,2011;胡志超,2013)。

近年来,国内已有不少科研单位、高校和生产企业对花生收获关键技术及装备进行了联合攻关,研制生产了多种类型的花生收获机械。但由于中国花生种植收获技术研发起步晚、投入少、制约因素多、难度大,造成中国花生机械化收获水平仍然较低,2020年中国花生机收水平为49.61%。

花生挖掘收获机是现阶段中国花生生产中应用较多的设备,按结构形式不同,大体可分为3种:挖掘铲与升运杆组合而成的铲链组合式花生收获机,挖掘铲与振动筛组合而成的铲筛组合式花生收获机和挖掘铲与夹持输送链(带)组合而成的铲拔组合条铺式花生收获机。花生摘果机根据喂入方式不同可分为全喂入式和半喂入式2种,全喂入式花生摘果机主要用于晾晒后的花生摘果作业,在中国豫、鲁、冀、东北等主产区应用普遍;半喂入式花生摘果机主要用于鲜湿花生摘果作业,在中国南方丘陵山区小田块及小区育种上已获应用(于向涛,2011)。花生捡拾联合收获机按照动力配置方式不同可分为自走式、牵引式和背负式3种,目前3种形式的捡拾联合收获机均处于小范围试验阶段,总体技术尚未成熟,但发展速度和发展趋势较好,有望成为中国花生收获机市场的主要机型之一。花生联合收获机按照摘果方式不同可分为半喂入式和全喂入式2种。半喂入两行花生联合收获机目前技术已经成熟,多款产品已进入了购机补贴目录,并已在鲁、豫、冀等主产区得到普遍应用;全喂入式花生联合收获机目前仍处在样机试制与试验阶段,破损率和损失率高问题突出,有待突破。

农业农村部南京农业机械化研究所作为国家花生产业技术体系机械研究室依托单位,近年来围绕半喂入联合收获技术和全喂入捡拾联合收获技术开展了大量研发工作。研发的4HLB-2半喂入式花生联合收获机现已成为国内花生收获机械市场的主体和主导产品,连续多年被农业农村部列为农业主推技术;研发的半喂入四行联合收获机整体技术性能已经成熟,目前已开展产品化设计和产业化开发;研发的八行自走式捡拾联合收获机和四行牵引式捡拾联合收获机整体技术已趋于成熟,下一步将进入小批生产和推广应用阶段。

4. 产后初加工

中国虽是花生生产大国和出口大国，但在花生收获后大多采用简单初加工或人工挑选，花生荚果清选分级机械化技术发展缓慢，专业设备仍旧缺乏。干燥是保证花生品质与防止霉变的必要手段。长期以来，中国花生产地干燥主要依靠人工翻晒自然干燥方法，干燥周期长，对天气状况依赖较大。随着花生收获机械化不断推进，花生收获日趋集中，晒场资源越显不足，传统干燥方法已逐渐不能满足花生及时干燥的需求，尤其是鲜摘收获后的高湿花生荚果实现适时干燥问题更是突出。花生产地干燥方面，目前国内尚无经济适用、国产化、成熟的花生专用干燥设备。为此，中国一些地区采用了一些兼用型干燥设备干燥花生。受花生荚果几何尺寸、外形等生物特性因素限制，可用于花生荚果干燥的设备主要有箱式固定床干燥机、翻板式箱式干燥机等形式。近年来，农业农村部南京农业机械化研究所正致力于花生荚果干燥技术装备研发与试验工作，研制出了 5H－1.5A 型换向通风干燥机等花生专用型干燥设备，并在豫、赣、苏等地进行了试验和示范，有力促进了中国花生干燥技术发展。

脱壳是将花生荚果去掉外壳得到花生仁果的加工工序，是影响花生籽仁果及其制品品质和商品性的关键。中国花生脱壳设备虽较多，但多为食用及油用花生的单机脱壳设备，其脱壳部件多为旋转打杆与凹板筛组合式，脱壳以打击揉搓为主，存在破损率高、脱净率低、可靠性和适应性差等问题。目前中国尚无专用型种用花生脱壳设备，现阶段种用花生脱壳还主要依靠手工剥壳完成，少部分采用油用、食用脱壳设备进行脱壳，之后再进行人工挑选，费工费时。近年来，农业农村部南京农业机械化研究所正致力于种用花生脱壳部件、脱壳方式技术攻关与创新，研发出了 6BH－800 型种用花生脱壳机及花生种子带式清选、荚果分级等相关配套设备，集成了花生种子加工成套技术装备，连续多年在鲁、晋等重点龙头企业及种植大户试验和示范，结果表明破损率、脱净率等明显优于同类设备(胡志超，2017)。

第二节
花生播种技术

一、国外花生播种技术

除美国外,发达国家鲜有花生规模化种植。美国花生生产机械化技术较为成熟,其花生种植体系与机械化生产系统高度融合,各个环节早已全面实现机械化(图 34)。美国花生种植主要集中在佐治亚州、佛罗里达州、得克萨斯州、亚拉巴马州等东南沿海地区,多实行一年一熟轮作制,主要为玉米—花生—棉花等。玉米或棉花收获后,一般将秸秆直接粉碎还田,根茬留在土中不做处理,经过一年的风化腐蚀,田间残留秸秆和根茬对花生播种作业影响很小。

图 34 美国花生机械化播种作业

美国花生种植多采用大型机械单粒精量直播,种子全部经过严格分级加工处理,采用杀菌剂和杀虫剂包衣。风沙地下,为防止风蚀,常采取免耕播种作业。其播种设备多为气吸式或指夹式精量排种器,降低了伤种率,保证发芽率和种群数(胡志超,2017)。

二、中国花生播种技术

中国花生机械化播种经历了由简单农具到可同时实现起垄、播种、施药、覆膜复式播种作业的多个发展阶段(顾峰玮等,2010;何志文等,2010)。花生播种机(包括覆膜联合播种机)现已有多种机型,功能也在不断完善,基本可满足播种精度、密度和深度要求,在生产中已获良好应用。其中研发出的膜上打孔免放苗播种、苗带压沟覆土免放苗播种和麦茬全秸秆覆盖免耕(垄作)播种设备,提高现有设备的适应性、适配性与可靠性仍是目前的研究重点(吕小莲等,2012)。

中国常见的机械化花生播种机具主要有以下几种。

不带覆膜功能的复式播种机:以小四轮及小手扶拖拉机为动力,可一次完成开沟、施肥、播种、覆土等作业,主要用于无地膜覆盖需求的花生复式播种作业。

苗带压沟覆土免放苗播种机:苗带压沟覆土免放苗播种是指机具作业时先膜下播种,后膜上苗带压沟覆土免放苗播种,主要用于传统黄淮海产区春花生播种作业。

膜上打孔免放苗复式播种机:膜上打孔免放苗复式播种是机械化覆膜免放苗复式播种技术的另一种形式,机具作业时先覆膜,后膜上打孔播种,再苗带上覆土。主要用于黄淮海和东北产区的花生播种作业。

全量秸秆覆盖地免耕洁区播种机:在前茬作物收获后秸秆未做任何移出处理的地块上,将田间的秸秆粉碎并拾起、向上向后输送、均匀抛撒,通过秸秆空间位置变化形成无秸秆的"洁净区域",在洁区内完成苗床整理、播种施肥和播后覆土,再将碎秸均匀覆盖于播后地表的免耕播种机具。

由于中国花生种植区域广泛,对花生机械化播种技术总体需求亦呈多元化态势,近年来中国花生机械化播种技术发展方面,有待研发和提升的花生播种机主要包括:膜下播种、膜上覆土,膜上打孔的多功能花生播种机,旋耕起垄播种机,全量秸秆覆盖地免耕播种机,轻简型播种机等。

第三节
花生收获技术

一、花生分段收获技术

（一）国外花生分段收获

美国花生生产机械化水平比较先进，以大型机械为主，收获方式主要采用花生挖掘收获机和捡拾联合收获机组成的两段式收获，即先挖掘起秧、田间晾晒数日后再用花生捡拾联合收获机进行捡拾摘果，相应的装备已实现了专用化、标准化和系列化。挖掘收获机具有挖掘、清土、翻秧功能；捡拾联合收获机可进行捡拾、摘果、清选、集果等作业。美国目前已有多家企业研发生产出挖掘收获机系列化产品，主要包括铲链组合式和铲拔组合式（图 35），其中以铲链组合式花生收获机为主，铲

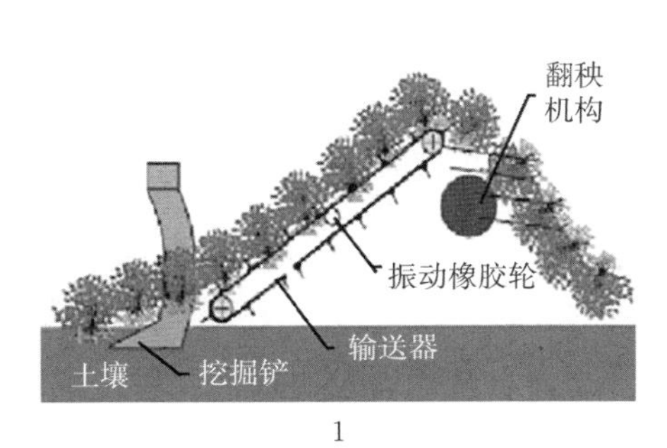

1

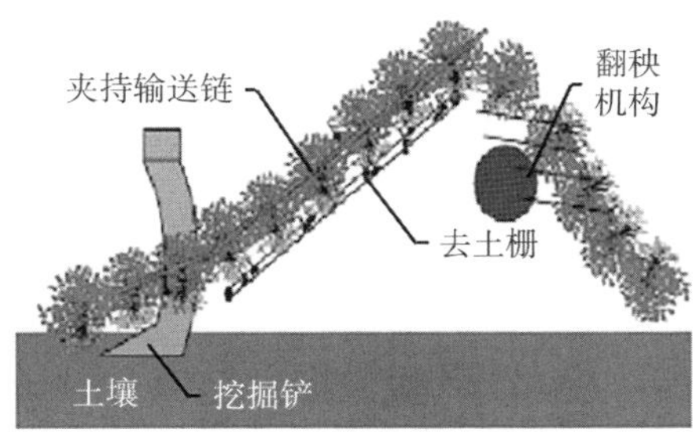

2

1. 铲链式；2. 铲拔式

图 35　两种花生收获机工作原理图

拔组合式花生收获机适用于植株较高、直立性好且在砂壤土种植的花生，仅在美国佐治亚州有较小面积应用(胡志超等，2006)。

铲链组合式花生收获机总体结构和原理相似，代表机型有 KMC 生产的 2、4、6、8、12 行等系列花生收获机以及 ADI 型 2、4、6、8、12 行等系列花生收获机，上述机型均为液压传动且可实现无级调速；铲拔组合式花生收获机的代表机型为 Pearman 型 1－6、8 行系列花生收获机。上述公司的花生收获机均可完成挖掘、清土、翻秧和归拢条铺功能，产品如图 36 所示。

1

2

3

4

1、2. 铲链式；3、4. 铲拔式

图 36　花生收获机

近年来，美国的部分产品在新疆等地有引进试用，其产品具有生产效率高、制造质量可靠等优点，但翻秧机构缠膜严重、落埋果损失大等问题较为突出。

(二) 中国花生分段收获

目前中国花生机械化收获总体上还处于发展初期，并呈多元化发展态势，分段收获设备已成为中国制造企业多、保有量大、使用最为广泛的花生收获设备。

花生机械化收获可分为分段式收获、两段式收获和联合收获 3 种。分段式收获设备主要包括挖掘收获机和摘果机。挖掘收获机一般具有挖掘、清土、秧蔓条铺等功能，按挖掘、输送和清土结构形式不同，可分为铲链组合式、铲筛组合式和铲拔组合式 3 种形式。摘果机一般具有摘果、清选、集果、秧蔓处理等功能，按果秧喂入方式不同，可分为半喂入和全喂入两种形式。

目前中国花生机械化收获模式主要有"一段式"和"两段式"两种。"一段式"收获，即采用半喂入联合收获设备，一次完成挖掘起秧、秧果输送、清土、摘果、清选、集果和秧蔓成条铺放。"两段式收获"系采用两种设备分步完成收获作业，也即采用挖掘收获机实现挖掘起秧，将秧蔓在田间晾晒 3～5 d，使荚果含水率降低到 20%以下（通常以手摇荚果，可以听到荚果内籽仁响声为准），再用捡拾联合收获机完成捡拾摘果（目前大部分国产设备还具备秧蔓粉碎收集功能）；或采用挖掘收获机实现挖掘起秧，将秧蔓在田间晾晒 3～5 d，使荚果含水率降低到 20%以下，人工捡拾收集秧果，再用场上固定式摘果机摘果。

"一段式"收获，其优点：①荚果破损率低、完整性好，适于鲜食、种用和烘烤用；②作业集成度高，设备一次下田即完成荚果收获作业，可有效减少不同机具下地次数，降低作业成本；③没有田间晾晒环节，减少花生占地时间，有利快速腾地倒茬；④垄作覆膜种植收获时，在挖掘起秧和摘果环节可有效实现秧膜分离。缺点：①对花生种植模式、田间管理等农艺要求相对较高；②收获后，需要较大晾晒场地或者干燥设备，如遇阴雨天气，未及时晒干的花生荚果容易霉变，特别是规模化种植时该问题较为突出。

"两段式"收获优点：①适应性好，对种植模式、花生品种特性、田间管理等农艺要求较低；②较"一段式"收获生产效率高；③荚果在地里可晾晒至含水率 20%以下，减少了后期干燥成本；④有一定后熟效应。缺点：①破损率和裂荚率较高；②占地时间长，影响下茬作物播种；③对覆膜种植适应性差，地膜易缠绕机具，膜秧混杂不利于秧蔓饲料化利用；④现有场上固定式摘果机和田间自走式捡拾联合收获机，均存在扬尘污染问题。

中国花生挖掘（收获）机的代表机型有 4H－1500 型铲链组合式花生收获机、4H－800 型铲筛组合式花生收获机（胡志超等，2010；吕小莲等，2012）、4H－2HS 型铲拔组合式花生收获机，如图 37 所示。

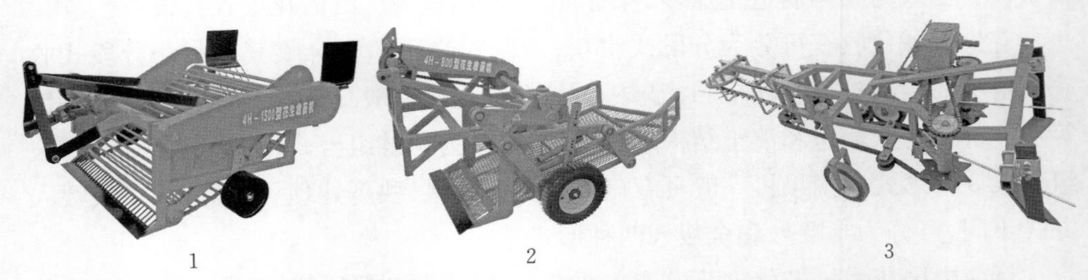

1 2 3

1. 4H－1500 型铲链组合式；2. 4H－800 型铲筛组合式；3. 4H－2HS 型铲拔组合式

图 37　中国常见的花生挖掘收获机

花生挖掘(收获)机是中国现阶段花生生产中应用较多的收获机械，可一次完成挖掘、清土、铺放等工序，按结构形式不同，可分为铲链组合式、铲筛组合式和铲拔组合式三种类型。铲链组合式花生收获机主要由挖掘铲、升运链、击振清土机构、机架等构成，与国外该类型收获设备不同之处在于：无翻秧装置，链杆上不带齿。作业时，升运链将挖起的果秧运送到尾部并铺放于田间，在输送链中部设有击振清土机构以去除泥土；铲筛组合式花生收获机主要由挖掘铲、振动筛、机架等组成，其采用振动输送清土筛以提高输送清土效果，降低落埋果损失；铲拔组合式花生收获机由挖掘铲、夹持带、铺放盘、机架等构成，其采用皮带夹持输送果秧、皮带轮下安装清土机构，能一次完成花生挖掘、清土、铺放等作业。

中国推广应用的花生摘果机主要可分为全喂入式和半喂入式 2 种，全喂入式花生摘果机主要用于晾干后的花生摘果，其广泛采用钉齿式、蓖梳式和甩捋式摘果原理，具有结构简单、适应性强等优点，但摘不净，分离不清，破碎率高等问题较为突出，代表机型主要有 5HZ－4500 型全喂入式花生摘果机、4HZQ－1300 型复式花生摘果机，如图 38 所示。

1 2

1. 5HZ－4500 型全喂入式；2. 4HZQ－1300 型复式

图 38　全喂入花生摘果机

半喂入式花生摘果机主要通过相向旋转的摘果滚筒将花生摘下，摘果后花生果秧断枝断秧少，摘果质量及效率受花生果秧的整齐程度与喂入速度影响较大，适用于南方地区鲜花生摘果和小区育种摘果作业，代表机型主要有 4HZB－2A 型半喂入式花生摘果机，如图 39 所示（王伯凯等，2012；吕小莲等，2012）。

图 39　4HZB－2A 型半喂入花生摘果机

二、花生半喂入联合收获技术

半喂入联合收获是由一台设备一次完成挖掘起秧、清土、摘果、果杂分离、果实收集和秧蔓处理等收获作业，是当前集成度最高的花生机械化收获技术，具有作业顺畅性好、荚果破损率低、秧蔓可饲料化利用等优点，但其对花生品种、种植模式及适收期要求较高（胡志超等，2011；陈有庆等，2012）。花生半喂入联合收获分为单垄和多垄收获，其中半喂入单垄（两行）联合收获技术已较为成熟，在中国花生主产区已获得良好应用。目前，花生半喂入联合收获技术朝着多垄高效化、智能化方向发展（周德欢等，2017）。

花生半喂入联合收获技术是中国花生收获机械化的主要发展方向之一，也是中国花生机械化收获的研发热点。花生半喂入联合收获技术已经历了十余年的研究历程，以农业农村部南京农业机械化研究所、青岛农业大学、江苏宇成动力集团有限公司、临沭县东泰机械有限公司、青岛弘盛汽车配件有限公司等为代表的科研院所和生产企业已研制出多款花生半喂入联合收获装备，如图 40 所示，花生联合收获装备多品种发展与多元化竞争格局已初步形成。农业农村部南京农业机械化研究所研发的 4HLB－2 型半喂入花生联合收获机已成为国内花生收获机械市场的主体和主导产品，在此基础上，根据产业发展需求，又创制出拥有完全自主知识产权和核心技术的世界首台两垄四行半喂入花生联合收获机，并与山东临沭东泰机械有限公司合作进行产业化开发，为中国花生联合收获设备高效化发展提供了技术支撑，进一步引领了半喂入花生收获技术发展(吕小莲等，2012；陈有庆等，2018)。

图 40 半喂入花生联合收获机

三、花生全喂入捡拾联合收获技术

(一) 国外花生全喂入捡拾联合收获技术

1. 美国两段式联合收获模式

发达国家除美国外，鲜有花生规模化种植，机械化收获方面，美国采用两段式收获方式，收获日期确定后，收获时先采用挖掘收获机将花生挖掘、清土、翻转，将花生荚果置于上方，自然晾晒 3～5 d 后，荚果含水率降至 20%左右时，采用全喂入捡拾摘果联合收获机完成捡拾、摘果、分离、清选、集果等作业。收获后的荚果直接卸入设有通风接口和管道的干燥车内，花生秧蔓通过收获机排草口的打散装置抛洒于田间，直接还田培肥。

2. 美国全喂入捡拾联合收获作业工序

美国现有的花生捡拾联合收获机主要由捡拾器、螺旋喂料器、摘果滚筒、清选系统、集果箱等组成，基本作业工序包括：①利用捡拾器将条铺花生拾起并运送至摘果部件；②花生荚果从秧蔓上摘下；③荚果与秧蔓以及其他杂质分离；④荚果从果梗上分离；⑤净果运送到集果箱；⑥倾卸排料。作业过程如图41所示（胡志超等，2006）。

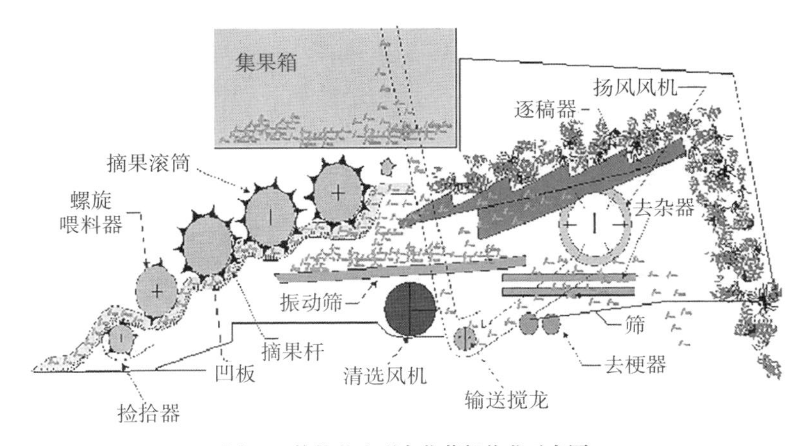

图41 捡拾花生联合收获机作业示意图

3. 应用现状与技术发展

（1）国外花生全喂入捡拾联合收获技术概况

美国等公司生产的全喂入捡拾联合收获机技术先进、较为成熟，主要分牵引式和自走式，典型应用机具如图42所示。

除了上述收获技术装备外，美国近年来也在探索新的作业模式和研发新型作业装备。美国农业部国家花生研究实验室的Butts教授等人针对生产生物柴油用花生收获机械，提出捡拾联合收获时田间脱壳的作业模式，在捡拾花生联合收获机上增加了脱壳部件，在捡拾收获过程中完成花生脱壳的功能。

另外，美国正将一些先进的传感测试技术应用于花生捡拾联合收获装备。美国Rains等人将Agleader Cotton产量传感器安装于花生联合收获机（图42）上开展相关试验研究，测试该传感器在花生捡拾摘果收获机上的适应性，为花生联合收获的产量在线实时测定奠定基础。现阶段，在美国未见半喂入联合收获技术相关产品与应用。

AMADAS 牵引式

AMADAS 自走式

KMC 牵引式

COLOMBO 牵引式

图 42　国外全喂入捡拾摘果联合收获机

(2) 国内花生全喂入捡拾联合收获技术概况

中国花生种植区域广阔,各地花生品种、水热条件、种植模式、生产规模、经济状况等千差万别,在相当长时间内,中国花生生产机械化技术呈现多元化发展趋势,满足不同花生产区差异化需求。两段式联合收获较半喂入联合收获具有适应性好、作业效率高,便于荚果收获后暂存与干燥等优点,有望成为中国花生机械化收获重要模式之一。

近年来,为满足花生产区机械化收获多元化需求,国内两段式收获技术取得了快速发展,相关科研院所和主产区一些企业相继研发生产出多款捡拾联合收获装备,如图 43 所示。虽然,国内花生全喂入捡拾摘果联合收获技术发展势头良好,部分机具已在主产区示范应用,但总体仍存在破损率偏高、损失率偏大等问题亟待攻克。

4HLJ-8 型全喂入捡拾联合收获机是由农业农村部南京农业机械化研究所根据花生主产区规模化生产实际需求,吸纳先进技术和自主创新结合,创制出的能一次完成花生捡拾、输送、摘果、清选、集果等作业的国内首台八行自走式捡拾联合收

4HLJ－8型自走式

4H－150型牵引式

自走式花生

背负式

图43 中国全喂入捡拾摘果联合收获机

获设备，如图44所示。该设备整体技术性能趋于成熟，有望成为中国花生全喂入捡拾摘果联合收获机市场的重要产品。

基于4HLJ－8型全喂入捡拾联合收获机的前期研究基础，农业农村部南京农业机械化研究所现已研制出4HJL－2.0低扬尘花生捡拾收获机的新一轮样机，如图45所示。目前，该机已顺利通过性能检测，在河南、山东等地开展了田间试验示范。收获作业过程设备的损失率、破碎率、作业质量以及生产率、扬尘控制等方面均得到显著提升，较好地满足了花生主产区对高效花生捡拾收获装备的迫切需求。

由于中国花生种植区域广泛，不同地区的自然、经济和种植品种农艺规范等均有较大差异，因此在相当长时间内花生机械化收获将呈分段收获和联合收获并存的多元化发展趋势，无论是联合收获设备还是分段收获设备，研发和优化提升的重

图 44 4HLJ - 8 型花生捡拾联合收获机

图 45 4HJL - 2.0 低扬尘花生捡拾收获机

点均为降低损失率、提高作业效率、提高适应性、提高可靠性，以及高新技术与传统技术嫁接，加快实现精良化、高效化和智能化。

第四节
花生产后加工技术

一、花生荚果清选与分级技术

(一) 国外花生清选与分级技术

国外发达国家对花生除杂和分级机械技术的研发起步早。20 世纪 40 年代，美国、丹麦等国就已开始研究花生除杂和分级技术，目前花生清选分级技术有了较快发展，其中美国和德国等在花生荚果清选分级技术方面处于国际领先，且按照本国实际向清选精度高、大型化、智能化等方向发展。

美国花生植株是蔓生型，收获后的花生均采用分段式机械收获，收获后的荚果中包含干瘪的花生仁、小花生荚果、泥土等多种杂质，会影响后续的脱壳、加工、销售和贮藏，因此美国花生收获后基本上都采用大型流水线方式对其进行清选和分级(薛然等，2015)。

(二) 国内花生清选与分级技术

中国对花生荚果清选分级技术的研究相对较晚，目前仍处于中小型收获技术研发与推广阶段，花生荚果清选与分级机械化水平与世界发达国家相比，均处于较低水平。

近年来，随着花生等根茎类机械市场需求的不断趋旺，中国花生清选和分级技术研发进入新阶段，相继研发出一些新型花生除杂与分级机械，如小型花生荚果清选机(图 46),解决了扬场机的功能单一,不能有效去除石子和土块的缺陷;5XFZ-26ZS 型双比重复式花生荚果清选机(图 47),有效提高了花生荚果二次重力清选,可更换不同的清选筛,实现不同粮油作物的清选,并且机架下面安装有轮子,可方便快捷移动更换场地。

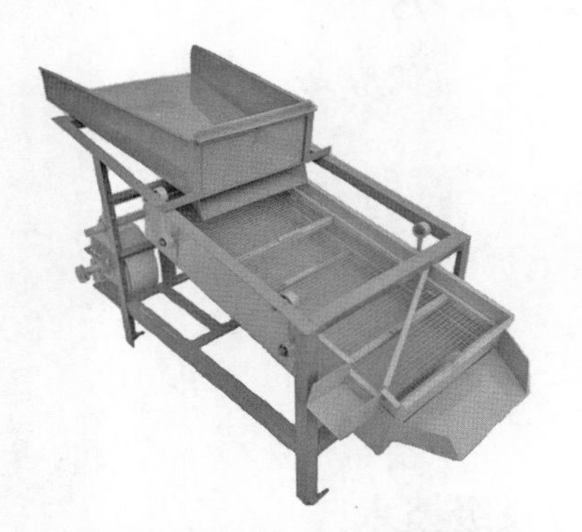

图 46 小型花生荚果清选机

图 47 双比重复式花生荚果清选机

二、花生荚果机械化干燥技术

(一) 国外花生荚果机械化干燥

美国花生产地干燥为两段式干燥,即由田间带蔓晾晒和机械集中干燥两段完成,与机械收获、仓储与加工等环节实现无缝对接:花生挖掘收获后,田间晾晒至荚果含水率 20%左右,再由捡拾联合收获机摘果、清选、集果等作业,收获后的花生荚果在田间装入专用干燥车,并拖运至附近干燥站集中干燥,干燥结束后通过干燥车将花生转移至仓储点或脱壳加工厂,从产地到工厂转移过程中减少了诸多不必要的装卸工序,简单高效,作业流程如图 48 所示(颜建春,2013)。整个干燥系统是由干燥棚、干燥车、加热鼓风装置、传感器及控制系统组成,如图 49。干燥车运至干燥棚后,接入导风管、集中烘干,一般需 2～3 d。这种干燥方式与鲜摘后直接机械烘干相比,不仅节省了干燥能耗,还降低了霉变概率(颜建春等,2012)。

挖掘收获

带蔓晾晒

捡拾收获

集中干燥

图 48　美国花生收获、干燥一体化模式

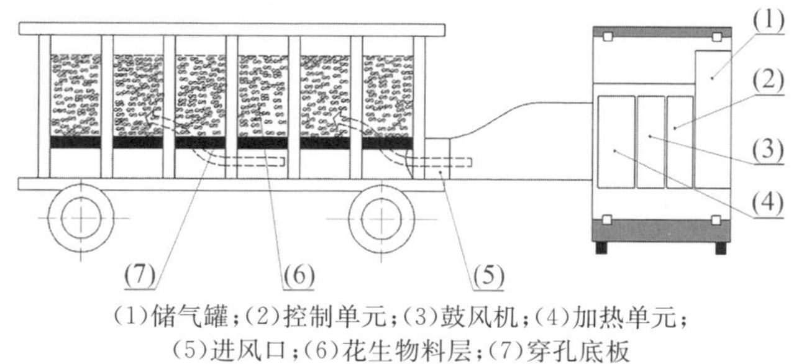

(1)储气罐;(2)控制单元;(3)鼓风机;(4)加热单元;
(5)进风口;(6)花生物料层;(7)穿孔底板

1. 示意图

2. 实物图

图 49　花生车载箱式干燥系统

美国车载箱式干燥系统本质上即固定床通风干燥,为了提高干燥质量,一般需将经过加热的干燥空气进行必要的均温、均风措施后,再通入花生物料层。干

图 50 花生干燥—仓储—一体化设施

燥不均匀是此类设备最大的缺点。干燥后箱体底部与顶部的花生水分差异很大，易出现底部花生干燥过度与顶部花生干燥不充分并存的现象，影响花生品质，不利于后续贮藏。澳大利亚也有一定规模的花生种植，主要集中在阿瑟顿高原地区和南部昆士兰地区，其中阿瑟顿高原地区主要采用车载箱式干燥装备（即美国花生干燥模式），南部昆士兰地区主要采用干燥—仓储—一体化设施，如图 50 所示（王嘉麟等，2019）。

在干燥设备加热能源使用方面，主要采用液化气、天然气等。为保护环境，节约能源，减少废气废热排放，国外专家提出采用太阳能作为部分热源，加热干燥气流，以减少石化燃料的使用，整个作业过程能源消耗可降低至 40%～50%，但由于受光照时间限制，单独的太阳能干燥系统往往会面临能量间歇、能量密度低等问题，因此连续作业式花生干燥装置还需其他辅助能源加热气流。目前太阳能集热干燥技术已逐步应用于美国花生干燥系统中。

热泵供热技术作为一种新型绿色能源，因其能量利用率高，干燥能耗低，可改善干燥品质，受到广泛关注，亦正逐步应用于美国花生机械化干燥中，作为花生车载式干燥系统中的热源，在干燥过程中不仅可回收废气中的显热，还能回收废气中的潜热，使能量利用率得到有效提高。热泵共热技术干燥方式温和，接近自然干燥，干燥品质好，生产效率高、运行费用低。Daika DDG8000 花生热泵热风机（图 51）为一种典型的空气源热泵热风机，可与干燥车组配形成热泵循环干燥系统，烘干温度最高可达 50 ℃，干燥介质相对湿度仅有 15%～20%，生产率可达 10 t/d，整个作业过程减少约 30%的能耗费用，节省约 50%的干燥时间。但该套设备价格昂贵，一次性投资成本高（颜建春，2013；王伯凯等，2021）。

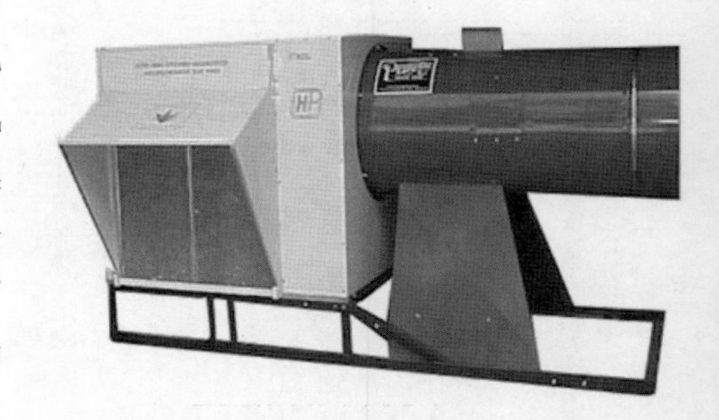

图 51 Daika DDG8000 花生热泵热风机

（二）国内花生荚果机械化干燥技术

近年来，随着中国花生规模化种植面积不断推广及机械化收获的快速推进，高效收获作业使花生荚果短期内迅速大量堆积，晒场资源显得日益紧张，机械化干燥技术与装备需求日趋迫切。为此中国个别地区开始使用机械干燥方式干燥花生，但设备多为兼用干燥机械，没有配套的控制模拟模块及相应的干燥工艺，无法对花生荚果干燥速率、干燥终止点科学控制或预测，易出现干燥不均匀，干燥过度和干燥不充分并存的状况，难以保证花生的干燥品质。如 SKS－480 系列热风干燥机（图 52），由于机体结构设计不合理，送风室无合理的均风匀风装置，往往会导致局部物料过干和局部物料干燥不充分。

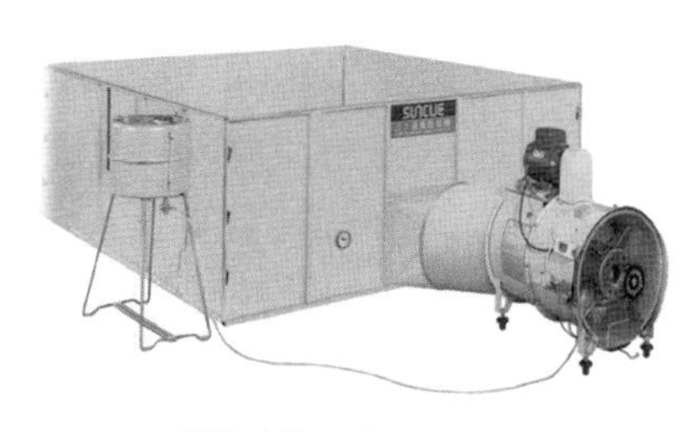

通风式枪型热风干燥机

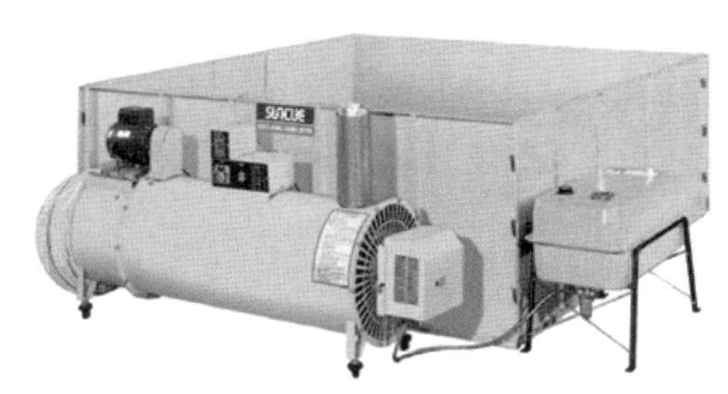

通风式枪型间接热风干燥机

图 52　SKS－480 系列热风干燥机

为了解决传统厢式干燥在竖直方向上的干燥不均匀性，一些厂家优化了干燥室内部结构。如采用带孔的百叶窗式翻板将干燥室沿深度方向分成若干层，相邻层之间确保有合适的距离，以此来保证同层内不同区域的花生水分差异在允许范围内。待底层的花生干燥至安全贮藏水分时，需将其从干燥室内放出，再从箱底开始逐层将上一层花生翻动至下一层，最后在顶层加入新的物料，继续干燥，如此循环，直至干燥完成（图 53）。这种方法有效改善了因深度而引起的干燥不均匀性，并且减少了能源消耗，提高了干燥效率，但是该结构使得作业过程变得繁琐（颜建春，2013）。

为了进一步降低干燥成本，农业农村部南京农业机械化研究所以空气源热泵作为供热源和余热回收核心部件，研发了 5H－2A 型花生左右换向通风干燥机，如图 54 所示（颜建春等，2015）。其批次干燥可装载湿花生 2 t，根据初始含水率和环境温度差异，批次干燥能耗成本约 0.08～0.20 元/kg（干花生）。

图 53 翻板式花生干燥机

图 54 5H－2A 型花生干燥机

为了适应较大批量花生干燥的需求，农业农村部南京农业机械化研究所采用上下换向通风干燥的原理和模块化设计理念，以空气源热泵为热源，分别研发了 5H－5A 型花生换向通风干燥机（图 55）、5H－10 型花生低温混流循环干燥机（图 56），其批次可装载湿花生分别为 5 t 和 10 t。根据初始含水率和环境温度差异，前者批次干燥能耗成本约 0.2 元/kg（干花生），后者烘干成本小于 0.2 元/kg（王嘉麟等，2019）。

图 55 5H－5A 型花生干燥机

图 56 5H－10 型花生干燥机

三、花生机械化脱壳技术

（一）国外花生机械化脱壳技术

世界花生生产大国印度、尼日利亚、印度尼西亚等国花生机械化程度较低，花生加工技术装备尤为落后；美国花生生产机械化水平较高，在花生脱壳技术装备研究起步较早，在19世纪初期即有相关研究报道且有系列化产品在市场上获得应用。目前，美国花生脱壳已实现规模化、自动化的流水作业，收储、脱壳、精深加工等配套体系健全，其花生集中脱壳加工，且在脱壳前须按照美国农业农村部制定的花生质检和分级标准对花生收购点或者脱壳公司的花生荚果进行严格的水分检测、分级，并在脱壳前进行去石去杂等处理，以保证花生脱壳加工质量。

美国花生脱壳装备生产制造企业较少，但产品制造质量精良、系列化产品较多，其市场产品以某公司生产的系列化脱壳设备为主，约占其国内市场份额的90%左右。该公司生产的5728、4604、3480系列脱壳机，生产率可分别达到7～9 t/h、5～6 t/h、2～3 t/h，可满足不同加工需求，4604型花生脱壳机如图57所示。该公司的花生脱壳设备脱壳关键部件为旋转打杆与凹板筛组配式（以下简称旋转打杆式），主要特点如下：采用多滚筒同时作业，可据花生尺寸规格实现不同尺寸花生的变参数脱壳作业，提高设备作业性能；采用多个清选装置实现去杂及未脱花生大小分级，提高脱净率及清洁度；设备震动小，可靠性高。

该公司还设计研发了花生成套脱壳生产线，如图58所示。该生产线可一次完成花生原料初清、去石、脱壳、破碎种子清选等作业，且在生产线的最末端辅以人工选别以进一步剔除破碎花生仁果，其作业参数可满足美国现有几个品种的食用花生脱壳技术需求，但整套设备价格昂贵，基础设施建设要求较高，且在破碎率方面还有很大提升空间。

此外，在脱壳设备新技术研发方面，美国学者还研究了不同脱壳原理及脱壳结构形式，并试制了相关样机。20世纪80年代初美国研制了一种脱壳机，它能够对物料按尺寸进行分级，在分级之后对尺寸相近荚果脱壳，以减小破损，提高脱壳质量；美国学者还尝试着用激光来逐个切割荚果，虽几乎能够达到100%的整仁率，但作业成本高、效率低，无推广价值；美国国家花生研究室（NPRL）学者还尝试将

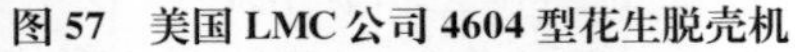

图 57　美国 LMC 公司 4604 型花生脱壳机

图 58　美国花生脱壳生产线

花生脱壳装置与分段式收获设备组合进行田间收获、脱壳联合作业，但未见相关产品。

美国花生机械脱壳技术及其产品虽然在高效化、系列化、自动化、成套化和精良化确实处于领先地位，但在降低破损这一关键问题上亦未有实质性突破（谢焕雄著，2020）。

（二）国内花生机械化脱壳技术

与美国相比，中国花生脱壳技术研发起步较晚，科研投入较少，基础理论研究缺乏，市场产品低水平重复较多。20 世纪 60 年代的花生脱壳设备，主要用于油用、食用花生脱壳加工，且多为小型简易式花生脱壳设备，可实现花生脱壳、壳仁分离，其结构形式主要以旋转打杆式、动静磨盘式为主，其中旋转打杆式花生脱壳设备结构简单、价格便宜，市场上使用较为广泛。部分小型脱壳设备为提高脱净率设计了复脱装置，可实现未脱荚果二次复脱，常见小型花生脱壳设备结构形式如图 59 所示（王建楠等，2018）。

近年来，随着花生生产比较效益的提高，花生规模化种植面积不断扩大，大规模集中脱壳加工企业（个体户或种植大户）日益增加，对高效、大型、高质量的花生脱壳设备，尤其是对种用花生脱壳设备的需求日趋迫切（谢焕雄等，2010）。制造企业应市场需求，在小型脱壳设备基础上改进生产了大型脱壳机组，如图 60 所示。该类设备具有气力输送、复脱、多级分选功能，可完成花生荚果提升、脱壳、壳仁分离、破碎种子清选、复脱等作业，生产效率从 1～8 t/h 不等，可满足集中规模化加工需求。部分花生脱壳制造企业根据用户需求设计并组建成了可一次完成花生初清、去石、脱壳、仁果分级的花生脱壳生产线，可满足油用、食用花生高效加工需求，

无复脱脱壳机

复脱式脱壳机

图 59　小型简易花生脱壳设备

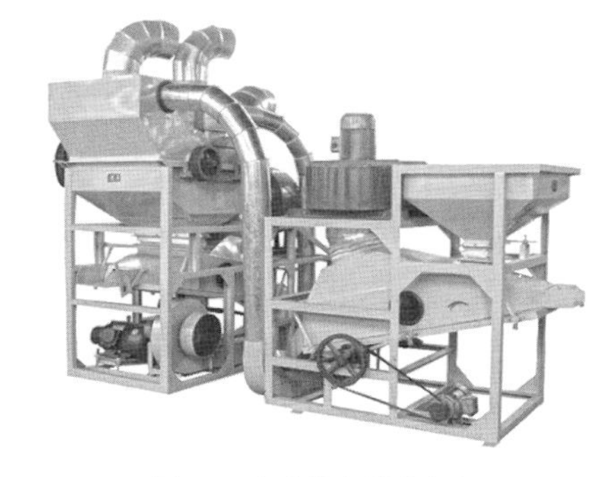

图 60　大型花生脱壳机组

但难以满足种用花生脱壳技术要求。

总体来看,国内市场现有花生脱壳技术与设备主要存在以下问题。

(1) 作业质量较差,环境污染较大。市场现有花生脱壳设备脱壳破损率通常在10%左右,有些设备为达到较高生产率,采用高转速脱壳,破损率达20%~30%。脱壳作业以单机较多,缺乏除尘系统,脱壳过程中粉尘、细碎果壳对环境污染较大。

(2) 适应性差。脱壳设备通常针对某一区域特定品种设计,更换品种作业质量差异悬殊,适应性差问题突出。

(3) 技术低水平重复,创新较少。市场现有产品,尤其关键部件相互模仿,缺乏创新,低水平重复严重,不同厂家脱壳关键部件结构参数、运动参数差异不大,多数企业技术设备仍停留在20世纪90年代。

(4) 制造质量差,可靠性差。部分脱壳机生产企业靠降质压价提升市场竞争力,设备制造质量差,导致作业过程故障频出,作业可靠性差。

针对上述问题,国内科研机构对花生脱壳设备开展技术攻关。相关学者开展了新型脱壳原理的研究试验,例如气爆式脱壳花生仁果的破碎率虽小于1%,但其脱净率只有30%;超声波式脱壳装置结构简单,但生产率低,难以满足生产需求。相关学者甚至利用微波技术和气体射流冲击技术脱壳的新方法,使花生荚果简便、快速、高效地脱壳,且不破坏仁果外形,但这两种方法易使花生熟化,影响品质,市场上尚无相关产品。

总体来说,国内现有花生脱壳设备仍未较好解决损伤率高、品种适应性差的问题,种用花生脱壳成熟设备较少。降低花生脱壳破损率、提升脱壳设备品种适应性,破解种用花生脱壳技术装备难题,仍是当前中国花生脱壳设备研发的主攻方向。

近年，农业农村部南京农业机械化研究所开展了花生脱壳技术及装备研发工作，优化了花生脱壳设备关键部件结构参数和运动参数，针对花生种子脱壳破损率高、适应性差的问题，研发了 6BH－800 型花生脱壳设备并集成相关技术。该设备在保证发芽率的同时，最大限度降低了花生种子破损率，为研发种用花生脱壳设备提供有效技术借鉴。

中国花生品种繁多，各品种物理性状差异很大，花生产地加工技术，尤其是种用脱壳加工则需“一品一艺”，在装备研发过程中需遵循品种、工艺、装备相结合。针对中国花生产后加工机械化技术发展，近些年有待研发和提升的花生产后加工技术与装备主要包括：培育出适于产地加工的花生品种；研发提升种用分级、脱壳、清选、包衣等设备；研发优质、高效、节能，可大面积推广应用的花生产地干燥设备；研发花生荚果高效低损输送设备。

第五节
花生机械化规程

据不完全统计，中国花生机械化标准共29项，农业行业7项、机械行业3项、安徽3项、河南2项、山东1项、辽宁5项、山西1项、广西1项、江苏2项、吉林1项、新疆1项、湖北1项，团体标准1项(详见附表3)。

本章节选取3项花生机械化技术规程：花生全程机械化生产规范(NY/T 3661—2020)、花生荒漠灌溉区覆膜花生机械化栽培生产技术规程(DB 65/T 4385—2021)和花生间作玉米机械化栽培技术规程(DB 22/T 2257—2021)，供各科研人士、企业、种植大户等参考。下文代表性规程中引用的文件，凡是注日期的引用文件，仅注日期的版本适用于本文件；凡是不注日期的引用文件，其最新版本(包括所有的修改单)适用于本文件；编者按本文的格式调整了数量单位及对应数字，行文表达略有调整，涉及的附录均省略，如需要可查阅原规程。

一、花生全程机械化生产规范

中华人民共和国农业行业标准，NY/T 3661—2020，实施日期：2020-11-01。

提出单位：农业农村部农业机械化管理司。

起草单位：山东省农业机械技术推广站、青岛农业大学、农业农村部农机化技术开发推广总站、河南省农业机械技术推广站、河北省农机化技术推广总站、山东省农业技术推广总站、滕州市农业农村综合服务中心、临沭县农业机械发展促进中心、临沭县东泰机械有限公司、青岛万农送花生机械有限公司。

主要起草人：马根众、李鹍鹏、江平、王东伟、夏放、史家益、姜宜琛、栾雪燕、朱月浩、尚书旗、徐颖、冯佐龙、李伟、姚远、王家胜、孙运术、苗程志、黄层乐、王青华、华伟、朱崇央。

1　**范围**

本文件规定了广西壮族自治区水旱轮作模式下花生栽培的有关术语和定义、土壤及整地要求、品种选择及种子处理、播种时期及种植规格、施肥、田间管理及收获晾晒等技术要求。

本文件适用于广西壮族自治区水旱轮作栽培区域。

2　**规范性引用文件**

GB 4285　农药安全使用标准

GB/T 8321　农药合理使用准则(所有部分)

NY/T 496　肥料合理使用准则　通则

NY/T 855　花生产地环境技术条件

3　**术语及定义**

下列术语和定义适用于本文件。

3.1　春花生

每年1～5月播种的花生。

3.2　秋花生

每年7～8月播种的花生。

3.3　水旱轮作

同一块地轮作旱地和水生作物。

4　**土壤及整地要求**

4.1　土壤

符合NY/T 855的要求。壤土或砂壤土,土层深厚、地势平坦、排灌方便;通透性较差的土壤,可通过秸秆还田和增施有机肥等措施加以改良。

4.2　整地

以机耕为宜,耕作深度25～30 cm。播种前1～2 d旋耕,做到地平、土细、肥匀,有条件的地方,旋耕结合起垄开行一次完成。

4.3　起垄

垄距90～95 cm,垄面宽55～60 cm,垄高25～30 cm。

5　**施肥**

5.1　基肥

所用肥料符合NY/T 496要求。施腐熟有机肥12 000～15 000 kg/hm^2,耕地

前均匀撒施。

5.2 种肥

春花生、秋花生施用的化肥全部作种肥。施复合肥($N:P_2O_5:K_2O=15:15:15$)450 kg/hm^2 和钙镁磷肥 750 kg/hm^2 作种肥,复合肥均匀条施在同一畦面的两行花生之间,放肥深度 10 cm 左右,钙镁磷肥撒施在花生的播种沟内,然后开沟播种花生。

6 品种选择与种子处理

6.1 品种选择

春花生、秋花生均选择适合当地种植的中早熟花生品种,要求增产潜力大、品质优良、综合抗性好。

6.2 种子处理

选用前一年的秋花生作春花生种子,选用当年的春花生作秋花生种子。播种前 1～3 d 剥壳,剥壳时随时剔除虫、芽、烂果。剥壳后将种子分成 1 级、2 级、3 级,籽仁大而饱满的为 1 级,不足 1 级重量 2/3 的为 3 级,重量介于 1 级和 3 级之间的为 2 级。分级时剔除杂色种子和异形种子。

播前每 100 kg 种子用种子量 0.3%～0.5%的 50%多菌灵可湿性粉剂兑水 4 kg 喷洒,晾干种皮后播种,或用专用种衣剂包衣后播种。

7 播种

7.1 播期

当日平均气温稳定在 15℃以上时即可播种。春花生播期:桂南地区为 2 月 20 日至 3 月 20 日,桂中地区为 3 月 20—30 日,桂北地区为 3 月 30 日至 4 月 10 日;秋花生播期为 7 月 20 日至 8 月 15 日。

7.2 土壤墒情

适墒播种,土壤相对含水量以 70%～75%为宜,即耕作层土壤手握能成团,手搓较松散。土壤含水量不够时,可通过浇水使土壤达到适宜的含水量。

7.3 种植规格

每垄种植两行花生,窄行距为 25 cm,穴距 16 cm,每穴 2 粒;单粒播种时,穴距 10 cm。

8 田间管理

8.1 水分管理

春、秋花生应做到足墒播种。生育期间,春花生注意排水防涝。秋花生幼苗叶片中午出现萎蔫时,及时顺沟灌水,保持土壤湿润。

8.2 除草

播种后2d内必须喷施芽前除草剂，用50%乙草胺乳油1.5～1.8 L/hm^2(藜科杂草较多的田块可增大至2.4 L/hm^2)，兑水750～900 kg/hm^2 均匀喷施土表。

生长期如果有少量杂草，可以人工拔掉；如果杂草较多，可选用适合花生的选择性除草剂除草，但需要低位定向喷雾，尽量避免除草剂接触到花生茎叶。

8.3 中耕

开花下针期，如果土壤板结严重，则需要中耕松土，以利果针入土。如果土壤湿润疏松，则不需要中耕。

8.4 防空荚

对花生容易出现空壳的土壤，施用熟石灰750 kg/hm^2，在花生开花下针期撒施在花生植株基部。

8.5 病虫害防治

根据田间病虫害的发生情况，及时防治。使用的农药应符合GB/T 4285及GB/T 8321的要求。

在地下害虫严重的田块，用4.5～7.5 kg/hm^2 30%毒死蜱微囊悬浮剂均匀拌于150～300 kg/hm^2 细土或细砂中，播种时沟施或穴施；或者用50%辛硫磷乳油拌种，用药量为种子重量的0.2%～0.3%。

8.6 防止徒长

在花生结荚初期，用15%多效唑可湿性粉剂按有效成分75～90 g/hm^2 的量，兑水600～750 kg/hm^2 叶面喷施。

9 收获晾晒

春花生80%以上荚果果壳硬化，网纹清晰，果壳内壁呈青褐色斑块即可收获，选晴天，在1个星期内无雨的时期收获，以避免收获后花生发霉和感染黄曲霉毒素，降低花生品质和发芽力。春、秋花生收获后应及时晾晒，尽快将荚果含水量降到10%以下，便于储存。

二、花生荒漠灌溉区覆膜花生机械化栽培生产技术规程

新疆维吾尔自治区地方标准，DB 65/T 4385—2021，实施日期：2021-09-01。

起草单位：新疆农业科学院农作物品种资源研究所、新疆农业科学院经济作物

研究所

主要起草人：苗昊翠、李利民、张佳蕾、李强、宋羽、张智猛、张龑、刘宁、侯献飞、朱鹏、陶建飞、顾秋丽、艾合买提·哈里克

1 范围

本文件规定了花生间作玉米的土壤选择与整地施肥、品种选择与种子处理、地膜选择、播种与覆膜、田间管理、收获与晾晒和清除残膜。

本文件适用于花生间作玉米机械化生产。

2 规范性引用文件

GB 4285 农药安全使用标准

GB/T 8321（所有部分） 农药合理使用准则

NY/T 496 肥料合理使用准则通则

NY/T 855 花生产地环境技术条件

3 地块选择

选择交通方便、地势平坦、坡度小于10°、土质为轻壤或砂壤、适于机械进行田间操作的地块。产地环境应符合NY/T 855要求。

4 耕地

北方宜冬前耕地，早春顶凌耙耢，或早春化冻后耕地，随耕随耙耢；南方宜播前耕地。年份间宜深浅轮耕，深耕年份耕深或深松30～33 cm，一般年份耕深25 cm左右，每隔两年进行1次深耕或深松，以打破犁底层，增加活土层，提高土壤的蓄水保肥能力。土层较浅的地块，可逐年增加耕层深度。

5 施肥方法

肥料施用应符合NY/T 496要求。结合耕地将全部有机肥和2/3化肥施入耕作层内，结合起垄将1/3化肥包施在垄内，做到全层施肥。

6 品种选择

选择中晚熟直立型品种。选用增产潜力大、结果集中、子房柄坚韧、适收期较长、品质优良、综合抗性好的花生品种，并通过省或国家审（鉴、认）定或登记。

7 剥壳与精选种子

剥壳前晒种2～3 d，按每50 kg荚果喷洒1 kg左右清水，再用塑料薄膜覆盖6 h左右，选用性能优良的剥壳机进行剥壳。选用大而饱满的籽仁作种子，宜随剥壳、随选种、随播种。

8 地膜选择

选用宽度90 cm、厚度0.004～0.006 mm、透明度≥80%、展铺性好的常规聚乙

烯地膜。

9　播种与覆膜

9.1　播种期

大果品种宜在 5 cm 日平均地温稳定在 15 ℃以上、小果品种稳定在 12 ℃以上时播种。一般适宜在 4 月下旬至 5 月上旬播种。

9.2　土壤墒情

播种时土壤相对含水量以 65%～70%为宜。

9.3　机械播种覆膜

选用作业性能优良、符合农艺要求、并获得农机推广许可证的花生联合播种机，根据种植规格和无机肥施用数量调好行穴距、施肥器流量及除草剂用量，开沟、播种、施肥、覆土、起垄(或平铺)、镇压、喷施除草剂、覆膜、膜上覆土 1 次完成。

10　田间管理

10.1　防治病虫害

施用农药应符合 GB 4285 和 GB/T 8321 规定。

10.2　防治徒长

主茎高度北方达到 30～35 cm，南方达到 35～40 cm 时，及时喷施符合 GB 4285 和 GB/T 8321 要求的生长调节剂，施药后 10～15 d，如果主茎超过 40 cm 可再喷施一次，使植株高度符合农艺和机械收获的要求。

11　收获与晾晒

11.1　分段收获

选用作业性能优良并获得农机推广许可证的花生收获机挖掘、抖土和铺放，随后在地头或晒场上用摘果机摘果，摘果后及时去杂和晾晒；或在田间整棵晾晒，待荚果水分含量降至 15%左右，用摘果机摘果，摘果后晾晒。晾晒至荚果含水量 10%以下。

11.2　联合收获

选用作业性能优良并获得农机推广许可证的花生联合收获机，优先选用列入农业机械购置补贴产品目录的联合收获机，将收获和摘果 1 次完成。

收获应在适收期内进行。收获前若土壤含水量过低，不利于联合收获，可在收获前 3～4 d 浇少量水，以润透土壤、利于收获。

12　清除残膜

收获后及时清除田间残膜。

三、花生间作玉米机械化栽培技术规程

吉林省地方标准，DB 22/T 2257—2021，实施时间：2017-03-01。

由吉林省农业委员会提出并归口。

起草单位：吉林省农业科学院。

主要起草人：高华援、王绍伦、杨富军、刘海龙、周玉萍、陈小姝、孙晓苹、李春雨。

1 范围

本文件规定了花生间作玉米的土壤选择与整地施肥、品种选择与种子处理、地膜选择、播种与覆膜、田间管理、收获与晾晒和清除残膜。

本文件适用于花生间作玉米机械化生产。

2 规范性引用文件

GB 4285 农药安全使用标准

GB/T 8321(所有部分) 农药合理使用准则

GB/T 17980.139 农药 田间药效试验立准则(二) 第139部分：玉米生长调节剂试验标准

NY/T 855 花生产地环境技术条件

NY/T 1355 玉米收获机作业质量

NY/T 1628 玉米免耕播种机作业质量

3 术语及定义

下列术语和定义适用于本文件。

花生间作玉米 peanut intercropping maize

花生和玉米按适合机械化作业的行比种植在同一地块的垄作栽培方式。

4 土壤选择与整地施肥

4.1 土壤

土壤应符合NY/T 855的要求。选择交通方便、土质为轻壤或砂壤土、土层深厚、耕作层肥沃、地势平坦、适于机械化作业的地块。

4.2 整地

机械耕地，耕深20～25 cm，随耕地随旋耕，达到深、松、细、碎、平，无杂草，无前作根茬并及时起垄。

4.3 施肥

4.3.1 花生施肥

结合整地起垄一次性施优质农家肥 30 000～45 000 kg/hm^2，施氮(N)97.5～142.5 kg/hm^2，磷(P_2O_5)70.5～93.0 kg/hm^2，钾(K_2O)90.0～112.5 kg/hm^2。

4.3.2 玉米施肥

结合整地起垄一次性施优质农家肥 30 000～45 000 kg/hm^2，磷(P_2O_5)97.5～111.0 kg/hm^2，钾(K_2O)90.0～111.0 kg/hm^2；每公顷施氮(N)187.5～199.5 kg/hm^2，氮 1/3 做底肥、2/3 做追肥。

5 品种选择与种子处理

5.1 品种选择

5.1.1 花生

选择耐荫性好、抗逆性强，增产潜力大、品质优良并通过省或国家农作物品种审(认)定的中早熟直立型品种。用种量(籽仁)150～225 kg/hm^2。

5.1.2 玉米

选择茎秆高度较矮、株型紧凑、耐瘠薄、抗旱、抗病并通过省或国家农作物品种审(认)定的高产中晚熟品种。用种量 30～35 kg/hm^2。

5.2 种子处理

5.2.1 花生

剥壳前晒种 2～3 d，播种前 7～10 d 剥壳，剥壳时剔除虫、芽、烂果。剥壳后选用一、二级种子播种。用花生专用种衣剂包衣后播种。

5.2.2 玉米

用玉米专用种衣剂包衣后播种，或直接选用包衣种子。

剔除破损、虫蛀、发芽、霉变的籽仁。按籽仁大小分为一、二、三级，一、二级作种用分别包装。

6 地膜选择

花生地膜覆盖播种选用展铺性好、透明度≥80%、宽度 130 cm 左右、厚度 0.008 ml 的聚乙烯地膜。

7 播种与覆膜

7.1 播种期

7.1.1 花生

大果品种日平均 5 cm 地温稳定在 15 ℃以上，小果品种稳定在 12 ℃以上可以播种。播种深度 3～4 cm。

7.1.2 玉米

日平均 5 cm 地温稳定在 8 ℃以上可以播种。播种深度 3～5 cm。

7.2 土壤墒情

播种时土壤相对含水量以 60%～70%为宜。

7.3 种植方式

采用 6 行玉米||6 行花生种植方式，玉米与花生行距均为 60 cm，玉米种植密度每公顷为 7.5 万～8.0 万株/hm^2，花生种植密度为 13.5 万～16.5 万穴/hm^2，每穴播 1 粒。

7.4 机械覆膜

选用农艺性能优良的花生联合播种机，根据种植规格调好行穴距及除草剂用量，播种、覆土、镇压、喷施除草剂、覆膜、膜上覆土一次完成。花生联合播种机械符合以下要求：播种深度 30～50 mm、穴距 100～150 mm(可调)、空穴率小于≤1%、匹配动力 9～15 kW 小四轮拖拉机。

7.5 玉米机械播种

播深 3～5 cm，深浅一致，覆土均匀，重播率≤2.0%，漏播率≤2.0%。机械播种作业质量应符合 NY/T 1628 要求。

8 田间管理

8.1 引苗

花生基本齐苗时，及时将膜上的土带撤到垄沟内，缺穴的地方要及时补种，四叶期开始引苗，抠出膜下侧枝。

8.2 防治病虫害

农药使用应符合 GB/T 4285 及 GB/T 8321(所有部分)的要求，按照规定的用药量、用药次数、用药方法机械施药。

8.3 化控

8.3.1 花生

花生结荚初期、主茎达到 35 cm 时，喷施应符合 GB 4285 及 GB/T 8321(所有部分)要求的生长调节剂化控 1 次，施药后 10～15 d、主茎超过 40 cm 可再化控 1 次。

8.3.2 玉米

玉米 8～9 展叶期，喷施应符合 GB/T 17980.139 要求的生长调节剂进行 1 次化控处理。

9 收获与晾晒

9.1 花生

花生 65%以上荚果果壳硬化、网纹清晰、果壳内壁呈青褐色斑块时，用花生分段收获机及时收获。收获后及时去杂和晾晒，将荚果水分含量降至 9%以下。

9.2 玉米

玉米生理成熟后 7～10 d，采用机械收获。收获机作业质量应符合 NY/T 1355 的要求。

10 清除残膜

花生收获后，应将田内的残膜捡净，减少田间污染，残膜回收机械作业深度 0～10 cm、回收率≥80%，剩余残膜人工清除。

第六节
花生农机农艺深度融合技术

一、花生农机农艺融合基本内涵

农业机械是指农业生产中为实现农艺技术要求而设计制造的技术装备;农艺是农业生产中农作物种植制度及相关技术措施的总称,包括作物育种、栽培、病虫害防治等技术;农机化在提高劳动生产率,为农艺技术有效实现提供装备支撑的同时,也对农业生产条件和种植制度,如种植品种、生产规模化、标准化、土壤及水热条件等,也对农艺提出了较人工生产更高的要求;农机农艺融合是指农业生产中围绕如何以最小投入取得最高产出,使农业机械的结构原理、作业模式及技术性能等和品种、栽培、管理等农艺技术的相互适应和有机协同,以构成高效协调机械作物生产系统。农机和农艺要相互了解,融为一体、合二为一,农艺是农机的目标和方向,没有农艺,无的放矢;农机是农艺的载体,没有农机,难以实现。农机与农艺互为依存,是一个有机统一体,二者只有实质性结合,才能充分发挥农机和农艺的潜力,实现农业增产增效,实现农业现代化。农机农艺融合是实现农机化的重要内容和必由之路,也是实现农机化和农业现代化的长期和艰巨任务。

中国花生农机农艺融合的主要问题包括种植区域分布过于分散,宜机品种较少、种植标准化程度较低、管理不规范、先进适用机具较少、规模化程度较低。全国各地花生农机农艺融合的主要目标是达到花生产业的区域优势化、品种精简化、种植标准化、管理规范化、精良高效化、种植规模化。

二、中国花生农机农艺融合关键技术要点

花生生产全程机械化主要包括耕、种、管、收、加(产地加工)五大环节,机械化收获是关键,全程机械化须以选定机械化收获模式为主控目标和统领,统筹耕、种、管、收、加一体化,实现农机农艺全过程机械化无缝衔接。

(一) 鲜食、烘烤和种用花生

因鲜食、烘烤和种用花生要求荚果破损率低、完整性好,宜采用半喂入联合收获设备,或采用机械挖掘+鲜秧半喂入摘果(适于丘陵山区);以收获方式为统领,进行耕、种、管、收、加一体化深度融合,并实现全过程无缝衔接与方案选定。其农机农艺融合技术要点具体如下。

1. 耕整地

春播花生在前茬作物收获后,及时耕整地,耕翻深度 22～25 cm,要求深浅一致,无漏耕,覆盖严密。播前精细整地,保证土壤表层疏松细碎,平整沉实,上虚下实,拣出>5 cm 石块、残膜等杂物。夏播花生在前茬作物收获后,要及时耕整地,达到土壤细碎、无根茬。结合土地耕整,同时施底肥和土壤处理。南方产区,施肥以基肥为主,叶面追肥为辅。基肥在整地前首先采用一次性施足,以确保土壤肥力充足。施 7 500 kg/hm^2 腐熟有机肥,750 kg/hm^2 钙镁磷肥,硼砂 7.5 kg/hm^2,复合肥 600 kg/hm^2。

选用机具:主要包括秸秆粉碎还田机、深翻犁、旋耕机等,由于该类型设备多为通用型设备,可结合当地拖拉机大小选择相应机具。

2. 播种

品种选择:根据当地生产和种源条件,选择结果集中(以主根为中心,直径<20 cm)、结果深度较浅(<10 cm)、适收期长、果柄强度大、果-柄连接力小于秧-柄连结力,优质、高产、抗逆性强、直立型抗倒伏花生品种。荚果:在充分考虑产量基础上,长宽厚尺寸分布范围应较为集中;外形规则,以串珠型或类串珠型最优,其次是蚕茧型、普通型;荚果缩缢浅;荚果网纹浅;果嘴紧。较高含水率(15%以上)果壳抗机械损伤强度大。籽仁:大小均匀一致;以圆柱形、椭圆形为宜;胚根不宜过于突出;红衣致密光滑、蜡质匀而厚,不易破损脱落;子叶间结合力要大,不易分开;红衣

与子叶结合较为紧密，受含水率影响较小。以利于机械化播种时取种、充种可靠，损伤率低于防止播前萌动。

种子处理：根据种子尺寸分布规律种子分级确保种子大小基本一致，种子纯度96%，种子净度99%，发芽率达到国家标准要求。播种前，按农艺要求选用适宜的种衣剂，对花生种子进行包衣（拌种）处理，处理后的种子阴干，保证排种顺畅，必要时需进行机械化播种试验。选用机具：可选择包衣机对种子包衣处理，如BY-20型拌种机、FM600拌种机、5BY-650J型包衣机；推荐配合高巧、适乐时、多菌灵种衣剂进行包衣。

播种密度：穴播，大果花生品种12万～15万穴/hm^2，小果花生品种15万～18万穴/hm^2为宜，每穴2粒。一般情况下，播种早、土壤肥力高、降雨多、地下水位高的地方，或播种中晚熟品种，播种密度较小；播种晚、土壤瘠薄、中后期雨量少、气候干燥、无水利条件的地方，或播种早熟品种，播种密度较大。有条件的区域可采用单粒精播，但需要保证种子质量，且种植密度应保证在21万～24万穴/hm^2。

种植模式：采用一垄双行（覆膜）播种。垄距85～90 cm，垄面宽>50 cm（低产田，为提高种群数，可适当缩小垄距和垄面宽），垄上小行距25～30 cm，垄高12～15 cm。覆膜播种苗带覆土厚度应达到4～5 cm，有利花生幼苗自动破膜出土。易涝地宜采用一垄双行（覆膜）高垄模式播种，垄高15～20 cm，有利机械化标准种植和配套收获。

播种条件：播种时土壤绝对含水率以15%～18%为宜，即耕作层土壤手握能成团，手搓较松散。墒情过差的话，会出现不出苗的情况，应及时补水。

播种除草：南方产区，花生机械化播种时，应同步喷施除草剂，喷施量按药物说明确定。用金都尔1.50～2.25 kg/hm^2，兑水900 kg/hm^2喷雾，也可选用乙草胺、甲草胺、异丙甲草胺等发芽前除草剂封闭除草。选用机具：应选用可一次性完成起垄、播种、覆膜、施肥等作业的复式花生播种机，如2BFH系列花生起垄播种机、2MB-2型多功能花生播种机、花生起垄施肥精量播种机等。

播种作业垄行数、垄行距须与收获机械一次性收获垄行数、垄行距相匹配。

3. 田间管理

病虫草害防治：根据病虫草害发生情况，选择适宜的药剂和施药时间。叶斑病和网斑病，使用吡唑嘧菌酯类或者苯甲・丙环唑类药剂喷施防治；白绢病在花生封垄前使用噻呋酰胺类药剂进行防治；蛴螬使用辛硫磷或者吡虫啉等药剂进行拌种或者穴施防治。

化控调节：花生盛花期到结荚期，株高超过 35 cm，有徒长趋势的地块，须采用生长调节剂进行防控，防止徒长倒伏，株高控制在 40～50 cm。选用机具：可采用机动喷雾机、背负式喷雾喷粉机、电动喷雾机、农业航空植保等机具。

排灌：花生生育期间干旱无雨，应及时灌溉；如雨水较多、田间积水，应及时排水防涝以免烂果。

4. 收获

收获期：一般当花生植株表现衰老，顶端停止生长，上部叶片和茎秆变黄，大部分荚果果壳硬化，网纹清晰，种皮变薄，籽仁呈现品种特征、70%的荚果已经成熟时即可收获。如果收获后的花生做种用，则可适当提前 3～5 d 收获。

收获条件：土壤绝对含水率在 10%～18%，手握能成团，手搓较松散，即适合花生收获机械作业。土壤含水率过高，无法机械化收获；含水率过低且土壤板结时，可适度灌溉补墒，调节土壤含水率后机械化收获。

选用机具：应采用“一段式”收获，即选用半喂入联合收获一次性完成挖掘起秧、秧果输送、清土、摘果、清选、集果和秧蔓成条铺放作业。可选择的收获设备包括：4HBL－2 型花生联合收获机、4HBL－4 型花生联合收获机、4HLB－2 型花生联合收获机、4HB－2A 花生联合收获机。丘陵山区与小区试验也可采用机械挖掘＋鲜秧半喂入摘果。挖掘起秧机可选用：4HT－2 型花生铺放收获机、4H－2 型花生收获机等。鲜秧半喂入摘果机可选用 4HZB－2A 型花生半喂入摘果机。

秧蔓处理：采用覆膜种植，收获后的花生秧蔓如用作饲料，需要用膜秧分离设备将地膜从花生秧中去除。选用机具：花生秧碎秸除膜机、花生秧除膜机、花生秧除膜机等。

5. 干燥

“一段式”收获，收获后花生荚果含水率较高，需要及时干燥（干至含水率 8%～10%），防止霉变和黄曲霉毒素污染。

选用机具：可选用 5H－10 低温混流循环式、换向通风固定床式、筒状固定床式系列花生干燥技术与设备、花生荚果干燥机，也可选择通用型干燥机进行荚果干燥作业，如 SKS 箱式（通风式）干燥机，但干燥成本相对较高。

6. 种子脱壳

机械脱壳前，根据花生清洁度，去杂处理，并适当分级（综合考虑分级设备情况，建议至少分 3 级）以降低脱壳破损。花生荚果应保持在适宜的含水率：籽仁含水率控制在 11.5%左右，果壳含水率控制在 9%左右，太潮湿降低效率，太干则易破碎。根据花生荚果实际情况，通过调湿处理调节花生籽仁、果壳含水率：冬季脱壳，花生荚果含水率低于6%时，应均匀喷洒温水，用塑料薄膜覆盖10 h左右，阳光下晾晒1 h左右后脱壳，其他季节用塑料薄膜覆盖6 h左右即可。脱壳时，根据花生籽仁大小，选择合适的凹版筛，合理调整脱粒滚筒与凹版筛的工作间隙，调整花生脱壳旋转部件（滚筒或打杆）的线速度约2.4 m/s。花生脱壳过程中，根据花生脱壳设备生产率情况，连续稳定喂入花生荚果，切忌喂入量过大、过小或中断。采用调湿处理脱壳作业，脱壳后种子应及时播种，不宜长期存放（存放时间应小于30 d）。

机具选择：农业农村部南京农业机械化研究所花生种子脱壳机、漳浦长禾农业机械有限公司云农号花生种子剥壳机、烟台令元花生机械有限公司生产的LY-B型花生脱壳机、南京精谷种子加工机械有限公司6BH30型、6BH400型花生种子脱壳机等。

7. 种子分级

种子分级分为荚果分级和籽仁分级。荚果分级可提升种子脱壳作业质量，籽仁分级可提高播种质量。

选用机具：可根据实际生产规模选择相关产品。

（二）油用花生

相对鲜食、烘烤和种用花生，油用花生对荚果破损率和完整性要求较低，宜采用挖掘晾晒＋捡拾联合收获，或采用挖掘晾晒＋人工捡拾＋场上固定式机械化摘果，有利提高生产效率和降低农艺要求；同样以收获方式为统领，深度融合耕、种、管、收、加一体化，实现全过程机械化生产无缝衔接与方案选定。

油用花生农机农艺融合技术要点与鲜食、烘烤和种用花生的不同主要在于：收获方式宜采用两段式收获；种植品种有条件的产区推荐选用半匍匐型，有利机械化挖掘实现翻秧晾晒和顺畅捡拾摘果；果柄力较小，有利减小摘果机械力，降低裂荚率和破损率；种植模式可垄作也可平作；其他基本相同。其农机农艺融合技术要点具体如下。

1. 耕整地

耕整地要求：春播花生在前茬作物收后，及时进行耕整地，耕翻深度一般为22～25 cm，要求深浅一致，无漏耕，覆盖严密。播前精细整地，保证土壤表层疏松细碎，平整沉实，上虚下实，拣出大于5 cm石块、残膜等杂物。夏播花生在前茬作物收获后，应及时耕整地，达到土壤细碎、无根茬。结合土地耕整，同时施底肥和土壤处理。麦茬夏花生播种前,如果采用全量秸秆地花生洁区播种机进行播种作业,田间小麦秸秆和根茬可不做任何处理。南方产区,施肥以基肥为主,叶面追肥为辅。基肥在整地前一次性施足,以确保土壤肥力充足。可 7 500 kg/hm^2 腐熟有机肥,750 kg/hm^2 钙镁磷肥,7.5 kg/hm^2 硼砂,600 kg/hm^2 复合肥。

选用机具:秸秆粉碎还田机、深翻犁、旋耕机等,多为通用型设备,可结合当地拖拉机大小选择相应机具。

2. 播种

(1) 品种选择

推荐选用半匍匐型、果柄强度小、株型适中(宽窄行种植,以宽行不封行为宜),生育期适宜、结果深度较浅、适收期长,优质、高产、抗逆性强。荚果:在充分考虑产量基础上,长宽厚尺寸分布范围应较为集中;外形规则,以串珠型或类串珠型最优,其次是蚕茧型、普通型;荚果缩缢浅;荚果网纹浅;果嘴紧。较高含水率(15%以上)果壳抗机械损伤强度大。籽仁:大小均匀一致;形状以圆柱形、椭圆形为宜;胚根不宜过于突出;红衣致密光滑、蜡质匀而厚,不易破损脱落;子叶间结合力要大,不易分开;红衣与子叶结合较为紧密,受水分影响较小。

(2) 种子处理

根据种子尺寸分布规律分级种子,确保种子大小基本一致,纯度 96%以上,净度 99%以上,发芽率达到国家标准要求。播种前,按农艺要求选用适宜的种衣剂,对花生种子包衣(拌种),处理后种子阴干,保证排种顺畅,必要时需进行机械化播种试验。选用机具:可选择包衣机对种子包衣,如 BY-20 型拌种机、FM600 拌种机、5BY-650J 型包衣机(须改进后使用,生产率约 2 t/h)。推荐配合高巧、适乐时、多菌灵等种衣剂包衣。

(3) 播种密度

穴播,半匍匐型品种 12 万穴/hm^2 左右,匍匐型品种 9 万穴/hm^2 左右,每穴 2 粒。一般情况下,播种早、土壤肥力高、降雨多、地下水位高的地方,或播种中晚熟品种,播种密度较小;播种晚、土壤瘠薄、中后期雨量少、气候干燥、无水利条件的地方,或播种早熟品种,播种密度较大。有条件的区域可采用单粒精播,需要保证种子质量,种植密度应保证在 21 万~24 万穴/hm^2。

(4) 种植模式

一垄双行(覆膜)播种。垄距 85~90 cm,垄面宽>50 cm(低产田,可适当缩小垄距和垄面宽),垄上小行距 25~30 cm,垄高 12~15 cm。覆膜播种苗带覆土厚度应达到 4~5 cm,有利花生幼苗自动破膜出土。易涝地宜采用一垄双行(覆膜)高垄模式播种，垄高 15～20 cm，有利机械化标准种植和配套收获。新疆产区可探索适宜其高效机械化生产的种植模式。

麦茬夏播可采用宽窄行平作种植模式，行距可参照垄作模式，播种作业幅宽须与收获设备作业幅宽相匹配。

（5）播种条件

播种时土壤绝对含水率以 15%～18% 为宜，即耕作层土壤手握能成团，手搓较松散。墒情过差会出现不出苗的情况，应及时补水。

（6）播种除草

南方产区，花生机械化播种时，应同步喷施除草剂，喷施量按药物说明确定。用金都尔 1.5～2.25 kg/hm^2，兑水 900 kg/hm^2 喷雾，也可选用乙草胺、甲草胺、异丙甲草胺等发芽前除草剂封闭除草。选用机具：应选用可一次性完成起垄、播种、覆膜、施肥等作业的复式花生播种机，如 2BFH 系列花生起垄播种机、2MB－2 型多功能花生播种机、花生起垄施肥精量播种机等。远期需要研发可实现花生单粒精播作业的花生播种机。

播种作业垄数、垄距，须与收获机械一次性收获垄数、垄距匹配。

3. 田间管理

病虫草害防治：根据病虫草害发生情况，选择适宜的药剂和施药时间。叶斑病和网斑病，使用吡唑嘧菌酯类或者苯甲 · 丙环唑类药剂喷施防治；白绢病在花生封垄前使用噻呋酰胺类药剂进行防治；蛴螬使用辛硫磷或者吡虫啉等药剂拌种或者穴施防治。

（1）化控调节

花生盛花期到结荚期，株高大于 35 cm，有徒长趋势的地块，须采用生长调节剂防控。选用机具：可采用机动喷雾机、背负式喷雾喷粉机、电动喷雾机、农业航空植保等机具。

（2）排灌

花生生育期间干旱无雨，应及时灌溉；如雨水较多、田间积水，应及时排水防涝以免烂果。

4. 收获

（1）收获期

一般当花生植株表现衰老，顶端停止生长，上部叶和茎秆变黄，大部分荚果果壳硬化，网纹清晰，种皮变薄，仁果呈现品种特征，70% 的荚果已经成熟时即可收获。如果收获后的花生做种用，则可适当提前 3～5 d 收获。

(2) 收获条件

土壤绝对含水率在10%～18%为宜，手握能成团，手搓较松散，即适合花生收获机械作业。土壤含水率过高，无法进行机械化收获；含水率过低且土壤板结时，可适度灌溉补墒，调节土壤含水率后机械化收获。

(3) 选用机具

宜采用“两段式”收获，即先利用花生挖掘收获机完成挖掘起秧、清土和秧蔓铺放作业，再利用捡拾联合收获机完成捡拾摘果、清选、集果作业及秧蔓粉碎收集；或人工捡拾收集秧果后，再利用场地式摘果机进行摘果作业。在丘陵坡地，可采用花生挖掘机铲断花生主根，人工拔出、晾晒、捡拾，再利用场地式摘果机完成摘果作业。可选择的花生挖掘收获机包括：4H－1600型花生收获机、4HW－160型花生收获机、4HT－2型花生铺放收获机、4H－2型花生收获机等。可选择的捡拾联合收获设备包括：5HZZJ－2500花生捡拾联合收获机、4HZJ－3000自走式花生捡拾收获机、4HZJ－2600型花生收获机等；可选择的场地式摘果机包括：4HZF－165复式花生摘果机、5HZ－1950型花生摘果机、5HZ－500型花生摘果机等。远期，需研发可将匍匐型花生荚果朝上晾晒的挖掘收获机。

(4) 秧蔓处理

收获后的花生秧蔓，如用作饲料，并且采用覆膜种植的，应将地膜从花生秧中去除。选用机具：花生秧碎秸除膜机、花生秧除膜机、花生秧除膜机等。

5. 干燥

“两段式”收获后，如果花生荚果未达到安全贮藏含水率，应及时干燥(干至含水率8%～10%)，防止霉变和黄曲霉毒素污染。

选用机具：可选用低温混流循环式、换向通风固定床式、筒状固定床式、便捷折叠床式系列花生干燥设备、花生荚果干燥机，也可选择通用型干燥机进行荚果干燥作业，如SKS箱式(通风式)干燥机，但其干燥成本相对较高。

6. 种子脱壳

机械脱壳前，根据花生清洁度，去杂处理，并适当分级(综合考虑分级设备情况，建议分3级)以降低花生种子脱壳的破损。花生荚果应保持在适宜的含水率：籽仁含水率控制在11.5%左右，果壳含水率控制在9%左右，太潮湿降低效率，太干则易破碎。可根据花生荚果实际情况，通过调湿处理调节花生籽仁、果壳含水率：冬季脱壳，花生荚果含水率低于6%时，应均匀喷洒温水，用塑料薄膜覆盖10 h左右，然后在阳光下晾晒1 h左右再脱壳，其他季节用塑料薄膜覆盖6 h左右即可。脱壳时，根据花生籽仁大小，选择合适的凹版筛，合理调整脱粒滚筒与凹版筛的工作间隙，调整花生脱壳旋转部件（滚筒或打杆）的线速度约为 2.4 m/s。花生脱壳过程中，根据花生脱壳设备生产率情况，连续稳定喂入花生荚果，切忌喂入量过大、过小或中断。

机具选择：LY－B 型花生脱壳机、6BH30 型花生种子脱壳机、6BH400 型花生种子脱壳机等。

第七节
花生全程机械化方向与建议

随着全球油料供应日趋紧张和花生功能不断拓展及挖掘,全球花生种植面积和产量正不断增加。进入后工业化的发达国家和地区,其技术进步与科技创新已进入良性发展时期,智能控制、数字化等高新技术不断应用到农业装备上,其花生生产机械正依照本国的种植特点,向精良化、大型化、机电一体化、智能化、数字化和人性化方向发展。

2018年,国务院发布《国务院关于加快推进农业机械化和农机装备产业转型升级的指导意见》,提出要加快推动农机装备产业高质量发展,要着力推进主要农作物生产全程机械化,大力推广先进适用农机装备与机械化技术。“十三五”以来,农业机械化管理体制机制持续优化,农业机械化转型升级取得明显成效,中国农业机械化取得了长足发展,形成了向全程全面高质高效转型升级的良好态势,为保障粮食等重要农产品供给安全、打赢脱贫攻坚战、全面建成小康社会提供了强有力支撑。“十三五”期间,中国花生耕、种、管、收机械化均取得了快速长足发展,但区域发展差异大,好机嫌少,质量和效能显示低下等问题仍较为突出。

“十四五”时期,“三农”工作进入全面推进乡村振兴、加快农业农村现代化的新阶段,对农业机械化全程全面和高质量发展提出了新的更高要求。2021年12月,国务院发布了《“十四五”推进农业农村现代化规划》,明确“十四五”推进农业农村现代化,提升农产品供给保障水平,提升农业质量效益和竞争力,提升产业链供应链现代化水平。这是中国首部将农业现代化和农村现代化一体设计、一并推进的规划。2022年1月5日,农业农村部印发《“十四五”全国农业机械化发展规划》指出,中国农业生产已从主要依靠人力畜力转向主要依靠机械动力,进入了机械化为主导的新时期;覆盖农业产前产中产后的农机社会化服务体系基本建立,机械化与信息化、智能化进一步融合；全国农机总动力稳定在 11 亿 kW 左右，农作物耕种收综合机械化率达到 75%，粮棉油糖主产县（市、区）基本实现农业机械化，丘陵山区县（市、区）农作物耕种收综合机械化率达到 55%；要求大力发展经济作物生产机械化，并对花生提出新要求：一是在花生优势产区推广夏花生免膜种植与果秧兼收机械化技术；二是到 2025 年花生种植、收获机械化率分别达到 65%和 55%；三是其他与花生相关的要求：减损增效，发展脱壳、清选、烘干、储藏和膨化保鲜等初加工机械，加快补齐丘陵山区农业机械化短板，推动农业机械化智能化、绿色化，做大做强农业机械化产业群产业链等。

“十四五”期间花生机械化将进入加快发展期，“全程全面、提质提效”是花生全程机械化的总体发展方向和必然趋势。

一、中国花生生产（全程）机械化发展方向

（一）以提质提效为主控目标，由低级粗放向精良化、高质化发展转变

具体包括不断优化机械化生产技术模式、全程机械化装备配置；不断提高装备技术性能和作业质量，特别是多功能、适应性、可靠性提高等；机信融合等新材料、新工艺、新技术应用亦会得到进一步加强。

（二）由产中向产前产后拓展，促进全程全面发展

在不断优化提升并着力加快种植和收获两大关键环节机械化的同时，也要加快高效低损种用花生脱壳、高质高效节能产地干燥设备研发应用，同时花生种子加工成套技术装备研发也应成为重要任务之一。

（三）加快丘陵山地机械化，缩小区域差距

以省域为主体，整合形成省内各方力量、各种资源，以机械化标准种植为抓手和基础，促进丘陵山区花生机械化发展，尤其是要加快花生第三种植大省——广东的机械化发展，加快扭转“落后农业生产”和“先进工业生产”极不相称的突出问题。

（四）系统推进将成为必然选择

加快农机农艺深度融合，加快标准化生产，实现种收一体化统筹、无缝衔接；加快丘陵山区宜机化改造，“以地适机”与“以机适地”并举并重相向而行；加快机械化与新型经营主体更好结合，以农机化服务模式创新带动规模化生产和促进机械化发展等系统举措，将成为促进花生全程机械化发展的必然选择和重要举措。

二、加快推进中国花生生产（全程）机械化发展建议与措施

（一）加快农机农艺融合

花生种植仍多以农户为生产单元分散经营为主，规模化种植和专业化生产较少；种植品种繁杂、生产模式多样，标准化生产与宜机化品种选育进展缓慢，制约了花生机械化生产发展和效能发挥。建议加快农机农艺融合，积极探索和加快花生规模化生产，引导开展以宜机化为目标的品种培育、栽培模式制定等工作，农机专家与农学农艺专家协同开展品种、栽培、机械化农机农艺融合示范推广。把加强农机农艺融合作为《农机化促进法》重要修订内容，从法律、制度和组织体系上来全方位推进农机农艺融合。

（二）优化产业布局，推进规模化生产

中国花生种植区域广泛，从南到北、从东到西，几乎所有省份都在种植花生，然而河南、山东两省常年稳居花生产量前两位，占全国总产量的47.52%；前10省的产量占全国总产量的86.65%(2021)；且规模化生产程度很低，80%以上花生种植仍以户为单元生产。建议加大对优势产区花生种植和规模化生产的政策扶持力度。

（三）加大装备研发投入，加快从有到好发展步伐

加快优质、高效花生机械化生产技术装备研发，具体包括：低损、高效、精量播种技术设备，高效、低损、低尘花生收获技术设备，高效低损花生种子脱壳、包衣技术设备，高质、高效、低耗机械化干燥技术设备，秧蔓综合利用技术设备等。

（四）加快宜机化农田改造

加快农田宜机化改造，特别是对丘陵山区农田地块开展小并大、短并长、陡变缓、弯变直改造，筑固田埂，贯通沟渠，提升地力，改善花生农业机械通行和作业条件。

（五）建立健全农机社会化服务组织激励机制

进一步建立健全农机社会化服务组织的激励机制，培育一批新型农机服务组织和“全程机械化+综合服务”农事中心，积极探索花生农机化、规模化服务，促进花生产业规模化和农机化高质发展之路。

第八章

花生加工技术

第一节 花生加工发展历程

一、国际花生加工发展历程

花生富含蛋白质和脂肪，各种营养成分比较全面和相对均衡，是世界食用植物油、蛋白质和食物原料的重要来源。早在1981年，西非的塞拉利昂用花生做肥皂、花生酱和人造黄油。全球对花生的需求在不断增加，其中食用花生的比例不断增加，榨油花生的比例不断降低。20世纪40年代以前，用于加工食用油的花生约占世界总产量的72%，用于食品食用的仅占3%。20世纪50年代以后，由于开发利用了其他多种油脂，人们对食用油的需求相对得到满足，且人们对花生的营养价值越来越重视。因此，世界食用花生的消耗量不断增加。20世纪70年代，世界食用花生占总用量的31%，榨油花生占58%；80年代，食用花生占总量的35%，榨油花生占54%；90年代，世界食用花生和榨油花生比重分别为36%和54%。21世纪，榨油花生比例进一步降低，如美国、日本和欧盟等发达国家，由于其他植物油供给充足，且花生产量不大，基本只做食品加工原料，榨油花生所占比例仅在10%左右。美国花生在国际市场占有极其重要的地位，其生产上的任何变化都将影响到国际市场的变化。美国利用花生的最主要途径是生产花生酱，约占50%；其余用作咸花生、带壳烤花生和花生糖果等；花生榨油仅占约15%。

世界发达国家农产品加工业发展迅速，针对花生加工业，不仅仅体现在从以油用为主转变为食用为主，还体现在花生加工产品档次高、花生品种多、加工技术设备先进，实现了连续化、自动化和标准化的大规模工业化生产，产品质量稳定，色、香、味俱全。如花生酱制品，不仅仅在其加工过程中采用了电子分析器，同时还专门设计了研磨、冷却及调配设备，从而生产出不同粒度、稠度的花生酱制品。

二、中国花生加工发展历程

花生是中国主要的油料和经济作物，也是重要的特色出口农产品。1890—1924年间，中国花生输出数量增加了34倍。20世纪90年代中国花生产业迅速发展，花生出口贸易大幅度增加，大大推动了中国花生加工产业的发展，花生加工量相比于20世纪80年代增加了40%。中国花生加工的主要途径为榨油，但近年来随着花生加工工艺的进一步提升以及加工方式的增加，用于食品加工的花生比例逐年增加，用于榨油的花生比例逐年降低，但中国榨油花生比例仍超过50%。

为了进一步提高花生加工工艺，从20世纪80年代起，中国从欧美等国引进花生加工生产线20多余条，大力开发花生酱、花生奶、花生糖等其他花生食品。其中花生酱生产线从年产1 500～12 000 t，花生酱的产量和质量都有大幅提升，产品除内销外，还出口日本、欧盟和北美等国家。同时还培育了一批高技术含量花生加工企业。目前，中国在花生加工利用方面还未全产业化发展，市场上常见的花生制品仅有花生油、花生露、花生酱和花生豆等10余种产品。

第二节 花生加工技术

一、花生油脂加工

（一）榨油工艺

花生油是由脂肪酸（饱和脂肪酸及不饱和脂肪酸）与甘油化合而成，颜色淡黄而透明，没有异味，从工艺特性看，属于不干性油。花生油品质优良、营养丰富、气味清香，是深受人们喜爱的食用油，一直是花生加工的主产品。目前生产花生油的方法有传统的压榨法、预榨—浸出法和水酶法等。

压榨法制油是一种常用的制油方法，中国众多花生产区多用此法。压榨制油主要是利用压力使油料细胞壁破损，使油脂渗出，从操作方法上可分为冷榨法及热榨法。用冷榨法制油，出油少且油中含有较多的水和蛋白质，难以长期保存，压榨花生油时多使用热榨法。压榨法存在提取率低、劳动强度大、生产效率低、成本高等问题。花生浸出法制油是应用萃取的原理，选用能够溶解油脂的有机溶剂，通过对油料的接触，使油料中的油脂被萃取出来的一种制取油脂的方法。此法制油生产效率高、残油率低，但有机溶剂的存在使生产安全性差。此外，油品风味在精炼过程中损失大。水酶法是先利用机械破碎法将油料组织细胞结构和油脂复合体破坏，再利用纤维素酶、果胶酶等降解油料细胞壁的纤维素骨架和细胞间的粘连，使油料细胞内油脂和蛋白质等有效成分充分游离，提高出油率。水酶法最大的优势是在提取油的同时，能有效回收植物原料中的蛋白质（或其水解产物）及碳水化合物。与传统高温浸出法相比，水酶法减少了浸出及去杂精炼设备，简化了 3/4 的设备与工序。

（二）花生油营养价值

花生油因滋味可口、气味芬芳，深受中国居民喜爱，花生油对人体健康有益处，可以降低患心脑血管疾病风险。花生油富含不饱和脂肪酸和微量活性物质如生育酚、多酚、角鲨烯及甾醇等，这些不饱和脂肪酸及活性物质赋予了花生油良好的营养品质。

棕榈酸、硬脂酸、油酸、亚油酸、花生酸、二十碳烯酸、山嵛酸及木质酸是花生油脂肪酸组成的主要成分。生育酚又称维生素 E，是一种机体很难获取的营养素，顾强等（2017）研究表明 90%以上的消费者对其摄入量均未达到推荐值，因此花生油饮食有助于满足机体对生育酚的摄入需求。多酚是植物的次级代谢产物之一，作为一种植物油中常见的天然抗氧化成分，其苯环结构上的酚羟基，可将自由基猝灭，从而阻断自由基链反应，达到抗氧化的作用。花生油中菜油甾醇、β-谷甾醇及豆甾醇是甾醇的主要组成成分。张永辉、李春梅（2011）研究表明，甾醇可以降低 TC 水平、降低心脑血管疾病的患病风险。

（三）高油酸花生油

高油酸花生油中富含油酸（Oleic acid），也就是 Omega-9，是一种单不饱和脂肪酸，化学式 $C_{18}H_{34}O_2$，由于油酸中只含有一个双键，比其他不饱和脂肪酸更加稳定。油酸不仅是植物油的重要组分，还是影响花生油生理活性和营养功能的重要指标，相比普通花生油拥有更好的抗氧化性。高油酸花生油是一种新型的优质食用油，油酸含量一般达到 75%以上，显著高于普通花生油，并且油酸与亚油酸的比例也有所增加（李峰等，2014）。近几年来，在国家花生产业技术体系的大力支持下，多个高油酸花生品种培育成功，高油酸花生油在市场上迅速崛起，逐渐被广大消费者认可和信赖，更是有望取代享有美誉的橄榄油。高油酸花生油的脂肪酸组成主要是油酸和亚油酸，比较有利于人体消化和吸收，还含有甾醇、维生素 E 等物质，所以经常食用高油酸花生油非常有利于人体健康。目前，一批品牌企业均推出了高油酸花生油产品，受到消费者的广泛关注和青睐。

普通花生油属于较为常见的食用油脂，成分中含有大约 50%的油酸和 30%的亚油酸（杨帆，薛长勇，2013），油酸属于单不饱和脂肪酸，而亚油酸是多不饱和脂肪酸，二者对心脑血管健康都可以起到一定的促进作用。高油酸花生油的油酸含量有时高达 80%甚至更多，比普通花生油增加了近 29%。

高油酸花生油虽然比普通花生油抗氧化性好，但仍然避免不了在加工、储藏和运输过程中受到光、热、氧、酶、金属离子等影响而发生氧化酸败甚至变质，会给油脂带来许多不良影响(黄海娟，2012)。另外高油酸花生油中不饱和脂肪酸油酸含量高，高温煎炸的烹饪过程中，不饱和脂肪酸在高温条件下容易发生异构化转变成反式脂肪酸(李安等，2015)。反式脂肪酸会给人身体造成高血压、心脑血管等疾病，严重甚至威胁生命健康。

二、花生蛋白加工

20 世纪 40 年代，中国已有花生蛋白质相关研究。随着生活水平的提高，消费者对蛋白的需求持续增长。与动物蛋白相比，植物蛋白营养价值更高，且不含脂肪及胆固醇。因此，花生蛋白作为一种优质蛋白，受到人们的青睐，已开发出了多种加工工艺，并生产了多种安全、营养、美味的花生蛋白加工产品。

花生蛋白加工工艺可分为三种：低变性花生蛋白粉的生产、组织花生蛋白的生产、分离花生蛋白的生产。

低变性花生蛋白粉的生产。生产流程：花生→分级→脱皮→低温压榨→超微粉碎。水溶法制油工艺主要是利用蛋白质的亲水力和油脂的疏水作用，利用水为介质将细胞结构已被机械作用破坏的花生形成油乳悬浮浆液，经分离获得油乳和蛋白浆液后，再经后处理得到较纯的油脂和蛋白粉产品。

组织花生蛋白的生产。生产流程：低变性花生蛋白粉→调质→挤压膨化→冷却。蛋白质经预处理后，由喂料搅拌喂入膨化机，蛋白质和多糖构成的物料靠旋转螺旋作用向前移动，通过一个套筒，在高温、高压、强剪切力作用下，蛋白质发生变性，分子内部的高度规则性空间排列发生变化，蛋白质分子中的次级键被破坏，肽键结构松散，易于伸展。在蛋白质变性过程中，受定向力的作用，蛋白质分子以一定的取向定向排列，最后在组织化机出口处由于温度、压力突变，水分急剧蒸发，产生一定的膨化而形成多孔的组织化蛋白质。

分离花生蛋白的生产。生产流程：低变性花生蛋白粉→碱液提取→酸沉淀→中和→改性→干燥。利用蛋白在碱性溶液中具有较高的溶解性，将一些纤维素等不溶性的大分子去除，之后利用等电点蛋白质凝沉的性质，将可溶性的糖等小分子物质去除，获得蛋白质含量 90%的一类蛋白产品。

第三节
花生加工食品

一、咸味花生

咸味花生亦称椒盐花生，制作方法有烘烤法和油炸法。无论采用哪种方法，都要选用高品质花生仁。咸味花生制作的基本过程包括：花生仁→去种皮→色选→油榨(或烘烤)→冷却→涂层→加盐和抗氧化剂→密封包装→成品。咸味花生颜色浅、香味独特，其含盐量为1.25%，不含微生物，无酸败油味，货架期长达6个月。近年来为适应市场对低脂肪食品的需求，美国研究出一种部分脱脂咸味花生，其制法是先将整粒花生仁以机械压力脱去部分脂肪。这种低脂肪咸味花生仁含油量低，热值也低，货架期延长，口味柔和，更甜。

二、花生酱

目前，花生酱占中国食用花生消费的37%。花生酱中含有丰富的植物蛋白，富含维生素(烟酸、维生素E等)和矿物质等，营养丰富，风味独特。花生酱被广泛应用于面制品、火锅蘸料等各个领域。现行的花生酱一般是用全脂花生制作而成，脂肪含量在47%左右。由于全脂花生酱脂肪含量较高，因此衍生了新型的低脂型、维生素型、高蛋白型花生酱及其他类型花生酱。低脂型花生酱脂肪含量降低至20%～35%，而蛋白含量增加了15%。维生素型花生酱是以小麦胚芽为配料，制得的花生酱含有多种维生素以及矿物质。高蛋白型花生酱是在花生酱的制作过程中，添加花生粕或大豆粕来提高花生酱中蛋白质含量。稳定性花生酱是在花生酱制作过程中加入稳定剂，提高花生酱的稳定性，延缓其氧化酸败的速率。

三、花生乳

花生乳是以花生为原料生产的乳浊性植物蛋白饮料，蛋白质和不饱和脂肪酸含量高，含有丰富的维生素与矿物质，口感细腻、香甜、顺滑、风味独特，易被人体吸收，被人们誉为“绿色牛奶”，成为人们喜爱的保健饮料。花生饮料制作工艺比较简单，花生仁经过烘烤去皮、浸泡磨浆、过滤、均质及调配杀菌即可。花生乳的调配，是制作色香味俱佳花生乳的关键步骤。花生仁在部分脱脂过程中没有经过高温处理，不具备花生独特的芳香气味，利用这样的原料制作的花生乳有明显的生味。为了增加产品风味，在花生乳中添加白砂糖、脱脂奶粉和花生油等提高产品口感和改善产品色泽。

四、花生粉

花生粉是通过轻度或高温烘烤脂肪含量在12%～28%的花生磨制而成，清淡柔和，具有很浓的花生香味。优质花生粉蛋白60%，脂肪0.75%，粗纤维4.5%，水分8%。脂肪含量高的花生可制作脱脂花生粉，花生仁经低温脱脂、水循环冷却磨粉工艺制取的脱脂花生粉，其蛋白含量可达40%～45%，风味清香、色泽洁白、营养价值高，是食品加工的理想原料。

五、花生酱油

花生榨油后的花生粕中蛋白质含量30%以上，氨基酸含量约40%，含有多种维生素和黄酮类物质，不含胆固醇，是酿制酱油的良好原料。以花生粕、小麦麸皮为原料，利用传统酱油制曲工艺，酿造的酱油除保留传统酱油成分外，还具有花生的独特风味色泽比传统酱油淡。利用花生粕代替传统酱油制取的蛋白质原料是可行的，这为制取花生酱油提供了基础，扩展了花生粕的利用途径。

六、花生豆腐

结合传统豆腐加工工艺，以花生为原料生产具有花生风味的豆腐，将花生适度烘烤后浸泡磨浆，可按照传统方法制作豆腐，但以花生为原料制备豆腐，口感油腻且成型困难。因此，开展花生粕生产豆腐，不仅可以改善豆腐的风味，使其能被更多的消费者接受，而且降低了成本，开辟了花生饼粕利用的新途径。

七、花生蛋白肉

组织化植物蛋白可缓解当前全球动物蛋白供不应求的问题，并降低人类慢性病的发病率，控制流行性疾病的传播以及自然资源的耗竭，具有广泛应用前景。花生蛋白肉是一种高蛋白仿肉型干制食品，生产工艺主要是以脱脂花生粉为原料，用均质挤压膨化方法改变花生蛋白的组织形式，经纺丝集束、挤压喷爆等加工处理，使之具有瘦肉的质构特征，蛋白含量约55%。随着高水分组织化植物蛋白技术瓶颈的突破，花生蛋白肉还能降低食用肉的成本，既能缓解肉制品供不应求的现状，又能满足类似动物肉的口感，降低患慢性病的风险。

基于高水分挤压技术的花生蛋白素肠：中国现有产品主要以低水分组织化植物蛋白为主，其纤维化程度远比不上高水分组织化蛋白，使用前需要复水，只能部分替代动物蛋白，高水分挤压组织化（物料水分含量≥40%）是国际上新兴的植物蛋白重组技术，是目前最有前景的食品加工技术之一，具有高效、低耗、低成本的特点。中国农业科学院农产品加工研究所王强团队（朱嵩，2019），以花生蛋白为主要原料，建立了花生蛋白素肠的制备工艺：水分含量60%、螺杆转速210 r/min、挤压温度130 ℃、喂料速度6 kg/h、冷却温度55 ℃。验证试验的弹性92.84%±0.91%、硬度7.21 kg±0.43 kg、咀嚼度3.07 kg±0.46 kg、垂直切力0.49 kg±0.02 kg。制备的花生蛋白素肠，杀菌4℃贮藏60 d内，菌落总数最高只有46 CFU/g，符合国家标准要求；室温及4 ℃贮藏条件下，花生蛋白素肠硬度和咀嚼度总体都呈增大趋势，弹性呈减小趋势。基于以上研究结果，建立了可产业化的花生蛋白素肠加工工艺并开发出花生蛋白素肠产品。原料经混料，在线调色调味，挤压后通过冷却模口成型，切割整形，拉伸膜真空包装，100 ℃水浴杀菌 17～20 min，冷却风干，即得到色香味俱全、可直接食用的花生蛋白素肠。与市售素肠或猪肉肠相比，花生蛋白素肠硬度、咀嚼度居于市售素肠和猪肉肠之间，弹性高达 92.84%，高于市售素肠弹性(91.83%)和猪肉肠弹性(83.88%)。

八、花生蛋白肽

花生蛋白肽氨基酸组成均衡、全面，含人体必需的 8 种氨基酸，特别是谷氨酸和天门冬氨酸的含量较高，对促进人体脑细胞发育和增加记忆力都有良好的作用。花生蛋白肽还具有增强免疫力，降低血浆胆固醇水平，抗氧化、防衰老等作用。而现在因榨油工艺的高温高压，花生粕中蛋白质变性而难以被利用。目前，蛋白质水解产生蛋白肽产品通常由三种方法：酸水解法、蛋白酶水解法和微生物发酵法。酸法水解蛋白，氨基酸受损严重，水解难控制而较少应用。酶法生产的肽的安全性高，生产条件温和，水易控制，能耗低。李爱江和杨燕芳(2019)研究建立了复合酶法水解花生粕提取蛋白肽的技术，采用由中性蛋白酶和碱性蛋白酶组成的复合酶水解花生粕制备蛋白肽，确定最佳工艺条件如下：中性蛋白酶为 3 000 U/g 和碱性蛋白酶 800 U/g 组成的复合酶，温度为 50 ℃、pH 7.0、水解时间为 120 min 和底物浓度为 6%，在此条件下花生粕的水解度为 27.21%。微生物发酵法具有发酵周期短，生产成本低等优点。明强强等(2013)研究建立了乳酸菌固态发酵制备花生蛋白肽的最佳工艺：营养盐溶液添加量 25 ml，乳酸菌液添加量 5 ml，25 ℃下发酵 72 h。此工艺下制备的花生蛋白肽的可溶性氮浓度达到 70.92 mg/ml，发酵液对 1,1 -二苯基苦基苯肼(DPPH)自由基清除率为 95.00%，羟自由基清除率为 86.28%。花生蛋白肽的抗氧化活性结果显示，对超氧阴离子自由基的清除率是 74.19%，对铁离子和铜离子螯合率分别为 17.71%和 93.28%，对脂质过氧化的抑制率为 36.03%，铁还原力和钼还原力吸光值分别为 1.103 和 0.983。明强强等(2014)研究建立了黑曲霉固态发酵制备花生蛋白肽的最佳工艺：营养盐溶液添加量 15 ml，黑曲霉液添加量 1 ml，30 ℃下发酵 36 h。此工艺制备的花生蛋白肽的可溶性氮浓度达到 38.74 mg/ml，发酵液对 1,1 -二苯基苦基苯肼(DPPH)自由基清除率为 81.22%，羟自由基清除率为 84.88%。分子量小于 5 ku 的花生蛋白肽具有较高的抗氧化活性。

第四节
花生副产物综合利用

花生副产物主要包括花生秸秆、花生壳、花生粕和花生红衣等。

杜其垚(1926)开展了花生秸秆、花生茎、子仁、油饼在化肥上应该的试验(表3和表4)。尹喆鼎(1934)在《山东之落花生》中总结了花生的用途,直接用途包括花生可作为食料、饲料、肥料、燃料,间接用途可榨花生油,花生饼(粉)还可用于制作肥料、饲料和制作蛋白质制品等。中国农业科学院花生研究所主编的《花生栽培》(1963)记载,20世纪50年代左右,华东师范大学已开展花生壳中成分检测,其中蛋白质3.295%、脂肪1.249%、纤维素72.144%、碳水化合物7.462%、灰分1.259%,可消化率很高,可以用饲料。王小淇(2017)指出花生秸秆中的pH 6.15、N 1.44%、C 40.70%、P 0.40 g/kg、K 19.06 g/kg,花生秸秆还田能显著提高土壤pH、有机碳和速效钾含量,但显著降低速效磷含量。

表3 花生藤和花生茎饲料比较

	蛋白质	脂肪	纤维素	含水碳素	灰分	水分
花生藤	10.80%	5.00%	32.30%	39.80%	12.10%	31.90%
花生茎	11.80%	1.80%	22.10%	47.00%	17.00%	7.80%

资料来源:杜其垚《落花生》,《自然界》1926年和1卷第7号。

表4 花生在化肥上的价值

	氮素	磷酸	钾	石灰	灰分	水分
籽仁	4.51%	1.24%	1.27%	0.13%	3.20%	6.30%
藤	1.76%	0.29%	0.98%	2.08%	15.70%	7.83%
壳	1.14%	0.17%	0.95%	0.81%	3.00%	10.60%
油饼	7.56%	1.31%	1.50%	0.16%	3.97%	10.40%

资料来源:杜其垚《落花生》,《自然界》1926年和1卷第7号。

一、花生秸秆

花生秸秆营养物质丰富，是一种优质的粗饲料来源，可作动物饲料，具有极其广阔的应用前景。从产区来看，花生秸秆在东北产区应用较好。花生秸秆作动物饲料最早可追溯至1838年。1838年(清道光十八年)，四川《仁寿县志》记载："落花生……遍山种之。九月驱猪食其中，一二百头瘠而往，辄肥而归。居民以此致富者甚众"，表明当时利用花生茎藤养猪已经有一段时间了。

黄玉德等(1997)认为，将青贮花生秧代替青贮玉米秸秆，对奶牛的饲喂效果较好，其产奶量比饲喂青贮玉米组提高8.4%，奶料比提高0.25%。丁松林等(2002)研究表明，肉牛青贮饲料中添加花生秧后，可使肉牛有显著的增重效果，并可提高肉牛的饲养效益；于腾飞(2012)报道，饲料中添加花生秸秆能够提高粗饲料在牛瘤胃中的吸收和利用。宋琼莉(2006)研究表明，饲料中添加适宜花生秸秆能够提高羔羊生产性能，降低饲养成本。Abdou等(2011)研究花生秸秆并补饲谷物秸秆对羔羊消化率和生长性能的影响，结果表明在生产过程中补饲适量花生秸秆对干物质消化率、纤维和氮具有显著的线性影响，可显著提高羔羊的活体重量和饲料转化率。

陆小虹等(2010)也证实了饲料中添加花生秸秆能提高家兔生长性能，饲喂效果和苜蓿草相当。田小蜜(2009)和苏加义(2014)研究表明，添加适量的花生秸秆粉能够提高繁殖期母兔的产仔数、窝平均活仔数、初生个体重及仔兔断奶重。闫建义等(2013)实验发现，适量添加花生秸秆还可以提高家兔的免疫性能，降低死亡率，促进家兔的生长速率。

罗双喜(1991)研究表明，猪饲料中添加花生秸秆可以提高猪的瘦肉率，其瘦肉率比单用麸皮提高33.21%。任广志(1993)研究指出，育肥猪在前期花生秧粉添加量不超过10%，后期则不超过30%，否则会降低育肥猪的增重速度和饲料转化率，增加养殖成本，降低养猪经济效益。王小民(1999)报道饲料中添加花生秸秆粉能够提高猪的饲料转化率及头均增重，而且可以代替部分豆粕。刘利(2015)试验发现饲料中添加发酵花生秧粉，育肥猪胃肠道纤维素酶活、蛋白酶、淀粉酶和脂肪酶的活力分别提高16.59%、6.28%、17.07%和4.78%，试验结果还表明饲喂发酵花生秧粉可以改善育肥猪肠道菌群结构，其中双歧杆菌、乳酸菌、芽孢杆菌分别提高22.78%、17.13%和18.14%，大肠杆菌降低48.75%，腹泻率降低83.33%。

赵辉(2010)研究表明，鹅2～4周龄时，花生秸秆粉用量3.5%时，鹅的日增重和采食量最高，料重比最低；鹅5～8周龄时，花生秸秆用量23.5%时，料重比最低。Kim SH(2012)，研究证实合浦鹅对花生秸秆粉的中性洗涤纤维和半纤维素的表观代谢率高于稻草粉和玉米秸秆。张丽微(2011)试验表明，饲料中添加花生秸秆能够提高鹅的屠宰率和腹脂率，效果优于玉米秸秆和苜蓿草。康萍(2014)研究表明，日粮中添加花生秸秆不会影响鹅的生产性能，但是能够降低鹅肉中n－3多不饱和脂肪酸的含量。李术娜(2015)使用发酵花生秸秆粉饲喂肉鸭，平均日增重提高21.93%，料重比和增重成本下降17.69%和23.83%。

花生秸秆的生物发酵技术也有少量研究。刘利(2010)以降解淀粉芽孢杆菌、枯草芽孢杆菌和酵母菌为菌种发酵花生秸秆，其发酵后花生秸秆中粗纤维、中性洗涤纤维、酸性洗涤纤维和木质素含量分别降低19.82%、10.47%、12.18%和12.79%。粗脂肪含量降低66.43%，粗蛋白质含量提高46.69%，有机酸含量提高67.96%。叶川等(2011)利用纤维杆菌对花生秸秆降解率可达41.27%。章双杰等(2011)研究发现，微生物制剂并不能真正降解花生秸秆中的纤维，也不能提高其消化利用率。贺涛等(2013)研制出一种发酵花生秧用发酵菌液，发酵菌液由A液和B液组成，花生秸秆发酵后粗蛋白质提高25.28%，粗脂肪提高28.51%，粗纤维降低13.54%。王雷雷等(2015)研究表明，6种真菌处理后，粗蛋白质最高提高30%，粗脂肪最高提高1.4%，粗纤维显著降低，粗灰分降幅达50%，其发酵产物水解效率明显提高，最高可达50%。谭春萍等(2015)以根霉菌、酵母菌、乳酸菌、双歧杆菌、粪链球菌、枯草芽孢杆菌、放线菌、光合细菌为菌体，对花生秧进行青贮，大大地延长了花生秧的贮存时间。李术娜(2015)采取两种枯草芽孢杆菌和酵母菌按照一定比例组成发酵产品对花生秸秆发酵，花生秸秆发酵之后，粗纤维、中性洗涤纤维、酸性洗涤纤维和木质素含量分别降低25.57%、11.35%、9.50%和12.69%。粗蛋白质含量提高52.23%，粗脂肪含量降低12.01%。

还有研究报道在饲料青贮过程中添加花生秸秆可以提高青贮饲料的营养价值。刘太宇，郭孝(2003)在青贮玉米秸秆过程中添加15%的花生秸秆后，其青贮饲料中粗蛋白质和粗脂肪含量分别提高23.6%和15.5%。Qin等(2013)指出，在玉米秸秆混合青贮时，添加花生秸秆可显著提高青贮料的青贮品质。陈鑫珠等(2017)对花生秸秆和甜玉米秸秆混合青贮发酵品质的影响因素进行探讨，结果表明花生秸秆和玉米秸秆按照3∶7混合比例发酵时，发酵品质较好，其乳酸含量显著升高，pH、丁酸含量和氨态氮含量显著降低。

花生秸秆黄酮有较强的消除羟自由基、超氧阴离子自由基和抑制脂质过氧化作用。而且，花生茎叶总黄酮提取物是天然产物，安全无毒，可用于保健食品生产或作为食品抗氧化剂，市场前景广阔。木犀草素具有抗氧化、抑菌、抗菌、降血脂、降胆固醇和治疗冠心病的作用，木犀草素清除自由基功效比其他的天然抗氧剂都强，且有特殊的稳定性，可治疗高血压、高血脂和冠心病等。而黄酮类物质具有较好的抗自由基活性和明显的抗病毒作用，其抗病毒的机理主要是抑制溶酶体 H^+-ATP 酶和磷酸酯酶 A_2 的脱壳作用，影响病毒转移基因的磷酸化，抑制病毒和 RNA 的合成。

花生秸秆晒干打粉后可拌饲料，节省精料，降低饲养成本，而且其适口性良好，饲养周期无明显变化，具有良好的经济效益，是实现节粮、花生副产物高值化利用的重要途径之一。雏鸡中花生秸秆添加量为 2%，成鸡添加量为 17%，长期使用，肉鸡品质可大幅提高，肉质鲜美，产蛋鸡蛋黄颜色加深，品质也会提高。花生茎叶含粗蛋白和脂肪酸较低，可主要作为日粮维生素的补充。仔猪中添加量达到日粮的 5%，育肥猪添加量达到日粮的 20%以上，花生秸秆可作为胃肠填充物，减轻猪的饥饿感，长期使用，可提高肉质。牛羊属草食性动物，又因花生秸秆含粗蛋白和脂肪酸较低，日使用量可达日粮的 28%以上，长期使用，可提高牛羊肉品质，增加肉质色泽。

需注意，叶斑病、疮痂病等病害发生较重的花生秸秆，不适合作动物饲料。

二、花生壳

花生壳是天然木素纤维质原料，主要由纤维素、半纤维素和木质素构成。花生壳中高价值成分非常丰富，比如黄酮类化合物、粗蛋白、膳食纤维、粗脂肪、低聚木糖等，还含有一些矿物质，如钙、磷、镁、钾、氮、铁等。花生壳资源的综合利用属于典型的低碳经济，市场潜力巨大。

（一）花生壳内功能物质提取

花生壳内功能物质主要包含木质素、膳食纤维和黄酮类化合物。

木质素是最丰富的天然芳香族高分子物质，是自然界中丰富的可再生有机资源。从花生壳中提取木质素，既充分利用了废弃资源，又提高了农副产品的附加值。将 1,4-丁二醇作为萃取剂,用高沸溶剂萃取法提取木质素,这种方法不仅可以把木质素从花生壳中分离出来,而且溶剂可以循环使用,具有节能、环保等优点,若应用于生产会有较好的前景。

膳食纤维是不易被消化的食物营养素,被称为“人类的第七大营养素”,在人类健康和身体机能方面扮演了相当重要的角色,摄取足量的膳食纤维对慢性肠疾病,肥胖,糖尿病,心血管疾病和癌症的预防和治疗都相当有益。通过酶法和酸碱结合法可提取花生壳中的膳食纤维,利用木瓜蛋白酶和 α-淀粉酶对花生壳粉原料预处理,再经纤维素酶解法得到花生壳中的水溶性膳食纤维。

花生壳中富含黄酮类化合物,黄酮类化合物是重要的天然有机化合物,其具有抗氧化性、降低胆固醇与血脂、抗炎症、增强免疫性等药理作用,在医药和保健品行业具有一定的发展前景。黄酮类化合物的提取可采用乙醇浸提、超临界二氧化碳萃取和超声波提取等方法,其中利用超声波提取法得到的黄酮类化合物纯度较高,整个过程是物理过程,对环境不会造成污染,是提取黄酮类化合物很有前景的途径。

(二)花生壳用作饲料或栽培基质

花生壳中粗纤维含量较高,直接作为畜禽的饲料很难被消化。通过益生菌对花生壳进行固态发酵可显著降低花生壳中粗纤维含量 12.5%,提高蛋白含量 6.3%。用发酵花生壳粉代替 15%全价饲料,对畜禽生长无显著性差异。利用处理后的花生壳作为栽培基质能够减少泥炭用量,对保护环境有积极作用。研究发现,向花生壳中加入活性菌可大大加剧花生壳的腐熟程度,同时发酵升温快、温度高,能够很好地固定基质中的养分,是花生壳作为培养基质前期非常理想的处理方式。

(三)花生壳用于污水处理

花生壳用作吸附剂一般要进行改性处理,而且改性方法普遍非常简便,将改性后的花生壳用于废水处理,既能净化水质,又能变废为宝,具有广阔的应用前景。采用柠檬酸和甲醛对花生壳进行改性处理,改性后的花生壳对水中重离子和染料的吸附能力和吸附速率大幅提升,并能阻止有色物质溶出,其中对铅离子吸附率最高达到 96.8%,效果非常理想。

(四)花生壳用于胶黏剂

开发花生壳作为制取人造板用胶黏剂的原料,不仅可以大幅减少苯酚用量,降低胶黏剂的成本,而且充分利用了农林废弃物,具有显著的社会效益。花生壳中含有丰富的粗蛋白和单宁，用作胶黏剂填料，可以与胶黏剂中的活性羟基和游离甲醛反应，达到增强胶合强度，降低甲醛释放量的目的。通过化学法从花生壳中提取富含酚类的提取物，代替40%～50%的苯酚制成胶黏剂，压制的木材和竹材三层胶合板均达到国家标准，成本显著降低。

（五）花生壳用于制造食品容器

采用花生壳制成的一次性食品容器，成本低、无毒、无味，能自然分解为有机肥料。这种一次性食品容器生产工艺，是将花生壳粉碎，加入少许添加剂、增硬剂和胶黏塑化剂等，在低温下一次成型。产品强度好、手感合适、耐高温、微波穿透力强。产品使用后弃于野外，在自然环境中可自然分解变为有机肥料，是一种替代白色塑料袋的很好产品，制作工艺简单，生产效率高，无污染，易形成规模生产，因此它的推广具有广阔的前景。

三、花生粕

花生粕是花生种子榨油后的副产品，蛋白质含量高达50%左右，营养价值相当高。几种油粕的蛋白质含量，以花生粕最高。花生粕的蛋白质中，含有人和动物所必需的各种氨基酸。花生粕不仅是优良的精饲料，还是食品加工工业和其他工业的好原料。花生粕经过加工可制成糖果、饼干、酱油等食品，也可以制成塑料或人工合成纤维，用来生产各种工业用品及日常生活用品。花生粕中氮、磷、钾含量也比较丰富，花生粕的含氮量比其他油粕都高些，是一种很好的有机肥料。

（一）发酵食品

花生粕具有促进微生物生长发育和代谢功能，能促进双歧杆菌的发酵，还能促进乳酸菌、霉菌及其他菌类的繁殖，也能促进面包酵母充气。由于此生产具专一性，规模化，运用微生物技术与食品相结合的新概念，利用花生榨油副产物再利用，及发酵风味的改变，通过优化组合和特殊工艺进行加工，开发具备营养、风味、安全、符合一定消费者的需求等特点的产品。因此，花生粕发酵食品应用范围广泛，如生产酸奶、干酪、醋、酱油和发酵火腿等。同时，有效澄清则可用于生产酸性饮料、谷物营养饮品等，或者生产乳酸菌制剂：片剂、冲剂、口服液、胶囊等。

（二）花生粕制品

榨油后的花生粕由于蛋白变性，营养价值有所降低，通常被用作饲料或肥料，其蛋白资源未得到充分利用。花生粕中的蛋白具有良好的功能性和营养特性，可以制作低肽食品为通常饮食不能充分满足蛋白质需要的特殊人群，如运动员、婴幼儿及老年人等补充蛋白质。同时，蛋白质在酶有控制的催化下可用于针对老年市场新型营养强化、营养补充食品（张岩和肖更生，2006）。目前利用花生粕中蛋白开发的产品主要包括小分子多肽、氨基酸、调味品及花生粕发酵食品等。

四、花生红衣

花生红衣常被当做废弃料制成动物饲料，经济价值低廉。由于花生红衣利用度低，产品附加值低，产量等数据不足其重要性没有得到足够的认识。对花生红衣的研究和应用，可以提高花生的综合利用价值和经济价值，对促进中国食品工业的发展、增强人体健康具有重要的现实意义。

花生红衣用作食品。花生红衣中富含抗氧化活性极强的原花青素，由于分子结构中具有较多的酚羟基，可以在体内释放 H^+，竞争性地与自由基结合，起到抗氧化作用，被认为是天然的抗氧化剂。花生红衣在食品中作为安全的天然食品添加剂，有两个作用，一是作为天然食用红色素，花生红衣红色素在肉制品中的着色效果，与传统的亚硝酸盐腌制香肠相似且更加健康。二是作为天然抗氧化剂，用于食品保鲜，在意大利蒜味腊肠中加入花生红衣作为天然添加剂，可以保持腊肠的物质稳定性和感官属性，在牛肉产品中加入花生红衣提取物可以增加食品的保存期。

花生红衣用作药品。花生红衣又名花生种衣、花生皮等，是一味传统中药，被记录在《全国中草药汇编》(1975)中，其“性味甘、微苦、温平。主治止血、散瘀、消肿。用于多种出血症状”。花生红衣中的原花青素能够降低血浆中胆固醇、甘油三酯水平，起到降脂作用，提示食源性原花青素可以考虑作为非药物方法治疗高血脂。此外花生红衣原花青素具有降血糖和有抗过敏作用。花生红衣制成的中成药血宁片在临床上用于治疗消化道出血和血友病，还被制成复方红衣补血口服液，临床使用证实对小儿缺铁性贫血作用明显，贫血症状得到改善，血红蛋白、血清铁、血清铁蛋白显著回升，耐受性好，有补气养血、健脾等功效。

第五节
花生及其制品的质量安全

随着世界经济的飞速发展，农产品的国际竞争也越来越激烈。中国是全球花生主产国之一，总产量稳居世界第一，单产水平远高于其他国家。加入 WTO 之后，花生成为中国为数不多的净出口农产品之一。花生也是中国出口创汇的主要农产品之一，中国其余油籽和食用油品种则没有出口或仅有极少量出口。但中国花生在种植、收获、储藏和加工过程中，存在黄曲霉毒素污染，土壤重金属污染，过多施用化肥、农药、生长调节剂等问题，影响花生及其制品质量安全，并严重威胁中国油料安全、食品安全和人民生命健康。

一、黄曲霉毒素

(一) 黄曲霉毒素的分类与性质

黄曲霉毒素(Aflatoxins, AFTs)主要是由黄曲霉(*Aspergillus flavus*)和寄生曲霉(*Aspergillus parasiticus*)等产生的一类次级代谢物，具有强毒性和强致癌性，严重威胁食品安全和人民生命健康。早在 1960 年人们就发现了黄曲霉毒素，当时英国发现有 10 万只火鸡死于一种以前没见过的病，被称为“火鸡 X 病”，研究确认该病与从巴西进口的花生粕有关，科学家们很快从花生粕中找到罪魁祸首，即黄曲霉菌产生的毒素，被命名为黄曲霉毒素。1961 年，黄曲霉毒素首次从霉变花生粉中被发现，后来又发现了黄曲霉毒素的许多衍生物和类似物。黄曲霉毒素的衍生物多达 28 种，花生中常见的黄曲霉毒素主要为黄曲霉毒素 B_1(AFB_1)、黄曲霉毒素 B_2

(AFB$_2$)、黄曲霉毒素 G$_1$(AFG$_1$)和黄曲霉毒素 G$_2$(AFG$_2$),其结构式如图 61。其中以 AFB$_1$ 毒性最强,含量最大,污染最广泛,通常所说的黄曲霉毒素多指的是 AFB$_1$。

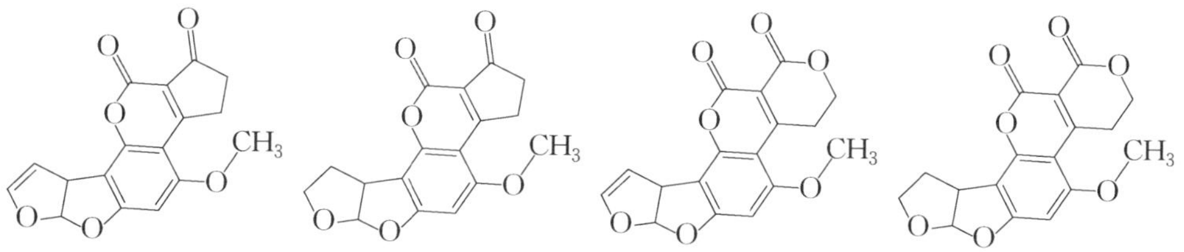

AFB$_1$ AFB$_2$ AFG$_1$ AFG$_2$

图 61 AFTs 的结构式

黄曲霉毒素不溶于石油醚、己烷和乙醚,微溶于水,易溶于油脂及甲醇、丙酮、氯仿等有机溶剂。在 pH 9~10 的碱性条件下,黄曲霉毒素极易降解;紫外线辐照也容易使其降解而失去毒性,但是在酸性条件下,黄曲霉毒素比较稳定。AFB$_1$ 纯品为无色晶体,分子量为 312,熔点为 268 ℃,平常的烹调条件不易将其破坏,是目前已知真菌毒素中最稳定的一种。

(二) 黄曲霉毒素的产生与分布

黄曲霉毒素可产生于花生的种植期、收获期以及花生的储藏、运输及加工过程中。田间生长期,昆虫和鼠类的危害以及潮湿的气候都会促进黄曲霉菌的侵染和生长繁殖;收获期,机械损伤、不及时晾晒、阴雨天气会促进黄曲霉毒素产生;收获以后,由于不良储藏条件,如仓储温度高、湿度大、通风透气条件不佳等也可导致黄曲霉菌感染。贮藏期间的花生含水量大于 10%时,就易感染黄曲霉,黄曲霉适宜生长温度为 12~42 ℃,适宜生长湿度为 80%~85%,适宜产毒温度一般在 24~28 ℃之间,适应最低生长水分活度为 0.78,最适水分活度为 0.93~0.98。当温度≤20 ℃或水活度(aw)≤0.85 时,黄曲霉的生长速率较低。黄曲霉在去壳花生中生长的最适条件为 aw 0.98 和 37 ℃,而花生 AFB$_1$ 含量在 28 ℃和 aw 0.96 时达到最大值。在 28 ℃和 aw 0.92 条件下,25 个毒素合成基因中有 16 个表达量最高,在 37 ℃和 aw 0.92 条件下有 9 个表达量最高。与 37 ℃相比,所有 AFTs 生物合成途径基因在 42 ℃时均下调。与 aw 0.99 时相比,所有通路基因和 *laeA* 在 28 ℃和 aw 0.96 下均上调表达。AFB$_1$ 产量与 aflS/aflR 转录子比例之间存在良好的正相关性,与 *laeA* 表达呈正相关,*brlA* 的表达与黄曲霉的生长呈正相关。与配方培养基和花生培养基相比,花生籽粒上 AFB1 的产生可以在更大的 aw 和温度范围(Liu et al.，2017）。

黄曲霉毒素污染是制约中国花生产业发展的重要限制因素。张初署(2013)系统研究了花生四个生态区(东南沿海、长江流域、黄河流域和东北地区)土壤中黄曲霉菌分布和产毒特征，分离出 324 株黄曲霉菌(94.2%)和 20 株寄生曲霉菌(5.8%)，掌握了中国花生土壤中黄曲霉菌在四个生态区的分布特征和产毒特征，四个生态区菌株平均产毒量差异很大，由高到低依次为东南沿海地区、黄河流域、东北地区、长江流域；中国花生土壤中 NS 型菌株所占的比例(41.59%)>L 型菌株(31.75%)>S 型菌株(26.67%)。中国花生土壤中黄曲霉菌产毒菌所占的比例为 69.19%，不产毒菌所占的比例为 30.81%。黄曲霉菌的分布呈现明显的地域特征，不同生态区土壤中黄曲霉菌的菌落数和检出率均存在显著差异，由高到低依次为长江流域、东南沿海、黄河流域、东北地区土壤中黄曲霉菌的菌落数与平均气温成正相关，检出率与平均气温成极显著的正相关，且检出率与经度成极显著的负相关。黄曲霉菌的产毒能力存在明显的地域特征。不同产毒能力的菌株所占的比例在四个生态区间均存在显著性差异，东南沿海高产毒菌所占的比例最高，其次是黄河流域，最少的是长江流域。不产毒菌中长江流域所占比例最高，其次是东北地区，最少的是东南沿海。

丁小霞(2011)首次探明了中国产后花生黄曲霉毒素污染分布，构建了花生黄曲霉毒素污染数据库，从全国花生主产区抽取代表性产后花生样品 2 571 份，获得黄曲霉毒素污染检测数据 12 855 个，建立了基于微软 net framework 2.0 框架和 SQLite 的中国产后花生黄曲霉毒素污染数据库，用于花生黄曲霉毒素污染分布分析和黄曲霉毒素风险评估。探明了 AFB_1 是中国产后花生黄曲霉毒素污染的主要成分，占黄曲霉毒素总量的 86.2%，与黄曲霉毒素总量相关系数达 0.99。安徽省产后花生 AFB_1 污染最重，辽宁省最轻；长江流域主产区产后花生黄曲霉毒素污染最重，东北主产区产后花生污染最轻；中国产后花生黄曲霉毒素污染呈现明显的地域特征；污染严重地区有向北方蔓延趋势。一般在热带和亚热带地区，花生食品中黄曲霉毒素的检出率比较高。真菌的生长和黄曲霉毒素污染是真菌、寄主和环境相互作用的结果，这些因子的结合决定了真菌的侵染和定殖以及黄曲霉毒素产生的类型和数量。虽然还不清楚黄曲霉毒素产生的准确因子，但适合的寄主、不利的水分条件、高温和害虫对寄主的危害等是霉菌和毒素产生的主要因子。同样，特定寄主生长期、不良养分、寄主作物密度过高和杂草的危害可增加真菌和毒素的产生。

（三）黄曲霉毒素危害

黄曲霉毒素是迄今发现的毒性最强的一类真菌毒素，具有急、慢性毒性，主要通过致癌、致畸、致突变和免疫抑制等对动物造成影响，主要靶器官是肝脏，可引起肝脏出血、脂肪变性、胆管增生等，并可导致肝癌发生，致癌机制如图 62。AFB_1 的毒性最强，是氰化钾的 10 倍，砒霜的 68 倍，致癌力是六六六的 10 000 倍。食用被 AFB_1 污染的食品与肝癌发生之间存在显著的相关性，由黄曲霉毒素引发肝癌的比例占世界肝癌 28.2%。此外，AFB_1 的致癌性存在个体差异，对乙型肝炎病毒携带者，其致癌能力可显著增强。丙型肝炎携带者、酗酒和吸烟者摄入黄曲霉毒素后，其致癌风险也较常人高。

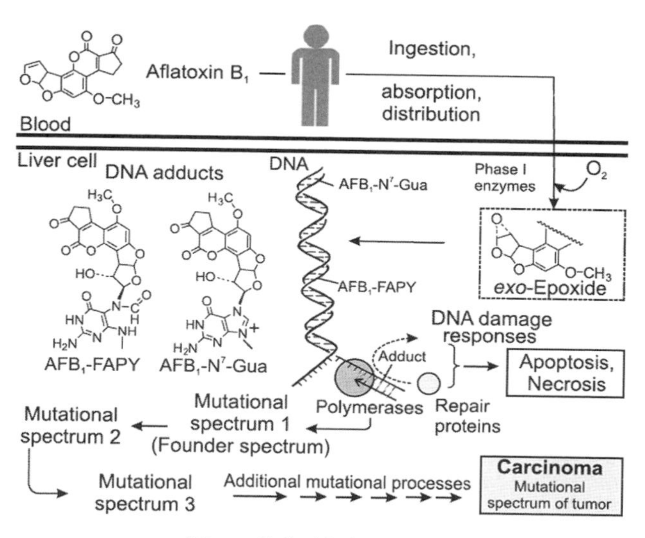

图 62　黄曲霉毒素致癌机制

（Chawanthayatham, et al., *PNAS*, 2017）

（四）黄曲霉毒素的限量标准

中国标准。中国共有 12 项国家和行业标准制定了花生及制品中黄曲霉毒素限量，其中包括 2 项国家强制性标准，2 项国家产品标准，5 项农业行业标准，3 项轻工行业标准。中国现行有效花生及制品限量标准中，除食用花生饼粕国家标准中制定的 AFB_1 限量为 20 mg/kg 外，其余标准限量值范围为 5～20 μg/kg；国家标准和轻工行业标准未对黄曲霉毒素（$B_1+B_2+G_1+G_2$）总量 AFTs 设置限量，仅农业行业标准中食用花生、油用花生、绿色食品花生及制品、无公害食品花生等4项标准制定了花生AFTs限量为15 μg/kg。中国还未制定用作食品原料或饲料原料的花生中AFB_1和AFTs限量标准，都只是对最终产品中AFB_1和AFTs设置限量。

日本对AFB_1在进口食品中的残留限量为“不得检出”。2010年欧盟委员会发布(EU)No 165/2010条例，对花生中黄曲霉毒素残留进行了修订。按照该条例限量规定，供人直接食用或者用作食品配料的花生中AFB_1限量为2.0 μg/kg，总$AFB_1+B_2+G_1+G_2$限量为4.0 μg/kg。美国FDA则规定食品中黄曲霉毒素($B_1+B_2+G_1+G_2$)的最大残留限量为15 μg/kg，牛奶中黄曲霉毒素M_1的最大残留量为0.5 μg/kg。不同国家进花生及其制品中黄曲霉毒素限量标准有所不同，见表5。

表5 不同国家对花生及其制品中黄曲霉毒素限量标准

国家	花生及其制品中黄曲霉毒素限量标准(μg/kg)
新加坡	不得检出
日本	不得检出
欧盟	$AFB_1 \leqslant 2$, $AFTs \leqslant 4$
古巴	$AFB_1 \leqslant 5$
澳大利亚	$AFB_1 \leqslant 15$
加拿大	$AFB_1 \leqslant 15$
中国	$AFB_1 \leqslant 20$
越南	$AFB_1 \leqslant 20$
阿根廷	$AFB_1 \leqslant 20$
美国	$AFB_1 \leqslant 20$
印度	$AFB_1 \leqslant 30$

常用的黄曲霉毒素检测方法有薄层分析法(TLC)、高效液相色谱法(HPLC)、酶联免疫吸附测定法(ELISA)。

(五) 黄曲霉毒素控制技术

1. 物理防控

严格控制入库花生含水量，贮藏库要清洁干燥，原料和成品应分类贮藏，严格控制贮藏库不同时期的温湿度，加强黄曲霉毒素检测监控工作。贮藏前要充分晒干，使种子含水率降到8%以下。含水率＜8%时，贮藏十分安全。当含水率＞10%时，呼吸作用增强，释放大量热能，易霉烂、变质和生虫；要提高种子的净度，清除杂质及没有发育成熟的秕果；对贮藏场地要严格消毒灭菌、防潮，保持库内通风干燥;贮藏器具以编织袋、麻袋为好,避免用不透气的塑料袋贮藏;花生不能与农药、化肥同仓存放,许多农药和化肥都有一定的挥发性、腐蚀性,对花生种子的细胞和种胚具有损害作用;贮藏期间要注意勤检查,看种子是否受潮或被虫、鼠危害。

2. 化学防控

植物精油抑制黄曲霉毒素污染。山苍子油可以显著抑制黄曲霉产生和生长,具有天然、无毒、易挥发的优点,十分适合用于防控花生贮藏过程中黄曲霉毒素污染的防控。山苍子油作为一种醛类物质,还可以直接使细菌蛋白质或酶变性,破坏细菌的组织结构,抑制生物合成,干扰细菌的分解代谢。邢福国等(2021)研究发现茉莉酸甲酯、柠檬醛等可通过破坏黄曲霉菌丝体结构及细胞膜完整性以及下调合成基因簇的方式来有效抑制黄曲霉生长及产毒。

3. 生物防控

通过真菌类、细菌类等处理抑制黄曲霉的生长。Ginterova 等(1980)将平菇和黄曲霉共培养,结果表明平菇能抑制黄曲霉的生长,当稻草和玉米芯感染黄曲霉 3 周后,再接种平菇能显著降低稻草和玉米芯中黄曲霉毒素含量。Marisa 等(2003)发现平菇可以产生一种分子量为 90 kD 的胞外酶,并通过薄层层析证明该酶能有效地降解 AFB_1,荧光测定显示该酶能够催化 AFB_1 内酯环的打开,从而达到降解毒素的作用。曹冬梅等(2008)筛选获得 1 株可显著抑制黄曲霉生长的弯曲乳酸杆菌(HB02),用气相色谱和比色法测定了培养物中挥发性脂肪酸(VFA)及乳酸的含量,并通过共培养法检测了该菌对黄曲霉生长和产毒的抑制效果,结果显示 HB02 可显著抑制黄曲霉生长及 AFB_1 的产生。Farber(2000)等研究发现乳酸菌能有效吸附 AFB_1,从而降低样品中 AFB_1 的浓度。邢福国等(2020)研究发现,植物乳杆菌可显著抑制黄曲霉在花生粕中生长及产毒,植物乳杆菌通过其分泌的几丁质酶破坏黄曲霉菌丝体结构及细胞膜完整性来抑制黄曲霉的生长,通过下调黄曲霉毒素合成基因的方式来抑制毒素的合成。

二、重金属

(一) 重金属危害

重金属超过一定浓度都会对人体造成危害。重金属中毒的症状主要表现为头痛、乏力、发热，并有恶心、呕吐、食欲不振、腹痛、腹泻等症状。皮肤接触可出现红色斑丘疹，以四肢及头面部分布较多。少数患者会造成肾损害，个别严重者还会出现咳嗽、胸痛、呼吸困难等急性间质性肺炎的表现。

中国农田中最常见的重金属为镉、铬、铅、砷、汞和铜，其中镉污染较为严重。邢福国等(2022)开展了花生及土壤中重金属污染调查及相关性分析，研究结果表明，花生重金属污染与土壤中重金属含量存在显著正相关性种植区域及花生品种显著影响花生富集重金属的能力。花生中重金属含量受其生长环境的影响较大，不同花生品种由于其代谢的差异，对重金属的富集能力也各不相同。目前，国内关于花生中重金属污染情况的研究主要集中在不同花生品种对重金属的吸收差异，以及重金属胁迫下对花生生理特性、产量和品质的影响。国外报道，花生籽粒中重金属的生物有效性较高，对重金属的吸收和积累能力较强；利用真菌共生和植物螯合素，可减少花生籽粒中重金属镉累积。

(二) 重金属限量标准

中国在 2005 年将 13 项污染物限量标准合并为食品中污染物限量国家标准，此后经过 2 次修订，如今施行的是 2017 年发布的 GB 2762—2017。目前花生食品中最主要的重金属污染其国家限量标准：铅(Pb)限量 0.2 mg/kg，镉(Cd)限量 0.5 mg/kg，砷(As)限量 0.1 mg/kg，锡(Sn)限量 250 mg/kg，镍(Ni)限量 0.1 mg/kg，铬(Cr)限量 0.1 mg/kg。

重金属检测方法主要有光度法、电化学法、高效液相色谱法、电感耦合等离子体质谱法。

(三) 重金属防控政策

近年来，粮油产品重金属超标严重，特别是镉超标事件给社会带来了一定的恐慌，食品中的重金属主要来源于环境中，因此重金属防控的根本是控制、减少水分和土壤等环境中重金属含量。

中国部分地区土壤污染较重，耕地土壤环境质量堪忧，工矿业废弃地土壤环境问题突出。全国土壤总点位超标率 16.1%，以镉、汞、砷、铜、铅、铬、锌、镍等重金属为代表的无机污染物超标最为严重。2018 年 8 月发布的《中华人民共和国土壤污染防治法》是中国土壤污染防治领域的首部专门法规，在立法的高度上对土壤污染的预防、风险评估、风险管控、修复、评估、后期管理等做出规定，该法的出台有望解决中国当前严峻的土壤污染形势。《土壤环境质量　农用地土壤污染风险管控标准(试行)》(GB 15618—2018)明确规定了农用地土壤污染风险筛选值,包括镉、汞、砷、铅、铬、铜、镍和锌。

三、农药残留

长期食用含农药残留的农作物会对人畜健康造成极大影响。研究表明,农药被生物体血液吸收后会导致神经元受到很大损伤,导致中枢神经坏死,影响身体各器官的功能,导致人体出现经常性感冒、失眠等不良症状。长期农药累积下,人体会发生畸变、癌症,甚至死亡。由于受病虫害、环境污染、种植方式改变等因素影响,花生种植过程中农药的使用量越来越大,导致农药残留超标,严重影响中国花生品质及食用安全,限制了中国花生产业的健康发展。各国对农药施用都有严格管理,并明确规定了食品中农药残留容许量作了规定。如日本对农药实行登记制度,一旦确认某种农药对人畜有害,政府便限制或禁止销售和使用。

花生在整个生长过程中,会使用各种不同种类的农药防治病虫草害,如多菌灵、涕灭威和百菌清等,过量使用农药必然会对花生造成污染。中国花生中农药最大残留量国家限量标准如下,百菌清 0.05 mg/kg,多菌灵 0.10 mg/kg,灭线磷 0.02 mg/kg,涕灭威 0.02 mg/kg,特丁磷 0.05 mg/kg,苯线磷 0.05 mg/kg,甲拌磷 0.10 mg/kg,氰戊菊酯 0.10 mg/kg,吡氟甲禾灵 0.10 mg/kg,异丙甲草胺 0.50 mg/kg,甲草胺 0.50 mg/kg,烯禾啶 2.00 mg/kg。

农药检测方法主要有气相色谱法、液相色谱法、质谱法、生物传感器法等。

四、过氧化值和酸价

过氧化值表示油脂和脂肪酸等被氧化程度的一种指标,是 1 kg 样品中的活性氧含量,以过氧化物的毫摩尔(mmol)数表示,用于说明样品是否因已被氧化而变质。以油脂、脂肪为原料制作的食品,如花生油等,通过检测过氧化值来判断其质量和变质程度。长期食用过氧化值超标的食物对人体的健康非常不利,因为过氧化物可以破坏细胞膜结构,导致胃癌、肝癌、动脉硬化、心肌梗塞、脱发和体重减轻等。长期食用过高过氧化值的食物易引发心血管病、肿瘤等慢性疾病。过氧化值国家限量标准为 0.25 g/100 g。

酸价(KOH)是指中和 1 g 油脂中游离脂肪酸所需的氢氧化钠的毫克(mg)数。酸价主要反映食品中的油脂酸败的程度，是油脂品质下降，油脂陈旧的指标。油脂在生产、储存运输过程中，如果密封不严、接触空气、光线照射，以及微生物及酶等作用，会导致酸价升高，超过卫生标准，严重时会产生臭气和异味，俗称“哈喇味”。一般情况下，酸价略有升高不会对人体的健康产生损害。但如发生严重的变质，所产生的醛、酮、酸会破坏脂溶性维生素，并可能对人体的健康产生不利影响。为了保障油脂的品质和食用安全，中国食用植物油标准中规定了油脂的酸价的限量标准 3 mg/g。

一般酸价和过氧化值的检测方法主要有电化学方法、光谱法和色谱法等，国家标准中采用的碘量法，虽然准确性较高，但检测费用高、操作烦琐，且容易对环境造成一定污染，对工作人员和环境条件都有一定的要求，不适合在现场监控使用。测定花生等系列含油食品的酸价和过氧化值的国家卫生标准分别是 GB 5009.227—2016 和 GB 5009.229—2016。目前酸价和过氧化值的检测方法-碘量法主要是针对纯油体系。

五、苯并芘

苯并芘(Benzopyrene，$C_{20}H_{12}$)是世界公认的强致癌物之一，对人类的健康有巨大危害。由于榨油过程中的不当加工条件，使之可能存在于食用油中。特别是一些浓香花生油的生产过程，往往需要对油料高温焙炒以产生浓郁的香味，但若焙炒温度过高或产生局部焦糊现象，很可能因有机物的热解和不完全燃烧而产生苯并芘。当油料油脂被炒焦或炭化时，苯并芘含量会显著增加。苯并芘对眼睛和皮肤有刺激作用，是致癌物和诱变剂，具有胚胎毒性，乳腺和脂肪组织可蓄积苯并芘。经口摄入苯并芘可通过胎盘进入胎仔体内，引起中毒及致癌作用。食物中如残留苯并芘，即使当时食用后无任何反应，苯并芘也会在体内长期性地潜伏，在表现出明显症状之前有一个漫长的潜伏过程，它可能影响人类的子孙后代。

世界各国规定了食品油脂中苯并芘的最大残留量，欧盟 208/2005 号文件规定的最大残留量为 2 μg/kg，中国 GB 2716—2005《食品植物油卫生标准》则为

10 μg/kg。现今普遍使用的苯并芘检测方法分为快速检测法和定量法检测。

六、花生致敏蛋白

根据联合国粮农组织(Food and Agriculture Organization, FAO)的最新统计,花生被认定为最严重的食物致敏物之一,引起的过敏占食品过敏的7%~20%。与其他食物过敏对比,花生所导致的过敏症状极其严重,极低的摄入量就能引发过敏反应,可导致消化系统、呼吸系统、皮肤等损伤,甚至引起过敏性休克危及生命。花生过敏人群大多数是终身的,只有10%的过敏人群可能会随年龄增长产生耐受,花生过敏不仅造成过敏患者健康损害,还严重影响个人及家庭的生活质量。目前,针对花生过敏尚缺乏准确的治疗方案,对致敏成分准确标识、避免食用致敏食品仍是保障过敏患者食品安全的主要途径。美国、欧盟发达国家和地区制定了相关法律法规,严格规定预包装食品和配料标签必须标示致敏成分。2018年中国对《食品安全国家标准预包装食品标签通则》(GB 7718)修订,将致敏物质标示由推荐性条款变为强制性条款。

花生致敏蛋白的检测方法,一是基于蛋白质水平的检测方法,如放射性免疫分析法(Radio Immuno Assay, RIA)、免疫印迹(Immunoblotting, IB)、酶联免疫吸附试验(Enzyme linked immunosorbent assay, ELISA)、高效液相色谱分析法(High Performance liquid chromatography, HPLC)以及质谱分析法(Mass spectrometry, MS);二是基于DNA水平的检测方法,可通过肉眼观察白色沉淀或绿色荧光就能判断结果,不需要繁琐的电泳和紫外鉴定。

第六节
花生质量安全规程

据不完全统计,中国花生质量安全标准中,农业行业 3 项、轻工业 1 项、出入境检验检疫 4 项、安徽 2 项、河南 2 项、山东 2 项、辽宁 5 项、广西 2 项、江苏 2 项、福建 1 项、四川 1 项、团体标准 27 项(详见附表 4)。

本节选取 2 项花生质量安全技术规程:花生加工工序流程规范(T/QGCML 261—2022)和花生秸秆饲料及加工技术规程(T/GZAAV 004—2020),供各科研人士、食品加工企业等参考。下文代表性规程中引用的文件,凡是注日期的引用文件,仅注日期的版本适用于本文件;凡是不注日期的引用文件,其最新版本(包括所有的修改单)适用于本文件;行文表达按本文格式略有调整。

一、花生加工工序流程规范

团体标准,T/QGCML 261—2022,实施日期:2020 - 03 - 10。

提出单位:全国城市工业品贸易中心联合会。

起草单位:青岛沃隆花生机械有限公司、青岛柯翰机械有限公司、平度市远豪机械加工部。

主要起草人:陈德章、陈俊旭、于倩倩、綦智海、邵杰、崔洪凯、葛名名、张少辉、姜海军、曲广进、张玉霞、曲广义、綦鹏瑞、杜云涛、徐恩堂、徐光起、陈韦信、陈卫成。

1 范围

本文件规定了花生加工工序流程规范的术语和定义、一般要求、人员要求、花生加工工序及主要流程、注意事项。

本文件适用于花生加工的各个工序。

2　规范性引用文件

GB/T 1532—2008　花生

GB 2715—2016　食品安全国家标准　粮食

GB 2760—2014　食品安全国家标准　食品添加剂使用标准

GB 2763—2021　食品安全国家标准　食品中农药最大残留限量

GB/T 5461—2016　食用盐

GB 5749—2006　生活饮用水卫生标准

JJF 1070—2005　定量包装商品净含量计量检验规则

《定量包装商品计量监督管理办法》

3　术语及定义

下列术语和定义适用于本文件。

花生加工工序 peanut processing

是指以花生果去石、脱壳、去杂、筛选分级、色选等为工作内容,获得可加工花生制品的工作流程的统称。

4　一般要求

4.1　原辅料

4.1.1　花生

应符合 GB/T 1532—2008 规定。

4.1.2　生产用水

应符合 GB 5749—2006 规定。

4.1.3　食用盐

应符合 GB/T 5461—2016 要求。

4.2　食品添加剂

食品添加剂的使用应符合 GB 2760—2014 规定。

4.3　净含量

应符合《定量包装商品计量监督管理办法》的要求,按 JJF 1070—2005 规定方法测定。

4.4　加工车间

加工车间要求如下。

(a) 车间与机械保持应保持清洁卫生,并制定清扫程序,及时清理车间与脱壳机,脱壳机内不得留存花生果、仁或碎粒,以防霉变、生虫等污染产品。

(b) 车间内的天花板、墙壁、加工器具、设备等应使用耐腐蚀、易清洁、不易脱落的材料,严禁使用竹木器具。

(c) 生产线上方的灯具应加装防护罩。

(d) 车间内原料应分类存放,做好防雨、防鼠、防虫、防霉变等措施。

4.5 设施设备

应根据生产工序要求,定时检查,确保正常运行。尤其是:去石机、磁铁、金属探测器、温湿度指示仪表等,做好相应记录。

5 人员要求

人员要求如下。

(a) 上岗前应进行健康体检,并取得健康合格证。

(b) 进入车间前应穿戴好工作帽、工作服、工作鞋或鞋套,头发不得露于帽外,勤换工作服,保持工作服的干净。

(c) 进入车间时不得佩戴首饰,不应携带食品、烟酒、药物、化妆品等生活用品。

(d) 各工序人员间应减少串岗、流动现象。

(e) 应明确不同加工工序人员拟承担的任务以及与这些任务相关的各类危害与控制。

(f) 了解所加工产品的商品性质即了解对产品可造成生物污染的来源。

6 花生加工工序及主要流程

6.1 花生加工工序流程图(图 63)

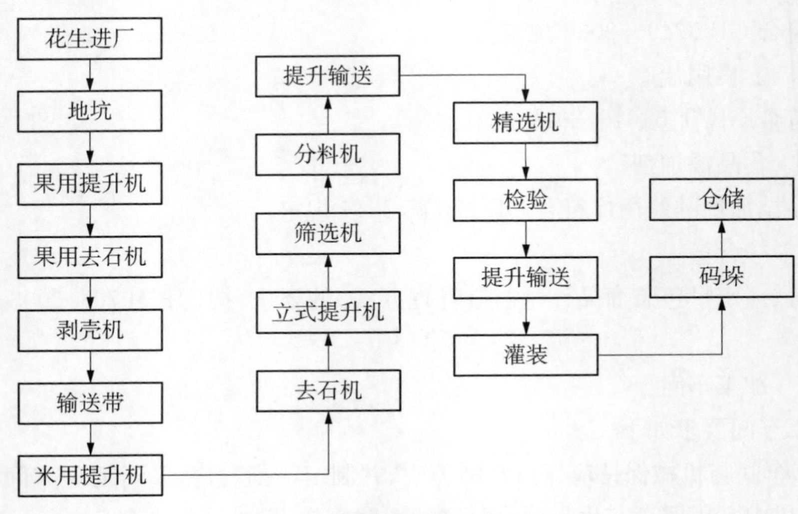

图 63 花生加工工序流程

6.2 主要流程

6.2.1 花生进厂

由原料质检员对进厂花生进行抽样检验，卫生标准执行 GB 2715—2016，农残标准执行 GB 2763—2021。

6.2.2 花生存放

检验合格的花生经过去石去杂等清理后，根据不同品质的花生分料仓存储，以备花生搭配加工。

6.2.3 去石

利用花生与砂石的比重差较大，通过比重振动筛选，并结合风力使用，比重较大的砂石会与花生产生不同流向的运动轨迹，并由不同出料口排除，从而达到筛分清理。

6.2.4 剥壳

采用先进的剥壳机，利用高速旋转的机体有效去除花生外壳，保持花生籽仁完整。

6.2.5 筛选

对进行加工的花生做初步的筛选，去除大杂(比花生大的杂质)和小杂(比花生小的杂质)。并配有垂直吸风道，消除花生表面的灰尘及其中的花生外壳。

6.2.6 精选

根据花生粒度和形状的不同将花生中的杂质进行分离，确保花生籽仁颗粒饱满。

7 注意事项

7.1 原料卸车

(a) 由指定人员负责装卸工作。

(b) 装卸人员需接受专业培训。

(c) 作业前需进行设备检查。

(d) 装卸过程需严格遵守安全操作规程。

7.2 提升机操作环节

(a) 由指定人员负责提升机操作工作。

(b) 提升机操作人员需接受专业培训。

(c) 开机前注意料斗有无倾斜、掉落危险，防止提升机料斗掉落造成物料破损或提升机故障，发现异常应及时停止使用，立即维修。

7.3 花生果去石机操作环节

(a) 使用前应检查设备。

(b) 使用一定时间后应定时清理。

7.4 花生输送

花生输送过程中应及时清理留在设备空隙和地面上的花生果,以减少输送设备故障。

7.5 花生筛选机

(a) 由指定人员负责装卸工作。

(b) 装卸人员需接受专业培训。

(c) 作业前需进行设备检查。

(d) 工作中如听到设备异响立即停机检查,直至找到原因并维修后方可开机。

7.6 除草

各工序之间,若一个工序发生故障,应及时通知各工序操作人员同时关停设备,防止物料堆积发生二次事故。

二、花生秸秆饲料及加工技术规程

团体标准,T/GZAAV 004—2022,实施日期:2020-03-01。

提出单位:贵州省草业研究所。

起草单位:贵州省草业研究所、贵州大学、贵州鼎芯农牧科技有限公司、贵州阳光草业科技有限责任公司、威宁县畜禽品种改良站、大方县农业农村局。

主要起草人:骆金红、尚以顺、陈祥、熊先勤、李世歌、张启政、杨磊、赵明坤、李小冬、陈光吉、裴成江、易鸣、马珍龙。

1 范围

本文件规定了花生秸秆干草、草颗粒的制作方法、贮存、品质评价等技术规范。

本文件适用于花生秧秸秆的干草调制、草颗粒的饲料化加工生产。

2 规范性引用文件

GB 13078 饲料卫生标准

GB 10648 饲料标签

3 术语及定义

下列术语和定义适用于本文件。

3.1 花生秸秆 Peanut stalk

花生收获后摘果去根的剩余部分。

3.2 花生秸秆干草 Peanut stalk hay

花生秸秆制干后获得的干草。

3.3 花生秸秆草颗粒 Peanut straw grass pellets

以花生秸秆干草或与其他原料混合制成的颗粒饲料。

4 花生秸秆干草调制

4.1 制作方法

4.1.1 自然干燥

采用室外晒干或室内晾干,水分控制在13%以下。

4.1.2 人工干燥

采用热风机械或烘房等设备进行干燥,水分控制在13%以下。

4.2 贮存

制干后的花生秸秆存放在通风干燥的干草棚中,严禁与有毒有害物品或其他有污染的物品混合存放。

4.3 品质评价

4.3.1 感官评价

花生秸秆干草呈浅绿色或夹杂小部分棕色,无异味。

4.3.2 卫生指标(黄曲霉毒素 B_1、玉米赤霉烯酮、脱氧雪腐镰刀菌烯醇)

执行饲料卫生标准 GB 13078。

4.3.3 营养指标

水分≤13.0%、粗灰分≤12.0%、粗蛋白质≥7.1%。

5 花生秸秆草颗粒

5.1 制作方法

5.1.1 粉碎

将花生秸秆干草粉碎成细粉(过1.6～3.2 mm 筛孔的筛)。

5.1.2 制粒

花生秸秆草粉或与其他原料混合,用饲料制粒机制成颗粒,直径6～10 mm,长度15～35 mm。

5.1.3 包装

成型颗粒进入冷却装置,冷却后草颗粒温度不得高于环境温度5℃,含水量≤14%后进行包装,标签使用规范按照 GB 10648 执行。

5.2　贮存

将装包后的草颗粒成品于通风干燥仓库贮存，严禁与有毒有害物品或其他有污染的物品混合贮存。

5.3　品质评价

5.3.1　感官评价

暗绿色或浅黄色颗粒状，色泽一致，无发霉变质，无异味。

5.3.2　卫生指标（黄曲霉毒素 B_1、玉米赤霉烯酮、脱氧雪腐镰刀菌烯醇）

执行饲料卫生标准 GB 13078。

5.3.3　营养指标

水分≤12.0％、粗灰分≤10.0％、粗蛋白质≥7.0％。

第七节
加工存在的问题与对策

一、存在的问题

(一) 加工技术相对落后,产品综合利用率不高

近年来,随着中国花生出口贸易量不断增加,花生分级加工业发展的速度较快。目前中国加工出口的分级花生、乳白花生等,基本上仍属发达国家食品加工企业的原料,并没有获得最高创汇效果和最佳经济效益。花生加工过程缺乏技术支撑,精深加工技术落后,加工程度不足。花生榨油后剩余的花生粕基本被作为饲料使用。然而花生粕中还含有很多植物蛋白及氨基酸等营养物质,仅仅作为饲料使用造成资源浪费。

(二) 加工企业规模小,生产集中度不高

尽管中国花生产量较高,但有影响力的大型龙头花生加工企业却很少。大多数地区如山东、河南、辽宁等地花生加工企业规模都很小,生产设备落后,技术含量较低,并且缺乏产品创新,只能加工生产一些附加值低的花生制品,而单独以花生加工为主的大型龙头企业很少。

(三) 质量保障体系不完善,食品安全问题突出

中国农户在种植花生时普遍过量施用化肥和农药,导致花生中农药残留及重

金属含量超标现象时有发生。花生在收获、晾晒、储存及加工等过程中,易受潮发霉,产生致癌性极强的黄曲霉毒素。农药残留、重金属含量超标、黄曲霉毒素污染是影响花生及花生制品最主要的食品安全隐患,直接造成了中国花生产品在国际市场上的竞争优势下降,严重威胁花生食品安全。解决花生中黄曲霉毒素、农药残留以及重金属超标等问题,对于提高中国花生产品在国际市场的价格,增强中国花生产品的国际竞争力,保障国内花生加工产品的食品安全性,促进整个花生产业的发展意义重大。

(四) 加工专用品种缺乏,产品品质难以提高

目前国内花生用途主要为油用、食用和出口,但生产上花生品种多、乱、杂,专用品种生产规模小的问题普遍存在。农民对新品种、新技术的了解太少,多数农民采用自留种,多年不换种,导致花生品种严重退化,抗虫、抗病、抗旱等综合抗性下降,无法保证花生质量。同时良种产业化和原料生产产业化程度都很低,既缺少专用品种的种子繁育基地,也缺少专用品种原料的生产基地,造成企业生产用的原料质量无法保证。

二、花生加工产业对策

(一) 增加科技投入,加强技术创新和新产品开发

中国花生加工业基础薄弱,长期缺乏科技投入。要将目前出口花生以原料为主的现状转变为出口原料和加工制品并重,进而转变为出口加工制品为主。提高花生的出口创汇能力,必须加大科技投入。花生加工产业发展后劲大小,发展水平高低,最终取决于科学技术的进步和科技含量的提高。当前我们应当尽快加大花生深加工技术和设备的研究投入,积极学习和引进国外先进的加工技术和设备,开发营养、保健新型花生食品,实现花生产品的再增值,促进加工出口花生由低级、低档向高级、高档转变,提高中国花生加工产业的整体水平。

(二) 大力扶持并建立一批大型龙头加工企业

花生产业发展的主要问题是产品生产与市场脱节,加工生产环节缺少龙头企

业。一是应继续扶持现有的大型花生加工企业，保证企业持续健康稳步发展；二是要建立一批具有科研能力并且生产、加工、经营、出口相配套的企业，并对其重点扶持，在龙头企业的带动下形成良好的花生加工体系。

（三）健全花生质量安全体系

尽管现有的花生加工制品已有国家或行业标准，但普遍存在标准陈旧不适应现实发展需要或与国际不接轨等问题。由于企业在生产和管理上缺乏“良好生产操作规程”(GMP)和“危害分析与关键控制点”(HACCP)等管理措施，导致生产加工过程中质量控制体系不够完善，严重影响了产品质量和国际市场竞争力。尽快修订和完善花生产品质量等级标准，健全质量安全控制体系，使花生食品生产从最终产品检验为主的控制方式转变为生产的全程质量控制，是参与国际竞争的需要，也是行业发展的必然趋势。

（四）提高花生品质，建立优质专用花生原料生产基地

目前，花生品种严重混杂以及黄曲霉菌污染问题是中国花生品质和竞争力降低的主要因素。为提高花生品质应当加快高产、优质专用型品种的选育和推广，建立良种繁育基地，健全良种繁育体系，坚持选育、繁殖、推广一体化；在栽培过程中注意采用先进的技术措施，配套推广良种良法；在花生主产区为外贸和加工企业建立专用原料生产基地。

第九章

花生产业发展态势

第一节
全球花生生产态势

一、分布区域

花生是全球分布最广泛的农作物，世界六大洲 100 多个国家都有种植。花生是全球重要的四大油料作物之一，种植面积居油料作物第二位，仅次于油菜。在各种油料作物中，花生单产最高，含油量也最高。花生主要分布在 S 40°～N 40°之间的广大地区，主要集中在南亚和非洲的半干旱热带地区、东亚和美洲的温带半湿润季风带。中国、印度、美国、尼日利亚、缅甸、阿根廷、印度尼西亚、塞内加尔、苏丹和越南是前十位主产国，合计产量占全球花生总产量 85%以上。世界主要花生油生产国和消费国有中国、印度、土耳其、美国及欧洲国家。20 世纪 90 年代至今，花生油在中国、美国、阿根廷呈鼎立之势，角逐世界最大的欧洲市场，非洲丧失出口优势淡出国际市场。非洲塞内加尔花生种植面积占全国耕地面积 40%以上，有“花生王国”美誉，花生控制着整个国家经济命脉。

二、主要主产国

2020 年，全球各国花生收获面积依次为印度（610.00 万 hm^2）、中国（460.00 万 hm^2，未含台湾地区）、尼日利亚（407.31 万 hm^2）、苏丹（319.72 万 hm^2）、塞内加尔（122.51 万 hm^2）、缅甸（113.24 万 hm^2）、坦桑尼亚（100.00 万 hm^2）、几内亚（97.61 万 hm^2）、尼泊尔（89.72 万 hm^2）、乍得（75.82 万 hm^2）。全球花生品种有大果、中果和小果三种类型。19 世纪 80 年代以前，中国花生以小果型为主，现在以大果型和中果型为主。大果花生在中国、美国、墨西哥、埃及等中东国家以及澳大利亚、日本、苏丹、利比亚、马拉维、赞比亚和津巴布韦等国。印度花生为中果型，美国的“兰娜”型花生也是中果型。中国的伏花生也属于中果型，其他国家的花生多属“西班牙”类型的小果型花生。“西班牙”型小果花生在非洲国家种植较为普遍。

除了以上花生主产国，塞内加尔也是花生生产大国。塞内加尔号称“花生之国”。塞内加尔气候干燥，土壤疏松，很适合种植花生，是非洲第一大花生生产国，主要品种是红米和白沙，白沙为主要出口品种，机械化程度低，使用的脱壳机械还是类似于中国 20 世纪 50～70 年代的简易铁质剥壳机。塞内加尔生产的花生主要用于榨油和出口，花生油也用来出口，出口量居世界第一位。2015 年中国开始进口塞内加尔花生。目前塞内加尔已成为中国最大花生出口国，也是西非第一个与中国签约的“一带一路”国家。《远方的家》系列片《“一带一路”》在塞内加尔拍摄专题片，第 528 集《塞内加尔：花生之国》2020 年 1 月在中央电视台播放，花生是主题之一。

三、发展趋势

周曙东(2016)指出，世界花生产量呈波浪式增长，面积长期稳定，主产国基本未变，单产缓步提高，品种分布均衡；近几年全球花生呈现三个特点：花生总量的增加主要依靠单产的提高，单产的提高将依靠科技发展，将从油用向食用方向发展。

全球花生面积长期稳定，但由于花生主产国生产条件差，栽培和管理水平提高缓慢，影响世界花生总产量的提高。全球花生产量自 20 世纪 60 年代开始逐步提高，FAO 统计表明，1961—1970 年间平均年产量为 1 807 万 t，1971—1980 年达到 2 032 万 t，1981—1990 年达到 2 670 万 t，1991—2000 年快速增长到 3 927 万 t，2001 年以来全球花生整体呈稳步增长趋势。2000 年以来，全球每年花生种植面积为 2 800 万～3 000 万 hm^2，主要分布在亚洲、非洲和美洲，亚洲种植面积占全球总面积的 60%～65%、非洲占 30%左右，美洲占 5%左右，欧洲和大洋洲零星种植未形成规模化生产。2011—2020 年，全球花生收获面积呈现出波状上升趋势，收获面积从 2011 年的 2 510.50 万 hm^2 上升到 2020 年的 3 156.86 万 hm^2，产量从 2011 年 4 111.73 万 t 上升到 2020 年的 5 363.89 万 t(图 64)。

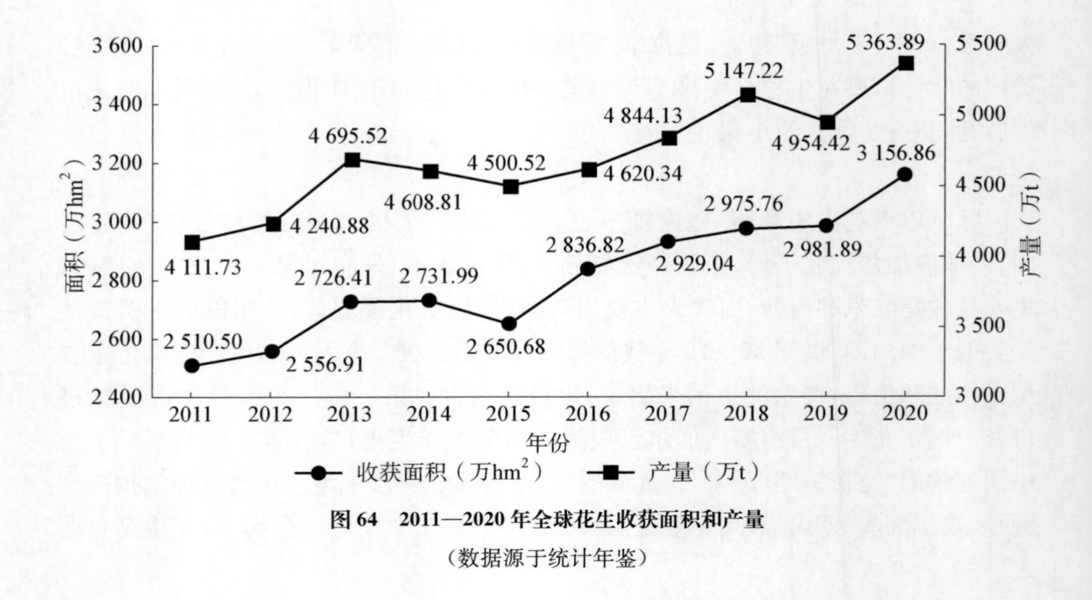

图 64　2011—2020 年全球花生收获面积和产量

（数据源于统计年鉴）

四、育种趋势

高油酸花生育种是全球花生育种的大方向。全国农业技术推广服务中心《高油酸花生产业纵论》(2019)指出，历经 20 年，全球高油酸花生在美国、阿根廷、澳大利亚、巴西、中国等地区发展。阿根廷花生种植主要位于科尔多瓦省，高油酸花生占 90%以上，突破了高油酸花生种植环节田间管理的纯度瓶颈。美国花生产业具备世界最为完善的技术体系，涵盖育种、种植技术、机械化、仓储、加工技术等。美国高油酸花生品种 58 个，11 个弗吉尼亚型、38 个兰娜型、8 个西班牙型、1 个瓦伦西亚型。巴西高油酸花生品种主要来源于美国和阿根廷花生产业交流与合作，目前有 6 个高油酸花生品种，其中 5 个为兰娜型。澳大利亚在国际花生市场上并非主要产区，但较早重视高油酸花生产业发展。截至 2016 年，24 个高油酸花生品种被授权，包括 4 个弗吉尼亚型、19 个兰娜型和 1 个西班牙型。

第二节
中国花生生产态势

中国花生面积居世界第二，产量则居第一。花生是中国重要的油料作物之一。中国作为传统花生大国，花生生产区域范围十分广泛，中国 30 个省（自治区、直辖市）均有花生种植。廖伯寿（2020）在一次会议上作报告指出，中国花生在油料作物中，具有总产量大、总产值最高、出口量大、单位面积产量最高、单位面积效益最高、单位面积产油最高、国际竞争力最强等七大特点。

当前，中国已属世界花生产量产值第一大国，种植面积略少于印度，单产和总产远超印度，与美国相比，单产尚有提升空间。中国花生用途分四大类，榨油（53%）、食用（40%）、种子（4%）、出口（3%），花生产值分配分三大类，花生油＋饼粕（59%）、食用（36%）、出口（5%）。中国花生油用相较于食用具有更高经济效益，但食用花生产业占比仍在逐年上升。

一、中国花生生产发展态势特点

（一）生产区域分布广

花生是国际公认的半干旱作物，固氮效果好，对干旱、瘠薄、酸土等生态逆境具有较强适应性。中国花生种植区域十分广阔，主要分布在 N 18°～40°、E 100°以东的亚热带与温带地区，北到黑龙江的黑河，南至海南的榆林，西自新疆的喀什，东到黑龙江的密山均有种植，范围十分广泛。中国花生主产省有河南、山东、辽宁、河北、广东、四川、湖北、广西、安徽、江西、吉林、湖南、福建和江苏等 14 个省（自治区）。河南和山东花生播种面积和总产量最大，安徽花生单产最高。

（二）产量和面积呈增长趋势

2011—2020 年，中国花生面积和产量均呈现上升趋势，收获面积从 2011 年的 433.60 万 hm^2 上升到 2020 年的 473.10 万 hm^2；产量从 2011 年 1 530.2 万 t 上升到 2020 年的 1 799.30 万 t（图 65）。2020 年，中国各省花生面积依次为河南（126.18 万 hm^2）、山东（65.09 万 hm^2）、广东（34.76 万 hm^2）、辽宁（30.62 万 hm^2）、四川（28.34 万 hm^2）、湖北（24.87 万 hm^2）、河北（24.60 万 hm^2）、吉林（23.92 万 hm^2）、广西（22.33 万 hm^2）、江西（17.14 万 hm^2），其中河南占 26.67%，山东占 13.76%，两者之和达 40.43%。

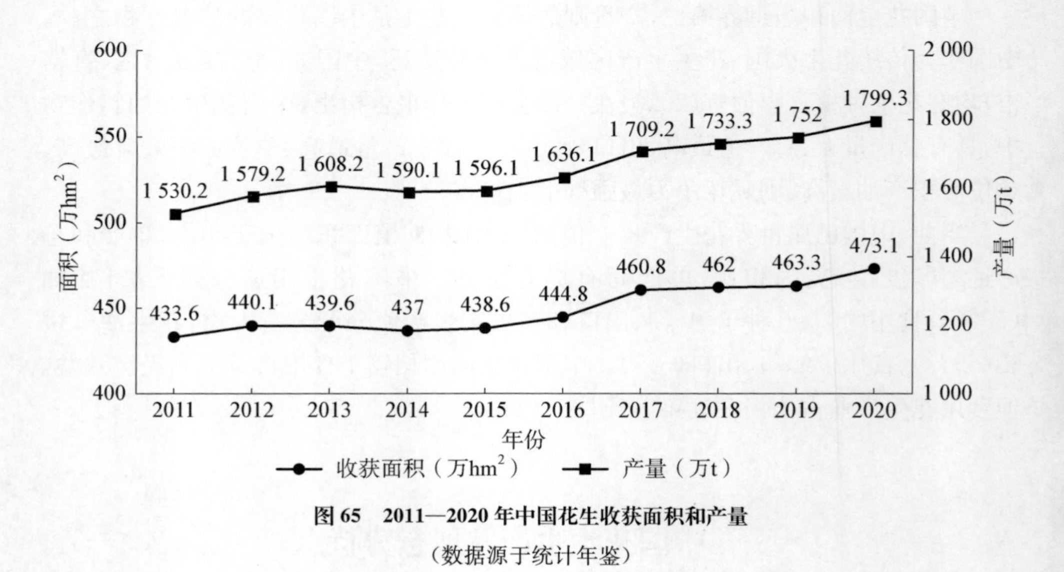

图 65　2011—2020 年中国花生收获面积和产量

（数据源于统计年鉴）

（三）高油酸花生面积增长迅速

近年来，中国高油酸花生种植面积增长十分迅速。周曙东（2022）不完全统计，中国高油酸花生种植面积，2016 年 0.67 万 hm^2 左右，2017 年达到 2.67 多万 hm^2，2018 年 12 万 hm^2，2019 年 14.07 万 hm^2，2020 年达到 21.8 万 hm^2。高油酸花生面积的扩大，得益于高油酸花生种子的推广。全国农业技术推广服务中心主编的《高油酸花生产业纵论》（2019）指出，新中国高油酸花生产业存在种质资源匮乏、优质专用品种少、保优栽培技术不系统、品种保纯难度大、规模化程度低等问题。

（四）消费与需求量大

中国不仅是花生生产大国，还是花生消费和出口的大国，虽然花生的国际贸易量并不大，但花生是中国传统的出口农产品。自20世纪90年代初期，中国就成为世界花生第一出口大国，出口主要面向日本和欧盟。与其他多数农产品相比，花生的国际贸易率是较低的，仅占全球花生总产的4%左右。全球花生贸易十分活跃，进出口贸易数量较大，中国花生出口有着较好的竞争环境和极佳的商机。

进入21世纪，特别是加入WTO，中国花生无论是出口数量还是出口金额均呈现增长态势，在国际花生出口份额中占比均超35%，稳居世界首位，成为中国为数不多的具有国际竞争力的大宗创汇农产品之一。世界市场上花生贸易量不断增加，发达国家对花生需求量越来越大，但发达国家自给率很低，为中国花生出口创造了条件。中国花生进出口格局发生显著变化，进口增加，出口减少。中国花生在国际市场上具有较强的价格竞争力和资源优势。中国花生生产集中度较高，花生出口省份也比较稳定，花生出口主要集中在山东、河南和辽宁等花生主产省份。中国花生出口主要集中于欧洲和亚洲，但对其他各洲的出口量也在不断增加。

（五）科研投入加大

2008年国家花生产业技术体系成立，设置遗传改良研究室、栽培与土肥研究室、病虫草害研究室、机械化研究室、加工研究室和产业经济研究，设立1个首席科学家、19个岗位专家和26个综合试验站。在前首席科学家禹山林研究员（2008—2016）和现任首席科学家中国工程院院士张新友（2017至今）相继带领下，对花生育种、栽培、土壤改良与肥料、病虫草害防控以及花生加工等联合攻关，逐步解决全国各地花生生产与加工方面的问题，花生产业得到长足发展。国家花生产业体系成立后，整合了全国花生资源，优质高产专用花生新品种、优质高效栽培技术、机械化和初加工技术在生产实践中普遍得到应用，花生产业发展进度明显提升。现代农业产业技术体系是中国农业科技领域的一项重大管理创新，是促进农业科研与生产紧密结合的有效途径，是建立全国范围内农业科研协同创新内生机制的成功探索。“有困难，找体系”，在体系内外已经形成共识。

“十三五”以来，中国花生产业发展势头良好，在国家各项政策的支持和花生产业办各个参与主体的共同努力下，花生种植面积和产量不断增长，中国成为世界花生生产大国，总面积位居世界第二，总产量位居世界第一，单产是世界平均水平2倍多。“十四五”期间，国家花生产业体系将进一步发挥花生农业产业科技战略力量在引领花生科技创新、支撑农业农村现代化、应对油料在国际科技竞争的中流砥柱作用。

（六）新形势下产业技术经济特征明显

周曙东(2022)研究总结提出中国花生产业技术经济9项特征：中国花生生产持续增长、中国拥有花生定价权，但花生价格波动大；花生生产成本呈上升趋势，劳动生产率在提高；花生及其制品出口贸易产品结构逐步变化；花生及其制品进口贸易产品结构逐步变化；花生产业链增值效果明显；花生绿色高效防控技术应用存在同伴效应；花生化肥减量增效综合技术具有明显的经济效益；花生机械化水平稳定提高。周曙东(2022)还提出了花生产业发展九条政策建议：实施重要农产品保障战略，通过多种形式促进花生产业发展；出台花生加工企业能力建设项目计划；加强对花生种子繁育产业化扶持；创建花生绿色高效基地；加大对花生科研财政支持力度；构建花生国内大循环产业链、组建大型花生流通企业；改善花生农业科技推广方式方法；优化花生新产品、新技术扩散途径。

（七）产业化水平较低

无论是榨油还是食用，花生都需要一定程度的深加工，实现增值，最大限度发挥经济效益、社会效益和生态效益。但中国目前花生生产的产业化水平还比较低，深加工企业较少，花生的出口和消费都停留在初加工阶段，市场上大量花生资源被小型榨油厂占有。中国花生加工利用平稳发展，年产花生油300万t。中国农村小型榨油厂每年消耗的花生占中国花生消耗总量的80%左右。这些小榨油厂大多设备简陋，工艺落后，出油率低，油质不高，榨油后的花生粕不能再加工利用，造成极大浪费。

花生是中国重要的优质食用植物蛋白资源，是一个获得高蛋白的营养保健食品很好的发展领域。中国花生约有一半用来榨油，作为营养保健食物乃至医用食品价值还没有得到全面认识。花生处处都是宝，具有很大实用价值，花生副产品生产没有得到重视，专门从事副产品生产开发的企业不多。

中国花生产品的加工工艺还有待提高，花生精加工和深加工程度不够，花生新产品的开发滞后。目前中国花生出口产品中，属于初级产品的带壳花生和粗加工花生的出口总额占花生产品出口总额的90%以上，而加工产品花生粕、花生酱和花生油所占比例不足10%，没有形成完善的产业链，附加价值低，严重影响了花生生产收益。

（八）食品安全任务重

随着中国花生生产规模的扩大，黄曲霉毒素污染问题日趋突出。2000年中国出口到欧洲的花生被检测出黄曲霉毒素，2007—2008年仍有相当一部分被检出黄曲霉毒素，这一事件对中国花生出口产生了恶劣影响，严重威胁中国花生在国际市场竞争力。农药残留问题也严重影响出口和价格，主要进口国家对农产品农药残留的检测标准提高，花生农药残留问题同样不容忽视。黄曲霉毒素还是制约南方花生加工和出口的重要因素，筛选抗黄曲霉侵染种质是解决南方花生黄曲霉问题最有效、最经济的途径。

（九）中国花生产业发展方向

2010年花生良种补贴和加快优质花生生产基地县建设，被写进中央一号文件。至2021年，花生再次被写进中央一号文件，即2021年1月4日发布的《中共中央国务院关于全面推进乡村振兴加快农业农村现代化的意见》提出，“要多措并举发展油菜、花生等油料作物”。2021年12月27日，全国农业农村厅局长会议在北京召开，要求抓好花生生产，多措并施扩面积、提产量。2021年，国家现代农业产业技术体系首席科学家会议上已明确提出，“十四五”期间，花生要确保国内自给率，花生面积增加的区域主要集中在东北农牧交错带花生-玉米带状轮作区和新疆次宜棉区。

（十）中国花生国际优势显著

除机械化规模程度不如美国外，中国花生油科研水平、育种水平、产业规模、对比优势等均在国际上占有领先地位。1994年7月4—5日，在中国农业科学院油料作物研究所召开了第三届国际花生青枯病学术研讨会（图66）。随后，在中国相继召开了第一届国际花生黄曲霉与基因组大会（广州，2006）、第六届国际花生基因组与生物技术大会（郑州，2013）、第11届国际花生科学与技术大会（济南，2019）、国际花生高效安全生产技术研讨会（南京，2021）等。

二、中国花生生产发展未来方向

（一）绿色化、高质化、高效化、品牌化发展

中国花生产业发展将朝着绿色化、高质化、高效化、品牌化四个方向发展。绿色化，即通过减施农药化肥等不良投入品并利用生物技术，保障生产安全、食品安全、环境安全。高质化，即通过品种改良和保优栽培技术，生产出营养健康、质量达标、竞争

图 66　第三届国际花生青枯病学术研讨会

（廖伯寿供图）

力强的产品。高效化，即通过全程机械化融合技术的集成应用，提高作业效率、生产效益、产业竞争力。品牌化，即通过优质原料的精深加工，创制出驰名品牌产品。

（二）高油酸花生品种逐步取代普通油酸品种

王传堂（2021）指出，高油酸花生油酸含量高、亚油酸含量低，具有降血脂、保护心脑血管和肝脏控制血糖与体重、延缓衰老及增强脑认知能力等多重保健作用，获得消费者的青睐。高油酸花生不易变质，货架期长，深受加工企业欢迎。高油酸花生油具有橄榄油所缺乏的香气，耐煎炸烹炒，符合国人烹饪和饮食习惯。廖伯寿（2020）在湖北省黄冈市一次培训会上指出，高油酸花生具有五大优势，一是有选择性地降低有害健康的低密度胆固醇，不破坏有利健康的高密度胆固醇，延缓心脑疾病；二是棕榈酸（对健康危害较大）含量只有普通花生的一半，更有利于人体健康；三是提高花生、花生油的抗氧化能力和烹调品质，降低有害物质产生；四是改善花生加工产品及种子的储藏性能（过氧化值、酸价低），显著延长货架期；五是有利于消费者健康、加工企业和种子企业，是未来花生生产和消费的根本方向。低温时，普通花生油和高油酸花生油容易区分。和普通油酸花生相比，高油酸花生降低了饱和脂肪酸，低温时高油酸花生油则不易凝结。

第三节
中国花生主产省份生产情况

2021 年花生种植面积超过 10 万 hm^2 的省(区)有河南、山东、广东、辽宁、四川、河北、湖北、吉林、广西、江西、安徽、湖南等 12 个。这 12 个省(区)的种植面积达 429.50 万 hm^2,占全国花生种植总面积的 89.38%,总产达 1 670.67 万 t,占全国花生总产的 91.25%,成为中国花生的主要产地。现将各主产省(区)的花生分布及生产概况分述如下。

(一) 河南省

自 1999 年开始,河南省成为中国花生种植面积最大的省份,2021 年种植面积达 129.29 万 hm^2。2008—2021 年,年均种植面积 109.79 万 hm^2,单产 4478.32 kg/hm^2,总产 493.40 万 t,面积和总产分别占全国的 23.89%和 29.67%。

花生主要分布于黄河冲积平原区,豫南浅山、丘陵、盆地区,淮河以北豫中区和豫西北山地丘陵区。种植花生的土壤主要为河流冲积砂土及丘陵砂砾土。栽培制度多为一年两熟制,部分两年三熟制。麦套和夏直播花生占花生总面积的 80%以上。种植品种主要为中间型大果花生,部分珍珠豆型小果花生。

1. 黄河冲积平原区

位于黄、淮、海大平原西部,豫北沿黄河及其故道平原,黄河以南、京广铁路以东,沙颍河以北的广大平原。包括安阳、新乡、开封、商丘、周口、许昌等 5 个市(地)的 30 多个县(市)的全部和部分。土质多为黄河泛滥冲积形成的砂土及砂壤土,土层深厚,但肥力较低。pH 6～7,地下水位较高,易受旱涝灾害。种植品种以中间型为主。

2. 豫南浅山、丘陵、盆地区

包括淮河以南和南阳盆地。北亚热带的最北部,气候温和,雨量充沛,年平均气温15℃左右,平均气温>10℃积温4 900～5 000℃。降水量800～1 200 mm。土质主要为河流冲积土、浅山丘陵砂砾土及部分砂姜黑土和少量水稻土。种植品种主要为中间型和珍珠豆型。

3. 淮河以北豫中区

位于淮河以北、长葛、许昌至西华清流河以南经郸城、鹿邑东至安徽省界,西接伏牛山区。地处温暖带南部,亚热带的北缘。水热资源较丰富,年平均气温14～15℃,>10℃积温4 700～4 800℃。年降水量800～1 000 mm。土质多为砂姜黑土,自20世纪80年代以来,花生种植面积增加较快,产量较高。种植品种以中间型和珍珠豆型中粒品种为主。

4. 豫西北山地丘陵区

位于河南西北部,包括伏牛山南、北麓浅山丘陵地带,太行山及山前京广铁路附近地带。年平均气温12.1～15℃,年降水量500～700 mm。种植花生土壤多为丘陵砂碌土,部分为平原砂土或砂壤土。种植品种多为中间型。

(二) 山东省

山东省是中国花生生产大省,2008—2021年,年均种植面积73.81万hm^2,单产4 344.07 kg/hm^2,总产320.40万t,面积和总产分别占全国的16.06%和19.27%。花生种植遍及全省各地,主要分布于胶东丘陵、鲁中南山区和鲁西平原。重点建设鲁东传统出口型、鲁中食用加工型和鲁西南高油型3个主产区,逐步形成具有较强市场的专用花生优势产区。种植花生的土壤多为花岗岩和片麻岩风化而成的粗砂和砂砾土及河流冲积的砂土。全省土壤类型主要有潮土、棕壤、褐土、砂姜黑土和盐土,其中潮土约占耕地总面积的39.5%,棕壤约占29.2%,褐土约占21.2%,砂姜黑土约占4.5%,盐土约占3.9%,除盐土外,其余土壤类型均有花生栽培。全省土壤养分状况大体是有机质含量偏低,微量元素缺乏。全省栽培的花生品种20世纪50年代以普通型大花生为主,60—70年代以珍珠豆型品种为主,80年代以来以中间型大花生为主,部分为普通型品种和珍珠豆型品种。栽培制度60%为两年三熟制,40%为一年二熟制。春花生占80%,夏花生占20%。

1. 胶东丘陵区

主要包括青岛、烟台、威海市的全部及潍坊市的部分县(市),为山东省的主要花生产区,栽培面积占全省总面积的近40%,总产占全省总产的42%。以春花生为主。

2. 鲁中南山区

包括临沂、日照市的全部和泰安、济宁、淄博、济南市的部分地区,栽培面积和总产均占全省总面积和总产的30%左右。种植花生的土壤类型比较复杂，既有山岭梯田、河床沙地，也有风沙地。包括大部分春花生，少部分夏花生。

3. **鲁西平原区**

包括聊城、菏泽、德州、淄博、济宁、枣庄等市的部分地区，种植花生的县(市)主要有莘县、冠县、阳谷、鄄城、单县、巨野、东明、曹县、东昌府区、齐河、高青等。以夏花生为主。

(三) 广东省

广东省历来是中国南方花生种植面积最大的省。2008—2021年，年均种植面积34.11万hm^2，单产2 931.43 kg/hm^2，总产100.15万t，面积和总产分别占全国的7.42%和6.02%，全省各地均有花生种植，可分为4个产区，粤西、粤北、珠三角和粤东产区。种植花生的土壤主要为红壤、黄壤和稻田土。典型的一年两熟花生产区，春花生占70%，秋花生占30%。种植品种主要为珍珠豆型品种。

(四) 辽宁省

近十年来，辽宁省的花生种植面积得到了快速发展，2019年达到33.23万hm^2。2008—2021年，年均种植面积29.78万hm^2，单产2 832.01 kg/hm^2，总产85.08万t，面积和总产分别占全国的6.48%和5.12%。花生主要分布在辽西、辽西北丘陵区、中部辽河平原种植区、辽南丘陵种植区及东部丘陵山地均有零星种植。种植花生的土壤主要为砂土、砂砾土、风沙土、部分壤土。栽培制度多为一年一熟制，部分一年两熟制，以春花生为主，部分与马铃薯轮作。种植品种多为中间型中、早熟品种和珍珠豆型品种。

(五) 四川省

近十年四川省花生种植面积稳定。2008—2021年，年均种植面积24.46万hm^2，单产2 505.69 kg/hm^2，总产66.35万t。面积和总产分别占全国的5.76%和3.99%。花生布局比较分散，分布在19个市(地、州)的137个县(市、区)，以内江、绵阳、宜宾、南充等市(地)种植面积较大。花生多种植于二台以上的坡台地，土质多为紫色土、红壤和黄壤，肥力较低。栽培制度多为一年两熟制，以春花生为主。种植品种多为中间型和珍珠豆型。

(六) 河北省

近几年,受到粮食作物面积增加的影响,河北省花生种植面有所下降。2021年全省花生种植面积为 24.73 万 hm^2。2008—2021 年,年均种植面积 32.45 万 hm^2,单产 3 695.64 kg/hm^2,总产 119.10 万 t。面积和总产分别占全国的 7.06% 和 7.16%。花生主要集中在冀东、冀中和冀南一带,其他地区只有零星种植。种植花生的土壤以河流冲积砂土和砂壤土为主,少量丘陵砂砾土。栽培制度多为两年三熟制,部分一年两熟制,少量一年一熟制。花生以春播为主,部分夏作。

1. 冀东区

包括唐山、廊坊、秦皇岛市的全部,以滦河沿岸的迁安、滦县等地区种植历史悠久,面积较大。种植花生的土壤主要为平原砂土,土壤瘠薄,肥力较低。栽培制度多为一年一熟或两年三熟制,以春花生为主。种植品种多为中间型或普通型中、早熟小果品种,少量珍珠豆型中果品种。

2. 冀中、冀南区

包括石家庄、保定、沧州、衡水、邢台、邯郸等市(地)。种植花生的土壤多为较肥沃的砂壤土和壤土,少量黄河泛滥冲积形成的砂土。栽培制度多为两年三熟制和一年两熟制,以麦田套作春播花生为主。种植品种多为中间型和普通型中、早熟大果品种,少量珍珠豆型品种。

(七) 湖北省

近十年,花生种植面积增加较快,2021 年达到 24.47 万 hm^2。2008—2021 年,年均种植面积 21.32 万 hm^2,单产 3 424.19 kg/hm^2,总产 73.04 万 t,面积和总产分别占全国的 4.64%和 4.39%。花生种植主要分布在鄂东大别山区、江汉平原以及鄂西襄阳地区,以襄州、大悟、红安、麻城、枣阳、宜城、天门等县(市)种植面积较大。种植花生的土壤,大别山区多为由片麻岩风化而成的粗砂壤土或砂壤土,江汉平原多为江河冲积砂土及稻田土,鄂西多为岗地黏土。栽培制度多为两年三熟制,鄂西多为一年两熟制。以冬闲春播为主,部分麦后、油后夏直播花生,部分水旱轮作。种植品种多为珍珠豆型。

(八) 吉林省

近十年,花生种植面积增加较快,2021 年达到 24.26 万 hm^2。2008—2021 年,年均种植面积 18.70 万 hm^2，单产 3194.90 kg/hm^2，总产 60.46 万 t。面积和总产分别占全国的 4.07%和 3.64%。吉林省花生种植区位于中国东北早熟区，花生种植主要集中在吉林省西部的松原、白城及中部的四平部分地区，种植花生的土壤多为风沙地、盐碱地较多，土壤瘠薄。栽培制度为一年一熟，种植模式多为大垄双行覆膜和单垄裸种，种植花生品种主要有多粒型、珍珠豆型和普通型三种。

（九）广西壮族自治区

广西种植花生的历史悠久，自 20 世纪 50 年代以来，多数年份种植面积在 10 万 hm^2 以上。2008—2021 年，年均种植面积 19.75 万 hm^2，单产 2815.75 kg/hm^2，总产 56.12 万 t。面积和总产分别占全国的 4.30%和 3.38%。花生在广西的分布较广，全区各县均有种植。以南宁、柳州、贵港等地（市）种植面积较大，其次为梧州、北海、钦州等地（市）。全区气候温和，属亚热带气候。种植花生的土壤多为瘠薄的红壤，部分为水稻土。栽培制度多为一年两熟、三熟和两年五熟制。以春花生为主，部分秋花生。种植品种多为珍珠豆型中、小果。

（十）江西省

花生种植面积自 20 世纪 80 年代后期增加较快，2021 年达到 17.72 万 hm^2。2008—2021 年，年均种植面积 16.12 万 hm^2，单产 2809.78 kg/hm^2，总产 45.40 万 t。面积和总产分别占全国的 2.42%和 1.71%。花生主要分布于赣州、宜春、南昌等地（市）。种植花生的土壤多为红壤，部分为稻田土。栽培制度多为一年两熟、三熟制，以春花生为主，少量秋花生。春花生占 80%、秋花生占 10%，两季的占 8%。种植模式有春花生晚稻水旱轮作、早稻—秋花生，红壤旱地种植一般为春花生冬闲花生与幼龄果园、中药材、玉米等套种，春花生与秋芝麻、秋红薯、冬蔬菜等轮作模式。种植品种多为珍珠豆型中、小果品种。

（十一）安徽省

自世纪 80 年代以来，花生种植面积增加较快，1979 年全省种植面积仅 5666.67 hm^2，2008 年达到 19.448 万 hm^2，2008—2021 年，年均种植面积 17.25 万 hm^2，单产 4714.09 kg/hm^2，总产 80.95 万 t。面积和总产分别占全国的 3.75%和 4.87%。花生种植主要分布于淮河以北及江淮地区。全省气候温暖，6—7 月易受旱涝灾害。种植花生的土壤主要为黄壤土和砂姜黑土。栽培制度多为两年三熟和一年两熟制，有春花生和夏直播花生两种模式，分别占 60%和 40%。夏直播花生前茬多为小麦，部分油菜茬。种植品种淮北地区以大果品种为主，江淮地区以中小果品种为主。

（十二）湖南省

花生种植面积进入20世纪90年代发展较快，2000年达到14.17万 hm^2。2008—2021年，年均种植面积9.74万 hm^2，单产3 848.23 kg/hm^2，总产37.47万t。面积和总产分别占全国的2.12%和2.25%。花生种植主要分布在湘中、湘南丘陵地带及洞庭湖周围和河流冲积砂土地带。全省气候暖和，但不少地区常出现伏旱和秋旱现象。种植花生的土壤多为红壤和黄壤，部分为砂壤土和稻田土。栽培制度多为一年两熟制，以麦田套作花生为主，部分油茶幼林间作和水旱轮作。种植品种多为珍珠豆型品种。

第十章

极端气象灾害对花生的影响

气象灾害是自然灾害中最频繁又严重的灾害，给人民生命和财产以及农业生产造成了巨大影响。对花生生长造成重要影响的气象灾害，以干旱、高温、洪涝等为主。同时，气候条件往往能形成或引发洪水、泥石流和植物病虫害等自然灾害，产生连锁反应。人类在大自然面前永远显得如此渺小，一旦气候产生严重变化，没有生物可以幸免。在全球气候变化大背景下，大范围的气象灾害有更为频繁的发生趋势，给世界经济发展和人民财产安全造成严重损失，已成为全球最受关注、影响最大的自然灾害之一。

第一节
温室效应导致全球变暖

温室效应(Greenhouse effect),又称“花房效应”,是大气保温效应俗称。由环境污染引起的温室效应是指地球表面变热的现象,主要由于现代化工业社会过多燃烧煤炭、石油和天然气,释放出大量的二氧化碳气体进入大气造成的。温室效应会带来以下列几种严重后果,如地球上气候反常、病虫害增加、海平面上升、海洋风暴增多、土地干旱、沙漠化面积增大等,因此减少碳排放有利于改善温室效应状况。

一、温室效应导致全球变暖研究历程

(一) 温室气体种类

1992 年 5 月,联合国大会正式通过《联合国气候变化框架公约》明确了需要控制的 6 种温室气体,2012 年又补充 1 种,分别是二氧化碳(CO_2)、甲烷(CH_4)、一氧化二氮(N_2O)、氢氟碳化物(HFC_S)、全氟化碳(CF_4)、六氟化硫(SF_6)和三氟化氮(NF_3),并提出将大气中温室气体浓度维持在一个稳定水平,降低人类活动对气候系统干扰的倡议,一场全球性绿色低碳革命正式开始。1992—2015 年,从《联合国气候变化框架公约》《京都议定书》《哥本哈根协议》到《巴黎协定》的签订,表明世界各国都在积极响应联合国号召减少温室气体排放,控制全球升温。

(二) 研究历程

由于种植业发展和土地使用,人类对气候干预早在工业革命之前就已开始,现已证实空气中二氧化碳含量增加开始于7 000年前，而甲烷增加则在5 000年前。比尔・盖茨(2021)认为，中国的极端干旱可能会引发地区及至全球粮食危机，并预测到2060年气候变化可能像新冠肺炎一样致命，到2100年气候变化的致命性可能达到新冠肺炎的五倍，到21世纪中叶气候变化可能导致欧洲南部地区的小麦和玉米减产50%。

2013年，经中国国家应对气候变化领导小组会议审议通过并由国务院批准的《中华人民共和国气候变化第二次国家信息通报》显示，2005年中国温室气体排放总量约74.67亿t二氧化碳当量，其中农业能源活动产生的二氧化碳排放666.73万t；农业活动排放甲烷52 857万t二氧化碳当量，一氧化二氮29 140万t二氧化碳当量。长期以来中国农业生产能源以石油、煤炭和电力为主，占总消费量98%以上。农业活动成为中国甲烷排放主要来源，通过对农村沼气管理与开发，可降低部分甲烷排放，加强对太阳能等可再生能源的利用，对农村节能减排也有重要作用。中国已初步建成了较为完善的水文监测预报预警业务体系，为国家防汛抗旱减灾指挥决策提供了有力的技术支撑。早在2020年8月份全球疫情还处在高峰期的时候，比尔・盖茨就呼吁，新冠肺炎很可怕，但气候变化可能更糟。

1824年，约瑟夫・傅里叶(Joseph Fourier)第一个描述了大气对地球升温作用，并于1827年研究了升温效应物理过程。1859年约翰・廷德尔、1861年约翰・丁铎尔(John Tyndall)通过实验证实了水蒸气和二氧化碳的各种辐射特性。1859年，斯凡特・阿伦尼乌斯(Svante Arrhenius)发表了关于二氧化碳和水蒸气对地球气温影响论文，1896年发表的论文为气候科学奠定了坚实的物理基础，代表着现代气候科学的诞生。1901年，尼尔斯・古斯塔夫・埃克霍尔姆(Nils Gustaf Ekholm)提出“温室效应”概念。1956年，吉尔伯特・普拉斯(Gilbert Plass)准确计算了二氧化碳辐射强迫。1957年，查尔斯・基林(Charles D Keeling)开始在美国夏威夷莫纳罗亚观测大气二氧化碳浓度，这是人类社会利用仪器检测记录大气二氧化碳浓度的起点。1967年，真锅淑郎(Syukuro Manabe)和理查德・韦瑟尔德(Wetherald)首次可靠地预测了二氧化碳浓度加倍后引起变暖的大小，是辐射对流模型的集大成者，从能量平衡、对流加热、水汽反馈等角度为讨论地球气候变化提供了经典基础框架，代表着全球变暖研究进入现代时期。1975年，以真锅淑郎和理查德・韦瑟尔德(Wetherald)的文章发表为标志，代表着三维大气环流气候模式诞生。1979年，朱尔・查尼(Jule G. Charney)组织编写《二氧化碳与气候》科学评估报告，这就是著名的《查尼报告》，指出大气二氧化碳浓度加倍会导致全球平均温度出现显著改变，二氧化碳浓度加倍将令全球温度升高1.5～4.5℃。1984年，詹姆斯·汉森(James Hansen)定量分析发现云反馈过程会对气候敏感度产生很大影响,被视为气候模式发展的一项里程碑式工作。1986 年,菲利普·琼斯(P. D. Jones)等发表著名的《1861—1984 年的全球平均温度变化》文章为代表,揭示全球变暖现象。

1988 年,世界气象组织(WMO)和联合国环境署(UNEP)成立了政府间气候变化专门委员会(IPCC)。1990 年 IPCC FAR 及其 1992 年的补充报告,确信人类活动产生的温室气体浓度显著增加,将使地表更暖。1996 年的第二次评估报告(SAR)指出,人类活动已经对全球气候系统造成了可以辨别的影响。2001 年第三次评估报告(TAR)第一次明确指出,过去 50 年观测到的大部分增暖"可能"归因于人类活动造成的温室气体浓度上升,2007 年第四次评估报告的"很可能",2013 年第五次评估报告的"极有可能",再到 2021 年最新的第六次评估报告的"毋庸置疑"。人类活动对全球变暖贡献,IPCC 报告归因结论的信度逐步提高。明确人类活动导致气候增暖这一结论,为国际社会采取行动来适应和减缓气候变化提供了重要科学基础。世界气象组织发布的《2020 年全球气候状况》临时报告指出,2020 年已成为有纪录以来最暖的三个年份之一,全球陆地和北半球气温则双双创下观测史最高纪录,北极夏季海冰范围创造了 42 年来卫星有纪录以来第二低。

(三) 两位气候学家首次获得诺贝尔物理学奖

2021 年度诺贝尔物理学奖授予两位气候学家真锅淑郎和克劳斯·哈塞尔曼(Klaus Hasselmann),以表彰他们"对地球气候的物理模拟、量化变率和可靠地预测全球变暖"所做出的贡献,这是历史上诺贝尔物理学奖首次授予气候学家。从 1827 年温室效应最早被提出到气候学家首次被授予诺贝尔物理学奖,经历了近两百年的漫长历程,人类关于气候变化科学的知识逐渐积累、认识水平逐步加深。

(四) 全球变暖对人类睡眠的影响

全球变暖或致人类睡眠时间减少,过去几年平均每人每年减少 44 h 睡眠时间。据央视财经频道及网络报道,丹麦哥本哈根大学的一项最新研究显示,全球变暖令夜间温度不断升高,而这对人们的睡眠产生了负面影响。丹麦哥本哈根大学研究人员搜集了来自 68 个国家和地区、超过 4.7 万名成年人的 700 万份夜间睡眠记录,范围横跨除南极洲外的所有大陆。研究发现,在过去的几年中,世界各地平均每人每年减少 44 h 睡眠;根据预计,到 2099 年,全球变暖可能会导致每人每年睡眠减少时间达到 50～58 h。

二、温室气体导致全球极端灾害性天气频发

全球极端气象事件都是在一个大气候背景下发生的，受到诸多因素的影响。从长期角度看，人类活动已经对气候系统产生明显影响，整个气候背景也相应发生了变化，进而使极端天气气候事件强度和频率随之发生显著变化。极端气象事件频发，凸显了减缓气候变化的重要性，节能减排是全人类共同的责任与义务。

（一）人类过度使用化石燃料，全球温度升高，异常气候频繁

自 19 世纪以来，人类通过燃烧化石获取能源，导致全球温度比工业化前的水平高出 11 ℃（图 67 -左），而在未来二十年则继续升温，届时将比工业化前的水平高出 1.5 ℃（图 67 -右）。各国需要协同努力，立即开始迅速放弃化石燃料，到 2050 年左右停止向大气排放二氧化碳。随着温室效应不断加剧，全球气温不断升高，将给人类社会发展带来极其恶劣的影响，导致极端天气频发，旱灾、水旱肆虐。由于人类过度使用化石燃料，已造成全球温度升高，异常气候频繁发生。

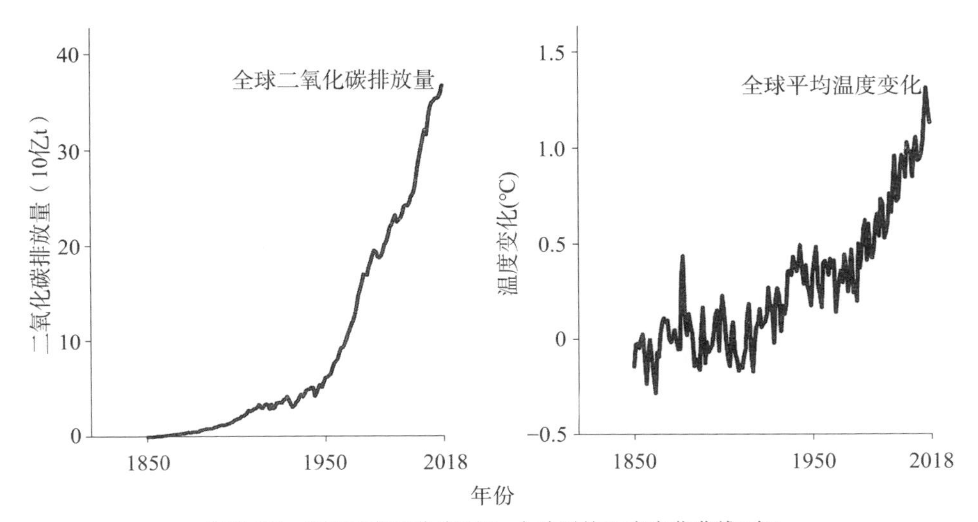

全球 CO_2 排放量变化曲线（左）；全球平均温度变化曲线（右）

图 67　全球 CO_2 排放量和平均温度变化曲线

（《气候经济与人类未来》2021）

中国自 2016 年以来，极端天气逐渐频发。全球变暖会改变全球大气环流形势，通过海洋和大气、陆地和大气的相互作用影响局地气候。极端气象事件发生越来越频繁的根本原因是全球变暖，气候系统不稳定性加剧，“几十年一遇”的极端天气变得越来越常见。比尔 · 盖茨在《气候经济与人类未来》(2021)著作中指出，目前全人类每年向大气中排放温室气体总数 510 亿 t。碳中和就是让这一数值达到 0，只要没有实现碳中和，大气中温室气体还是会不断增加并导致气候继续变暖，气温升高对农林牧副渔影响都比较大。

2020 年 10 月 31 日，第二十六届联合国气候变化大会(COP26)在英国格拉斯哥拉开帷幕，会上联合国秘书长古特雷斯曾发出警告，按照现在情况继续发展下去，到本世纪末全球气温将上升 3～5 ℃，将会对地球造成极为严重的毁坏。2021 年以来，世界不少地区气温如同坐上过山车，创纪录的寒潮、暴风雪和偏暖天气频繁出现。2021 年，欧洲多地持续暴雨引发洪涝灾害，百余人在洪灾中遇难，世界气象组织发布题为《极端夏季:洪水、高温和火灾》报告指出，西欧部分地区在 2021 年 7 月 14—15 日两天内遭遇平时两个月的降雨量。在受影响最严重的德国西部地区，倾盆大雨导致的水灾至少造成 100 余人死亡，仍有约 1 300 人失联，日本西南部的部分地区也经历了几十年来最强暴雨。2022 年夏季，欧洲多地气温创下历史新高，降雨也明显少于往年，导致多条主要河流水位走低，欧洲超过六成的地方陷入干旱或者面临干旱风险，炎热和干旱也对农业造成直接冲击。全球极端天气事件频繁发生，与气候变暖关系密切。2022 年夏季，欧洲多地气温创下历史新高，降雨也明显少于往年，导致多条主要河流水位走低，欧洲超过六成的地方陷入干旱或者面临干旱风险，炎热和干旱也对农业造成直接冲击。全球极端天气事件频繁发生，与气候变暖关系密切。极端暴雨、极端高温仍是全球共同面临的难题，这种极端天气科学机制形成非常复杂。

(二) 应对措施

为了减缓全球温室，各国都在提倡“低碳经济”和“低碳生活”，在生产和生活中要减少对二氧化碳的排放。发达国家工业起步比较早，它们达到的峰值是自然峰值，英国 1972 年左右就达到了峰值。煤炭在中国能源结构中占 56.8%、占全球 27%，美国不到 25%，欧盟不到 10%。碳中和是全球大势所趋。目前占全球经济总量 70%的国家和地区已经提出碳中和目标，为国家碳中和做出积极的贡献，也助力全球应对气候变化。截至 2021 年 1 月，全球 127 个国家提出了碳中和目标。碳达峰、碳中和涉及工业、交通、能源、农业、建筑、消费等各行各业，实现路径包括能源替代、源头减量、回收利用、节能提效、工艺改造、碳捕集等。碳中和目标的实现覆盖了碳源头、碳应用、碳排放三大环节。

人类排放的二氧化碳和其他温室气体是气候变化的主要驱动因素，也是世界上最紧迫的挑战之一。气候变化威胁人类生存和发展，全球已经开始了应对气候变化的合作进程。全球温度与温室气体浓度（尤其是 CO_2）之间的这种联系在整个地球历史上一直存在。联合国政府间气候变化专门委员会（IPCC）第五次综合报告指出人类活动温室气体排放对全球气候变化的贡献可能高达 95%以上。

（三）农业活动对温室效应的贡献

农业活动引起的温室气体排放占全球排放总量的 13%，其中甲烷和一氧化二氮（又名氧化亚氮）排放总量的 47%和 58%，是重要的温室气体排放源，农业又是氮素使用最多的部门，约 70%的氮排放量来自农业生产。氮肥的不合理施用导致大量的氮素不能被作物完全吸收利用而以活性氮的形式释放到环境中，既降低氮肥利用率又引起环境污染。采取有效的轮作方式及耕作措施来减少温室气体及活性氮排放是农业生产中亟待解决的问题。比尔・盖茨在《气候经济与人类未来》（2021）中指出，农业主要排放的温室气体是甲烷和一氧化二氮，而不是二氧化碳，每年因为农业而产生的甲烷和一氧化二氮的排放量，就相当于 70 多亿 t 二氧化碳。一个世纪内，甲烷造成的温室效应是二氧化碳的 28 倍，一氧化二氮则为 265 倍。温室气体排放量增加导致全球气候变暖及大量活性氮损失造成环境污染是当前面临的重要环境问题。

Eichner（1990）指出，施用氮肥是农业生产中必不可少的环节，然而氮肥除了为农作物增产做贡献的同时也影响着温室气体的排放。土壤中一氧化二氮排放总量中有 12%～82%来自氮肥。氮肥还促进微生物繁殖，增强了微生物的活性和呼吸作用，从而增加了土壤中二氧化碳（CO_2）的排放量。通过查阅文献发现，花生排放温室气体的研究并不多见，王小淇等（2017）、方明等（2018）开展了花生秸秆、花生壳、花生炭对温室气体排放影响的相关研究。花生秸秆承载着一定的营养成分，王小淇等（2017）指出花生秸秆中 N 1.44%、C 40.70%、P 0.40 g/kg、K 19.06 g/kg，花生秸秆（pH 6.15）还田能显著提高土壤 pH、有机碳和速效钾含量，但显著降低速效磷含量，促进土壤微生物活性，影响土壤温室气体的排放。王小淇等（2017）研究表明，花生秸秆显著降低土壤氧化亚氮累积排放量，显著提高土壤二氧化碳累积排放量，对土壤甲烷累积排放量和全氮含量没有影响。方明等（2018）研究表明，花生壳生物炭能显著降低潮土氧化亚氮累积排放量，增加红壤氧化亚氮累积排放量；显著增加潮土二氧化碳排放量，对红壤地没有显著影响；对潮土和红壤甲烷排放累积量总体无影响;显著提高潮土温室气体排放强度,对红壤地无显著影响。

邹晓霞等(2017)研究表明,施肥是农田温室气体活性氮排放的主要来源,尤其氮肥的施用。近年来,有关轮作种植对碳足迹的影响以小麦、玉米、水稻等作物研究较多,花生相关种植模式研究表明,小麦-夏花生种植体系的净收益高于单位净产值碳排放低于小麦-玉米种植体系,棉花-花生间作净收益高于棉花单作与花生单作,且单位面积碳排放和单位净现值碳排放均低于两种单作模式。庞茹月、王明辉等(2021)研究湖北省黄冈市不同种植方式的花生田,结果表明油菜-花生轮作较小麦-花生轮作单位面积碳排放降低 7.8%、单位净现值碳排放降低 36.9%、单位面积氮排放降低 12.5%、单位净现值氮排放降低 41.9%。油菜-花生轮作较花生单作单位净现值碳排放和氮排放分别降低 19.6%和 30.8%。研究结果还表明油菜-花生轮作可实现高产高效与低碳氮排放的协同效益,有利于油料作物的绿色高质高效生产。推广有效的生态轮作种植和减少氮肥施用量,是减少农业温室气体排放量的最有效办法。

三、极端旱涝气象灾害对花生的危害

极端气象灾害对花生生长期的影响,集中表现在对水分的影响,对光照影响不大。种子发芽出苗时需要吸收足够的水分,水分不足种子不能萌发。发芽出苗时土壤水分以最大持水量的 60%～70%为宜。幼苗阶段,花生根系生长快,地上部营养体较小,耗水量不多,土壤水分以最大持水量的 50%～60%为宜。开花下针期,既是植株营养体迅速生长的盛期,也是开花、下针、形成幼果,进行生殖生长的盛期,是花生一生中需水最多的阶段。这一阶段土壤水分以最大持水量的 60%～70%为宜。荚果充实期,植株地上部营养体生长逐渐缓慢以至停止,需水量逐渐减少,土壤水分以最大持水量的 50%～60%为宜。

(一) 极端干旱灾害对花生的主要危害

极端干旱造成花生严重减产,黄曲霉污染加重,病虫害发生严重。干旱程度与黄曲霉的感染率和产毒率成正比,即干旱越严重,黄曲霉的感染率和产毒率越高。花生生育后期遭遇干旱是影响黄曲霉菌侵染花生的重要因素,花生在生长后期遭遇高温、干旱环境胁迫,会诱导黄曲霉菌侵染花生果并产毒。地下害虫为害花生荚果不仅直接把黄曲霉菌带进受害的荚果，而且破损部位也为黄曲霉菌侵染增加了机会。锈病、叶斑病、茎腐病等真菌病害引起早衰，受黄曲霉菌感染率也较高。花生田间管理和收获时受损伤的荚果以及由于土壤温度和湿度波动引起的种皮自然破裂，使黄曲霉菌更易侵入。极端干旱病虫害严重，造成花生自身抵抗力差，更容易受到病虫害危害。

发芽出苗期，干旱会造成花生种子容易落干而造成花生田缺苗。出苗之后开花之前为幼苗阶段，干旱会造成根系生长受阻，植株生长缓慢。开花下针期，干旱会影响花生芽分化，造成花生开花数量显著减少，甚至会造成中断开花，结果数减少，饱果数和饱果率明显降低。荚果充实期，干旱会影响荚果的饱满度，饱果率降低。

（二）重大洪涝灾害对花生的主要危害

1. 影响花生根系

洪涝灾害在田间形成严重的积水，大面积的积水淹没土壤，造成土壤透气性急剧下降。根系和花生的呼吸作用减弱，特别是根系被淹后基本无法呼吸，根系渍水缺氧吸收能力衰弱，造成花生根系发育不良，时间长了之后会造成根系功能丧失，根系萎缩以至逐渐死亡，最终导致植株因为营养不够而发生病变或者死亡，对花生的生长以及产量影响很大。

2. 导致花生脱肥

洪涝灾害造成花生田土壤内养分大量流失，影响花生对氮、磷、钾等养分的吸收，导致花生脱肥，表现出叶片发黄。

3. 病害易发生

洪涝灾害后，花生抵抗力变弱，叶斑病、白绢病、锈病易发生，引起黄曲霉污染。

4. 对花生不同生育期的影响

洪涝灾害对不同生育期的花生影响是不同的，出苗期会造成土壤中的空气减少，降低发芽出苗率，甚至造成烂种。幼苗阶段，洪涝灾害造成地上部生长瘦弱，节间伸长，影响后期开花结果。开花下针期，洪涝灾害时，排水不良，土壤通透性差，根瘤少，固氮能力弱，植株矮小，叶片发黄，造成植株徒长倒伏。荚果充实期，易出现茎叶徒长，结荚数减少，易造成倒伏，锈病、叶斑病也易于盛发流行。植株倒伏后，妨碍营养物质积累和运输，并使通风透光不良。到成熟期，容易引起荚果发芽或腐烂。

5. 引发泥石流、山体滑坡

重大洪涝灾害容易引起泥石流、山体滑坡等自然灾害，毁坏覆盖或冲垮花生田和花生，以及花生田土壤流失。

第二节
中国极端旱涝灾害

中国是世界上自然灾害最为严重的国家之一，是一个跨区域范围广、人口众多的发展中国家，灾害种类多，分布地域广，发生频率高，造成损失重。中国自然灾害中70%为气象灾害，由于农业生产基础设施薄弱，抗灾能力差，对气象条件的依赖程度高，致使中国每年因各种气象灾害造成的农作物受灾面积达0.5亿 hm^2 以上，影响人口达4亿人次，经济损失高达2 000多亿元。

旱涝灾害是世界上最严重的自然灾害之一是对花生影响最大的气象灾害。旱涝灾害的发生具有覆盖范围广、持续时间长、发生频率高、突发性强等特点，严重威胁到农业生产、生态环境和社会生活。中国位于亚欧大陆的东南部，处于“东亚热带季风”和“东亚副热带季风”共同影响的区域，独特的自然地理环境和季风气候使得中国成为世界上旱涝灾害最为严重的国家之一。

一、中国历史早期极端旱涝灾害

自然现象中，气候和人的关系最为密切。伊丽莎白·戈登等(2022)在《在人类历史中的气候变化：从史前到现代》著作中指出，大约1万年前(图68)，地球上气候温暖、水源充足，农民开始发展种植农业，同时干旱和洪涝气候灾害并行；公元前400—200年(春秋战国至汉朝)左右，气候相对温暖稳定。史念海(2020)指出，中国古代从进入历史时期至元代的气候变化，进入历史时期的温暖气候、周初的寒冷气候及其后复转的温暖时期、西周的春秋时期至战国末年的温暖、汉代的温暖转向寒冷、魏晋南北朝的寒冷、隋唐的温暖、宋代的寒冷、元代的温暖。

邓云特在《中国救荒史》(2011)著作中记载，秦汉 440 年时间内灾害发生 375 次，其中旱灾 81 次，水灾 76 次，地震 68 次。公元前 206—1949 年，中国发生较大的水灾约 1 029 次，较重的旱灾达到 1 056 次；14—19 世纪，全国出现超过 200 个县受旱的重大旱年共有 8 次（王世新等，2018）。1950—1988 年的 38 年内每年都出现旱、涝等多种灾害，1951—1980 年华北地区出现春夏连旱或伏秋连旱的年份有 14 年。随着全球气候变暖，气象灾害发生有逐渐加重趋势。中国历史上，旱灾给中国人民带来的灾难要远比其他灾害严重得多。

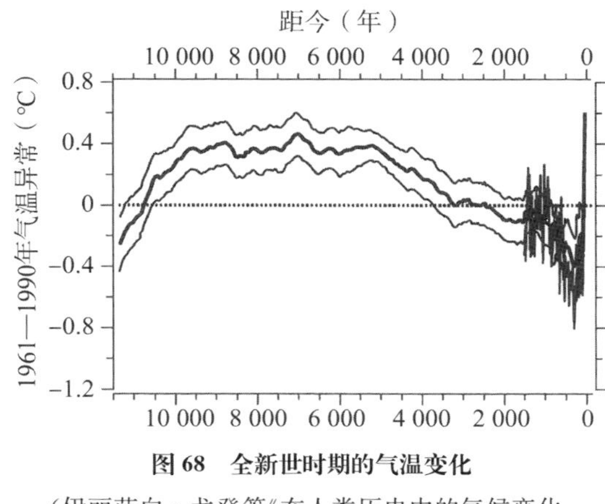

图 68　全新世时期的气温变化

（伊丽莎白・戈登等《在人类历史中的气候变化：从史前到现代》2022）

公元前 1766—前 1760 年，黄河中游地区连续 7 年的大旱灾。1627—1640 年，华北、西北发生了连续 14 年的大范围干旱。1877—1879 年北方大旱，1835 年（清道光十五年）长江中下游大旱。1959—1961 年，历史上称“三年困难时期”，中国连续 3 年的大范围旱情。1978—1983 年，全国连续 6 年大旱。近 60 多年来，在全球气候变化的大背景下，中国旱涝灾害的发生频次、发生范围以及严重程度上都呈现出增加态势。

二、20 世纪以来极端旱涝气象灾害

（一）极端旱灾

1900 年，陕西大旱，65 个县受灾。1920 年，中国北方大旱。山东、河南、山西、陕西、河北等省遭受了 40 多年未遇的大旱灾。1928—1929 年，陕西大旱。1959—1961 年，历史上称为“三年困难时期”，全国连续 3 年的大范围旱情。1959 年，全国普遍出现旱情，部分地区 60 多天滴雨未下。1960 年，全国普遍发生旱灾，黄河下游断流 40 多天，许多地方塘库干涸，水井断源。1961 年，河北、山东、内蒙古、新

疆、江淮流域、江南等地发生大旱灾。5 月 23—26 日，5 月 29 日至 6 月 1 日，6 月 4—5 日，河北、河南、山东、山西、安徽、陕西等地三次干热风灾害。1972 年，华北春夏连旱，水资源严重短缺，受旱面积 68.29 万 hm^2。1977 年，冬、春、夏、秋都有干旱发生，以夏秋干旱范围最广、持续时间长。1978—1983 年，全国连续 6 年大旱。1997 年，长江以北干旱范围广、持续时间长。黄河从 2 月 7 日起，多次出现断流，至 11 月 21 日累计断流共 222 天，断流河段曾一度达 700 多公里。2001 年，特大旱灾，北方遭受春夏干旱，长江中下游遭受夏伏旱，湖北、湖南、安徽、江苏、山东、河南等地区旱情较为严重。2004 年 1—6 月，内蒙古东部和东北西部持续少雨(雪)，经历 50 多年来该地区同期最为严重干旱；入秋后，南方大部降水持续偏少，9 个省出现重旱，部分地区达到特重旱。2005 年，华南南部出现严重秋冬连旱、西北东北部及内蒙古等地发生夏秋连旱。2006 年，是 1998 年以来自然灾害最为严重的一年，西南、西北、华北、东北的部分地区发生大范围干旱，其中，四川、重庆发生历史罕见的特大旱灾。2010 年云南、贵州、广西、四川和重庆五省(区、市)发生特大干旱。2011 年，安徽、江苏、湖南、湖北、贵州、四川及重庆等省份遭遇了严重干旱灾害。2013 年 7—8 月，南方地区出现 1951 年以来最强的高温热浪天气，持续时间长、覆盖范围广、强度大、影响重；浙赣皖鄂湘黔渝出现了严重伏旱。2014 年，河南遭遇特大旱灾。2020 年，东北、华南遭遇严重夏伏旱，仅云省有 100 条河流断流，180 座水库干涸，140 眼机电井出水不足，因旱造成 147 万人、41 万的大牲畜饮水困难，全省农作物受旱面积达 30.67 万 hm^2(460 万亩)。2019 年 8 月，河南最高气温已经突破 40℃，部分点位甚至超过了 43℃。2022 年 3 月 19 日下午 15:07，郑州甚至迎来了 60 年来 3 月中旬的最高气温 28.5℃！2022 年夏季，中国旱、雨、雪均在不同区域降临。中国南方地区四川盆地、江汉、江淮和江南大部等地 35℃以上高温日数普遍超过 15 天，部分地区超过 20 天，湖北竹山县最高温达到 44.6℃。四川盆地至长江中下游一带出现中到重度气象干旱，局地达到特旱。中国北方的持续降水，8 月中国西北地区东部、华北一带降水频繁，甘肃中部、内蒙古河套地区、陕西北部、山西中北部、河北西部降雨量达到常年同期的 1 倍，部分地区甚至在两倍以上。2022 年，长江中下游干旱持续到 10 月初，达 70 余天。2022 年 6 月 16 日，河南许昌高温导致水泥路断裂翘起，6 月 24 号(13 时)河南济源的地表温度达到 74.1℃，打破了当地有观测以来地表温度的最高纪录，蚂蚁暴露在路面均活不过 3 秒钟。

(二) 极端洪涝灾害

1915 年 8 月，珠江流域特大洪水。1931 年，长江全流域特大洪灾，长江中下游两岸，西起湖北沙市，东抵上海沿江城市均被水淹，淮河流域、京广铁路线以东广大平原一片汪洋，是几百年以来受灾范围最广、灾情最重的一次大水灾。1932 年 7—8 月，松花江流域发生特大水灾，其中哈尔滨市被淹一个月之久。1933 年 8 月，黄河中游特大洪水。1938 年，黄河及淮河流域特大洪水。1939 年 7—8 月，海河流域特大洪水。1948 年，湖北春夏阴雨，大汛期间，长江、湘江并涨，汉水继之，致中游洪水泛滥。1949 年，水旱灾害严重，全国受灾农田达 853 万 hm^2（12 795 万亩），灾民约 4 000 万人，淮河大决堤造成的灾情更严重。1950 年 7 月，淮河大水，河南、皖北许多地方一片汪洋，淮北地区受灾最惨重，为百年所罕见。1952 年夏，湖北遭受特大旱灾，先后经历干旱、大旱、特大旱。1954 年夏，长江、淮河流域遭受百年不遇大水灾。1957 年 7、8 月，松花江流域特大洪水。1963 年 8 月，海河流域特大洪水。1975 年 8 月，淮海水系特大洪水。1981 年 7 月，长江上游四川盆地特大洪水。1985 年 8 月，辽河特大洪水。1991 年夏江淮流域特大洪水。1998 年夏，长江和松花江流域特大洪水。2006 年，珠江流域北江干流发生特大洪水。2007 年，6 月上旬持续降雨袭击南方七省，7 月上旬四川连续遭受严重暴雨洪涝灾害，7 月淮河流域遭受 1954 年以来第二位流域性大洪水，7 月 16 日重庆遭受 115 年来最强雷暴袭击多地遭受大暴雨，7 月 18 日济南遭受特大暴雨，7 月末晋陕豫遭受严重洪涝灾害。2008 年，滁河发生大洪水，黄河发生中华人民共和国成立后最严重凌汛，长江中上游和淮河流域发生严重暴雨洪涝灾害，上海遭受超百年一遇暴雨袭击，四川地震灾区遭受暴雨及滑坡、泥石流袭击，南方地区出现 1951 年以来最强秋雨。2010 年，重庆梁平县遭遇特大暴风雨，南方部分省市遭遇罕见暴风雨。2011 年，南方暴雨洪涝灾害、华西秋雨灾害等重特大气象灾害。2019 年 6 月上中旬，广西、广东、江西等 6 省（区）洪涝灾害，8 月四川强降雨特大山洪泥石流灾害，7 月长江中下游地区连续遭受 2 轮强降雨袭击。2019 年 6 月上中旬，广西、广东、江西等 6 省（区）洪涝灾害，8 月四川强降雨特大山洪泥石流灾害，7 月长江中下游地区连续遭受 2 轮强降雨袭击。2020 年，全国共出现 37 次区域暴雨，特别是长江流域暴雨洪涝灾害重。2021 年 4 月 30 日，江苏南通等地风雹灾害，7 月中下旬河南特大暴雨灾害，7 月中下旬山西暴雨洪涝灾害，8 月上中旬湖北暴雨洪涝灾害，8 月中下旬陕西暴雨洪涝灾害，黄河中下游严重秋汛，11 月上旬东北华北局地雪灾。2022 年 8 月 19 日新疆维吾尔自治区阿勒泰地区和 8 月 26 日晚长白山分别迎来首次降雪。

(三) 旱涝灾害多发

2006 年,洪涝、旱灾、病虫害等不同程度发生,是 1998 年以来自然灾害最为严重的一年,洪涝和旱灾尤为严重。西南、西北、华北、东北的部分地区发生大范围干旱,其中,四川、重庆发生历史罕见的特大旱灾,珠江流域北江干流发生有实测记录以来最大洪水,长江流域汀湘江上中游干流发生有实测记录以来的第二位大洪水。2019 年,河南全省遭受干旱、洪涝、风雹等自然灾害 41 次,共造成 1 222.9 万人受灾,农作物受灾面积 97.15 万 hm^2。2020 年,全国共出现 37 次区域暴雨,特别是长江流域暴雨洪涝灾害重;东北、华南遭遇严重夏伏旱。

第三节
“双碳”目标

2020 年 9 月 22 日，第 75 届联合国大会一般性辩论在联合国总部召开。习近平主席在大会上向国际社会作出“碳达峰、碳中和”郑重承诺，“中国在 2030 年前二氧化碳排放达峰，2060 年前实现碳中和”。碳达峰，即化石能源燃烧排放的温室气体不断增加达到一个高度后，不再增长，并开始不断下降，这个高度即碳排放的峰值。碳中和，即将温室气体人为排放和人为移除达到一种平衡状态，实现净零排放中和状态。中国“双碳”目标掀开了中国积极应对气候变化的新篇章，也将中国绿色发展战略提升一个新高度，为中国今后几十年经济高质量发展和生态环境高水平保护明确了目标和方向。2020 年 10 月 21 日，生态环境部等联合发布《关于促进应对气候变化投融资的指导意见》。2021 年 5 月 26 日，碳达峰、碳中和工作领导小组第一次全体会议在北京召开。

国内由院士领衔的多档媒体节目，也开始陆续科普宣传和解读碳中和。2021 年 4 月 19 日，工程院院士张玉卓等在《对话》(中国中央电视台财经频道高端品牌谈话节目)上主题讲解《碳中和倒计时：氢能之热》。2021 年 5 月 30 日，中国科学院学部第七届学术年会上，中国科学院院士丁仲礼专题报告《中国“碳中和”框架路线图研究》。2021 年 12 月 11 日，中国社会科学院学部委员、北京工业大学生态文明研究院院长潘家华在《开讲啦》(中国首档青年电视公开课)主题演讲《碳中和——人人都要算明白的一笔账》。2021 年 10 月，《首都科学讲堂》科普节目上，北京市应对气候变化管理事务中心陈操操研究员分多期系列解读《碳中和与能源转型》。

中国气候条件复杂，生态环境整体脆弱，总体上是一个易受气候变化影响的国家，通过减少温室气体排放来减缓未来气候变化是治本之策。由于工业革命进程，化石能源燃烧以后，人类的温室气体排放增加速度太快(图 69)，增加幅度太大，导致极端气候事件频次增加强度提升，中国需要加速碳中和进程。中国承诺碳排放

2030 年前达到峰值，在 2060 年实现碳中和，既是艰巨的挑战，也是中国作为负责任发展中大国的责任与担当。在气候变化挑战面前，人类命运与共。“十四五”是中国碳达峰关键期、窗口期。

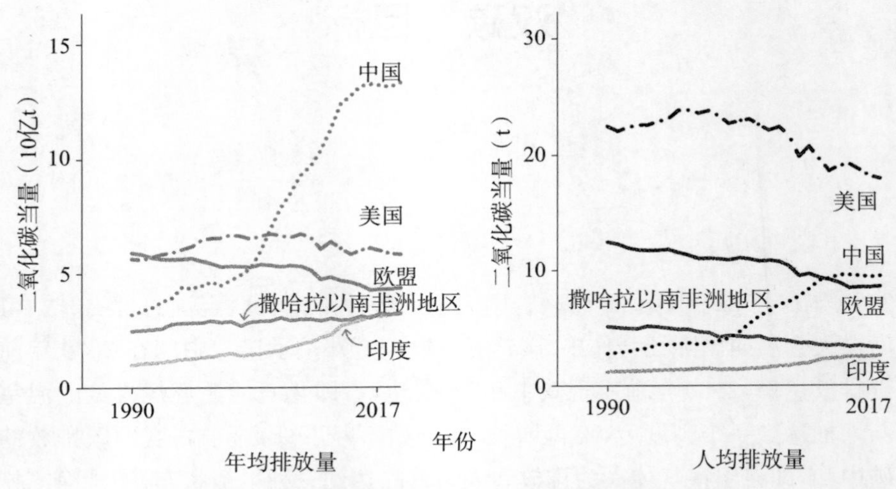

CO_2 年排放量变化曲线（左）；CO_2 人均排放量变化曲线（右）

图 69　CO_2 年排放量和人均排放量变化曲线

（《气候经济与人类未来》2021）

碳达峰、碳中和目标的提出将中国绿色发展战略提升到一个新高度，明确了中国未来数十年的发展基调。袁志刚在《碳达峰碳中和》（2021）著作指出，中国实现碳中和要分三个阶段，第一个阶段的主要任是控制碳强度，第二个阶段的主要任务是控制碳总量，第三个阶段的主要任务是实现碳中和。三个阶段具体分解为，第一阶段（2021—2030 年）：实现碳达峰；第二阶段（2031—2045 年）：快速降低碳排放；第三阶段（2046—2060 年）：深度脱碳，实现碳中和。

第四节
花生对抗气象灾害的特性

所有农作物中，花生属于抗性较强的一类。一般情况下，淹水 5 天至 1 个星期，玉米、大豆、辣椒等几乎都会全部死亡，而花生却能顽强生长，正常排水后依然能收获比较好的收益，这主要得益于花生比较强的抗性特征。

一、根系发达，抗性较强

相对于其他农作物，花生根系发达，生命力顽强，适应性强，是一种既耐旱又耐涝植物，独特根系对花生抗旱涝逆境至关重要。

花生出苗时，主根长 19～40 cm，侧根已有 40 余条，始花时主根长可达 60 cm 以上，侧根已生出 100～150 条。侧根刚生出时近似水平生长，长度可达 45 cm，此后转向垂直向下生长。侧根于地表下 15 cm 土层内生出最多，花生主体根系分布在 30 cm 深的土层内(约占根总量的 70%)。花生的侧根有 1～7 次之分，随着一次侧根的生长，2～5 次(直立型品种)、最多 7 次(匍匐型品种)相继长出，最终形成花生庞大的根系。一次侧根出生后，生长迅速，始花时最长一次侧根长度超过主根，这种优势一直保持到花生成熟，与地上部主茎和第一对侧枝长度的生长变化动态基本一致。花生遭受旱涝灾害时，发达的根系能够保证花生生长和生产。

二、抗旱特性

干旱是世界范围内危害花生最严重的逆境因子。花生抗旱性机制包括利用生育期变化逃避干旱，利用形态性状改变和器官结构及生化物质变化抵御(抗)干旱，不同花生品种可能存在不同抗旱性机制(姜慧芳等，1997)。花生是主根系作物，干旱胁迫时伸长主根吸取土壤深层水分是抗旱性表现(姜慧芳等，2001)。干旱对花生生育初期浅土层根系影响较大，而对中下层、特别是深土层中根系生长影响很小，或没有影响，适度干旱还有利于根系向纵深发展。花生遭受一定干旱胁迫时，花生根系保护酶、质膜透性、渗透调节能力等都会发生相应响应，以对抗干旱胁迫保证花生正常生长。同时，遭受干旱时，花生叶片收缩，气孔关闭，最大程度减少蒸腾保存水分。但耕作层浅，且保水性能差的河滩砂土田，花生抗旱性较差。极端干旱对花生生长影响大，特别是保水性能较差的沙田。孙庆芳(2016)研究指出，花生种质的抗旱性与其植物学类型有关，抗旱系数平均值由高至低依次为，中间型、龙生型、普通型、珍珠豆型、多粒型。

三、抗渍害特性

花生抗渍害特性，目前还没有相关研究。在大别山区，根据近几年洪涝灾害对花生影响观察，1 周左右较长时间的深度淹水，或者 2 个月时间的长期浸水，渍水退后，多数花生依然能够正常生长和收获，这可能与花生根系有密切关系。2020 年，湖北大别山罗田、英山等地长期淹水，最长淹水 55 d 左右，导致收获期花生荚果泛红(图 70)，经国家花生产业技术体系黄冈试验站王明辉研究查明，花生荚果泛红的原因，即长期活性流动水导致土壤中的 Fe 元素释放到水中被花生吸收，经检测花生各项检测数据均正常。王明辉(2021)试验结果表明，泛红花生荚果晒干作种，第二年正常生长和结果，表明大别山区抗青枯病花生良种的抗性较强，印证了高抗青枯病花生品种的青枯病抗性与果腐病抗性呈正相关。虽然花生自身具有一定的抗性，能够在适度范围内抵御旱涝灾害，但极端重大气象灾害对花生影响大、

图 70　长期淹水后花生荚果泛红

（廖伯寿供图）

危害大，花生产量和品质受损严重，往往出现大范围、大面积的绝收。

第五节 应对花生重大气象灾害措施

一、加强水利基础设施

鉴定于近年来多发的旱涝灾害，各地应加强水利基础设施建设。水利基础农田建设对重大气象灾害时期花生的影响至关重要，水利基础农田建设好了，花生田旱涝时期排灌自由。2022 年中央一号文件(《中共中央　国务院关于做好 2022 年全面推进乡村振兴重点工作的意见》2022 年 1 月 4 日发布)指出："有效防范应对农业重大灾害。加大农业防灾减灾救灾能力建设和投入力度。修复水毁灾损农业、水利基础设施，加强沟渠疏浚以及水库、泵站建设和管护。加强防汛抗旱应急物资储备。强化农业农村、水利、气象灾害监测预警体系建设，增强极端天气应对能力。"

二、应对洪涝灾害

1. 加强排水

采用田间挖沟引流、疏通沟渠、移动水泵助力排水等千方百计排除积水，避免田间渍害发生。即使是长期下雨，也要保证田间水流畅通无死水。

2. 及时补肥

被水浸泡的农作物都会因为根系功能受损而造成营养吸收不足，洪涝灾田间排水后要及时追肥，增加花生植株的活力。同时，洪涝灾害过后，天气放晴，温度回升，地表水分因为升温而大量蒸发，花生植株因蒸腾作用失水，往往因为根系吸收水分不足而导致花生植株出现生理性脱水，需要追肥刺激根系功能尽快恢复。一般使用尿素等速效肥追肥，可以有效刺激花生尽快恢复生长状态。

3. 防止花生倒伏和早衰

洪涝灾害后，花生容易出现严重倒伏，特别是进入结荚期后的砂质土壤，在泡水后，植株易出现倒伏。及时追肥，增加花生的抗倒伏性，追肥要补充足够的钙肥，可以配合尿素以及磷酸二氢钾喷雾，一般 1 周左右使用 1 次，连续使用 2～3 次即可。如氮肥过多、密度过大等，会造成茎叶徒长，造成秕果、烂果增加，要注意控制用量，避免造成疯长和倒伏。一旦发现追肥后花生疯长，可以使用生长抑制剂控制。

洪涝灾害后，花生根系遭受淡水浸泡，功能衰退更快，如果不加以重视和预防极有可能造成植株早衰，对后期花生的成熟影响很大。花生结荚后期根的吸收能力逐渐减弱，根瘤停止固氮，尤其大雨后沙质土壤流失严重，植株易脱肥早衰。要抓好叶片喷肥，结荚期用 1%尿素或 0.2%～0.3%磷酸二氢钾水溶液喷雾，每隔 7～10 d 一次，连喷 2～3 次。可与防治花生叶斑病的 40%福星等药剂混合喷施。

4. 及时防治花生病害

洪涝灾害除了对花生本身造成伤害，也易引发各种病虫害，特别是雨停后，田间出现高温高湿环境，形成很多致病菌和病虫害良好的生长繁殖条件，要格外重视，以免发生大面积洪涝次生灾害。

洪涝过后，花生容易暴发的病虫害主要有黑斑病、褐斑病、焦斑病和网斑病等危害花生叶片的病害，红蜘蛛、蛾类害虫也大量繁殖，要及时防治。同时，由于洪涝过后花生植株整体抵抗力比较弱，植株恢复生理活性需要一定时间，此时病虫害对花生的伤害会比较大。

5. 及时收获

洪涝灾害过后，追肥能够促进花生成熟，要及时观察，尽早采收，防止成熟的花生因为采收过迟而发芽。

三、应对干旱

应对极端干旱时，首先要解决水源和灌溉问题，及时补水灌溉即能解决主要问题。夏季高温灌溉时，应避开中午，选择早晚浇水灌溉。浇水根据花生实际情况决定是否追肥。干旱可能会引起虫害加重，根据田间虫害发生程度决定是否防治虫害。遭遇连续干旱，特别是遇到极端干旱时，提倡实行水旱轮作。

四、花生科技工作者应对气象灾害措施

（一）选择抗性强的品种

选择抗旱、抗渍害、抗病品种、抗黄曲霉毒素的花生品种。皋西洋生、A596、山花 11 号、山花 9 号、0616(E1)、农大 831、山花 17 号、丰花 5 号、鲁花 11、山花 7 号、山花 13 号等抗旱性较强（孙庆芳，2016），彩花生、花育 23、E12、冀油 98、中花 8 号、阜花 11、粤油 200 抗旱性较强（石运庆，2015）。中花 212、中花 21、中花 6 号、鄂东 7 号、远杂 9102、豫花 37、泉花 646、泉花 27、日花 3 号、桂花 39、濮花 36 号、农大花 108 等品种是高抗青枯病品种，中花 212 还是耐旱、高产品种。青花 1 号、冀农 08－1、P11－8、花小宝 5 号、花育 57、冀 0520－66、俊达 11、开农 0316、粮花 18 号、玫瑰红、农大 226、品选 3 号、商花 511，是高抗叶斑病品种（张伟等，2018）。8903 为高抗网斑病品种，豫花 15 号、9326－22－2 为中抗网斑病品种（袁虹霞等，2004）。桂花 21、汕油 27 等品种是高抗锈病品种。豫大 6 号、中花 12、贺油 13 号、濮花 9519（常娟霞等，2018），闽花 6 号、泉花 10 号、汕油 162、汕油 21、汕油 217、汕油 71，是中抗疮痂病品种（王正荣，2011）。中花 6 号、天府 18 号、粤油 9 号、粤油 20、梅县红衣、湛秋 48、新会小粒、UF71513－1 是高抗黄曲霉毒素品种。一些品种具有多项综合抗性，如中花 6 号是国际上唯一集高抗黄曲霉产毒、高抗青枯病、高白藜芦醇、高蛋白、高产的品种，天府 18 号是中国审定的唯一抗黄曲霉产毒兼高油酸的高产品种，粤油 9 号、粤油 20 是高抗黄曲霉毒素，兼抗锈病和叶斑病的花生高产

品种，ICGV86699是抗锈病、晚斑病、抗矮化病毒病品种。高白藜芦醇是花生产毒抗性重要机制之一，可作为抗性辅助选择的生化标记。Wang(2015)研究表明，白藜芦醇含量与产毒抗性呈显著正相关，抗产毒花生受侵染后白藜芦醇合成基因显著上调。

（二）起垄栽培种植

起垄栽培是在常规栽培基础上，把栽培行做成20～30 cm的高垄，花生种在垄上，增加通风透光的一项栽培方式。垄底宽80～90 cm，垄沟30 cm，垄面50～60 cm，垄高10～12 cm。花生起垄种植是北方花生种植主要方式之一，近年来在河南、河北等地逐渐推广。起垄高度一般10～12 cm为最宜，起垄过高不仅不能保证垄面宽度，还容易造成果针下滑和减少果针入土结实有效数量，起垄过低则不能达到起垄效果，不利于排涝。

起垄栽培后，花生田地表三面受光，提高地温，增厚活土层，利于花生发芽及果针入土和荚果生长发育；增加花生田间通风透光，有效改善田间小气候，减轻病虫害发生和危害；最大限度发挥边际优势，提高花生健壮程度，达到果多，果饱，提高产量改善品质的目的；提高肥料利用率，有利平时管理与收获；最大限度提高排灌水能力，特别是在极度旱涝气象灾害发生时，起垄对花生根系保护作用突显，极度干旱时高垄有利花生吸收更深土层水分，洪涝灾害时高垄有利于花生田排积水和减轻花生根系淹水。

（三）推广生态轮作制度

花生传统连作种植，土壤微生物菌群、病虫害、黄曲霉毒素等易发生，对花生产量和品质影响较大。轮作是中国农业生产中最主要的一种种植模式，具有调节土壤肥力、均衡利用土壤养分和防治病虫草害等作用。生态轮作更有利于影响微生物菌群落、改变病虫害和黄曲霉毒素发生条件。遇干旱年份，提倡水旱轮作，如水稻与花生轮作。遇洪涝年份，提供旱旱轮作，如油菜、小麦、玉米与花生轮作。水旱轮作能改善土壤的通气性，消除有毒物质，有利于有益生物繁殖活动，能增加土壤微生物数量及其活性。水旱轮作对花生果腐病防控效果高达96.34%，发病率控制在3%以下；叶斑病害由连作的4.4～5.1级减轻至2.3～3.3级(卞能飞等，2018)。水稻-花生轮作可以周期性改变土壤条件，种植水稻在土壤中创造了厌氧条件，不利诱发果腐病的病菌包括镰刀菌等好氧菌的长期生存(赵庆雷等，2018)。旱旱轮作对花生果腐病无防控效果。花生轮作模式对花生白绢病无防控效果，但对蛴螬防控效果明显。主要是水旱轮作灌水形成保护层,土壤形成厌氧条件,诱发花生白绢病病原菌齐整小核菌对厌氧环境不敏感,但对蛴螬种群生存不利;旱旱轮作翻耕过程中破坏了蛴螬原有生存条件,达到较好防控效果。

(四)推广有机肥和化肥配施

花生生产过程中,通常以化肥为主,长期使用化肥会加快土壤的酸化速度,加速 Ca、Mg 从耕作层淋溶,导致土壤肥力下降,降低土壤中的微生物数量与活性,重金属和有毒元素可能会增加。长期施用化肥,花生的健康生长会受到较大影响,抵御极端气象灾害能力会有所下降。

化肥与有机肥配施有效的增加了耕层土壤全氮和碱解氮、全磷和有效磷、速效钾和有机质含量,施用有机肥对土壤中的细菌和真菌群落结构影响较大。提倡有机肥料和化肥一起施用,有机肥料主要用作基肥,或播种时集中施于播种沟或穴内,化学肥料主要作种肥或追肥施用。花生专用肥并不一定包括花生所需要的全部营养元素,要根据实际情况判定,有些土壤比较肥沃的地方并不一定要施用花生专用肥,而有些地方则需要施用多种类型肥料互相弥补,不同品牌花生专用肥内部元素含量不一样。缺钙土壤或偏酸土壤,还要适当添加一些石灰或石膏,更好地促进花生生长。

(五)加强花生应对重大气象灾害研究

"十三五"以来,重大气象灾害越来越频繁,对花生生产影响也越来越大。2022年中央一号文件(《中共中央　国务院关于做好 2022 年全面推进乡村振兴重点工作的意见》2022 年 1 月 4 日发布)中指出,"有效防范应对农业重大灾害。强化农业农村、水利、气象灾害监测预警体系建设,增强极端天气应对能力。加强中长期气候变化对农业影响研究。"作为花生科研工作者,要加强花生应对重大气象灾害研究。

2020 年 8 月 24 日中国气象局、农业农村部联合认定了花生气象服务中心(全国),河南省气象科学研究所和河南省经济作物推广站为依托单位,河南省农业科学院经济作物研究所、河北省气象科学研究所、山东省气候中心为参与单位。2021 年 1 月起花生气象服务中心开始全国花生气象服务工作。花生气象服务中心主要任务:建立花生农田小气候观测网;完善花生农业气象业务服务指标体系;完善花生农用天气预报、气象灾害影响预报等评价技术体系;制作发布花生农业气象监测、评价、预报与预警业务服务产品;开展花生农业气象服务技术研发;修/制定相关规范和标准；组织科研成果业务转化、推广与培训及技术交流；探索开展花生农业保险服务，为发展特色优势农业、品牌农业和乡村振兴提供气象保障。经过 2 年建设，花生气象服务中心已基本建成黄淮海地区花生气象服务体系，为中国黄淮海主产区花生增产稳产提供了有效的气象保障。2021 年和 2022 年，河南先后遭遇暴雨洪涝和高温干旱灾害，花生气象服务中心通过“直通式”气象服务，指导新型农业生产主体和广大农户开展精细化防灾减灾工作，有效地减少了灾害损失，实现了大灾之年花生主产区花生稳产保产。

（六）加强重大气象灾害时期科技指导

重大气象灾害时，花生科研工作者应第一时间深入灾区，保证花生灾后尽快恢复生产。重大气象灾害发生后，花生受到损伤较大，抵抗病虫害能力下降，干旱灾害时应及时浇水，洪涝灾害时应及时排水和追肥，并防治病虫害，根据受灾及天气情况及时收获。应特别留意地段选择，尽量不选择低洼地段种植花生，洪涝灾害发生或长期雨水天气时，低洼地段不但无法排水，而且还易成为蓄水区。2020 年，湖北大别山区大悟县有一处花生田，洪涝灾害以后，天气已转晴一周左右，地势较高地段花生已恢复正常生长，而这一地段仍有地势较高地区的流水汇集，导致这一处花生田成为一个蓄水区，花生无法恢复生长。鉴于近年来极端气象灾害频繁发生，花生科技工作应加强应对极端气象灾害科技培训，加强宣传农田排灌基础设备建设的重要性。

（七）加强宣传“碳中和”和倡导低碳生活

中国是一个拥有 14 亿人口的大国，我们排放一点碳都会加剧温室效应。加强宣传“碳中和”重要性和习近平总书记提出的“双碳”目标，人人倡导低碳生活。普通消费者应节约资源，低碳生活，绿色饮食，绿色家居，支持环保。低碳生活，人人在责。从我做起，人人争做低碳生活宣传者和倡导者。

第六节
全国首次花生极端气象灾害研讨会

2021 年 10 月，国家花生产业技术体系专家召集花生重灾区花生专家召开了首次花生极端气象灾害研讨会（图 71），开启了中国花生界应对极端天气先河。2021 年 10 月 19—21 日，国家花生产业技术体系保定试验站站长、河北农业大学刘立峰教授组织花生受灾严重的河南、河北、吉林等地花生体系专家，在河北保定召开了“极端气候灾害对花生产业的影响和应对策略”交流研讨会，开启了花生针对重大气象灾害研讨的先河。研讨会上，各位专家分别针对 2021 年河北冀中南、冀

图 71　极端气候灾害对花生产业的影响和应对策略研讨会

（刘立峰供图）

北、河南豫北、豫东和豫南以及吉林等地花生遭受极端气候灾害展开交流，从花生播种、栽培管理、机械化收获、产量、品质及国内外贸易各角度进行分析。各位专家立足国家及各地区层面，针对极端气候灾害面向花生全产业链献计献策，提出了花生多熟性多元化种植，加强农田基本设施建设，开展高油酸花生耐低温研究，实施微量元素配施、化学调控配套措施等。

虽然，这次会议并非官方组织，并非高规格、高级别、高标准重大会议，但这次会议的成功召开意义重大，体现了国家花生体系专家超前的责任担当和本能的职责己任，开创了全国花生界科研应对重大气象灾害的历史先河，预示着花生一定能够走出一条乡村振兴的辉煌之路。

第十一章

花生对人类大健康的重要贡献

花生，又名长生果，具有重要的营养价值和医药功效，花生果、花生秸秆、花生根、花生壳、花生衣、花生油等均具有医药功效，对人类健康发挥着重要作用。花生富含脂肪、蛋白质、碳水化合物、粗纤维、微量元素，还含有少量痧谷甾醇、白藜芦醇、植物异黄酮、辅酶 Q 等，同时存在抗营养因子，如胰蛋白酶抑制因子、脂肪氧化酶、致甲状腺肿素、植物酸、草酸等。花生对人类大健康的重要贡献主要体现在它的营养价值、中医药功效和有益人类健康。

第一节
花生的营养价值

一、脂肪和脂肪酸

花生籽仁脂肪含量41.0%～58.6%，在几种油料作物中，花生脂肪含量高于油菜籽、大豆和棉籽，仅次于芝麻。脂肪酸是花生脂肪的重要组成部分，包括饱和脂肪酸（棕榈酸、油酸、山嵛酸、硬脂酸、花生酸）和不饱和脂肪酸（油酸、亚油酸、花生烯酸）。

二、蛋白质

花生籽仁蛋白质含量24%～36%，与几种油料作物相比，高于芝麻和油菜籽，仅次于大豆。蛋白质属于数量性状遗传，由于栽培环境和品种的不同，各地区的花生蛋白质含量和氨基酸组成有所差异，不同类型间花生品种的蛋白质含量也有差异。

万书波（2007）指出，花生蛋白是一种较完全的蛋白，营养价值与动物蛋白相近，且基本不含胆固醇，蛋白质生物效价（BV）58，蛋白质功效比价（PER）1.7，纯消化率（TD）87%。花生蛋白中含有大量人体必需氨基酸，赖氨酸含量比大米、小麦粉、玉米高，其有效利用率高达98.8%，大豆蛋白中赖氨酸的有效利用率仅

78%。花生蛋白中含有较多的谷氨酸和天门冬氨酸,这两种氨基酸对促进脑细胞发育和增强记忆力有良好的作用。从必需氨基酸组成模式来看,花生蛋白的营养价值不如大豆蛋白。花生蛋白中必需氨基酸的组成不平衡,赖氨酸、苏氨酸和含硫氨基酸都是限制性氨基酸,限定值均较大,这是花生蛋白营养的一个弱点,在开发利用花生蛋白时应予注意。

三、碳水化合物

花生籽仁中碳水化合物含量因品种、成熟度和栽培条件不同而不同,变幅10%~30%。碳水化合物中淀粉约占4%,其余是游离糖,分为可溶性和非可溶性。花生籽仁中可溶性糖主要有蔗糖(5.4%)、葡萄糖(4.76%)、水苏糖(0.5%)和棉子糖(0.03%),而非可溶性糖则主要有氨基葡糖(21%)和阿拉伯糖(0.6%),果糖则是样品分析过程中低聚糖降解的产物。

四、维生素

花生籽仁中含有丰富的维生素,维生素E最多,其次为维生素B_2、维生素B_1、维生素B_6等,但几乎不含维生素A和维生素D。维生素B_1易受高温的破坏,因此花生在高温加工中,维生素B_1会有大量的损失,而维生素B_2在加热过程中性质比较稳定,损失较小(万书波,2007)。

五、微量元素

花生籽仁中含有的矿物质约占3%。花生籽仁无机成分中有近30种元素,其中钾、磷含量最高,其次为镁、硫、钙、铁、锌等元素。花生油含锌元素8.48 mg/100 g,是色拉油的37倍,菜籽油的16倍。对27种粮油食品中铜、锌、铁、硒等10种微量元素含量的测试结果表明，植物性食物中以食用豆类、花生微量元素含量最高。

六、有关花生风味的挥发性成分

花生籽仁含有大量与花生风味有关的化学成分。已从生花生籽仁中鉴定出187种与花生风味有着直接或间接关系的有机化学成分，绝大部分属于挥发性成分，包括戊烷、辛烷、甲基甲酸、乙醛、丙酮、甲醇、乙醇、2-丁醇酮、戊醛、已醛、辛醛、壬醛、葵醛、甲基吡嗪、三甲基醛和甲基乙基吡嗪等。美国俄克拉何马州大学等单位鉴别出了花生籽仁中17类220多种挥发性成分，其中包括36种吡嗪类化合物，19种链烷类化合物，13种2-链烯类化合物，以及酮类、吡啶类、苯酚类、萜烯类化合物等。其中吡嗪类化合物浓度最高，对产生焙烤花生香味起主要作用，而香味中的甜味与苯乙醛有关。

七、抗营养因子

花生中普遍存在的花生胰蛋白酶抑制剂(peanut trypsin inhibitor, PTI)是花生主要抗营养因子，会导致花生制品蛋白质消化率降低，引起外源性氮损失，但是经过热加工，容易被破坏而失去活性。

花生本身是高能、高蛋白和高脂类植物性食物，不含胆固醇和反式脂肪酸，富含微量营养素，植物固醇、白藜芦醇、异黄酮、抗氧化剂等物质，具重要保健作用，是乳、肉食物的优秀替代品，对平衡膳食、改善中国居民的营养与健康状况具有重要作用。

国内外专家一致认为，花生优质蛋白质对人体营养平衡具有重要作用。花生蛋白质属于优质蛋白质，由90%球蛋白和10%清蛋白组成，可消化率很高，达到90%，极易被人体吸收利用。蛋白质中含有人体必需的8种氨基酸，其中最重要的赖氨酸含量比小米、小麦面粉、玉米高3～8倍，有效利用率高达98.94%，比大豆的利用率还高21.05%。

除了花生各类休闲食品，花生油在人类生活中也占有重要比重。与味淡的橄榄油相比，浓香扑鼻的花生油更适合中国人讲究色、香、味的传统饮食习惯。而相比于其他食用油 10 倍价格的橄榄油，花生油不但具备了橄榄油的一切优点，而且在性价比上更容易被普通工薪阶层接受。随着各国对花生进一步研究开发，花生油势将成为健康食用油的未来，为更多百姓提供健康优质生活保障。

第二节
花生的中医药功效

国内外对花生中医药功效早已有记载，中国古代记载花生中医药功效的各类本草医书达 29 本。国外也有很多资料记载花生中医药功效，如 1609 年，加西拉索 · 德 · 拉 · 维加(Garcilaso de la Vega)在印加历史中记载了花生药用用途，“如果生吃，会引起头痛，但当烘烤时，它是健康的……他们还从 *yncbic* 获得一种油，这对许多疾病都有好处”。大约 1627 年，弗雷 · 克里斯托旺 · 德利斯博阿描述《马拉尼昂动植物》著作中，介绍了花生的药用价值，“对于摔断了腿或手臂的人来说，将尚未成熟的花生仁碾碎后涂抹在断处，对恢复大有益处”。

现代中医药资料记载，花生中辅酶 Q 能预防和治疗各类心血管疾病，保护牙龈健康。美国保健营养知名人士简 · 卡帕专著《延缓衰老》著作中指出，花生油中辅酶 Q 的含量高于所有植物油的含量。花生油中含有辅酶 Q 6～10 mg/100 g。辅酶 Q 对预防和治疗各类型心血管疾病，提高精力和脑力，保护牙龈健康，协助治疗癌症，都有特殊保健功能。花生仁、种皮、果壳、叶、茎、均可入药，花生油也有一定医药功效，《中药大辞典》和《中医大辞典》中均有记载，《中华人民共和国药典》(2020 版)(四部)仅将花生油列入新增药用辅料品种名单。很遗憾，与李时珍《本草纲目》一样，《中华人民共和国药典》(历代)、《中华大典 · 医药卫生典 · 医学分典》(2005)、《中华大典 · 医药卫生典 · 药学分典》(2013)均未收录花生，期待以后的修订版本中能有所增补。

(一)《中药大辞典》(第二版)(2006)收录的花生药材

《中药大辞典》(第二版)(2006)中收录了中药材花生衣、花生壳、花生油、落花生、落花生茎枝。

花生衣：甘、微苦、涩，平。止血，散瘀，消肿。主治血友病，类血友病，原发性及继发性血小板减少性紫癜，肝病出血，术后出血，癌肿出血，胃、肠、肺、子宫出血。

花生壳：淡、涩，平。敛肺止咳，消积行滞。主治久咳气喘，咳痰带血，高胆固醇血症，高血压病。

花生油：甘，平，气腥。润燥，滑肠，去积。主治蛔虫性肠梗阻，胎在不下，烫伤。

落花生：甘、平。健脾养胃，润肺化技。主治脾虚反胃，乳奶少，脚气，肺燥咳嗽，大便燥结。

落花生根：淡，平。祛风除湿。治关节痛。

落花生茎枝：甘、淡，平。清热宁神。主治跌打损伤，痈肿疼毒，失眠。

(二)《中医大辞典》(第2版)(2005)中收录的花生药材

《中医大辞典》(第2版)(2005)中收录了中药材花生(同落花生)、花生衣、花生油、落花生。

花生，即落花生。

花生衣：甘、微苦、涩，平。止血。治血友病，类血友病，原发性及继发性血小板减少性紫癜，肝病出血证，术后出血，癌肿出血，胃、肠、肺、子宫等出血。

花生油(又名果油)：甘，平。润肠通便。治便秘，亦可用于蛔虫性肠梗阻。

落花生(又名长生果)：花生。甘，平。润肺，和胃，补脾。治燥咳，反胃，浮肿，脚气，乳妇奶少。

(三)《中华人民共和国药典》(2020版)将花生油列为药用辅料

《中华人民共和国药典》(2020版)并未收录花生，仅将花生油列入四部新增药用辅料品种名单。

(四) 其他记载

张新友等(1994)在《花生生产与加工利用实用技术》著作中介绍了利用一些花生治病的方法。

一是花生米治病。脚气病：花生米90 g、赤小豆60 g、大蒜30 g、红枣60 g，水煎，日服2次。产后缺奶：花生米60 g、黄豆60 g、猪蹄两只，一同炖食。久咳：花生米、大枣、蜂蜜各30 g，水煎后饮汤，食花生米和枣，每日两次。血友病：炒花生米，一日3次，每次15 g(连皮一同吃下)，连用一周为一疗程。慢性肾炎：有两种疗法，带皮花生米、红枣各60 g，煎汤代茶饮，食花生和枣，连服1周；花生米120 g、蚕豆250 g，同入砂锅内，加水3碗，微火煮，待水呈棕红色、浑浊即可服用，服时加红糖。

腹水：花生米、赤小豆各 100 g，水煎每日 1 剂，分两次服，连服 1 周。声音暴哑：花生米连皮，水煮后，吃花生米，饮汤，每日 1 次，每次 60～90 g。血小板减少性紫癜：花生米连皮食，每日 3 次，每次 60 g，1 周为一个疗程。高血压：将带红色种皮的花生米，封闭在醋瓶中浸泡 1 周以上。每晚入睡前取食 2～4 粒，咬碎吞服，连服 7 天为一疗程；一般一个疗程血压就可以明显下降；为巩固疗效，血压降到正常后改为每周服 1 次，每次 2 粒。

二是花生壳治高血压。将花生壳洗净煲水代茶饮，每次 50～100 g。对降低血压，调整血中胆固醇含量有明显的作用。

第三节
花生有益人类健康

一、普通花生有益人类健康

(一) 花生富含不饱和脂肪酸、胆碱和磷脂,含赖氨酸

花生富含不饱和脂肪酸、胆碱和磷脂,降低血中低密度脂蛋白水平,乳化胆固醇,抑制胆固醇在血管壁上的沉积,从而维持血管壁弹性,保护血管健康。科学研究证明,赖氨酸对儿童生长发育、智力的提高很有功效。赖氨酸是构成蛋白质的一种必需氨基酸,而且是不能自己合成,只能从食物中获得的 8 种必需氨基酸之一。花生中的赖氨酸含量较高,对防止人的过早衰老也有作用。花生蛋白还有一定量的谷氨酸、天门冬氨酸和儿茶素,有补脑、促进脑细胞发育和增强记忆力等功效。

(二) 花生有益于控制血糖及糖尿病

花生及花生制品属低血糖指数食物,对血糖及糖尿病控制具有重要作用。美国哈佛大学公共卫生学院营养与流行病学教授研究结果表明:多吃花生及其制品,可降低 2 型糖尿病危险性。作为坚果,花生能增加多余能量的消耗,减少脂肪在体内的堆积,对减肥有一定的辅助作用。近来,美国、英国、澳大利亚等各国的营养专家都在强调花生及花生制品能够有效帮助人们控制体重、防止肥胖,营养专家们发现:优质花生油和其他花生制品中有一种叫叶酸的营养素,其含有大量的单不饱和脂肪酸,能够增加热量散发,燃烧有害胆固醇,降低高血脂。

每日食用一定量的花生、花生油或花生制品，不仅能提供大量蛋白、脂肪和能量而且可降低膳食饱和脂肪酸和增加不饱和脂肪酸的摄入，大大促进植物蛋白质、膳食纤维、维生素 E、叶酸、钾、镁、锌、钙等这些对健康有益的营养素的摄入，从而改善膳食的结构和品质。

(三) 相关研究

美国宾夕法尼亚大学克里斯 · 艾森特(Penny Kris-Etherton)教授研究了橄榄油、花生油和花生制品与心血管疾病的关系，结果表明，对心血管疾病发生的危险性，食用橄榄油可以降低 25%，食用花生油及花生食品可降低 21%。克里斯 · 艾森特教授最新的临床试验结果表明，花生制品、花生油对降低血脂、预防心血管疾病能发挥有效作用。克里斯 · 艾森特试验报告中，他们在该大学膳食代谢研究中心进行了一项关于花生及其制品的临床试验，结果证明，花生、花生油、花生酱对预防心血管疾病能产生重要作用。在美国民间，有个饮食健康秘诀：每天多吃一把(约 25 g)花生和两勺花生酱，就会少患心血管疾病。欧美科学家、科研机构和农业部门新近研究证实花生具有平衡膳食，预防心血管病、糖尿病和肥胖，抑制癌症生长和抗衰老的防病保健功能。

美国国家胆固醇教育计划指南(NCEP, 2001)中，推荐限制饱和脂肪酸类和精制糖类的摄入，建议用健康的单不饱和脂肪酸丰富的食品，如花生、花生油脂和植物油来替代它们。美国花生协会会长帕特里克 · 阿彻(2015)指出，每天吃花生可延年益寿，降低患许多不同类型疾病的风险。哈佛的一项研究表明，每天吃花生可将任何原因引起的死亡风险降低 20%。

花生油中菜油甾醇、β-谷甾醇及豆甾醇是甾醇的主要组成成分。张永辉、李春梅(2011)研究表明，甾醇可以降低 TC 水平、降低心血管疾病等患病风险。

二、高油酸花生更加有益人类健康

王传堂在《高油酸花生》(2017)和《中国高油酸花生》(2022)两本著作均对高油酸花生有益人类健康详细阐述，后者更为详尽。王传堂(2022)指出，高油酸花生与健康关系的研究工作绝大部分在国外进行，有一些研究还是在实验动物上开展的；由于采用了不同的膳食模式或不同的受试人群，研究的具体结论不尽一致，个别情况还缺乏普通油酸花生作对照，但均支持高油酸花生有益人体健康这一论断。

王传堂(2022)指出，高油酸花生有益健康主要体现在以下几个方面。

(一) 降低低密谋脂蛋白胆固醇，减少心血管疾病风险

高油酸花生能够改善血清脂蛋白谱，降低低密度脂蛋白过氧化易感性，降低心血管疾病风险因子及动脉粥样硬化发展。吴洪号等(2021)研究表明，高油酸花生油饮食可以使超重或肥胖患者体内的总胆固醇及低密度脂蛋白胆固醇水平分别减少 11%和 14%，同时维持高密度脂蛋白胆固醇水平不变，含花生油的饮食对机体胆固醇的调节作用可以与橄榄油相媲美。

(二) 有助于控制体重

进食高油酸花生健康受试验者体重增加远低于预期。食用高油酸花生和普通油酸花生的能量摄入低于薯片。急性摄入高油酸花生增强超重或肥胖男性膳食诱发生热作用，高油酸花生在通过膳食干预实现瘦身方面是有益处的。高油酸花生能改善节食超重或肥胖男性脂肪氧化和人体成分，能增加脂肪氧化，降低身体肥胖程度。

(三) 有助于控制血糖，预防代谢紊乱

高油酸花生能逆转炎性细胞因子 TNF-α 对胰岛素产生的抑制作用，急性摄入高油酸花生使餐后血糖、胰岛素和 TNF-α 受到更强的节制。食用花生特别是高油酸花生有助于降低代谢紊乱风险，食用高油酸花生有延缓原发性脂肪肝症状的潜力。食用高油酸花生油预防代谢综合征的总体效果优于特级初橄榄油。

三、慎食花生人群

高脂血症、胆囊切除、胃溃疡、慢性胃炎、慢性肠炎、肠滑便泄、脾虚便溏、跌打损伤及瘀血、糖尿病等患者：少吃或不吃花生米。

高脂血症患者：花生含有大量脂肪，高脂血症患者如果食用，会造成血脂水平进一步升高，导致动脉硬化、高血压、冠心病等疾病。

胆囊切除患者：花生脂肪需要胆汁去消化。如果将胆囊切除，胆汁无法贮存，

会使肝脏分泌胆汁负担过重，时间一久，便会损伤肝脏正常功能，进而可能引发出其他疾病。

胃溃疡、慢性胃炎、慢性肠炎患者：此类患者多有慢性腹痛、腹泻或消化不良等症状，饮食上宜少量多餐、清淡少油。花生属坚果类，蛋白质和脂肪含量过高，很难消化吸收，此类患者应禁食。

肠滑便泄、脾虚便溏者：花生含有丰富的油脂，肠炎、痢疾等脾胃功能不良者食用后，会使病情加重。

跌打损伤及瘀血者：花生中含有一种促凝血因子。跌打损伤、瘀血肿块者食用花生后，可能会使血瘀不散，加重肿痛症状。

糖尿病患者：糖尿病人需控制每日摄入总能量，因此，每天使用炒菜油不能超过三汤匙(30 g)。但 18 粒花生就相当于一勺油(10 g)，能够产生 378 kJ 热量。

血栓患者：油炸花生米被油爆炒以后，含有的热量以及成分会更高，使血液浓度升高，不利于降血压与降血脂，热量与脂肪含量会危害心脑血管健康，增加动脉硬化的概率，使脑出血复发。因此，血栓患者不能吃油炸花生米。

想减肥的人：花生的热量和脂肪含量都很高，吃 100 g 炒花生仁，就吃进了 2 440 kJ 能量，相当于吃了 275 g 馒头，因此想减肥的人应少食花生。

附表 1
中国花生栽培技术规程汇总表

序号	标准号	标准名称	实施区域	批准日期	实施日期
1	GB/T 19557.16—2022	植物品种特异性(可区别性)、一致性和稳定性测试指南　花生	农业	2022-12-30	2023-07-01
2	NY/T 3842—2021	东北产区花生生产技术规程	东北产区	2021-05-07	2021-11-01
3	NY/T 3160—2017	黄淮海地区麦后花生免耕覆秸精播技术规程	农业	2017-12-22	2018-06-01
4	NY/T 3062—2016	花生种质资源抗青枯病鉴定技术规程	农业	2016-12-23	2017-04-01
5	NY/T 3061—2016	花生耐盐性鉴定技术规程	农业	2016-12-23	2017-04-01
6	NY/T 2408—2013	花生栽培观察记载技术规范	农业	2013-09-10	2014-01-01
7	NY/T 2405—2013	花生连作高产栽培技术规程	农业	2013-09-10	2014-01-01
8	NY/T 2404—2013	花生单粒精播高产栽培技术规程	农业	2013-09-10	2014-01-01
9	NY/T 2403—2013	旱薄地花生高产栽培技术规程	农业	2013-09-10	2014-01-01
10	NY/T 2402—2013	高蛋白花生生产技术规程	农业	2013-09-10	2014-01-01
11	NY/T 2399—2013	花生种子生产技术规程	农业	2013-09-10	2014-01-01
12	NY/T 2398—2013	夏直播花生生产技术规程	农业	2013-09-10	2014-01-01
13	NY/T 2397—2013	高油花生生产技术规程	农业	2013-09-10	2014-01-01
14	NY/T 2396—2013	麦田套种花生生产技术规程	农业	2013-09-10	2014-01-01
15	NY/T 3758—2020	花生种质资源保存和鉴定技术规程	农业	2020-11-12	2021-04-01
16	NY/T 3683—2020	半匍匐型花生栽培技术规程	农业	2020-08-26	2021-01-01
17	NY/T 3679—2020	高油酸花生筛查技术规程　近红外法	农业	2020-08-26	2021-01-01
18	NY/T 855—2004	花生产地环境技术条件	农业	2005-01-04	2005-02-01
19	NY/T 2237—2012	植物新品种特异性、一致性和稳定性测试指南　花生	农业	2012-12-7	2013-03-01
20	NY/T 2391—2013	农作物品种区域试验与审定技术规程　花生	农业	2013-09-10	2014-01-01

续 表

序号	标准号	标准名称	实施区域	批准日期	实施日期
21	NY/T 3250—2018	高油酸花生	农业	2018-07-27	2018-12-01
22	DB41/T 1929—2019	麦后花生单粒密植栽培技术规程	河南省	2019-11-21	2020-02-21
23	DB41/T 1928—2019	夏花生液体地膜覆盖生产技术规程	河南省	2019-11-21	2020-02-21
24	DB41/T 1927—2019	高油酸花生四级种子生产技术规程	河南省	2019-11-21	20200-2-21
25	DB41/T 1925—2019	西瓜套种花生栽培技术规程	河南省	2019-11-21	2020-02-21
26	DB41/T 1697—2018	芝麻-花生带状间作技术规程	河南省	2018-09-29	2018-12-29
27	DB41/T 1657—2018	鲜食花生栽培技术规程	河南省	2018-07-30	2018-10-30
28	DB41/T 1556—2018	麦套花生周年一体化平衡施肥技术规程	河南省	2018-03-14	2018-06-14
29	DB41/T 1555—2018	豫南夏花生土壤保育技术规程	河南省	2018-03-14	2018-06-14
30	DB41/T 1357—2016	砂姜黑土夏花生生产技术规程	河南省	2016-12-29	2017-03-29
31	DB41/T 1285—2016	花生一年两熟种子快繁技术规程	河南省	2016-08-31	2016-11-30
32	DB41/T 1106—2015	高油酸花生生产技术规程	河南省	2015-08-13	2015-11-13
33	DB41/T 1099—2015	旱薄地花生丰产种植技术规程	河南省	2015-08-13	2015-11-13
34	DB41/T 1098—2015	麦后直播花生起垄种植技术规程	河南省	2015-08-13	2015-11-13
35	DB41/T 1097—2015	麦垄套种花生机械一体化生产技术规程	河南省	2015-08-13	2015-11-13
36	DB41/T 1926—2019	高油酸花生四级种子质量标准	河南省	2019-11-21	2020-02-21
37	DB41/T 997.13—2014	农作物四级种子质量标准　第13部分:花生	河南省	2014-12-30	2015-03-01
38	DB4102/T 030—2021	蒜后直播高油酸花生生产技术规程	开封市	2021-11-01	2021-12-01
39	DB4102/T 029—2021	大蒜套种高油酸花生生产技术规程	开封市	2021-11-01	2021-12-01
40	DB4102/T 028—2021	大果高油开农系列花生栽培技术规程	开封市	2021-11-01	2021-12-01
41	DB4102/T 022—2021	花生开农69高产栽培技术规程	开封市	2021-04-20	2021-05-15
42	DB4117/T 281—2020	珍珠豆型花生品种种子生产技术规程	驻马店市	2020-08-15	2020-08-31
43	DB4117/T 243—2019	花生全程机械化作业质量标准	驻马店市	2019-07-26	2019-07-30
44	DB4117/T 232—2018	夏花生生产全程机械化技术规程	驻马店市	2018-12-30	2019-01-15
45	DB4117/T 231—2018	夏播高油酸花生高产栽培技术规程	驻马店市	2018-12-30	2019-01-15
46	DB4114/T 162—2021	夏播花生机械化生产技术规程	商丘市	2021-11-22	2021-12-22
47	DB4114/T 140—2020	商花鲜食花生栽培技术规范	商丘市	2020-09-29	2020-10-29

续 表

序号	标准号	标准名称	实施区域	批准日期	实施日期
48	DB4114/T 139—2020	高油酸花生商花 30 号栽培技术规范	商丘市	2020-09-29	2020-10-29
49	DB4101/T 39—2022	大果鲜食花生高产栽培技术规程	郑州市	2022-09-31	2022-12-23
50	DB4101/T 38—2022	郑农花系列高油酸花生高产栽培技术规程	郑州市	2022-09-31	2022-12-23
51	DB4107/T 499—2022	花生全程化学调控与栽培技术规程	新乡市	2022-3-31	2022-04-30
52	DB4107/T 451—2020	花生生产技术规程	新乡市	2020-08-12	2020-08-17
53	DB4106/T 78—2022	善堂花生生产技术规程	鹤壁市	2022-09-08	2022-09-20
54	DB4106/T 46—2021	麦垄套种高油酸花生栽培技术规程	鹤壁市	2021-07-27	2021-08-18
55	DB4109/T 022—2021	濮花 28 号花生栽培技术规程	濮阳市	2021-08-06	2021-09-01
56	DB4105/T 191—2022	小麦套种花生栽培技术规程	濮阳市	2021-07-29	2021-08-30
57	DB4113/T 019—2021	夏花生减肥增效生产技术规程	南阳市	2021-12-25	2021-12-31
58	DB4104/T 095—2019	夏播花生测土配方施肥技术规程	平顶山市	2019-08-06	2019-09-06
59	DB37/T 4478.5—2021	特色粮油作物宽幅间作生态高效种植模式 第 5 部分:油用向日葵花生间作	山东省	2021-12-29	2022-01-29
60	DB37/T 4478.4—2021	特色粮油作物宽幅间作生态高效种植模式 第 4 部分:专用红高粱花生间作	山东省	2021-12-29	2022-01-29
61	DB37/T 4478.3—2021	特色粮油作物宽幅间作生态高效种植模式 第 3 部分:优质谷子花生间作	山东省	2021-12-29	2022-01-29
62	DB37/T 4478.1—2021	特色粮油作物宽幅间作生态高效种植模式 第 1 部分:鲜食玉米花生宽幅间作	山东省	2021-12-29	2022-01-29
63	DB37/T 4183.1—2020	主要作物全生物降解农用地面覆盖薄膜 应用技术规程 第 1 部分:花生	山东省	2020-09-30	2020-10-30
64	DB37/T 4139—2020	花生水肥一体化滴灌高产栽培技术规程	山东省	2020-09-25	2020-10-25
65	DB37/T 4138—2020	花生生长参数卫星遥感监测技术方法	山东省	2020-09-25	2020-10-25
66	DB37/T 3806—2019	高油酸花生种子质量	山东省	2019-12-24	2020-01-24
67	DB37/T 3802—2019	花生品种鉴定技术规程 SSR 标记法	山东省	2019-12-24	2020-01-24
68	DB37/T 3801—2019	花生品种纯度鉴定技术规程—SSR 标记法	山东省	2019-12-24	2020-01-24
69	DB37/T 3800—2019	花生种质资源鉴定评价技术规程	山东省	2019-12-24	2020-01-24
70	DB37/T 3685—2019	轻度盐碱地夏玉米与花生-田菁轮作技术规程	山东省	2019-09-20	2019-10-20

续 表

序号	标准号	标准名称	实施区域	批准日期	实施日期
71	DB37/T 3500—2019	花生逆境生产技术规程	山东省	2019-01-29	2019-03-01
72	DB37/T 3476—2018	莒南花生生产技术规程	山东省	2018-12-29	2019-01-29
73	DB37/T 3477—2018	临沭花生生产技术规程	山东省	2018-12-29	2019-01-29
74	DB37/T 2851—2016	玉米花生宽幅间作　高产高效安全栽培技术规程	山东省	2016-09-18	2016-10-18
75	DB37/T 2824.4—2016	盐碱地农作物栽培技术规程　第4部分:花生	山东省	2016-07-29	2016-08-29
76	DB37/T 3379—2018	氧化-生物双降解地膜应用技术规程　花生	山东省	2018-07-19	2018-08-19
77	DB37/T 2780.2—2016	花生专用环保地膜覆盖高产栽培技术规程　第2部分:生物降解地膜覆盖高产栽培	山东省	2016-05-13	2016-06-13
78	DB37/T 2780.1—2016	花生专用环保地膜覆盖高产栽培技术规程　第1部分:配色可回收地膜覆盖高产栽培	山东省	2016-05-13	2016-6-13
79	DB37/T 2507—2014	花生生产风险数据采集规范	山东省	2014-08-08	2014-09-08
80	DB37/T 2214—2012	花生系统育种-单株选择法技术规程	山东省	2012-12-19	2013-01-01
81	DB37/T 1464—2009	花生种子提纯复壮技术规程	山东省	2009-12-31	2010-03-01
82	DB3710/T 147—2021	无公害花生生产技术规程	威海市	2021-11-29	2021-12-29
83	DB3710/T 161—2022	地理标志证明商标　乳山大花生	威海市	2022-02-08	2022-03-08
84	DB3713/T 256—2022	高油酸花生高产栽培技术规程	临沂市	2022-08-17	2022-09-17
85	DB3713/T 247—2021	农产品全产业链管理技术规范　花生	临沂市	2021-12-30	2022-01-30
86	DB3706/T003.4—2020	无公害农产品　花生生产技术操作规程	烟台市	2020-02-25	2020-03-25
87	DB21/T 3675—2022	花生化肥农药减施增效技术导则	辽宁省	2022-12-30	2023-01-30
88	DB21/T 3530—2021	花生单垄小双行交错布种栽培技术规程	辽宁省	2021-12-30	2022-01-30
89	DB21/T 3526—2021	花生连作障碍消减技术规程	辽宁省	2021-12-30	2022-01-30
90	DB21/T 3205—2019	花生玉米间作技术规程	辽宁省	2019-12-20	2020-01-20
91	DB21/T 3204—2019	花生南繁技术操作规程	辽宁省	2019-12-20	2020-01-20
92	DB21/T 3203—2019	花生节水灌溉生产技术规程	辽宁省	2019-12-20	2020-01-20
93	DB21/T 2907—2018	风沙半干旱区玉米花生间作防风蚀种植技术规程	辽宁省	2018-01-22	2018-02-22
94	DB21/T 2853—2017	地膜覆盖花生生产技术规程	辽宁省	2017-08-26	2017-09-26
95	DB21/T 2867—2017	高油酸花生生产技术规程	辽宁省	2017-07-18	2017-08-18
96	DB21/T 2788—2017	出口大花生栽培技术规程	辽宁省	2017-04-27	2017-05-27

续 表

序号	标准号	标准名称	实施区域	批准日期	实施日期
97	DB21/T 2655—2016	花生节本增效栽培技术规程	辽宁省	2016-06-21	2016-08-21
98	DB21/T 2531—2015	有机花生生产技术规程	辽宁省	2015-8-27	2015-10-27
99	DB21/T 2384—2014	花生膜下滴灌栽培技术规程	辽宁省	2014-11-19	2015-01-19
100	DB21/T 2224—2013	出口用小花生高产栽培技术规程	辽宁省	2014-01-07	2014-02-07
101	DB21/T 2067—2013	地理标志产品　红崖子花生生产技术规程	辽宁省	2013-01-14	2013-02-14
102	DB21/T 2055—2012	花生种子生产技术规程	辽宁省	2012-12-26	2013-01-26
103	DB21/T 1976—2012	花生高产栽培技术规程	辽宁省	2012-04-20	2012-05-20
104	DB21/T 1731—2009	地理标志产品　傅家花生	辽宁省	2009-07-10	2009-08-01
105	DB2112/T 0005—2021	地理标志产品　傅家花生	铁岭市	2021-11-10	2021-12-10
106	DB2107/T 0001—2021	地理标志产品　黑山花生	锦州市	2021-11-25	2021-12-25
107	DB13/T 5279—2020	高油酸花生轻简高效栽培技术规程	河北省	2020-11-19	2020-12-19
108	DB13/T 2921—2018	花生膜下滴灌水肥一体化生产技术规程	河北省	2018-12-13	2018-12-31
109	DB13/T 2617—2017	花生-饲用黑麦轮作技术规程	河北省	2017-11-22	2017-12-22
110	DB13/T 2278—2015	冀中南夏直播花生生产技术规程	河北省	2015-12-25	2016-02-01
111	DB13/T 2221—2015	“冀农花1号”　花生品种春播高产栽培技术规程	河北省	2015-11-06	2016-01-01
112	DB13/T 2187—2015	彩色花生系列品种栽培技术规程	河北省	2015-05-11	2015-07-11
113	DB13/T 2151—2014	地理标志产品　滦县花生(东路花生)生产技术规程	河北省	2014-02-03	2015-03-01
114	DB13/T 2024—2014	冀中南冬油菜-花生轮作栽培技术规程	河北省	2014-06-05	2014-06-30
115	DB13/T 1205—2010	高油花生品种冀花4号栽培技术规程	河北省	2010-04-19	2010-05-04
116	DB13/T 2759—2018	地理标志产品　新乐花生	河北省	2018-09-21	2018-10-21
117	DB13/T 2598—2017	花生品种真实性与纯度鉴定 SSR 法	河北省	2017-11-22	2017-12-22
118	DB13/T 2150—2014	地理标志产品　滦县花生(东路花生)	河北省	2014-02-03	2015-03-01
119	DB1302/T 510—2020	高油酸花生生产技术规程	唐山市	2020-09-15	2020-09-25
120	DB1302/T 495—2019	花生轻简化栽培技术规程	唐山市	2019-12-30	2020-01-15
121	DB1310/T 219—2020	花生生产缓/控释肥料施用技术规程	廊坊市	2020-10-16	2020-11-16
122	DB1310/T 206—2019	花生滴灌节水高产栽培技术规程	廊坊市	2019-12-02	2020-01-02
123	DB1304/T 340—2020	冀中南冬小麦套种花生“一膜两用”生产技术规程	邯郸市	2020-08-1	2020-09-01

续 表

序号	标准号	标准名称	实施区域	批准日期	实施日期
124	DB32/T 3466—2018	泰花7号花生	江苏省	2018-11-09	2018-11-30
125	DB32/T 3275—2017	花生　中花16栽培技术规程	江苏省	2017-07-01	2017-08-01
126	DB32/T 2191—2012	早春双膜覆盖菜用花生栽培技术规程	江苏省	2012-12-28	2013-02-28
127	DB32/T 2189—2012	泰花4号花生品种	江苏省	2012-12-28	2013-02-28
128	DB32/T 2190—2012	泰花5号花生品种	江苏省	2012-12-28	2013-02-28
129	DB32/T 420—2010	泰兴花生果分级	江苏省	2010-08-05	2010-11-05
130	DB32/T 361—2007	鲜食花生生产技术规程	江苏省	2007-10-26	2007-12-26
131	DB32/T 1032—2007	甜花生	江苏省	2007-02-28	2007-04-28
132	DB32/T 987—2006	有机花生生产技术规程	江苏省	2006-12-20	2007-02-20
133	DB32/T 698—2004	无公害农产品　花生生产技术规程	江苏省	2004-07-28	2004-09-30
134	DB32/T 361—2000	新沂市地膜花生亩产300 kg栽培技术规程	江苏省	1999-12-27	2000-01-10
135	DB32/T 362—2000	新沂市鲜食花生亩产600 kg双膜栽培技术规程	江苏省	1999-12-27	2000-01-10
136	DB3212/T 2038-2022	花生-丝瓜-香菇周年设施生态种植技术规程	泰州市	2022-05-10	2022-05-10
137	DB3212/T 185—2018	花生应用PPC降解膜覆盖技术规程	泰州市	2018-12-10	2018-12-12
138	DB45/T 1937—2019	花生酸性旱地生产技术规程	广西壮族自治区	2019-01-09	2019-01-30
139	DB45/T 1931—2019	花生天然富硒生产技术规程	广西壮族自治区	2019-01-09	2019-1-30
140	DB45/T 1865—2018	火龙果间作花生栽培技术规程	广西壮族自治区	2018-10-20	2018-11-20
141	DB45/T 1840—2018	花生单粒精播栽培技术规程	广西壮族自治区	2018-10-20	2018-11-20
142	DB45/T 1307—2016	黑皮花生生产技术规程	广西壮族自治区	2016-05-01	2016-06-01
143	DB45/T 1216—2015	种用春花生生产技术规程	广西壮族自治区	2015-10-30	2015-11-30
144	DB45/T 1215—2015	种用秋花生生产技术规程	广西壮族自治区	2015-10-30	2015-11-30
145	DB45/T 1213—2015	花生甘薯轮作栽培技术规程	广西壮族自治区	2015-10-30	2015-11-30
146	DB45/T 1212—2015	幼龄橙园间作花生栽培技术规程	广西壮族自治区	2015-10-30	2015-11-30
147	DB45/T 1211—2015	花生套种淮山栽培技术规程	广西壮族自治区	2015-10-30	2015-11-30
148	DB45/T 1210—2015	甘蔗间作花生栽培技术规程	广西壮族自治区	2015-10-30	2015-11-30
149	DB34/T 3927—2021	棉花花生间作轮作技术规程	安徽省	2021-06-08	2021-07-08
150	DB34/T 1576—2021	沿淮淮北地区花生栽培技术规程	安徽省	2021-01-25	2021-02-25

续 表

序号	标准号	标准名称	实施区域	批准日期	实施日期
151	DB34/T 3161—2018	江淮分水岭地区花生栽培技术规程	安徽省	2018-08-08	2018-09-08
152	DB34/T 3340—2019	沿江砂壤土花生栽培技术规程	安徽省	2019-07-01	2019-09-01
153	DB34/T 3022—2017	淮北春花生高效施肥技术规程	安徽省	2017-12-30	2018-01-30
154	DB34/T 3286—2018	夏花生-夏玉米间作高产栽培技术规程	安徽省	2018-12-29	2019-01-29
155	DB34/T 2149—2014	黑花生栽培技术规程	安徽省	2014-08-28	2014-09-28
156	DB34/T 1889—2013	淮北地区夏播花生生产技术规程	安徽省	2013-05-10	2013-06-10
157	DB34/T 1457—2011	花生地膜覆盖栽培技术规程	安徽省	2011-07-07	2011-08-07
158	DB22/T 3349—2022	露地栽培花生优质安全生产技术规程	吉林省	2022-01-28	2022-02-28
159	DB22/T 2176—2014	地膜覆盖花生生产技术规程	吉林省	2014-11-25	2014-12-25
160	DB22/T 2723.1—2017	花生耐低温鉴定评价技术规程　第1部分:发芽至苗期	吉林省	2017-12-4	2018-01-30
161	DB22/T 2384—2015	花生生产风险预警数据采集规范	吉林省	2015-12-15	2016-01-25
162	DB22/T 2285—2015	花生品种产量鉴定方法　光合指标法	吉林省	2015-04-07	2015-05-01
163	DB22/T 1566—2012	花生种植成本保险查勘定损技术规范	吉林省	2012-05-23	2012-07-01
164	DB42/T 999—2014	地理标志产品　大悟花生	湖北省	2014-06-18	2014-09-01
165	DB4211/T 16—2022	油菜-花生轮作技术规程	黄冈市	2022-12-07	2023-02-07
166	DB4211/T 18—2022	花生-大球盖菇轮作技术规程	黄冈市	2022-12-07	2023-02-07
167	T/HAHS 001—2021	地理标志证明商标　红安花生	黄冈市	2021-2-8	2021-2-9
168	DB4205/T 98—2022	“宜花2号”黑花生栽培技术规程	宜昌市	2022-04-02	2022-05-03
169	DB51/T 2219—2016	富硒黑花生栽培技术规程	四川省	2016-08-18	2016-09-01
170	DB5103/T 14—2020	地理标志产品　五宝花生生产技术规范	自贡市	2020-10-14	2020-10-20
171	DB5108/T 11—2019	地理标志保护产品　扯篼子花生生产技术规程	广元市	2019-01-01	2019-03-01
172	DB14/T 1503—2017	富硒花生栽培技术规程	山西省	2017-12-10	2018-02-10
173	DB14/T 1131—2015	麦茬复播花生栽培技术规程	山西省	2015-12-20	2016-01-20
174	DB14/T 936—2014	春播花生优质高产栽培技术规程	山西省	2014-12-30	2015-01-30
175	DB35/T 867—2008	地理标志产品　龙岩咸酥花生	福建省	2008-12-31	2009-01-15
176	DB35/T 863—2008	龙岸咸酥花生　花生种子	福建省	2008-12-31	2009-01-15
177	DB53/T 922—2019	地膜春花生间作玉米生产技术规程	云南省	2019-09-23	2019-12-23

续 表

序号	标准号	标准名称	实施区域	批准日期	实施日期
178	DB53/T 688—2015	红皮小粒花生生产技术规程	云南省	2015-04-22	2015-07-22
179	DB43/T 1731—2020	花生组织扦插快繁技术规程	湖南省	2020-2-27	2020-5-27
180	DB43/T 129.6—1999	湘花生4号	湖南省	1999-04-15	1999-05-01
182	DB44/T 2054—2017	地理标志产品　观音阁花生	广东省	2017-10-25	2018-01-25
183	DB4413/T 9—2019	地理标志产品　观音阁花生	惠州市	2019-12-26	2020-01-26
184	DB50/T 1145—2021	黑花生生产技术规范	重庆市	2021-11-01	2022-02-01
185	DB50/T 1109—2021	双季花生生产技术规程	重庆市	2021-06-10	2021-09-10
186	DB62/T 2250—2012	庆阳市无公害农产品　花生地膜覆盖生产技术规范	甘肃省	2012-07-20	2012-08-30
187	DB62/T 1744—2008	无公害农产品　庆阳市花生生产技术规范	甘肃省	2008-10-14	2008-10-25
188	DB11/T 260—2022	花生生产技术规程	北京市	2022-03-24	2022-07-01
189	DB11/T 235—2004	花生原种、良种生产技术操作规程	北京市	2004-06-15	2004-07-01
190	DB65/T 3989—2017	花生膜下滴灌高产栽培技术规程	新疆维吾尔自治区	2017-04-20	2017-05-20
191	DB6528/T 183—2022	春播花生栽培技术规程	巴音郭楞蒙古自治州	2022-03-10	2022-04-01
192	DB52/T 793—2013	贵州铜仁花生生产技术规程	贵州省	2013-01-05	2013-02-05
193	T/YNCXXH 001—2022	沂南县高油酸花生标准化种植技术规程	沂南县	2022-05-05	2022-05-05
194	T/SAASS 81—2022	花生芝麻带状轮作栽培技术规程		2022-12-08	2022-12-08
195	T/SAASS 80—2022	盐碱地藜麦花生间作高效栽培技术规程	黄河三角洲盐碱地藜麦花生间作种植	2022-12-08	2022-12-08
196	T/SAASS 78—2022	花生抗土壤紧实营养高效栽培技术规程	春播和夏播花生主产区	2022-12-08	2022-12-08
197	T/SAASS 77—2022	花生优化种植模式高产高效栽培技术规程	北方春夏花生种植区	2022-12-08	2022-12-08
198	T/SAASS 76—2022	滨海盐碱地花生抑盐高产栽培技术规程	含盐量＜0.35%轻中度滨海盐碱地春花生生产区	2022-12-08	2022-12-08
199	T/SAASS 37—2022	夏直播花生优质高产栽培技术规程	适用于小麦、大蒜等茬口的夏直播花生生产	2022-4-30	2022-4-30
200	T/SAASS 35—2022	花生超高产栽培技术规程	黄淮花生产区高肥力地块春花生生产	2022-4-30	2022-4-30
201	T/SAASS 34—2022	盐碱地花生绿色高效生产技术规程	轻度盐碱地花生生产	2022-4-30	2022-4-30

续 表

序号	标准号	标准名称	实施区域	批准日期	实施日期
202	T/SDAS 310—2021	小麦‖鲜食玉米-鲜食玉米‖花生间作立体循环生产技术规程	黄淮海地区小麦‖鲜食玉米-鲜食玉米‖花生间作立体循环生产全过程	2021-12-21	2022-12-21
203	T/GXAS 242—2021	果蔗间种花生栽培技术规程	广西行政区域内果蔗间作花生的栽培管理	2021-10-15	2021-10-21
204	T/SDAS 258—2021	鲜食花生栽培技术规程	黄淮海地区鲜食花生栽培	2021-9-26	2021-9-26
205	T/SDAS 253—2021	黑花生栽培技术规程	全国黑花生栽培	2021-9-26	2021-9-26
206	T/YAASS 02—2021	烟台大花生栽培技术规程	烟台	2021-7-8	2021-9-1
207	T/QHNX 011—2021	高原设施花生栽培技术规程	青海高原温室、塑料大棚设施花生的生产	2021-4-1	2021-4-15
208	T/GSZZ 001—2020	黑花生栽培技术操作规程	薛城区果蔬种植业协会管辖范围内	2020-8-17	2020-9-20
209	T/CDNX 010—2019	花生富硒栽培技术规程	全国花生富硒栽培	2019-11-23	2019-11-30
210	T/QPA 003—2022	高油酸花生种植良好农业规范		2022-5-18	2022-5-18
211	T/QPA 002—2022	高油酸花生育种繁种良好农业规范	高油酸花生育种家种子、原种和大田用种生产	2022-5-18	2022-5-18
212	T/QPA 001—2022	高油酸花生纯度管理体系通用要求	高油酸花生及高油酸花生制品企业纯度管理体系的外部评价和认证，适用于食用和油用高油酸花生的育种、种植、收获、脱壳、储存及生产加工过程	2022-5-18	2022-5-18
213	T/SAASS 38—2022	花生叶面肥施用技术规程	黄淮海地区春播、麦套和夏直播花生叶面肥喷施	2022-4-30	2022-4-30
214	T/SAASS 36—2022	花生播种质量提升技术规程	春花生和夏直播花生生产	2022-4-30	2022-4-30
215	T/SDAS 342—2022	花生农药化肥减量增效技术规程	山东省境内花生农药化肥减量增效生产	2022-1-14	2022-1-14
216	T/HNBX 132—2021	花生化肥施用限量	海南省花生种植过程中化肥施用的管理	2021-12-30	2022-1-10

续 表

序号	标准号	标准名称	实施区域	批准日期	实施日期
217	T/CCPIA 163—2021	毒死蜱微囊悬浮剂防治花生蛴螬施用限量	全国花生栽培	2021-8-25	2021-8-25
218	T/GXAS 184—2021	花生青枯病综合防控技术规程	全国花生青枯病的综合防控	2021-5-13	2021-5-19
219	T/HNPCIA 24—2020	花生施肥技术规程	全国	2020-12-15	2021-1-1
220	T/ZXTC 004—2021	地理标志证明商标　钟祥花生	钟祥	2021-5-23	2021-5-28
221	T/WWNHH 002—2021	文登大花生(地理标志证明商标)	威海市文登区	2021-3-30	2021-4-15
222	T/CQQJNHH 01—2020	地理标志产品　东溪花生	重庆市綦江区东溪花生	2020-10-14	2020-10-15
223	T/SYHS 001—2021	地理标志证明商标　沙洋花生	沙洋县	2021-1-22	2021-1-29
224	T/WHX 01—2020	地理标志　王庄花生	固镇县王庄镇花生	2020-12-1	2020-12-1
225	T/CQDB 0006—2020	《地理标志产品　彭水小米花生》	彭水县	2020-12-25	2020-12-30
226	T/LNXHS 01—2020	地理标志证明商标类　滦南梁各庄花生	唐山市滦南县	2020-12-15	2020-12-15
227	T/ZGGJWBHSXH 1—2020	地理标志产品　五宝花生	自贡市贡井区五宝镇	2020-3-30	2020-4-1
228	T/LSXXX 001—2019	临沭花生	临沂市临沭县	2019-9-26	2019-10-26
229	T/LYFIA 003—2019	莒南花生	临沂市莒南县	2019-9-2	2019-10-1
230	T/LYFIA 004—2018	富硒花生		2018-8-1	2018-9-1
231	T/CAB CASA0009—2018	富硒黑花生	富硒土壤中或人工创造富的硒环境种植达到富硒标准的黑花生	2018-3-15	2018-4-15

附表 2
花生病虫草害防控技术规程汇总表

序号	标准号	标准名称	实施区域	批准日期	实施日期
1	NY/T 1464.76—2018	农药田间药效试验准则 第76部分:植物生长调节剂促进花生生长	农业	2018-07-27	2018-12-01
2	NY/T 2407—2013	花生防早衰适期晚收高产栽培技术规程	农业	2013-09-10	2014-01-01
3	NY/T 2406—2013	花生防空秕栽培技术规程	农业	2013-09-10	2014-01-01
4	NY/T 2395—2013	花生田主要杂草防治技术规程	农业	2013-09-10	2014-01-01
5	NY/T 2394—2013	花生主要病害防治技术规程	农业	2013-09-10	2014-01-01
6	NY/T 2393—2013	花生主要虫害防治技术规程	农业	2013-09-10	2014-01-01
7	NY/T 2392—2013	花生田镉污染控制技术规程	农业	2013-09-10	2014-01-01
8	NY/T 2310—2013	花生黄曲霉侵染抗性鉴定方法	农业	2013-05-20	2013-08-1
9	NY/T 2308—2013	花生黄曲霉毒素污染控制技术规程	农业	2013-05-20	2013-08-1
10	NY/T 1286—2007	花生黄曲霉毒素B1的测定 高效液相色谱法	农业	2007-04-17	2007-07-01
11	DB34/T 2782—2016	花生茎腐病测报调查及防治技术规范	安徽省	2016-12-30	2017-01-30
12	DB34/T 2514—2015	花生病虫草害防治技术规程	安徽省	2015-11-10	2015-12-10
13	DB34/T 1888—2013	花生蛴螬调查测报规范	安徽省	2013-05-10	2013-06-10
14	DB41/T 2216—2022	花生主要病虫害综合防治技术规程	河南省	2022-01-13	2022-04-12
15	DB4114/T 157—2021	花生地下害虫生态防控技术规范	商丘市	2021-11-22	2021-12-22
16	DB4117/T 310—2021	花生生物毒素控制技术规程	驻马店市	2021-04-20	2021-05-20
17	DB13/T 1528—2012	花生地下害虫综合防治技术规程	河北省	2012-04-19	2012-04-30
18	DB13/T 5492—2022	高油酸花生黄曲霉毒素防控技术规程	河北省	2022-02-28	2022-03-31
19	DB1309/T 263—2021	花生病虫害绿色防控技术规程	沧州市	2021-12-29	2022-01-29
20	DB37/T 3943—2020	花生果腐病防治技术规程	山东省	2020-04-26	2020-05-26

续 表

序号	标准号	标准名称	实施区域	批准日期	实施日期
21	DB37/T 3399—2018	花生品种(系)抗茎腐病田间鉴定技术规范	山东省	2018-08-17	2018-09-17
22	DB37/T 2212—2012	花生抗叶斑病品种鉴定技术规程	山东省	2012-12-19	2013-01-01
23	DB37/T 1457—2009	花生黄曲霉毒素污染田间检测技术规程	山东省	2009-12-31	2010-03-01
24	DB37/T 1458—2009	花生抗黄曲霉侵染室内检测技术规程	山东省	2009-12-31	2010-03-01
25	DB37/T 929—2007	花生种子安全贮藏技术规程	山东省	2007-12-17	2008-01-01
26	DB21/T 1377—2021	花生主要病虫草害绿色防控技术规程	辽宁省	2021-12-30	2022-01-30
27	DB21/T 3074—2018	花生抗网斑病鉴定技术规程	辽宁省	2018-12-25	2019-01-25
28	DB21/T 2223—2014	花生主要病害防治技术规程	辽宁省	2014-01-07	2014-02-07
29	DB22/T 3140—2020	花生主要病虫害绿色防控技术规程	吉林省	2020-06-23	2020-07-10

附表 3
中国花生机械化标准汇总表

序号	标准号	标准名称	实施区域或用途	批准日期	实施日期
1	NY/T 3661—2020	花生全程机械化生产技术规范	农业	2020-07-27	2020-11-01
2	NY/T 3660—2020	花生播种机　作业质量	农业	2020-07-27	2020-11-01
3	NY/T 502—2016	花生收获机　作业质量	农业	2016-05-23	2016-10-01
4	NY/T 2401—2013	覆膜花生机械化生产技术规程	农业	2013-09-10	2014-01-01
5	NY/T 2204—2012	花生收获机械　质量评价技术规范	农业	2012-12-07	2013-03-01
6	NY/T 994—2006	花生剥壳机　作业质量	农业	2006-01-26	2006-04-01
7	NY/T 993—2006	花生摘果机　作业质量	农业	2006-01-26	2006-04-01
8	JB/T 13076—2017	花生联合收获机	机械	2017-01-09	2017-07-01
9	JB/T 5688.1—2007	花生剥壳机技术条件	机械	2007-08-01	2008-01-01
10	JB/T 5688.2—2007	花生剥壳机试验方法	机械	2007-08-01	2008-01-01
11	DB41/T 1968—2020	花生机械化收获、脱壳扬尘污染防治管理规范	河南省	2020-07-23	2020-10-23
12	DB41/T 1967—2020	花生机械化收获扬尘污染防治技术规范	河南省	2020-07-23	2020-10-23
13	DB37/T 3561—2019	花生机械化播种作业技术规范	山东省	2019-05-29	2019-06-29
14	DB21/T 3331—2020	覆膜花生残膜机械回收技术规程	辽宁省	2020-10-30	2020-11-30
15	DB21/T 1668—2019	花生机械收获作业技术规程	辽宁省	2019-05-30	2019-06-30
16	DB21/T 2856—2017	花生机械覆膜播种技术规程	辽宁省	2017-08-26	2017-09-26
17	DB21/T 1903—2011	花生剥壳机械作业技术规程	辽宁省	2011-07-27	2011-08-27
18	DB21/T 1807—2010	花生摘果机械作业技术规程	辽宁省	2010-06-01	2010-07-01
19	DB14/T 1596—2018	玉米间作花生机械化栽培技术规程	山西省	2018-01-10	2018-03-10
20	DB45/T 1929—2019	花生全程机械化生产技术规程	广西壮族自治区	2019-01-9	2019-01-30
21	DB32/T 3569—2019	花生全程机械化生产技术规范	江苏省	2019-04-08	2019-04-30

续 表

序号	标准号	标准名称	实施区域或用途	批准日期	实施日期
22	DB3212/T 2023—2021	优质食用花生全程机械化生产技术规程	泰州市	2021-06-29	2021-07-01
23	DB22/T 2557—2016	花生间作玉米机械化栽培技术规程	吉林省	2016-12-09	2017-03-01
24	DB65/T 4385—2021	荒漠灌溉区覆膜花生机械化生产技术规程	新疆维吾尔自治区	2021-06-29	2021-09-01
25	DB4206/T 32—2021	花生机械化起垄生产技术规程	襄阳市	2021-10-22	2021-11-21
26	DB34/T 534—2022	花生收获机械化作业技术规范	安徽省	2022-03-29	2022-04-29
27	DB34/T 533—2022	花生播种机械化作业技术规范	安徽省	2022-03-29	2022-04-29
28	DB34/T 3276—2018	夏花生全程机械化生产技术规程	安徽省	2018-12-29	2019-01-29
29	T/SAAMM 1007—2022	花生摘果机	花生摘果机	2022-11-16	2022-11-21
30	T/SAAMM 1006—2022	花生秧除膜揉切机	花生秧除膜揉切机	2022-11-16	2022-11-21
31	T/QPA 004—2022	高油酸花生脱壳良好操作规范	高油酸花生脱壳环节的生产、贮存和检验过程	2022-05-18	2022-05-18

附表 4
中国花生质量安全标准汇总表

序号	标准号	标准名称	适用区域或用途	批准日期	实施日期
1	NY/T 2400—2013	绿色食品　花生生产技术规程	绿色花生食品生产	2013-09-10	2014-01-01
2	NY/T 3342—2018	花生中白藜芦醇及白藜芦醇苷异构体含量的测定超高效液相色谱法	花生仁、花生红衣、花生芽中白藜芦醇及白藜芦醇苷异构体含量测定	2018-12-19	2019-06-01
3	NY/T 2794—2015	花生仁中氨基酸含量测定　近红外法	花生仁中天冬氨酸、苏氨酸、丝氨酸、谷氨酸、甘氨酸、亮氨酸、精氨酸和胱氨酸含量的无测测定	2015-05-21	2015-08-01
4	QB/T 5631—2021	花生四烯酸油脂粉	以发酵法生产的花生四烯酸油脂为原料，添加其他食品原料和食品添加剂等辅料，加工制成的花生四烯酸油脂粉	2021-12-02	2022-04-01
5	SN/T 3136—2012	出口花生、谷类及其制品中黄曲霉毒素、赭曲霉毒素、伏马毒素 B1、脱氧雪腐镰刀菌烯醇、T-2 毒素、HT-2 毒素的测定	出入境检验检疫	2012-05-07	2012-11-16
6	SN/T 4419.12—2016	出口食品常见过敏原 LAMP 系列检测方法　第 12 部分:花生	出入境检验检疫	2016-03-09	2016-10-01
7	SN/T 1961.2—2007	食品中过敏原成分检测方法　第 2 部分:实时荧光 PCR 法检测花生成分	出入境检验检疫	2007-08-06	2008-03-01
8	SN/T 1536—2005	进出口花生斑点粒检验方法	出入境检验检疫	2005-02-17	2005-07-01
9	DB34/T 252.4—2019	花生秸秆饲用技术规程	安徽省	2019-12-25	2020-01-25
10	DB34/T 2898—2017	花生秸秆粉饲用技术规范	安徽省	2017-06-30	2017-09-30

续 表

序号	标准号	标准名称	适用区域或用途	批准日期	实施日期
11	DB34/T 2280—2014	花生仁储存技术规范	安徽省	2014-12-29	2015-01-29
12	DB41/T 1537—2018	饲料用花生秧颗粒生产技术规程	河南省	2018-01-03	2018-04-03
13	DB4102/T 021—2021	开封市传统食品制作技艺　麻辣花生	开封市	2021-01-25	2021-03-01
14	DB37/T 2048—2012	花生肥料面源污染防控技术规程	山东省	2012-03-01	2012-04-01
15	DB37/T 929—2007	花生种子安全贮藏技术规程	山东省	2007-12-17	2008-01-01
16	DB21/T 3328-2020	花生芽生产操作规程	辽宁省	2020-10-30	2020-11-30
17	DB21/T 2852—2017	出口日本花生生产技术规程	辽宁省	2017-08-26	2017-09-26
18	DB21/T 1993—2012	花生防风蚀技术操作规程	辽宁省	2012-06-11	2012-08-11
19	DB21/T 2722—2017	花生干燥技术规程	辽宁省	2017-4-27	2017-5-27
20	DB21/T 2496—2015	花生储藏技术规程	辽宁省	2015-07-06	2015-09-06
21	DB45/T 1599—2017	花生秸秆堆腐技术规程	广西壮族自治区	2017-09-15	2017-10-15
22	DB45/T 1308—2016	花生质量安全追溯操作规程	广西壮族自治区	2016-05-01	2016-06-01
23	DB32/T 2567—2013	花生果辐照杀虫防霉技术规范	江苏省	2013-12-20	2014-01-20
24	DB32/T 1878—2011	鲜花生速冻加工技术规程	江苏省	2011-08-15	2011-10-15
25	DB3502/T 045.9—2021	厦门特色美食制作规程　第9部分:花生汤	厦门市	2021-07-30	2021-07-30
26	DB5106/T 07—2020	地理标志产品　罗江花生加工技术规范	德阳市	2020-12-18	2020-12-18
27	T/QPA 005—2022	高油酸花生加工良好操作规范	高油酸花生种植、收获、脱壳、生产加工、贮仓及运输全过程	2022-05-18	2022-05-18
28	T/QPA 006—2022	高油酸花生纯度溯源管理规范	高油酸花生种植、收获、脱壳、生产加工、贮存及运输全过程的高油酸花生产品追溯	2022-5-18	2022-5-18
29	T/QPA 005—2022	高油酸花生加工良好操作规范	高油酸花生种植、收获、脱壳、生产加工、贮仓及运输全过程	2022-05-18	2022-05-18
30	T/QGCML 261—2022	花生加工工序流程规范	花生加工的各个工序	2022-2-23	2022-3-10

续 表

序号	标准号	标准名称	适用区域或用途	批准日期	实施日期
31	T/QGCML 049—2020	头道初榨花生油	花生仁初次压榨、过滤、检验、包装等主要工艺加工制成的花生油	2020-09-25	2020-09-29
32	T/QDAS 057—2020	供青食品　花生油	青岛	2020-12-18	2021-3-1
33	T/SDAS 535—2022	山东黑花生油	山东黑花生油的生产和销售	2022-12-15	2023-01-01
34	T/SDAS 159—2020	山东浓香花生油	山东省区域内	2020-7-14	2020-7-29
35	T/SDAS 158—2020	山东高油酸花生油	山东省区域内	2020-7-14	2020-7-29
36	T/SAASS 75—2022	花生红衣原花青素提取技术规程	于以花生红衣为主要原料,采用水浸提法提取食品级原料原花青素	2022-12-08	2022-12-08
37	T/SAASS 74—2022	糊香花生油		2022-10-18	2022-10-18
38	T/MMSP 10—2022	压榨花生油黄曲霉B1控制规范	压榨法花生油生产中黄曲霉毒素B1的控制操作	2022-08-22	2022-08-26
39	T/SXQFIA 004.1—2022	沙县拌面酱　第1部分:花生酱味	花生酱味沙县拌面酱预包装产品	2022-12-08	2022-12-08
40	T/NTRPTA 0078—2022	富硒花生芽苗菜工厂化生产技术规程		2022-03-28	2022-04-28
41	T/YAASS 07—2021	油炸花生仁加工技术规程	烟台	2021-7-8	2021-9-1
42	T/YAASS 06—2021	花生酱加工技术规程	烟台	2021-7-8	2021-9-1
43	T/YAASS 05—2021	烤花生碎加工技术规程	烟台	2021-7-8	2021-9-1
44	T/YAASS 04—2021	烤花生仁加工技术规程	烟台	2021-7-8	2021-9-1
45	T/YAASS 03—2021	烤花生果加工技术规程	烟台	2021-7-8	2021-9-1
46	T/LYFIA 033—2021	沂蒙山五香花生米加工技术规程	临沂市沂蒙山五香花生米加工	2021-12-1	2021-12-21
47	T/LYFIA 031—2021	沂蒙山五香花生米	临沂市沂蒙山	2021-12-1	2021-12-21
48	T/LYFIA 028—2021	沂蒙山油炸花生米	临沂市沂蒙山	2021-12-1	2021-12-21
49	T/GZAAV 004—2020	花生秸秆饲料及加工技术规程	花生秧秸秆的干草调制、草颗粒的饲料化加工生产	2022-2-28	2022-3-1

续 表

序号	标准号	标准名称	适用区域或用途	批准日期	实施日期
50	T/XMSSAL 031—2021	供厦食品 花生油	利用机械压力挤压花生仁制取的压榨一级成品花生油	2021-8-24	2021-8-24
51	T/AHFIA 001—2021	徐集花生糖	徐集花生糖的生产、检验和销售	2021-1-27	2021-1-31
52	T/CCOA 3—2019	花生油质量安全生产技术规范	以花生仁为原料生产食用花生油的加工过程	2019-1-15	2019-3-1
53	T/SDFA 001—2020	饲料原料 花生粕(发酵)		2020-12-22	2020-12-25
54	T/LNXHS 02—2020	地理标志证明商标类 滦南花生油	唐山市滦南县	2020-12-15	2020-12-15
55	T/LNSLX 006—2020	辽宁好粮油 花生仁	辽宁省区域内	2020-07-24	2020-07-24
56	T/LYFIA 003—2018	油用花生仁	花生油生产企业采购油用花生仁	2018-08-01	2018-09-01
57	T/CAB CASA0010—2018	富硒花生蛋白粉	作为食品工业原料的商品富硒花生蛋白粉	2018-3-15	2018-4-15
58	T/CAB CASA0004—2018	富硒花生蛋白粉技术规范	作为食品工业原料的商品富硒花生蛋白粉	2018-3-15	2018-4-15
59	T/CSCA 130001—2020	绿色产品认证 花生油	压榨花生油绿色产品认证和评价工作	2020-4-26	2020-4-26
60	T/SPSH 14—2020	子姜花生薄脆手撕鸡	佛山市顺德区	2020-12-22	2020-12-29
61	T/ZSGTS 086—2022	香山之品 花生油		2022-12-29	2022-12-29

参考文献

[1] 直隶农业讲习所. 直隶农业讲习所农事调查报告书[M]. 天津:华新印刷局,1920.
[2] 唐启宇. 重要作物[M]. 上海:商务印书馆,1929.
[3] 台湾省农业试验所. 台湾省农业试验所民国三十五年年报,1946.
[4] [英]第康道外尔;俞德浚,蔡希陶编译,胡先骕校. 农艺植物考源[M]. 北京:商务印书馆,1950.
[5] 全国农业展览会. 1957年全国农业展览会资料汇编·上册[M]. 北京:农业出版社,1958.
[6] 湖北省农业科学研究院. 花生[M]. 北京:科学技术出版社,1959.
[7] 刘国清,汪天沛,胡俊亚. 红安直立花生[M]. 北京:科学出版社,1959.
[8] 汪天沛. 红安花生生产技术图解[M]. 北京:农业出版,1959.
[9] 中国农业科学院花生研究所. 花生栽培[M]. 上海:上海科学技术出版社,1963.
[10] 中国科学院植物研究所. 中国高等植物图鉴. 第二册[M]. 北京:科学出版社,1972.
[11] 赵铭. 花生作业机具[M]. 石家庄:河北人民出版社,1981.
[12] 山东省花生研究所. 中国花生品种志[M]. 北京:农业出版社,1987.
[13] 陈钧,张元俊,方辉亚. 湖北农业开发史[M]. 北京:科学出版社,1992.
[14] 段乃雄. 中国花生品种资源目录(续编一)[M]. 北京:农业出版社,1993.
[15] 邱梅贞. 中国农业机械技术发展史[M]. 北京:机械工业出版社,1993.
[16] 张新友,李海现. 花生生产与加工利用实用技术[M]. 郑州:中原农民出版社,1994.
[17] 龚胜生. 清代两湖农业地理[M]. 武汉:华中师范大学出版社,1994.
[18] [清]郭云升:《救荒简易书》,《续修四库全书》(第976册)[M]. 上海:上海古籍出版社,1996.
[19] 孙大容. 花生育种学[M]. 北京:中国农业出版社,1998.
[20] 山东省花生研究所,万书波. 中国花生栽培学[M]. 上海:上海科学技术出版社,2003.
[21] 胡志超. 半喂入花生联合收获机关键技术研究[M]. 北京:中国农业出版社,2013.

[22] 刘振华，刘丽娜，徐同成. 花生加工技术研究[M]. 北京：中国农业科学技术出版社，2016.

[23] 周曙东，刘爱军，黄武，等. 中国花生产业经济研究[M]. 北京：中国财政经济出版社，2016.

[24] 王传堂，朱立贵. 高油酸花生[M]. 上海：上海科学技术出版社，2017.

[25] 全国农业技术推广服务中心. 高油酸花生产业纵论[M]. 中国农业科学技术出版社，2019.

[26] 王传堂，于树涛，朱立贵. 中国高油酸花生[M]. 上海：上海科学技术出版社，2021.

[27] 袁志刚. 碳达峰·碳中和[M]. 北京：中国经济出版社，2021.

[28] [美]比尔·盖茨著，陈召强译. 气候经济与人类未来[M]. 北京：中信出版社，2021.

[29] 周曙东，张新友，周力，等. 中国花生产业技术经济分析[M]. 南京：东南大学出版社，2022.

[30] [葡]若泽·爱德华多·门德斯·费朗著，时征译. 改变人类历史的植物[M]. 北京：商务印书馆，2022.

[31] [美]伊丽莎白·戈登，本杰明·利博曼著，程跃译. 人类历史中的气候变化：从史前到现代[M]. 重庆：重庆出版社，2022.

[32] 潘炳南. 花生贮藏加工过程的质量安全控制研究[D]. 合肥：合肥工业大学，2009.

[33] 丁小霞. 中国产后花生黄曲霉毒素污染与风险评估方法研究[D]. 北京：中国农业科学院，2011.

[34] 王晓辉. 中国植物油产业发展研究[D]. 北京：中国农业科学院，2011.

[35] 黄海娟. 花生油氧化稳定性控制技术的研究[D]. 广州：广东工业大学，2012.

[36] 张初署. 中国四个生态区花生土壤中黄曲霉菌分布、产毒特征及遗传多样性研究[D]. 北京：中国农业科学院，2013.

[37] 张森超. 花生浓缩蛋白的制备及应用研究[D]. 郑州：河南工业大学，2013.

[38] 颜建春. 花生箱式热风干燥特性试验及装备改进研究[D]. 南通：南通大学，2013.

[39] 闫彩霞. 栽培花生遗传多样性及产量品质性状的关联分析[D]. 泰安：山东农业大学，2015.

[40] 孙庆芳. 花生种质资源抗旱性和叶片抗旱性状的研究[D]. 泰安：山东农业大学，2016.

[41] 朱秀蕾. 河北花生田害虫种类调查及暗黑鳃金龟嗜食植物的筛选[D]. 石家庄：河北农业大学，2016.

[42] 汪小淇. 秸秆及生物质炭应用于强还原灭菌法对砖红壤性质及温室气体排放影响研究[D]. 海口：海南大学，2017.

[43] 黄璐. 栽培花生种质资源遗传多样性研究[D]. 沈阳：沈阳农业大学，2018.

[44] 宋宇. 元明清时期油脂研究[D]. 郑州：郑州大学，2018.

[45] 陈明. 花生在中国引进与发展研究(1631—1949)[D]. 南京:南京农业大学,2019.
[46] 朱嵩. 基于高水分挤压技术的花生蛋白素肠制备及其贮藏特性研究[D]. 北京:中国农业科学院,2019.
[47] 杨坚群. 玉米花生间作对缓解花生连作障碍的作用机理研究[D]. 泰安:山东农业大学,2019.
[48] 孙晓晓. 暗黑鳃金龟幼虫危害对花生根际细菌群落的影响及其机制的初步探究[D]. 中国农业科学院,2019.
[49] 李庆凯. 玉米//花生缓解花生连作障碍机理研究[D]长沙:湖南农业大学,2020.
[50] 罗尔纲. 落花生传入中国[J]. 历史研究,1956,2:78.
[51] 孙大容. 学习红安花生增产经验. [J]. 中国农业通讯,1957,11:641 - 642.
[52] 彭志俊,汪天沛. 红安直花生品种介绍[J]. 中国农业科学,1958,5:286.
[53] 祝翼鸿,陈长本. 红安县 1959 年花生培栽要点[J]. 湖北农业科学,1959,4:115 - 116.
[54] 张勛燎. 关于中国落花生的起源问题[J]. 四川大学学报(社会科学版),1963,(3):37 - 51.
[55] 湖北省黄冈专区农科所油料作物组. "黄冈 4048"花生品种的选育[J]. 湖北农业科学,1963,3:19 - 20.
[56] 白国华,施邦绥,陈云鹏,等. 山东伏花生在黄冈地区适宜播种期和收获期的研究[J]. 湖北农业科学. 1964,58:33 - 37,40.
[57] 白秀峰. 花生起源及世界各主要产区栽培史略述[J]. 花生科技,1978,(4):36 - 38.
[58] 孙中瑞. 中国花生栽培历史初探——兼论花生栽培种的地理起源[J]. 花生科技,1979,3:1 - 8.
[59] 张秉伦. 落花生史话[J]. 世界农业,1980,8:52 - 54.
[60] 周石保,彭书琳. 对广西发现花生化石的初步考证[J]. 花生科技,1981,02:1 - 3.
[61] 王金春. 蓖麻能诱杀金龟子[J]. 花生科技,1982(04):33.
[62] 泷岛. 防治连作障碍的措施[J]. 日本土壤肥料学杂志,1983(2):170 - 178.
[63] 黄玉璋,胡宝珏. 花生斑驳病的初步研究[J]. 花生学报,1983,03(005):12 - 15,50.
[64] 张贤文. 花生品种天府 3 号[J]. 农业科技通讯,1985(01):16.
[65] 佟屏亚. 花生的起源与传播[J]. 新农业,1985,(02):22 - 23.
[66] 毛文兴. 关于大花生传入山东之数说[J]. 花生科技,1986,3(13):41 - 42.
[67] 邱庆树,鲁蓉蓉,禹山林,吕祖章. 大花生新品种鲁花八号[J]. 农业科技通讯,1988(11):10.
[68] 宋得俭. 关于大花生传入山东的考证[J]. 花生科技,1988,3(13):36 - 37.
[69] 刘法生,徐宜民,顾淑媛,等. 花生新品种鲁花 9 号的选育[J]. 中国油料,1989(02):42 - 44.

[70] Rao I. L. 赵作屏. 遮阴程度及其持续时间对花生生长和产量的影响[J]. 国外农学：农业气象，1989(2)：35 - 36.
[71] 毛兴文.山东花生栽培历史及大花生传入考[J].农业考古,1990(02):317 - 318.
[72] 廖小妹,黎秀英,李丽容,等.低亚油酸特异花生品种狮油红 4 号[J].广东农业科学,1992,6:22.
[73] 詹英贤,吴爱忠,程明,等.花生属栽培种和野生种间亲缘关系的研究Ⅰ染色体 Giemsa C 显带带型分析[J].中国农业大学学报,1992,3(1):15 - 19.
[74] 徐秀娟,石延茂,徐明显,等.花生网斑病主要发生因子的关联性研究[J].山东农业大学学报,1992(04):91 - 95,99.
[75] 廖小妹,黎秀英,李丽容,等.低亚油酸特异花生品种狮油红 4 号[J].广东农业科学,1992(06):20.
[76] 聂孝同,卢大云.饲料黄曲霉毒素的检测方法[J].贵州畜牧兽医,1993(01):41 - 42.
[77] 刘桂梅,梁泽萍.中国花生种质资源主要品质性状鉴定[J].中国油料学报,1993:18 - 21.
[78] SDHoliday.间接酶联免疫吸附试验检测黄曲霉毒素抗体的评价[J].贵州畜牧兽医,1993,17(01):46 - 47.
[79] 黎秀英,郑广柔,李一聪,等.抗青枯病花生新品种粤油 256 选育研究[J].广东农业科学,1994(04):16 - 18.
[80] 李静.植物种子油游离脂肪酸与甘三酯脂肪酸组成的区别[J].中国油脂,1995(04):45 - 48.
[81] 张建成.花生芽枯病[J].植物医生,1996,9(5):1.
[82] 郑奕雄,陈贤友.花生抗锈高产品种汕油 523 的选育研究[J].广东农业科学,1996(03):19 - 20.
[83] 周蓉,段乃雄,陈小媚.花生属野生植物资源——Ⅰ.种群分布和搜集保存[J].中国油料,1996,18(2):78 - 81.
[84] 周蓉,陈小媚,段乃雄.花生属野生植物资源——Ⅱ.细胞遗传学研究进展[J].中国油料,1996,4(11):78 - 81.
[85] 周蓉.花生属野生植物资源——Ⅲ.花生属野生种的进化趋势[J].中国油料作物学报,1996,18(4):81 - 85.
[86] 姜慧芳,段乃雄.花生抗旱机制的研究进展[J].中国油料,1997,3:73 - 76,81.
[87] 姜慧芳,段乃雄.中国龙生型花生的主要品质性状分析[J].花生科技,1998,1:1 - 4.
[88] 王双怀.花生的传入[J].历史教学,1998(03):57.
[89] 赵志强,张建成.印度花生芽枯病研究进展[J].世界农业,1998(2):2.
[90] 姜慧芳,任小平,段乃雄.中国龙生型花生的耐旱性鉴定与综合评价[J].中国农业科学,1999a,32(增刊):59 - 63.

[91] 姜慧芳,段乃雄,任小平,等. 花生种质资源的性状鉴定及绕合评价进展[J]. 花生科技,1999b,4(S1):144-147.
[92] 肖昌珍,吴渝,甘冬生,等. 中国花生种质主要生化品质分析[J]. 花生科技,1999 增刊:161-166.
[93] 姜慧芳,任小平,段乃雄. 几个龙生型花生的耐旱形态性状研究[J]. 中国油料作物学报,2001,23(1):12-16.
[94] 宋欢. 液相色谱法测定饲料中的黄曲霉毒素 B1[J]. 山西农业大学学报,2001,(03):257-258.
[95] 李绍伟,李军华,任丽,等. 花生新黑地珠蚧发生危害与防治[J]. 植物保护,2001,27(002):18-19.
[96] 万勇善. 高产优质抗病大花生新品种丰花 1 号的选育[J]. 作物杂志,2002(02):50-51.
[97] 肖良,邢卫锋. 黄曲霉毒素的危害与控制[J]. 世界农业,2003,(03):40-42.
[98] 刘太守,郭孝. 花生秧在青贮饲料中的应用探讨[J]. 中国草食动物,2003(05):27-28.
[99] 郭贵敏. 贵州省黔西南州 21 个花生地方品种的数量性状分析和聚类分析. 花生学报,2003,32(增刊):162-165.
[100] 杨广玲,刘伟,王金信. 花生白绢病的发生规律与综合防治[J]. 花生学报,2003,32(B11):2.
[101] 熊文献,袁建中,余辉. 高产优质花生新品种远杂 9102 特征特性及保优节本配套栽培技术. 花生学报. 2003(S1):500-503.
[102] 柴晓娟,王改云,杨红丽,等. 花生新珠蚧生物学特性观察及防治技术探讨[J]. 中国植保导刊,2004,24(6):2.
[103] 花生新品种花育 23 号[J]. 中国农业信息,2004(12):25.
[104] 王思明. 美洲原产作物的引种栽培及其对中国农业生产结构的影响[J]. 中国农史,2004,2:17-20.
[105] 张箭. 论美洲花生、葵花的传播和对中国饮食、文化的影响[J]. 农业考古,2004,1:85-86.
[106] 高新国,渠占奇. 花生茎腐病的发病规律及防治技术[J]. 河南农业科学,2005,(04):2.
[107] 王宝卿,王思明. 花生的传入、传播及其影响研究[J]. 中国农史,2005,(01):35-44.
[108] 李冬莲,刘彦国,王运兵. 花生田蛴螬的综合防治技术[J]. 河南农业,2005,(02):38.
[109] 谢吉先,鞠章网,王书勤,等. 花生新品种泰花 4 号的选育及应用[J]. 江苏农业科学,2005(03):52-53.

[110] 刘风学,郭兰云.花生新黑地珠蚧发生规律及防治措施[J].中国农技推广,2006(11):41-43.

[111] 吴兰荣,陈静,石运庆等.60Coγ射线诱变与杂交相结合选育花生新品种——花育22号[J].核农学报,2006(04):309-311.

[112] 姜慧芳,任小平.中国栽培种花生资源农艺和品质性状的遗传多样性[J].中国油料作物学报,2006,28(04):421-426.

[113] 胡志超,王海鸥,彭宝良等.国内外花生收获机械化现状与发展[J].中国农机化,2006,(05):40-43.

[114] 张岩,肖更生.花生粕的应用进展[J].食品工业科技,2006,27(08):197-198.

[115] 张艳玲,袁萤华,原国辉,等.蓖麻叶对华北大黑鳃金龟引诱作用的研究[J].河南农业大学学报,2006,(01):53-57.

[116] 方树民,王正荣,黄龙珠,等.花生疮痂病发生规律与防治试验[J].植物保护,2006,32(05):75-78.

[117] 袁虹霞,李洪连,汤丰收,等.药剂处理种子对花生茎腐病防治效果[J].植物保护,2006,32(02):3.

[118] 任小平,姜慧芳,廖伯寿,等.龙生型花生的遗传多样性[J].武汉植物学研究,2007,25(04):401-405.

[119] 王娇,阚健全,赵晋.中国花生制品及其工业化对策[J].中国粮油学报,2007,(03):161-164.

[120] 姜慧芳,任小平,廖伯寿,等.中国花生核心种质的建立[J].武汉植物学研究,2007,25:289-293.

[121] 王才斌,成波,吴正锋,等.连作对花生光合特性和活性氧代谢的影响[J].作物学报.2007,33(08):1304-1309.

[122] 武三安.花生新珠蚧的学名考证(半翅目:蚧总科:珠蚧科)[J].昆虫分类学报,2007,29(03):199-204.

[123] 唐荣华,贺梁琼,庄伟建,等.利用SSR分子标记研究花生属种间亲缘关系.中国油料作物学报.2007(02):142-147.

[124] 王才斌,刘云峰,吴正峰,等.山东省不同生态区花生品质差异及稳定性研究.[J].中国生态农业学报,2008,16(5):1138-1142.

[125] 吴正峰,王才斌,杜连涛,等.山东省不同生态区花生产量及产量性状稳定性分株.[J].中国生态农业学报,2008,16(6):1439-1443.

[126] 董文召.花生新品种豫花9326及高产栽培技术[J].中国种业,2008,160(07):70-71.

[127] 白林红,王少伟.花生新品种山花8号特征特性及高产栽培技术[J].山东农业科学,2008,202(03):117-118.

[128] 姜慧芳,任小平,黄家权,等. 中国花生小核心种质的建立及高油酸基因源的发掘[J]. 中国油料作物学报,2008,30(3):294-299.
[129] 胡志超,陈有庆,王海鸥,等. 振动筛式花生收获机的设计与试验[J]. 农业工程学报,2008,24(10):114-117.
[130] 刘立峰,耿立格,王静华,等. 河北省花生地方品种农艺性状和品质性状的遗传分化. 植物遗传资源学报,2008,92(02):190-194.
[131] 曹冬梅,张洪英,何成华,等. 弯曲乳酸杆菌 HB02 抑制黄曲霉生长及产毒[J]. 南京农业大学学报,2008,(03):125-129.
[132] 杨秀梅. 花生地暗黑鳃金龟成虫发生特点及防治技术[J]. 中国植保导刊,2008,12:18-20.
[133] 张晓杰,姜慧芳,任小平,等. 中国花生核心种质的主成分分析及相关分析[J]. 中国油料作物学报,2009,31(03):298-304.
[134] 陈明周,黄瑶珠,杨友军,等. 花生除草地膜对田间杂草防除及花生产量的影响研究[J]. 广东农业科学,2008,(06):4.
[135] 潘玲华,蒋菁,钟瑞春. 花生属植物起源、分类及花生栽培种祖先研究进展[J]. 广西农业科学,2009,40(04):344-347.
[136] 崔顺立,刘立峰,陈焕英,等. 河北省花生地方品种基于 SSR 标记的遗传多样性[J]. 中国农业科学. 2009,42(09):3346-3353.
[137] 罗宗秀,李克斌,曹雅忠,等. 河南部分地区花生田地下害虫发生情况调查[J]. 植物保护,2009,35(02):5.
[138] 洪彦彬,李少雄,刘海燕,等. SSR 标记与花生抗黄曲霉性状的关联分析[J]. 分子植物育种,2009,7(02):360-364.
[139] 陈新成. 花生新品种"豫花 9719"在河南问世[J]. 农村百事通,2009,449(21):12.
[140] 马铁山. 花生新珠蚧发育起点温度和有效积温研究[J]. 植物保护,2009,35(3):3.
[141] 王晓军,张祖明,王幸,王宗标. 高产优质花生新品种徐花 13 号的选育与应用[J]. 江苏农业科学,2009(03):101-102.
[142] 姜慧芳,任小平,张晓杰,等. 中国花生小核心种质 SSR 遗传多样性. [J]. 中国油料学报,2010,32(4):472-478.
[143] 雷永,姜慧芳,文奇根. ahFAD2A 等位基因在中国花生小核心种质中的分布及其与种子油酸含量的相关性分析作物学报[J],2010,36(11):1864-1869.
[144] 宫青轩,吴业林. 花生新品种花育 33 号特征特性及高产快繁技术[J]. 经济作物,2010,11:137-138.
[145] 韩柱强,钟瑞春,贺梁琼,李忠,周翠球,高国庆,唐荣华. 高产多抗花生新品种"桂花 1026"的选育及栽培[J]. 花生学报,2010,39(03):47-48.

[146] 吴兆蕃. 黄曲霉毒素的研究进展[J]. 甘肃科技,2010,26(18):89-93.
[147] 刘付香,李玲,梁炫强. 生物防治黄曲霉毒素污染研究进展[J]. 中国生物防治,2010,26(01):96-101.
[148] 杨伟强,王秀贞,张建成,等. 中国花生加工产业的现状、问题与对策[J]. 山东农业科学,2010,(03):105-107.
[149] 顾峰玮,胡志超,彭宝良等. 国内花生种植概况与生产机械化发展对策[J]. 中国农机化,2010,(03):8-10,7.
[150] 顾峰玮,胡志超,田立佳等. 中国花生机械化播种概况与发展思路[J]. 江苏农业科学,2010,(03):462-464.
[151] 何志文,王建楠,胡志超. 中国旋耕播种机的发展现状与趋势[J]. 江苏农业科学,2010,(01):361-363.
[152] 胡志超,王海鸥,胡良龙,等. 中国花生生产机械化技术[J]. 农机化研究,2010,(04):240-243.
[153] 谢焕雄,彭宝良,张会娟,等. 中国花生脱壳技术与设备概况及发展[J]. 江苏农业科学,2010,(06):581-582.
[154] 谢焕雄,彭宝良,张会娟,等. 中国花生加工利用概况与发展思考[J]. 中国农机化,2010,(05):46-49.
[155] 曾永三,郑奕雄. 花生锈病的识别与防控关键技术[J]. 广东农业科学,2010,37(04):2.
[156] 王兴亚,蒋春廷,许国庆. 重要油料作物害虫——花生蚜 *Aphis craccivora* 的研究进展[J]. 公共植保与绿色防控——中国植物保护学会学术年会. 2010:300-303.
[157] 于向涛,胡志超,顾峰玮,等. 花生摘果机械的概况与发展[J]. 中国农机化,2011(03):10-13.
[158] 王伯凯,吴努,胡志超等. 国内外花生收获机械发展历程与发展思路[J]. 中国农机化,2011,(04):6-9.
[159] 胡志超,陈有庆,王海鸥等. 中国花生田间机械化生产技术路线[J]. 中国农机化,2011,(04):32-37.
[160] 陈有庆,王海鸥,彭宝良,等. 中国花生主产区种植模式概况[J]. 中国农机化,2011(06):66-69.
[161] 高建强,曲杰,吴丽青. 高油酸花生育种基础、现状及品种特性分析[J]. 经济作物,2011,10:271-274.
[162] 庄振宏,张峰,李燕云,等. 黄曲霉毒素致癌机理的研究进展[J]. 湖北农业科学,2011,50(08):1522-1525.
[163] 任小平,廖伯寿,张晓杰,等. 中国花生核心种质中高油酸材料的分布和遗传多样性

[J]. 植物遗传资源学报,2011,12(04):513-518.
[164] 姜慧芳,任小平,陈玉宁. 等. 中国花生地方品种与育成品种的遗传多样性. 西北植物学报,2011,31(08):1551-1559.
[165] 丁述举,邢金修. 金针虫危害花生荚果刍议[J]. 花生学报,2011,40(02):4.
[166] 高越,张润祥,王振,等. 异丙甲草胺乳油对花生田杂草的防除效果[J]. 山西农业科学,2011,39(07):3.
[167] 张永辉,李春梅. 植物甾醇的类雌激素功能及其对动物生殖发育的影响[J]. 2011,43(05):99-103.
[168] 谢吉先,王书勤,陈志德,等. 花生新品种——泰花 8 号选育[J]. 花生学报,2012,41(04):45-47.
[169] 邹晓芬,宋来强,张建模,等. 高产优质花生新品种赣花 8 号的选育与栽培技术[J]. 花生学报,2012,41(03):46-48.
[170] 栾天浩,李玉发,王佰众,刘洪欣,何中国. 花生新品种吉花 2 号的选育[J]. 辽宁农业科学,2012(05):78-79.
[171] 王伯凯,胡志超,吴努等. 4HZB 2A 花生摘果机的设计与试验[J]. 中国农机化,2012,(01):111-114.
[172] 颜建春,吴努,胡志超等. 花生干燥技术概况与发展[J]. 中国农机化,2012,(02):10-13,20.
[173] 黄莉,任小平,张晓杰,等. ICRISAT 花生微核心种质农艺性状和黄曲霉抗性关联分析[J]. 作物学报,2012,8(06):935-946.
[174] 黄冰艳,张新友,苗利娟,等. 河南省龙生型花生农家品种农艺及品质性状的遗传分化[J]. 华北农学报,2012,27(04):94-97.
[175] 吕小莲,王海鸥,张会娟等. 花生摘果技术及其设备的现状与分析[J]. 湖北农业科学,2012(18):4116-4117,4125.
[176] 吕小莲,王海鸥,刘敏基等. 国内花生铺膜播种机具的发展现状分析[J]. 安徽农业科学,2012(03):1747-1749,1752.
[177] 吕小莲,王海鸥,张会娟,等. 国内花生机械化收获的现状与研究[J]. 农机化研究,2012(06):245-248.
[178] 吕小莲,刘敏基,王海鸥,等. 花生膜上播种技术及其设备研发进展[J]. 中国农机化,2012(01):89-92,88.
[179] 陈有庆,胡志超,王海鸥,等. 中国花生机械化收获制约因素与发展对策[J]. 中国农机化,2012(04):14-17,11.
[180] 林茂,李正强,郑治洪,等. 贵州省花生地方品种的遗传多样性[J]. 作物学报,2012,38(8):1387-1396.

[181] 杨帆，薛长勇. 常用食用油的营养特点和作用研究进展[J]. 中国食物与营养，2013，19(03)：63－66.
[182] 岳青. 花生壳综合利用研究进展[J]. 粮油食品科技，2013，21(05)：40－42.
[183] 傅俊范，王大洲，周如军，等. 辽宁花生网斑病发生危害及流行动态研究[J]. 中国油料作物学报，2013，35(01)：80－83.
[184] 李爱江，杨燕芳. 复合酶法水解花生粕提取蛋白肽的最佳工艺研究[J]. 农业机械，2013，(32)：42－44.
[185] 明强强，于丽娜，张伟，等. 乳酸菌固态发酵制备花生蛋白肽及抗氧化活性研究[J]. 花生学报，2013，42(03)：8－15.
[186] 胡宏霞，穆国俊，侯名语，等. 河北省花生地方品种基于 EST SSR 的遗传多样性及性状标记相关分析[J]. 植物遗传资源学报，2013，14(6)：1118－1123.
[187] 李爱江，杨燕芳. 复合酶法水解花生粕提取蛋白肽的最佳工艺研究[J]. 农业机械，2013(11)：42－44.
[188] 高建强. 花生高油酸种质资源的研究进展[J]. 山东农业科学，2013，45(4)：137－140.
[189] 符明联，李淑琼，原小燕，等. 红皮小粒油食兼用花生新品种云花生 3 号的选育与应用研究[J]. 安徽农业科学，2013，41(14)：6024－6026，6209.
[190] 王明辉，熊飞，胡海珍，等. 黄冈市花生田暗黑鳃金龟子出土规律研究[J]. 湖北农业科学，2013，52(21)：5205－5206.
[191] 于树涛，于洪波，史普想，苏君伟. 花生新品种阜花 17 号的选育与栽培[J]. 辽宁农业科学，2013(02)：82－83.
[192] 李林，刘登望，吴佳宝，等. 广适型超高产优质大花生新品种湘花 2008[J]. 农业科技通讯，2013(03)：215－216.
[193] 中国科学家完成花生基因组测序属全球首次[J]. 福建农业科技，2013(06)：77.
[194] 国际花生基因组计划首次完成两个二倍体野生种全基因组测序并公布序列[J]. 花生学报，2014，43(01)：55.
[195] 世界首个花生全基因组图谱绘制完成[J]. 中国食品学报，2014，14(04)：144.
[196] 王亮，王桥江，李艳，等. 花生——花育 33 号[J]. 新疆农垦科技，2014，37(12)：30－31.
[197] 陈志德，沈一，刘永惠，等. 花生新品种中花 16 的特征特性及高产栽培技术[J]. 江苏农业科学，2014，42(08)：96－97.
[198] 徐静，张新友，汤丰收，等. 花生新品种远杂 9847 选育及启示[J]. 河南农业科学，2014，43(10)：38－41.
[199] 明强强，于丽娜，杨庆利，等. 黑曲霉固态发酵制备花生蛋白肽及抗氧化活性研究[J]. 食品科技，2014，39(02)：17－22.
[200] 大卫·诺尔斯，任密密. 农业对全球温室气体排放量的影响[J]. 温州农业科技，2014

(02):45－46.

[201] 周涛,王云鹏,王芳,等.广东省农业氮足迹分析[J].中国环境科学,2014,34(09):2430－2438.

[202] 郑畅,杨湄,周琦,等.高油酸花生油与普通油酸花生油的脂肪酸、微量成分含量和氧化稳定性[J].中国油脂,2014,39(11):40－43.

[203] 徐日荣,唐兆秀.福建省花生地方品种的遗传多样性研究[J].分子植物育种,2014,12(06):1235－1242.

[204] 王传堂.美国大花生传入山东的考证[J].中国农史,2015,34(02):24－30.

[205] 李安,哈益明,李庆鹏,等.高温加热大豆油中反式脂肪酸分析及理化指标变化研究[J].中国食品学报,2015,15(03):237－242.

[206] 王国桢,苏菊萍,刘俐君,等.电位滴定法测定坚果食品中的酸价和过氧化值[J].食品安全质量检测学报,2015,6(01):299－302.

[207] 张慧文,许海燕,马超美.花生红衣研究进展[J].花生学报,2015,44(01):53－59.

[208] 颜建春,谢焕雄,胡志超,等.固定床上下换向通风小麦干燥模拟与工艺优化[J].农业工程学报,2015,31(22):292－300.

[209] 刘娟,张俊,臧秀旺,等.花生连作障碍与根系分泌物自毒作用的研究进展[J].中国农学通报,2015,31(30):101－105.

[210] 沈一,陈志德,刘永惠,等.花生新品种宁泰9922的选育及其高产栽培技术[J].金陵科技学院学报,2016,32(02):71－74.

[211] 权宝全,王国桐,白冬梅,等.高产优质花生新品种晋花10号的选育[J].花生学报,2016,45(01):67.

[212] 苗利娟,张新友,黄冰艳.河南省花生农家品种资源农艺和品质性状分析[J].植物遗传资源学报,2016,17(05):856－862.

[213] 韩锁义,张新友,朱军,等.花生叶斑病研究进展[J].植物保护,2016,42(02):5.

[214] 张俊,刘娟,臧秀旺,等.花生田常见杂草防治措施及展望[J].江苏农业科学,2016,44(01):5.

[215] 邹晓霞,张巧,张晓军,等.玉米花生宽幅间作碳足迹初探[J].花生学报,2017,46(02): 11－17.

[216] 周德欢,胡志超,于昭洋,等.花生全喂入摘果装置的应用现状与发展思路[J].农机化研究,2017,39(02):246－252.

[217] 卞能飞,孙东雷,沈一,等.基于SSR标记的江苏省花生地方品种遗传多样性分析[J].中国油料作物学报,2017,39(02):170－177.

[218] 顾强,石晶,袁大炜,等.常见植物油中8种生育酚和生育三烯酚含量分析[J].2017,38(02):304－307.

[219] 韩柱强,钟瑞春,贺梁琼,等.高油酸花生新品种桂花37的选育[J].南方农业学报,2017,48(07):1161-1166.

[220] 王明辉,曾庆朝,李宁,等.湖北省黄冈市花生田昆虫群落结构及多样性研究[J].花生学报,2018,47(3):57-61.

[221] 原小燕,符明联,刘佳业,等.高亚油酸紫色食用花生云花生15号的选育[J].种子,2018,37(08):109-110.

[222] 李应明,廖宇,祝红金,等.花生品种天府26及配套高产栽培技术[J].中国种业,2018(03):79-80.

[223] 陈有庆,顾峰玮,吴峰,等.中国花生机械化收获科技创新概况与发展思考[J].江苏农业科学,2018,46(22):19-23.

[224] 沈小刚.浅析压榨法花生油加工技术[J].食品安全导刊,2018,26:70.

[225] 辛明星.植物油脂中苯并芘测定方法的研究[J].农业科技与信息,2018(20):34-39.

[226] 张伟,矫岩林,栾炳辉,等.不同花生品种(系)对叶斑病抗病性的初步研究[J].湖北农业科学.2018,57(12):61-64.

[227] 邹晓霞,张晓军,王月福,等.山东省小麦 夏直播花生种植体系碳足迹[J].应用生态学报,2018,29(03):850-856.

[228] 方明,任天志,赖欣,等.花生壳生物炭对潮土和红壤理化性质和温室气体排放的影响[J].农业环境科学学报,2018,37(06):1300-1310.

[229] 沈小刚.浅析压榨法花生油加工技术[J].食品安全导刊,2018(26):70.

[230] 卞能飞,王晓军,孙东雷,等.水稻—花生轮作对不同花生品种生长发育、产量和病虫草害的影响[J].江苏农业科学,2018,46(02):69-71.

[231] 赵庆雷,信彩云,王瑜,等.不同轮作模式对花生病虫害及产量的影响[J].植物保护学报,2018,45(06):7.

[232] 陈明,王思明.中国花生史研究的回顾与前瞻[J].科学文化评论,2018,15(02):89-100.

[233] 赵亚飞,李强,侯献飞,等.新疆棉花//花生间作碳足迹研究[J].花生学报,2019,48(02):61-65.

[234] 杜江,罗珺,王锐,等.粮食主产区种植业碳功能测算与时空变化规律研究[J].生态与农村环境学报,2019,35(10):1242-1251.

[235] 刘芳,王超,杨菊,等.油脂酸价和过氧化值检测方法的研究进展[J].食品安全质量检测学报,2019,10(14):4478-4482.

[236] 王关烽,朱豪彬,蒋涛,等.食品中酸价检测方法的研究[J].现代食品,2019(17):138-140.

[237] 赵思雨,戴建伟,王丽梅,等.花生酱的营养及新型花生酱的研究进展[J].食品安全质

量检测学报,2018,9(14):3693-3698.

[238] 翟晨,李梦瑶,时超,等.中欧粮油产品重金属限量标准及减控措施对比[J].食品科技,2019,44(08):347-354.

[239] 王嘉麟,谢焕雄,颜建春,等.花生荚果烘干设备研究现状及展望[J].江苏农业科学,2019,47(01):12-16.

[240] 李绍建,王娜,崔小伟,等.花生新黑地珠蚧发生为害及其系统发育[J].植物保护,2019,45(05):6.

[241] 闫彩霞,王娟,张浩谢,等.基于表型性状构建中国花生地方品种骨干种质[J].作物学报.2020,46(04):520-531.

[242] 瑾卉,林英,臧超群,等.辽宁省花生网斑病病原菌鉴定及生物学特性研究[J].湖北农业科学,2020,59(2):5.

[243] 宋宇.中国古代油料与油脂研究综述[J].农业考古,2020,1:89-100.

[244] 沈娟,仇建飞.花生加工产业存在的问题及对策[J].安徽农学通报,2020.26(16):167-168.

[245] 李春喜,刘晴,邵云,等.有机物料还田和减施氮肥对麦-玉周年农田碳氮水足迹及经济效益的影响[J].农业资源与环境学报,2020,37(04):527-536.

[246] 崔文超,焦雯珺,闵庆文,等.土地流转背景下不同经营规模青田稻鱼共生系统的环境影响差异——基于碳足迹的实证研究[J].应用生态学报,2020,31(12):4125-4133.

[247] 刘宇,李春娟,石大川,等.利用 InDel 标记解析中国花生地方品种的遗传多样性与群体结构[J].中国油料作物学报,2020,42(05):743-752.

[248] 曾庆朝,石程仁,秦胜楠,等.青岛花生田昆虫群落多样性及主要害虫与天敌发生动态分析[J].中国油料作物学报,2020,42(03):6.

[249] 唐秀梅,钟瑞春,贺梁琼,等.高产抗病花生新品种桂花 41[J].花生学报,2020,49(01):83-84.

[250] 高忠奎,蒋菁,韩柱强,等.抗青枯病高产花生新品种桂花 39 的选育及栽培技术[J].江苏农业科学,2021,49(13):74-78.

[251] 高忠奎,蒋菁,钟瑞春,等.富硒抗病黑花生桂花黑 1 号的选育及优质栽培[J].安徽农业科学,2021,49(07):30-33,36.

[252] 薛云云,田跃霞,张鑫,等.高产抗旱花生新品种汾花 8 号及栽培技术[J].中国种业,2021(10):98-99.

[253] 牛海龙,刘红欣,李伟堂,等.优质、高产花生新品种吉花 9 号的选育[J].辽宁农业科学,2021(06):82-84.

[254] 袁哲,李庭铂.果蔬农药残留检测方法研究进展[J].中国果菜,2021,41(09):75-78.

[255] 张超,李玟君,汪海燕,等.花生粕酱油制曲工艺条件优化[J].中国酿造,2021,40

(09):52 - 57.
[256] 张娅娣.植物油中苯并芘的来源及检测方法研究进展[J].粮食科技与经济,2021,46(02):80 - 83.
[257] 程诗文,高育哲,高青连,等.花生豆腐研制的研究进展[J].现代食品,2021(05):7 - 9.
[258] 蔺儒侠,郭凤丹,王兴军.花生分子育种研究进展[J].作物杂志,2021,5:1 - 5.
[259] 虞国跃,张君明.甜菜夜蛾的识别与防治[J].蔬菜,2021(10):82 - 85.
[260] 李红梅,刘路路,李天娇,等.灰翅夜蛾属重大害虫及其生物防治研究进展[J].中国植保导刊,2021,41(05):23 - 33.
[261] 丁远远.高油酸花生良种扩繁技术[J].农业科技通讯,2021,3:29.
[262] 孔祥彬,付春,姜官恒,等.高油酸花生发展态势分析[J].安徽农业科学,2021,49(02):233 - 237.
[263] 潘红坤,阚海礼,李元高,等.几种生物药剂对花生田蓟马的田间防控效果研究[J].山东农业科学,2021(04):120 - 124.
[264] 吴洪号,张慧,贾佳,等.功能性多不饱和脂肪酸的生理功能及应用研究进展[J].2021(08):134 - 140.
[265] 袁哲,李庭铂.果蔬农药残留检测方法研究进展[J].中国果菜,2021,41(09):75 - 78.
[266] 张超,李玟君,汪海燕,等.花生粕酱油制曲工艺条件优化[J].中国酿造,2021,40(09):52 - 57.
[267] 薛云云,田跃霞,张鑫,等.高产抗旱花生新品种汾花8号及栽培技术[J].中国种业,2021(10):98 - 99.
[268] 牛海龙,刘红欣,李伟堂,等.优质高产花生新品种吉花9号的选育[J].辽宁农业科学,2021(06):82 - 84.
[269] 巩佳莉,孙东雷,卞能飞,等.中国花生青枯病研究进展[J].中国油料作物学报,2022,44(06):7.
[270] 尤作将,王萍.花生根结线虫病综合防治技术[J].现代农村科技,2022(09):1.
[271] 姜艳峰.粮油产品中重金属检测技术研究进展[J].食品科技,2022,28(06):108 - 110.
[272] 周钰欣.食品安全背景下食品重金属超标检测探讨[J].食品安全导刊,2022(10):34 - 36.
[273] 王成宾,胡骁飞,孙亚宁,等.花生致敏蛋白及其检测方法研究进展[J].食品与发酵工业,2022:1 - 8.
[274] 李优琴,吕康,倪晓璐,等.电感耦合等离子体质谱(ICP MS)法测定谷类产品中8种重金属元素[J].中国无机分析化学,2022,12(01):20 - 25.

[275] 周钰欣. 食品安全背景下食品重金属超标检测探讨[J]. 食品安全导刊，2022(10)：34-36.

[276] 彭风晓. 花生豫花 65 号品种特性及丰产技术[J]. 农业工程技术，2022，42(11)：75，77.

[277] Linnaeus. Species Plantarum [M]. 1753.

[278] Norden A J. Peanuts：Culture and Uses [M]. Stone Printing Co.，Roanoke，VA，1973：175.

[279] Frankel O H，Brown A H D. Current plant genetic resources-a critical appraisal In：Chpra V L，Joshi B C，Sharma R P，Bansal H C，eds. [M]. Genetics：New Frontiers，Vo1. IV. New Delhi：Oxford and IBH Publishing，1984.

[280] Pandey M K，Guo B，Holbrook C C，et al. Molecular markers，genetic maps and QTLs for molecular breeding in peanut[M]. Genetics，genomics and breeding of peanuts，2014.

[281] Hammons，R. O.，Origin and early history of the peanut. In：Patte，H. E.，Young，C. T. (Eds.)，In：Peanut Science and technology (H. E. Pattee and C. T.，Young，eds.)[C]. American Peanut Research Education Society，Yoakum，TX. 1982：1-20.

[282] Kawakami I. Chromosome numbers in Leguminosae[J]. Bot. Mag. Tokyo，1930，44：319-328.

[283] Husted L. Cytological studies an the peanut，Arachis I. Chromosome number and morphology[J]. Cytologia，1933，5(1)：109-117.

[284] Husted L. Cytological Studies an the Peanut，Arachis. II Chromosome number，morphology and behavior，and their application to the problem of the origin of the cultivated forms[J]. Cytologia，1936，7(3)：396-423.

[285] Mendes A J T. Estudos citológicos no gênero Arachis[J]. Bragantia，1947，7：257-267.

[286] Krapovickas A，Rigoni V A. Nuevas especies de *Arachis*：vinculadas al problema del origen del maní[J]. Darwiniana，1957，11(3)：431-455.

[287] Conagin C H T M. Espécies selvagens do gênero arachis：observações sôbre os exemplares da coleção da seção de citologia[J]. Bragantia，1962，21：341-374.

[288] Conagin C H T M. Número de cromossômios das espécies selvagens de arachis[J]. Bragantia，1963，204(6)：876-884.

[289] Carlo H，Fox M A. Pehr Osbeck's collections and Linnaeus's Species Plantarum (1753) [J]. Botanical Journal of the Linnean Society，1973，67(3)：189-212.

[290] Smartt J, Gregory W C, Gregory M P. The genomes of Arachis hypogaea. 1. Cytogenetic studies of putative genome donors[J]. Euphytica, 1978, 27: 665 - 675.

[291] Gregory M P, Gregory W C. Exotic germ plasm of *Arachis* L. interspecific hybrids [J]. Journal of Heredity, 1979, 70(3): 185 - 193.

[292] Ginterova A, Polaster M, Janotkova O. The relationship between Pleurotus ostreatus and Aspergillus flavus and the production of aflatoxin [J]. Folia Microbiology, 1980, 25: 332 - 336.

[293] Singh A K, Moss J P. Utilization of wild relatives in genetic improvement of *Arachis hypogaea* L. Part 2: Chromosome complements of species in section Arachis[J]. Theoretical and Applied Genetics, 1982, 61: 305 - 314.

[294] Singh A K, Moss J P. Utilisation of wild relatives in the genetic improvement of *Arachis hypogaea* L. 5. Genome analysis in section *Arachis* and its implications in gene transfer[J]. Theoretical and Applied Genetics, 1984, 68(4): 355 - 364.

[295] Norden A J, Gorbet D W, Knauft D A, et al. Variability in oil quality among peanut genotypes in the Florida breeding program[J]. Peanut Science, 1987, 14(1): 7 - 11.

[296] Moore K M, Knauft D A. The inheritance of high oleic acid in peanut [J]. Heredity, 1989, 80: 252 - 253.

[297] Eichner M J. Nitrous oxide emissions from fertilized soils: Summary of available data [J]. Journal of Environmental Quality, 1990, 19(2): 272 - 280.

[298] Stalker H T, Dhesi J S, Parry D C, et al. Cytological and interfertility relationships of *Arachis* section *Arachis*[J]. American journal of botany, 1991, 78(2): 238 - 246.

[299] Kochert G, Halward T, Branch W D, et al. RFLP variability in peanut (*Arachis hypogaea* L.) cultivars and wild species [J]. Theoretical and Applied Genetics, 1991, 81: 565 - 570.

[300] Paik-Ro O G, Smith R L, Knauft D A. Restriction fragment length polymorphism evaluation of six peanut species within the *Arachis* section [J]. Theoretical and Applied Genetics, 1992, 84: 201 - 208.

[301] Holbrook C C, Anderson W F, Pittman R N. Selection of a core collection from the US germplasm collection of peanut[J]. Crop science, 1993, 33(4): 859 - 861.

[302] Halward T, Stalker H T, Kochert G. Development of an RFLP linkage map in diploid peanut species[J]. Theoretical and Applied Genetics, 1993, 87: 379 - 384.

[303] Blok W J, Bollen G J. The role of autotoxins from root residues of the previous crop in the replant disease of asparagus [J]. Netherlands Journal of Plant Pathology, 1993, 99: 29 - 40.

[304] Singh A K, Simpson C E. Biosystematics and genetic resources[J]. The groundnut crop: a scientific basis for improvement, 1994: 96 - 137.

[305] Stalker H T, Dhesi J S, Kochert G D. Variation within the species *A. duranensis*, a possible progenitor of the cultivated peanut, Genome, 1995, 38: 1201 - 1212.

[306] Hilu K W, Stalker H T. Genetic relationships between peanut and wild species of *Arachis* sect. *Arachis* (Fabaceae): evidence from RAPDs[J]. Plant Systematics and Evolution, 1995, 198: 167 - 178.

[307] Kochert G, Stalker H T, Gimenes M, et al. RFLP and cytogenetic evidence on the origin and evolution of allotetraploid domesticated peanut, *Arachis hypogaea* (Leguminosae)[J]. American Journal of Botany, 1996, 83(10): 1282 - 1291.

[308] Liu D L, Yao D S, Liang R, et al. Detoxification of aflatoxin B1 by enzymes isolated from Armillariella tabescens[J]. Food and Chemical Toxicology, 1998, 36(7): 563 - 574.

[309] Singh A K. Hybridization barriers among the species of *Arachis* L., namely of the sections *Arachis* (including the groundnut) and Erectoides[J]. Genetic Resources and Crop Evolution, 1998, 45: 41 - 45.

[310] Hopkins M S, Casa A M, Wang T, et al. Discovery and characterization of polymorphic simple sequence repeats (SSRs) in peanut[J]. Crop science, 1999, 39 (4): 1243 - 1247.

[311] Raina S N, Mukai Y. Detection of a variable number of 18S-5. 8 S-26S and 5S ribosomal DNA loci by fluorescent in situ hybridization in diploid and tetraploid *Arachis* species[J]. Genome, 1999a, 42(1): 52 - 59.

[312] Raina S N, Mukai Y. Genomic in situ hybridization in *Arachis* (Fabaceae) identifies the diploid wild progenitors of cultivated (*A. hypogaea*) and related wild (*A. monticola*) peanut species[J]. Plant Systematics and Evolution, 1999b, 214: 251 - 262.

[313] Wang J S, Groopman J D. DNA damage by mycotoxins[J]. Mutation Research/Fundamental and Molecular Mechanisms of Mutagenesis, 1999, 424(1 - 2): 167 - 181.

[314] Färber, P., Brost, I., Adam, R. et al. HPLC based method for the measurement of the reduction of aflatoxin B1 by bacterial cultures isolated from different African foods [J]. Mycotoxin Research, 2000, 6: 141.

[315] Simpson C E, Krapovickas A, Valls J F M. History of *Arachis* including evidence of *A. hypogaea* L. progenitors[J]. Peanut Science, 2001, 28(2): 78 - 80.

[316] Raina S N, Rani V, Kojima T, et al. RAPD and ISSR fingerprints as useful genetic markers for analysis of genetic diversity, varietal identification, and phylogenetic relationships in peanut (*Arachis hypogaea*) cultivars and wild species[J]. Genome, 2001, 44(5): 763 - 772.

[317] Upadhyaya H D, Ortiz R, Bramel P J, et al. Development of a groundnut core collection Upadhyaya H D. Using Core and Mini-Core Approaches to Identify Germplasm: Adding Value to the Working Holbrook C C, Stalker H T. Peanut breeding and genetic resources[J]. Plant breeding reviews, 2003, 22: 297 - 356.

[318] Upadhyaya H D, Ortiz R, Bramel P J, et al. Development of a groundnut core collection using taxonomical, geographical and morphological descriptors[J]. Genetic Resources and Crop Evolution, 2003, 50: 139 - 148.

[319] Marisa M, Tetsuo T, Keiko M, et al. Purification and characterization of an aflatoxin degradation enzyme from Pleurotus ostreatus[J]. Microbiology Research, 2003, 158: 237 - 242.

[320] Moretzsohn M C D, Hopkins M S, Mitchell S E, et al. Genetic diversity of peanut (*Arachis hypogaea* L.) and its wild relatives based on the analysis of hypervariable regions of the genome[J]. BMC Plant Biology, 2004, 4: 1 - 10.

[321] Ferguson M E, Bramel P J, Chandra S. Gene diversity among botanical varieties in peanut (*Arachis hypogaea* L.)[J]. Crop Science, 2004, 44(5): 1847 - 1854.

[322] Seijo J G, Lavia G I, Fernández A, et al. Physical mapping of the 5S and 18S - 25S rRNA genes by FISH as evidence that Arachis duranensis and *A. ipaensis* are the wild diploid progenitors of *A. hypogaea* (Leguminosae)[J]. American Journal of Botany, 2004, 91(9): 1294 - 1303.

[323] Valls J F M, Simpson C E. New species of *Arachis* (*Leguminosae*) from Brazil, Paraguay and Bolivia[J]. Bonplandia, 2005, 14(1 - 2): 35 - 63.

[324] Creste S, Tsai S M, Valls J F M, et al. Genetic characterization of Brazilian annual *Arachis* species from sections *Arachis* and Heteranthae using RAPD markers[J]. Genetic Resources and Crop Evolution, 2005, 52: 1079 - 1086.

[325] Holbrook C C, Dong W. Development and evaluation of a mini core collection for the US peanut germplasm collection[J]. Crop Science, 2005, 45(4): 1540 - 1544.

[326] Milla S R, Isleib T G, Stalker H T. Taxonomic relationships among *Arachis* sect. *Arachis* species as revealed by AFLP markers[J]. Genome, 2005, 48(1): 1 - 11.

[327] Reddy L J, Upadhyaya H D, Gowda C L L, et al. Development of core collection in pigeonpea [Cajanus cajan (L.) Millspaugh] using geographic and qualitative

morphological descriptors[J]. Genetic Resources and Crop Evolution, 2005, 52: 1049 - 1056.

[328] Fávero A P, Simpson C E, Valls J F M, et al. Study of the evolution of cultivated peanut through crossability studies among *Arachis ipaensis*, *A. duranensis*, and *A. hypogaea*[J]. Crop Science, 2006, 46(4): 1546 - 1552.

[329] Jiang J, Gill B S. Current status and the future of fluorescence in situ hybridization (FISH) in plant genome research[J]. Genome, 2006, 49(9): 1057 - 1068.

[330] Krapovickas A, Gregory W C. Taxonomy of the genus *Arachis* (Leguminosae) by Antonio Krapovickas and Walton C. [J]. Bonplandia, 2007, 16: 7 - 205.

[331] Chu Y, Ramos L, Holbrook C C, et al. Frequency of a Loss-of-Function Mutation in Oleoyl-PC Desaturase (ahFAD2A) in the Mini-Core of the U. S. Peanut Germplasm Collection[J]. Crop Science. 2007, 47: 2372 - 2378.

[332] Bradford P G, Awad A B. Phytosterols as anticancer compounds[J]. Molecular Nutrition and Food Research, 2007,51:161 - 170.

[333] Seijo G, Lavia G I, Fernández A, et al. Genomic relationships between the cultivated peanut (*Arachis hypogaea*, Leguminosae) and its close relatives revealed by double GISH[J]. American Journal of Botany, 2007, 94(12): 1963 - 1971.

[334] Dillehay T D, Rossen J, Andres T C, et al. Preceramic adoption of peanut, squash, and cotton in northern Peru[J]. Science, 2007, 316(5833): 1890 - 1893.

[335] Hong Y B, Liang X Q, Chen X P, et al. Construction of genetic linkage map based on SSR markers in peanut (*Arachis hypogaea* L.) [J]. Agricultural Sciences in China, 2008, 7(8): 915 - 921.

[336] Yu S L, Pan L J, Yang Q L, et al. Comparison of the Δ12 fatty acid desaturase gene between high-oleic and normal-oleic peanut genotypes[J]. Journal of Genetics and Genomics, 2008, 35(11): 679 - 685.

[337] Hong Y B, Li S H, Liu H Y, et al. Correlation analysis of SSR markers and host resistance to Aspergillus flavus infection in peanut (*Arachis hypogaea* L.) [J]. Mol Plant Breed, 2009, 7(2):360 - 364.

[338] Hong Y B, Liang X Q, Chen X P, et al. Construction of genetic linkage map in peanut (*Arachis hypogaea* L.) cultivars[J]. Acta Agronomica Sinica, 2009, 35(3): 395 - 402.

[339] Yao H, Bowman D, Rufty T, et al. Interactions between N fertilization, grass clipping addition and pH in turf ecosystems: implications for soil enzyme activities and organic matter decomposition[J]. Soil Biology and Biochemistry, 2009, 41(7):

1425 - 1432.

[340] Chu Y, Holbrook C C, Ozias-Akins P et al. Two alleles of ahFAD2B control the high oleic acid trait in cultivated peanut[J]. Crop Science, 2009, 49(6): 2029 - 2036.

[341] Varshney R K, Bertioli D J, Moretzsohn M C, et al. The first SSR-based genetic linkage map for cultivated groundnut (*Arachis hypogaea* L.) [J]. Theoretical and Applied Genetics, 2009, 118: 729 - 739.

[342] Robledo G, Lavia G I, Seijo G. Species relations among wild *Arachis* species with the A genome as revealed by FISH mapping of rDNA loci and heterochromatin detection[J]. Theoretical and Applied Genetics, 2009, 118(7): 1295 - 1307.

[343] He C N, Gao W W, Yang J X, et al. Identification of autotoxic compounds from fibrous roots of Panax quinquefolium L[J]. Plant and soil, 2009, 318: 63 - 72.

[344] Hong Y B, Chen X P, Liang X Q, et al. A SSR-based composite genetic linkage map for the cultivated peanut (*Arachis hypogaea* L.) genome[J]. BMC Plant Biology, 2010, 10(1): 1 - 13.

[345] Liu P, Wan S B, Jiang L H, et al. Autotoxic potential of root exudates of peanut (*Arachis hypogaea* L.) [J]. Allelopathy Journal, 2010, 26(2):197 - 206.

[346] Robledo G, Seijo G. Species relationships among the wild B genome of *Arachis* species (section *Arachis*) based on FISH mapping of rDNA loci and heterochromatin detection: a new proposal for genome arrangement[J]. Theoretical and Applied Genetics, 2010, 121(6): 1033 - 1046.

[347] Liu X J, Zhang F S. Nitrogen fertilizer induced greenhouse gas emissions in China [J]. Current Opinion in Environmental Sustainability, 2011, 3(5): 407 - 413.

[348] Gan Y T, Liang C, Hamel C, et al. Strategies for reducing the carbon footprint of field crops for semiarid areas. A review[J]. Agronomy for Sustainable Development, 2011, 31: 643 - 656.

[349] Chen M N. Li X. Yang Q L. et al. Soil eukaryotic microorganism succession as affected by continuous cropping of peanut-pathogenic and beneficial fungi were selected[J]. PLoS one, 2012, 7(7): e40659.

[350] Gautami B, Foncéka D, Pandey M K, et al. An international reference consensus genetic map with 897 marker loci based on 11 mapping populations for tetraploid groundnut (*Arachis hypogaea* L.) [J]. PLoS One, 2012, 7(7): e41213.

[351] Nagy E D, Guo Y, Tang S, et al. A high-density genetic map of *Arachis duranensis*, a diploid ancestor of cultivated peanut[J]. BMC genomics, 2012, 13: 1 - 11.

[352] Nielen S, Vidigal B S, Leal-Bertioli S C M, et al. Matita, a new retroelement from

peanut: characterization and evolutionary context in the light of the *Arachis* A - B genome divergence[J]. Molecular Genetics and Genomics, 2012, 287: 21 - 38.

[353] Grabiele M, Chalup L, Robledo G, et al. Genetic and geographic origin of domesticated peanut as evidenced by 5S rDNA and chloroplast DNA sequences[J]. Plant Systematics and evolution, 2012, 298(6): 1151 - 1165.

[354] Sujay V, Gowda M V C, Pandey M K, et al. Quantitative trait locus analysis and construction of consensus genetic map for foliar disease resistance based on two recombinant inbred line populations in cultivated groundnut (*Arachis hypogaea* L.) [J]. Molecular breeding, 2012, 30: 773 - 788.

[355] Shirasawa K, Bertioli D J, Varshney R K, et al. Integrated consensus map of cultivated peanut and wild relatives reveals structures of the A and B genomes of Arachis and divergence of the legume genomes[J]. DNA research, 2013, 20(2): 173 - 184.

[356] Valls J F M, Da Costa L C, Custodio A R. Una nueva especie trifoliolada de Arachis (Fabaceae) y comentarios adicionales sobre la sección taxonómica Trierectoides[J]. Bonplandia, 2013, 22(1): 91 - 97.

[357] Yu H T, Yang W Q, Tang Y Y, et al. An AS-PCR assay for accurate genotyping of FAD2A/FAD2B genes in peanuts (*Arachis hypogaea* L.) [J]. Grasas y Aceites, 2013, 64(4): 395 - 399.

[358] Moretzsohn M C D, Gouvea E G, Inglis P W, et al. A study of the relationships of cultivated peanut (*Arachis hypogaea*) and its most closely related wild species using intron sequences and microsatellite markers[J]. Annals of botany, 2013, 111(1): 113 - 126.

[359] Chen M N, Li X, Yang Q L, et al. Dynamic succession of soil bacterial community during continuous cropping of peanut (*Arachis hypogaea* L.)[J]. PLoS One, 2014, 9(7): e101355.

[360] Pandey M K, Wang M L, Qiao L, et al. Identification of QTLs associated with oil content and mapping FAD2 genes and their relative contribution to oil quality in peanut (*Arachis hypogaea* L.)[J]. BMC genetics, 2014, 15: 1 - 14.

[361] Li X G, Ding C F, Hua K, et al. Soil sickness of peanuts is attributable to modifications in soil microbes induced by peanut root exudates rather than to direct allelopathy[J]. Soil Biology and Biochemistry, 2014, 78: 149 - 159.

[362] Zhou X J, Xia Y L, Ren X P, et al. Construction of a SNP-based genetic linkage map in cultivated peanut based on large scale marker development using next-generation

double-digest restriction-site-associated DNA sequencing (ddRADseq) [J]. BMC genomics, 2014, 15: 1-14.

[363] Wang M L, Khera P, Pandey M K, et al. Genetic mapping of QTLs controlling fatty acids provided insights into the genetic control of fatty acid synthesis pathway in peanut (*Arachis hypogaea* L.) [J]. PLoS one, 2015, 10(4): e0119454.

[364] Samoluk S S, Chalup L, Robledo G, et al. Genome sizes in diploid and allopolyploid *Arachis* L. species (section *Arachis*) [J]. Genetic Resources and Crop Evolution, 2015, 62: 747-763.

[365] Huang L, He H Y, Chen W G, et al. Quantitative trait locus analysis of agronomic and quality-related traits in cultivated peanut (*Arachis hypogaea* L.) [J]. Theoretical and Applied genetics, 2015, 128: 1103-1115.

[366] Leal-Bertioli S, Shirasawa K, Abernathy B, et al. Tetrasomic recombination is surprisingly frequent in allotetraploid *Arachis* [J]. Genetics, 2015, 199(4): 1093-1105.

[367] Silvestri M C, Ortiz A M, Lavia G I. rDNA loci and heterochromatin positions support a distinct genome type for 'x= 9 species' of section *Arachis* (*Arachis*, Leguminosae) [J]. Plant systematics and evolution, 2015, 301(2): 555-562.

[368] Nguepjop J R, Tossim H A, Bell J M, et al. Evidence of genomic exchanges between homeologous chromosomes in a cross of peanut with newly synthetized allotetraploid hybrids[J]. Frontiers in plant science, 2016, 7: 1635.

[369] Bertioli D J, Cannon S B, Froenicke L, et al. The genome sequences of *Arachis duranensis* and *Arachis ipaensis*, the diploid ancestors of cultivated peanut [J]. Nature genetics, 2016, 48(4): 438-446.

[370] Zhang L N, Yang X Y, Tian L, et al. Identification of peanut (*Arachis hypogaea*) chromosomes using a fluorescence in situ hybridization system reveals multiple hybridization events during tetraploid peanut formation[J]. New Phytologist, 2016, 211(4): 1424-1439.

[371] Chen X, Li H, Pandey M K, et al. Draft genome of the peanut A-genome progenitor (*Arachis duranensis*) provides insights into geocarpy, oil biosynthesis, and allergens [J]. Proceedings of the National Academy of Sciences, 2016, 113(24): 6785-6790.

[372] Shasidhar Y, Vishwakarma M K, Pandey M K, et al. Molecular mapping of oil content and fatty acids using dense genetic maps in groundnut (*Arachis hypogaea* L.)[J]. Frontiers in plant science, 2017, 8: 794.

[373] Clevenger J, Chu Y, Chavarro C, et al. Genome-wide SNP genotyping resolves

signatures of selection and tetrasomic recombination in peanut[J]. Molecular plant, 2017, 10(2): 309 - 322.

[374] Hake A A, Shirasawa K, Yadawad A, et al. Mapping of important taxonomic and productivity traits using genic and non-genic transposable element markers in peanut (*Arachis hypogaea* L.) [J]. PLoS one, 2017, 12(10): e0186113.

[375] Pandey M K, Khan A W, Singh V K, et al. QTL-seq approach identified genomic regions and diagnostic markers for rust and late leaf spot resistance in groundnut (*Arachis hypogaea* L.) [J]. Plant biotechnology journal, 2017, 15(8): 927 - 941.

[376] Luo H Y, Ren X P, Li Z D, et al. Co-localization of major quantitative trait loci for pod size and weight to a 3. 7 cM interval on chromosome A05 in cultivated peanut (*Arachis hypogaea* L.) [J]. BMC genomics, 2017, 18(1): 1 - 12.

[377] Zhao S Z, Li A Q, Li C S, et al. Development and application of KASP marker for high throughput detection of AhFAD2 mutation in peanut[J]. Electronic Journal of Biotechnology, 2017, 25: 9 - 12.

[378] Chen Y, Ren X, Zheng Y, et al. Genetic mapping of yield traits using RIL population derived from Fuchuan Dahuasheng and ICG6375 of peanut (*Arachis hypogaea* L.) [J]. Molecular Breeding, 2017, 37(2): 17.

[379] Chawanthayatham S, Valentine III CC, Fedeles BI, et al. Mutational spectra of aflatoxin B1 in vivo establish biomarkers of exposure for human hepatocellular carcinoma[J]. Proceedings of the National Academy of Sciences, 2017, 114(15): E3101 - E3109.

[380] Yin D M, Ji C M, Ma X L, et al. Genome of an allotetraploid wild peanut *Arachis* monticola: a de novo assembly[J]. Gigascience, 2018, 7(6): 1 - 9.

[381] Lu Q, Li H, Hong Y, et al. Genome sequencing and analysis of the peanut B-genome progenitor (*Arachis ipaensis*)[J]. Frontiers in Plant Science, 2018, 9: 604.

[382] Wang L F, Zhou X J, Ren X P, et al. A major and stable QTL for bacterial wilt resistance on chromosome B02 identified using a high-density SNP-based genetic linkage map in cultivated peanut Yuanza 9102 derived population[J]. Frontiers in Genetics, 2018, 9: 652.

[383] Wang Z H, Huai D X, Zhang Z H, et al. Development of a high-density genetic map based on specific length amplified fragment sequencing and its application in quantitative trait loci analysis for yield-related traits in cultivated peanut [J]. Frontiers in Plant Science, 2018, 9: 827.

[384] Agarwal G, Clevenger J, Pandey M K, et al. High-density genetic map using whole-

genome resequencing for fine mapping and candidate gene discovery for disease resistance in peanut[J]. Plant biotechnology journal, 2018, 16(11): 1954 - 1967.

[385] Du P, Li L N, Liu H, et al. High-resolution chromosome painting with repetitive and single-copy oligonucleotides in *Arachis* species identifies structural rearrangements and genome differentiation[J]. BMC plant biology, 2018, 18(1): 1 - 14.

[386] Khedikar Y, Pandey M K, Sujay V, et al. Identification of main effect and epistatic quantitative trait loci for morphological and yield-related traits in peanut (*Arachis hypogaea* L.) [J]. Molecular breeding, 2018, 38: 1 - 12.

[387] Leal-Bertioli S C M, Godoy I J, Santos J F, et al. Segmental allopolyploidy in action: increasing diversity through polyploid hybridization and homoeologous recombination [J]. American journal of botany, 2018, 105(6): 1053 - 1066.

[388] Luo H Y, Guo J B, Ren X P, et al. Chromosomes A07 and A05 associated with stable and major QTLs for pod weight and size in cultivated peanut (*Arachis hypogaea* L.)[J]. Theoretical and applied genetics, 2018, 131: 267 - 282.

[389] Wang P, Ma L X, Jin J, et al. The anti-aflatoxigenic mechanism of cinnamaldehyde in Aspergillus flavus[J]. Scientific reports, 2019, 9(1): 10499.

[390] Zhao Y J, Zhang C X, Folly Y, et al. Morphological and transcriptomic analysis of the inhibitory effects of *Lactobacillus plantarum* on *Aspergillus flavus* Growth and Aflatoxin Production[J]. Toxins, 2019, 11(11): 636.

[391] Chen X, Lu Q, Liu H, et al. Sequencing of cultivated peanut, *Arachis hypogaea*, yields insights into genome evolution and oil improvement[J]. Molecular plant, 2019, 12(7): 920 - 934.

[392] Luo H Y, Pandey M K, Khan A W, et al. Next-generation sequencing identified genomic region and diagnostic markers for resistance to bacterial wilt on chromosome B02 in peanut (*Arachis hypogaea* L.) [J]. Plant Biotechnology Journal, 2019, 17 (12): 2356 - 2369.

[393] Zhuang W J, Chen H, Yang M, et al. The genome of cultivated peanut provides insight into legume karyotypes, polyploid evolution and crop domestication[J]. Nature Genetics, 2019, 51, 865 - 876.

[394] Bertioli D J, Jenkins J, Clevenger J, et al. The genome sequence of segmental allotetraploid peanut *Arachis hypogaea*[J]. Nature genetics, 2019, 51(5): 877 - 884.

[395] Alyr M H, Pallu J, Sambou A, et al. Fine-mapping of a wild genomic region involved in pod and seed size reduction on chromosome A07 in peanut (*Arachis*

hypogaea L.)[J]. Genes, 2020, 11(12): 1402.

[396] Gangurde S S, Wang H, Yaduru S, et al. Nested-association mapping (NAM)-based genetic dissection uncovers candidate genes for seed and pod weights in peanut (*Arachis hypogaea*) [J]. Plant Biotechnology Journal, 2020, 18(6): 1457 - 1471.

[397] Liu H, Sun Z Q, Zhang Z X, et al. QTL mapping of web blotch resistance in peanut by high-throughput genome-wide sequencing[J]. BMC Plant Biology, 2020, 20: 1 - 11.

[398] Liu N, Guo J B, Zhou X J, et al. High-resolution mapping of a major and consensus quantitative trait locus for oil content to a~ 0.8 - Mb region on chromosome A08 in peanut (*Arachis hypogaea* L.) [J]. Theoretical and Applied Genetics, 2020, 133: 37 - 49.

[399] Khan S A, Chen H, Deng Y, et al. High-density SNP map facilitates fine mapping of QTLs and candidate genes discovery for Aspergillus flavus resistance in peanut (*Arachis hypogaea*)[J]. Theoretical and Applied Genetics, 2020, 133: 2239 - 2257.

[400] Luo H Y, Pandey M K, Zhi Y, et al. Discovery of two novel and adjacent QTLs on chromosome B02 controlling resistance against bacterial wilt in peanut variety Zhonghua [J]. Theoretical and Applied Genetics, 2020, 133: 1133 - 1148.

[401] Fu L Y, Wang Q, Li L N, et al. Physical mapping of repetitive oligonucleotides facilitates the establishment of a genome map-based karyotype to identify chromosomal variations in peanut[J]. BMC Plant Biology, 2021, 21(1): 1 - 12.

[402] Blas F J D, Bruno C I, Arias R S, et al. Genetic mapping and QTL analysis for peanut smut resistance[J]. BMC Plant Biology, 2021, 21(1): 312.

[403] Li X, Ren Y Y, Jing J, et al. The inhibitory mechanism of methyl jasmonate on Aspergillus flavus growth and aflatoxin biosynthesis and two novel transcription factors are involved in this action [J]. Food Research International, 2021, 140: 110051.

[404] Sun Z Q, Qi F Y, Liu H, et al. QTL mapping of quality traits in peanut using whole-genome resequencing[J]. The Crop Journal, 2022, 10(1): 177 - 184.

[405] Han S Y, Zhou X M, Shi L, et al. AhNPR3 regulates the expression of WRKY and PR genes, and mediates the immune response of the peanut (*Arachis hypogaea* L.) [J]. The Plant Journal, 2022, 110(3): 735 - 747.

[406] Qi F Y, Sun Z Q, Liu H, et al. QTL identification, fine mapping, and marker development for breeding peanut (*Arachis hypogaea* L.) resistant to bacterial wilt [J]. Theoretical and Applied Genetics, 2022, 135(4): 1319 - 1330.

[407] Yang B L, Shan J H, Xing F G, et al. Distribution, accumulation, migration and risk assessment of trace elements in peanut-soil system[J]. Environmental Pollution, 2022, 304: 119193.